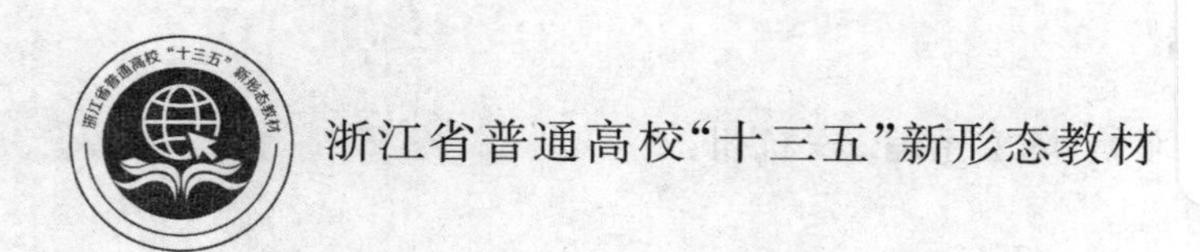

无线通信原理实验教程

主编　邓　焰　陈　宏

图书在版编目（CIP）数据

无线通信原理实验教程 / 邓焰，陈宏主编. —杭州：浙江大学出版社，2021.9

ISBN 978-7-308-21313-4

Ⅰ. ①无… Ⅱ. ①邓… ②陈… Ⅲ. ①无线电通信—实验—教材 Ⅳ. ①TN92-33

中国版本图书馆 CIP 数据核字（2021）第 080980 号

无线通信原理实验教程

主编　邓　焰　陈　宏

责任编辑　王元新

责任校对　阮海潮

封面设计　林智广告

出版发行　浙江大学出版社

（杭州市天目山路 148 号　邮政编码 310007）

（网址：http://www.zjupress.com）

排　　版　杭州好友排版工作室

印　　刷　杭州杭新印务有限公司

开　　本　787mm×1092mm　1/16

印　　张　24.25

字　　数　590 千

版 印 次　2021 年 9 月第 1 版　2021 年 9 月第 1 次印刷

书　　号　ISBN 978-7-308-21313-4

定　　价　59.00 元

前　言

随着人类的进步，人类建立了符号、文字和语言，从而可以传达信息。在社会交往中当需要传播这些符号、文字和语言，而又不能面对面谈话时，就需要通信技术。从古代到现在，从有线通信到无线通信，从两点一线到全球覆盖，通信技术的发展极大地促进了社会的进步，改变了人们的生活方式，提高了人们的生活水平。无线通信系统从模拟信号传输发展到数字通信，传输速率不断提高，通信频带不断加宽，系统容量不断增加。无线通信系统包括信号覆盖网络、基站、天线、移动通信设备终端、移动数据切换中心、蜂窝小区和扇区、无线通信链路。如果从整个系统原理和工程技术的角度了解无线通信，就会极大地提高技术人员的无线通信专业技能和研究能力。

本书共6章。与其他教材强调理论分析不同的是，首先本书介绍的无线通信原理实验教程综合了微波技术、数学、计算机技术、试验设计技术，体现了综合知识储备在无线移动通信系统中的工程应用价值；其次本书的无线通信实验教程是基于原理，强调移动通信工程技术指标，突出无线移动通信技术的通信协议及其实现方法。本书第1章介绍无线移动通信系统的工程技术概念，第2章介绍模拟移动通信技术，第3章介绍蜂窝数字通信技术和相关实现方法，第4章介绍码分多址多路接入通信技术和相关实现方法，第5章介绍第三代移动通信技术的发展和实现方法，第6章介绍第三代无线通信实验，从工程应用的角度开展实验内容，结合第三代无线通信系统工作原理和系统结构，运用数字专用集成电路设计的软件实现无线移动通信链路的功能，使无线通信实验教程具有重要的工程实践价值和现实应用意义。

本书基于“通信原理”课程多年的教学经验，并结合当前无线通信技术应用的实践工作经验，根据国际无线通信研究机构的技术规范和国际通用的技术标准，比如美国电信研究协会、国际电信联盟、美国国家标准委员会、欧洲电信标准委员会、因特网工程工作组织、美国工业协会的技术资料，结合欧洲电信标准研究所、美国国家标准研究所、国际电信联盟的无线通信分部和电信标准化分部、电信技术协会、中国无线电协会、美国电信研究协会、国际电信联盟、美国国家标准委员会、欧洲电信标准委员会、因特网工程工作组织、美国工业协会、欧洲委员会、日本无线电工业与商务协会、电信工业解决方案联盟等国内外无线通信研究机构的技术规范和TIA/EIA-136、IS-95、TIA/EIA-54、IMT-2000等的国际标准，阐述了无线移动通信技术的原理与应用，编写了第三代无线移动通信实验教学内容。本书从第二代移动通信技术的工作原理、应用中的优点和缺点、各自的发展方向，到第三代移动通信的原理和发展，详细介绍了信号和网络的链接、无线通信的工作原理、传输信号的信道电路、无线链路的工程实践和第三代无线移动通信的实验项目，有助于无线通信科研人员和工程技术人员开阔视野、激发兴趣，为学习者深入探索无线移动通信技术提供支持和帮助。但是限于编者的学术水平，文中疏漏难免，欢迎读者批评指正。

编者

2021年6月

目　录

第 1 章　无线通信技术

1.1　无线通信的概念

1.1.1　基本概念

通信因为人类活动的需要而诞生和发展，从最早的近距离口口相传、飞鸽传信，到现在的跨越洲际的无线通信，通信技术在其发展进程中，为人类提供日新月异的信息交换服务。在信息无线传输时，日常生活中传递的信息主要是语音信号。语音信号在空气中通过声音的空气压力波传递语音能量，但是传输距离有限，而且在空气中的能量衰减非常快。但是，电磁波能在空气中以某个频率传输，传输距离非常远，其能量表达式如下：

$$E(t)=A\sin(2\pi f_c t+\varphi) \tag{1.1}$$

式中：A 是幅度；f_c 是载波频率；φ 是相位；t 是时间；$E(t)$是瞬时电场强度。

最常用的频率从 0.3MHz 开始，包括调幅或调频广播、移动通信设备的频段、个人移动服务频段。每个信道宽度是 30kHz，接收信号的频带宽度是 25MHz，可以容纳 832 个接收信道。在手机设备的 800MHz 区域内，接收信号在 869M～894MHz，发送信号在 824M～849MHz。在手机设备的 2GHz 区域内，接收信号在 1930M～1990MHz，发送信号在 1850M～1910MHz。

1.1.2　信号干扰

一般来说，电磁波信号之间的干扰可以通过频谱使用许可来控制。无线通信时，射频信号的波长和频率有确定的关系：

$$c=f\lambda \tag{1.2}$$

式中：c 为光速，300000km/s；λ 为波长；f 为电磁波频率。

无线电频谱的高低划分完全和频率有关，由低到高如下：

甚低频 VLF(Very Low Frequency)频率范围：10k～30kHz；

低频 LF(俗称长波 LW)(Low Frequency)频率范围：30k～300kHz；

中频 MF (俗称中波 MW)(Medium Frequency)频率范围：300k～3000kHz；

高频 HF (俗称短波 SW)(High Frequency)频率范围：3M～30MHz；

甚高频 VHF(俗称超短波，而频率在 88M～108MHz 范围的民用广播则俗称为调频电台 FM)(Very High Frequency)频率范围:30M～300MHz(《物理通报》2012 年第 4 期上卢文全的文章介绍这是 30M ～1GHz);

特高频 UHF (Ultra High Frequency)频率范围:300M～3GHz(《物理通报》2012 年第 4 期上卢文全的文章介绍这是 1G～4GHz);

超高频 SHF (Super High Frequency)频率范围 3G～30GHz(《物理通报》2012 年第 4 期上卢文全的文章介绍这是 4G～40GHz)。

射频表示可以辐射到空间的电磁频率,频率范围从300k～300GHz。射频是高频(>10kHz)的较高频段,微波频段(300M～300GHz)又是射频的较高频段。在电子学理论中,当电流流过导体时,导体周围会形成磁场;当交变电流通过导体时,导体周围会形成交变的电磁场,称为电磁波。在电磁波频率低于 100kHz 时,电磁波会被地表吸收,不能形成有效的传输,但当电磁波频率高于 100kHz 时,电磁波可以在空气中传播,并经大气层外缘的电离层反射,形成远距离传输能力。我们把具有远距离传输能力的高频电磁波称为射频。射频技术在无线通信领域中被广泛使用。无线通信应用技术的频谱分布如图 1.1.1 所示。

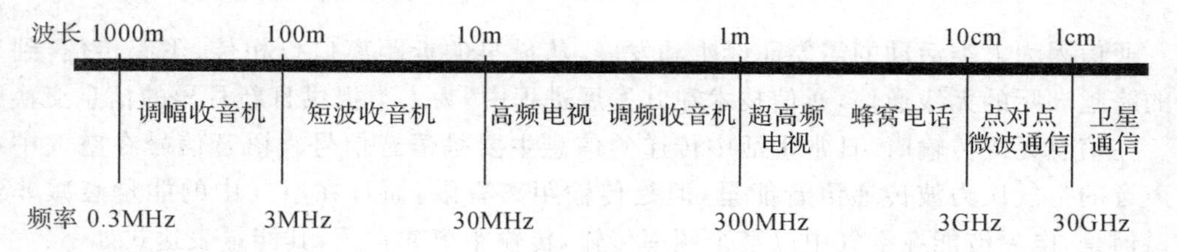

图 1.1.1 电磁波频谱的应用分布

从图 1.1.1 中可以看出,调幅收音机和短波收音机的信号频率在 30MHz 以内,波长 10m 以内;高频电视信号和调频收音机的信号频率在 30M～300MHz,波长在 1m 以内;超高频电视和蜂窝电话的信号频率在 300M～3GHz,波长在 10cm 以内;点对点微波通信的信号频率在 3G～30GHz,波长在 1cm 以内;卫星通信的信号频率在 30GHz 左右,波长为 1cm 左右。

在射频通信时,射频信道越宽,传输的信息量越大;载波频率越高,传输信号随着距离增加衰减越快。对于发射端和接收端来说,影响信号接收和发送的干扰因素主要是其他信号在同一信道或相邻信道的叠加,以及信号被发射或衍射后造成多径干扰。

1. 衍射干扰

信号的叠加和反射造成信号干扰很容易理解。衍射又称绕射,是指光波或电磁波遇到障碍物时偏离原来的直线传播的物理现象。在经典物理学中,波在穿过狭缝、小孔或圆盘之类的障碍物后会发生不同程度的弯散传播。当波在其传播路径上遇到障碍物时,都有可能发生这种现象。除此之外,当光波穿过折射率不均匀的介质,或当声波穿过声阻抗不均匀的介质时,也会发生类似的现象。此外,传输距离、信号的发射功率、天线设计和信号频率都会影响信号的发射和接收效果。

2. 多径干扰

在射频通信中,多径干扰无处不在,多路信号叠加常常使接收端混乱,以至于收不到信号。电视机在接收信号时,长路径的多径干扰使图像延时,在电视机屏幕上显示“叠影”,这是不同路径传输、造成延时的信号到达电视机时被同时显示,人眼看到的效果。此外,当被局部实体反射或散射的时候,这个信号会产生相位偏移。当接收机的天线在空间中移动时,这些干涉小波在接收机端相互加强或减弱,接收机将感受到信号强度的高峰和低谷。

3. 反射干扰

反射也是射频通信的常见干扰,邻近的反射会削弱信号,比如两个信号的传输时间大于 $\lambda/2$ 或 $\lambda/2$ 的整数倍时,会达到 180°的反相相位,造成两个信号抵消。

信号在传输过程中,电磁波信号经过多径效应,接收到的信号是入射、反射、散射、衍射等信号的叠加。此时接收到的总信号的强度服从莱斯分布,电磁波强度用信号幅度或包络来表示。莱斯分布也称作广义瑞利分布。当接收端在移动中,或者电磁波经过反射、散射时,接收端电磁波信号的相位产生偏差,强度也发生变化,各个方向的多径信号分量波叠加,多径信号分量波的总信号的强度服从瑞利分布,这时形成驻波场强,造成信号的快速衰落,成为瑞利衰落。莱斯分布描述的是电磁波信号和服从瑞利分布的多径分量的总和。

驻波和信号的反射、入射都有关。传输线上某点的反射波电压与入射波电压之比,或反射波电流与入射波电流之比的负值称为该点的反射系数。反射系数有电压反射系数和电流反射系数。当终端负载阻抗为 0,也就是终端短路时,电流反射系数为 −1,发生全反射;当终端负载阻抗为∞,也就是终端开路时,电流反射系数为 1,发生全反射;当终端负载阻抗接纯阻抗时,电流反射系数的绝对值为 1,发生全反射。这 3 种全反射,称为驻波状态。驻波状态会造成信号的快速衰落。

瑞利衰落能有效描述存在能够大量散射无线电信号的障碍物的无线传播环境。当我们进行观测时,不可避免地有许多引起观测误差的随机因素影响观测结果,其中有些误差是测量仪器引起的,在温度、气压或者其他环境因素的影响下随机改变,有些误差是人为观测的视觉或者听觉不同引起的,所以实际观测的误差可以看成是一个随机变量,由很多数值微小的独立随机变量引起,这个随机变量服从正态分布。在随机变量的一切可能分布律中,正态分布占有特殊重要的地位,实践中经常遇到的大量的随机变量都是服从正态分布的。林德伯尔格成功地找出独立随机变量的和的分布,还找到当随机变量的个数无限增加时趋于正态分布的更一般的充分条件。概率论中有关论证随机变量的和的极限分布是正态分布的定理,叫做中心极限定理。实际通信的电磁波到达接收机时,多径信号也同时到达接收机,接收到的信号是电磁波和大量在统计学上独立的随机变量组合的多径信号的叠加,其中每一个独立的随机变量对于总和只起微小作用,可以认为这个随机变量实际上是服从正态分布的,这就是中心极限定理的解释。中心极限定理的推论是:独立随机变量 $\xi_1, \xi_2, \cdots, \xi_n, \cdots$ 服从相同的分布,并且有数学期望 α 和方差 σ^2,则当 $n \to \infty$ 时,它们的和的极限分布是正态分布。如果随机变量 ξ 的分布密度 $\varphi(x)=\frac{1}{\sqrt{2\pi}\sigma}\mathrm{e}^{-\frac{(x-\alpha)^2}{2\sigma^2}}$,其中 α 是常数,$\sigma>0$ 且是常数,这种分布就叫正态分布,或高斯分布。正态分布的分布曲线关于 $x=\alpha$ 对称,并且在 $x=\alpha$ 处取得最大值 $\frac{1}{\sqrt{2\pi}\sigma}$;当 $x=\alpha\pm\sigma$ 时出现拐点;当 $x\to\pm\infty$ 时,x 轴为分布曲线的渐近线。$\alpha=0,\sigma=1$ 的正态分布,叫作标准正态分布。

因此在无线通信的电磁波传输中,瑞利分布可以描述无线信道随机的冲激响应使一个高斯过程的信道响应的能量或包络改变的统计特性,莱斯分布描述电磁波信号及其多径分量随着时间变化的统计特性。

在实际工作中,对于属于正态分布的数据,可以很快捷地对它进行下一步假设检验,并推算出对应的置信区间;每一个随机变量对总变量起到微小的作用,但是它们共同影响一个随机过程。根据中心极限定理,一个随机变量是很多数值微小的独立随机变量的总和,这个随机变量服从正态分布,也可以依据正态分布的检验公式对它进行下一步分析。这些统计理论成为分析信号衰落和失真的数学基础。

由于驻波的电场和磁场能量相互转换,当电场达到极值时,磁场为零,当磁场达到极值时,电场为零,形成电磁振荡,不能携带能量行进,电压和电流在空间和时间上均相差 $\pi/2$,此时电压和电流振幅是位置的函数,具有波腹点(其值是入射波的 2 倍)和波节点(其值恒为 0),相邻两个波腹点或者相邻两个波节点的间距为 $\lambda/2$,波腹点至波节点的间距为 $\lambda/4$,相邻波节点各点电压或者电流同相,波节点两边的电压或者电流反相。于是,驻波就造成信号衰落。由于衰落造成的有用信号功率大约下降 30dB,额外叠加信号增加 10dB,衰落的产生和消失每 $\lambda/2$ 的距离就会发生。

1.1.3 调制技术

在前面的内容中,介绍了电磁波传输电磁能量,射频信号通过电磁波的传输形式,实现远距离传输。在电磁波上传输语音信号,调制和解调同样是必不可少的技术。

调制是指由携有信息的电信号去控制高频振荡信号的某一参数,使该参数按照电信号的规律而变化的一种信号处理方式。通常将携有信息的电信号称为调制信号,未调制的高频振荡信号称为载波信号,经过调制后的高频振荡信号称为已调波信号。如果受控的参数是高频振荡的振幅,已调波信号就是调幅波信号,则这种调制称为振幅调制,简称为调幅;如果受控的参数是高频振荡的频率或相位,已调波信号就是调频波信号或调相波信号,统称为调角波信号,则这种调制称为频率调制或相位调制,简称为调频或调相,统称为调角。解调就是调制的逆过程,它的作用是将已调波信号变换为携有信息的电信号。

调制在无线通信系统中的作用至关重要。首先,只有馈送到天线上的信号波长与天线的尺寸可以比拟时,天线才能有效地辐射和接收电磁波。如果把频谱分布在低频区的 300Hz 至 3kHz 的调制信号直接馈送到天线上,将它有效地变换为电磁波向传输媒介辐射,天线的长度就需要几百千米,显然这是无法实现的。通过调制把信号的频谱搬移到频谱较高的载波信号频谱附近,再将这种频率足够高的已调信号加到天线上,有效传输信号的天线的尺寸就可以大大缩小。其次,接收机必须有任意选择某电台发送的信号的能力,而且有抑制其他电台发送的信息和各种干扰的能力。调制可以使各电台发送的信息加载到不同频率的载波信号上,这样接收机就能够根据载波信号频率选择出所需电台发送的信息,而且抑制其他电台发送的信息和各种干扰。

在基本的无线通信系统中,发送的语音信号经过调制之后,才发送出去。如图 1.1.2 所示。

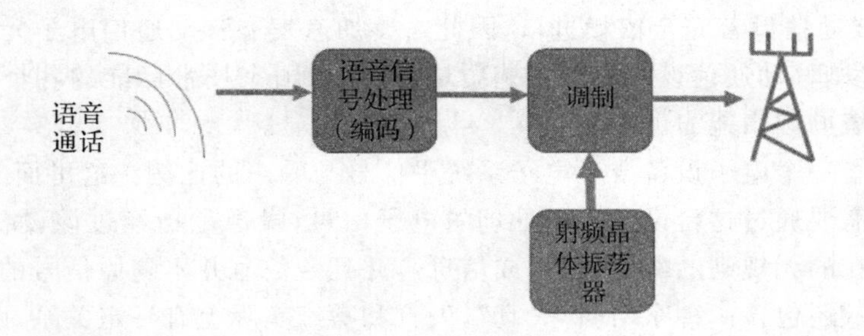

图 1.1.2 基本无线通信系统的发射端

在图 1.1.2 中，语音信号经过编码处理之后，进行调制，把信号放在射频振荡器产生的频率上，然后到天线上发射出去。这里的晶体振荡器的射频信号和低频的编码信号经过混频电路和加法电路，完成调制功能，输出的信号是带有语音编码信息的射频信号。同理，接收到的语音信号经过解调之后，才能够听到。如图 1.1.3 所示。

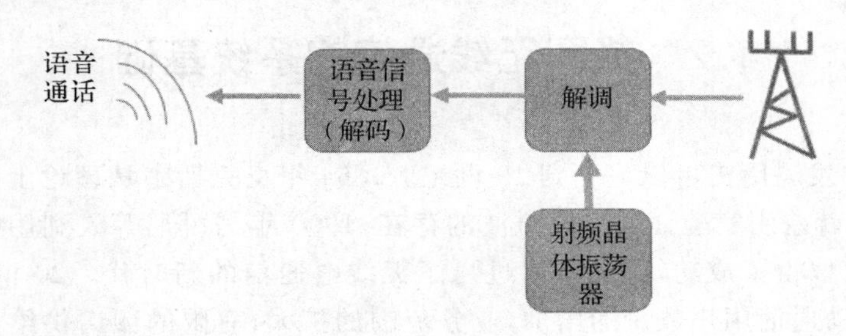

图 1.1.3 基本无线通信系统的接收端

在图 1.1.3 中，天线接收无线通信的射频信号后，进行解调，把信号频率降低到低频的语音信号频率上，语音信号经过解码处理之后，被接听。这里的晶体振荡器的射频信号和射频的编码信号经过混频电路和加法电路，完成解调，输出的信号是带有语音编码信息的低频信号，经过解码电路，得到语音信号。无线通信系统的接收端灵敏度（指接收微弱信号的能力）和选择性（指从干扰中选取有用信号的能力）都会影响无线通信系统的质量。

多路信道的无线通信系统是在基本无线通信系统的基础上，在基站发射和接收多信道的语音信息。进行多路信道的无线通信时，可以采用每个用户在一个频率上通信，把频率分给多个用户的频分复用接入无线通信系统的技术。

1.1.4 蜂窝通信

在无线通信中，每个频带上可以容纳的信道数量是有限的，如果没有蜂窝通信，无线通信需要高功率的无线通信，才能保证信号到达整个地区，但是在 1946 年时人们仍然需要等待电话得到通信的机会，到 1965 年时全双工通信可以保证直拨电话而无需等待，1976 年时在美国两千万人口的地区只有 12 个信道，通话质量完全被信噪比所局限。

中国的无线通信事业在 1949 年中华人民共和国成立之后才起步的，技术和设备上都错过了模拟无线通信和 1G 数字无线通信与美国同时发展的时代。中国的模拟无线通信和1G数字无线通信设备完全依赖进口，因此需要加速发展移动通信电子元器件制造、移动通信设备研发、移动通信设备生产工艺质量、国际和国家技术标准的各个环节，大力发展无线通信系统的国产能力。

信噪比是指一个电子设备或者电子系统中信号与噪声的比例。这里面的信号指的是来自设备外部需要通过这台设备进行处理的电子信号；噪声是指经过该设备后产生的原信号中并不存在的无规则的额外信号（或信息），并且该信号并不随原信号的变化而变化。“原信号不存在”还包含一种东西叫“失真”，失真和噪声实际上有一定关系，两者的不同在于失真是有规律的，而噪声则是无规律的。信噪比的计量单位是dB，其计算方法是$10\log(P_s/P_n)$，其中P_s和P_n分别代表信号和噪声的有效功率，也可以换算成电压幅值的比率关系$20\log(V_s/V_n)$，V_s和V_n分别代表信号和噪声电压的“有效值”，狭义来讲是指放大器的输出信号的功率与同时输出的噪声功率的比，常用分贝数表示，一般来说，信噪比越大，说明混在信号里的噪声越小，声音回放的质量越高。

1.2 蜂窝无线通信的系统基础

移动通信的发展历史可以追溯到19世纪。1864年麦克斯韦从理论上证明了电磁波的存在；1876年赫兹用实验证实了电磁波的存在；1900年马可尼等人利用电磁波进行远距离无线电通信取得了成功，从此世界进入了无线电通信的新时代。20世纪70年代中期，随着民用移动通信用户数量的增加，业务范围的扩大，有限的频谱供给与可用频道数要求递增之间的矛盾日益尖锐。为了更有效地利用有限的频谱资源，美国贝尔实验室提出了在移动通信发展史上具有里程碑意义的小区制、蜂窝组网的理论，它为移动通信系统在全球的广泛应用开辟了道路。

1978年，美国贝尔实验室开发了先进移动电话业务（AMPS）系统，这是第一种真正意义上的具有随时随地通信能力的大容量的蜂窝移动通信系统。AMPS采用频率复用技术，可以保证移动终端在整个服务覆盖区域内自动接入公用电话网，具有更大的容量和更好的语音质量，很好地解决了公用移动通信系统所面临的大容量要求与频谱资源限制的矛盾。20世纪70年代末，美国开始大规模部署AMPS系统。AMPS以优异的网络性能和服务质量获得了广大用户的一致好评。AMPS在美国的迅速发展促进了在全球范围内对蜂窝移动通信技术的研究。到20世纪80年代中期，欧洲和日本也纷纷建立了自己的蜂窝移动通信网络，主要有英国的ETACS系统、北欧的NMT-450系统、日本的NTT/JTACS/NTACS系统等。这些系统都是模拟制式的频分双工（Frequency Division Duplex，FDD）系统，亦被称为第一代蜂窝移动通信系统或1G系统。900/1800MHz GSM第二代数字蜂窝移动通信（简称GSM移动通信）业务是指利用工作在900/1800MHz频段的GSM移动通信网络提供的话音和数据业务。GSM移动通信系统的无线接口采用TDMA技术，核心网移动性管理协议采用MAP协议。800MHz CDMA第二代数字蜂窝移动通信（简称CDMA移动通信）业务是指利用工作在800MHz频段上的CDMA移动通信网络提供的话音和数据业务。CDMA移动通信的无线接口采用窄带码分多址CD-

MA 技术，核心网移动性管理协议采用 IS-41 协议。第三代数字蜂窝移动通信业务的主要特征是可提供移动宽带多媒体业务，其中高速移动环境下支持 144kb/s 速率，步行和慢速移动环境下支持 384kb/s 速率，室内环境支持 2Mb/s 速率数据传输，并保证高可靠服务质量(Quality of Service, QoS)。蜂窝系统或许是当今社会最重要的通信媒体。蜂窝移动通信是采用蜂窝无线组网方式，在终端和网络设备之间通过无线通道连接起来，进而实现用户在活动中可相互通信。本节将从蜂窝通信的概念开始介绍基本的蜂窝无线通信系统。

1.2.1 蜂窝的概念

蜂窝无线通信系统可以复用频率。假设总计有 420 个信道，以 7 蜂窝为一个蜂窝串，则每个蜂窝可以有 60 个信道。同一个蜂窝串中，每个信道都不会复用。每个蜂窝串可以同时支持 420 个电话接听。如果一个地区有 N 个蜂窝串，这个地区的蜂窝无线通信系统可以支持 $N\times420$ 个信道。

在 7 蜂窝为一个蜂窝串的模式中，7 蜂窝模式保持的相同信道被两层不同的蜂窝区分开来，使用相同频率的蜂窝被不同的蜂窝串区分开来。这时的频率复用会获得多少信道容量？如果有 420 个信道的系统，采用 7 蜂窝为一个蜂窝串的模式，在蜂窝覆盖 258 平方公里的状态下，系统包含 10 个蜂窝串，也就是 4200 个信道的容量；在蜂窝覆盖 25.8 平方公里的状态下，系统包含 1000 个蜂窝串，也就是 420000 个信道的容量。可以看出，蜂窝覆盖面积越小，信道数量越大。但是，较小的蜂窝覆盖面积也有缺点，那就是会带来同频道干扰。

为了减少同频道干扰，可以采取具体的技术手段。采用 4 区 120°蜂窝的蜂窝分布，把所有的频率点分成 12 部分，使用方向天线，提高蜂窝无线通信系统的性能和容量。7 蜂窝串的 120° 蜂窝如图 1.2.1所示，每个蜂窝分成 3 个部分，所有的频率分成 21 个子集。

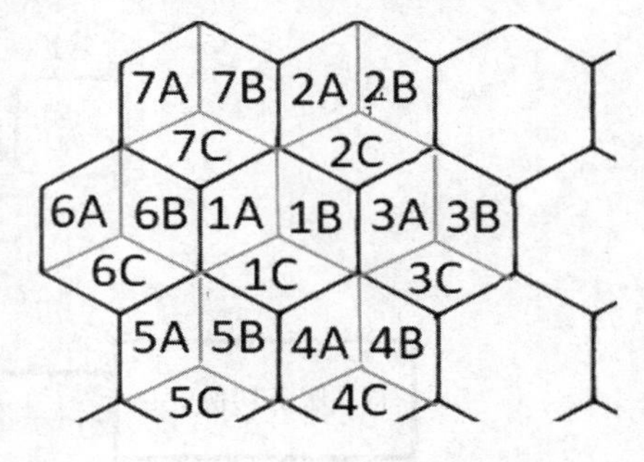

图 1.2.1 7/21 蜂窝分布

在图 1.2.1 中的 7/12 蜂窝分布是基站分布的一种形式，7 个蜂窝为一个蜂窝串，每个蜂窝都有 3 个 120°的扇区 A、B、C，于是一个蜂窝串分成 21 个子区，采用方向阵列天线，减少信道干扰，提高容量，提高通信质量。

在使用蜂窝电话通信系统呼叫对方时，手持电话发射信号并调节到最强的信号功率，从标准的控制信道中选择“最近”的发射基站，然后向基站注册电子序列号码和电话号码，在发射信号给基站的同时，手持电话会周期性地扫描，查看是否有另外一个“更接近自己”的基站。接着客户开始在手持电话上输入要拨打的电话号码，并按下“呼叫”键，用自己的电子序列号码和其他在控制信道中的身份信息向基站提出服务需求，同时根据收到的控制信道的回复信息，切换通信信道。当通话结束时，客户按下“结束”键，手持电话发送信号切换通信信道，使通话结束，手持电话返回到信号最强的控制信道。

在使用蜂窝电话通信系统接听电话时，来电“寻呼”的信息依据寻呼的算法格式被转接到蜂窝网内所有的蜂窝上，手持电话在自己的控制信道监听所有的寻呼，寻找自己的电话号码，或者其他身份认证的信息。当手持电话确认寻呼的身份信息和自己的信息一致时，就切换到给定的通信信道，并且向客户发出提醒，提醒客户接听电话。通话结束时，对方或者自己按下“结束”键时，客户的手持电话就会返回到信号最强的控制信道。

在蜂窝无线通信系统中，常常谈到微蜂窝和微小蜂窝。微蜂窝是指蜂窝半径小于600m的户外蜂窝，微小蜂窝是指单人房间范围内的室内蜂窝。先进移动电话业务(AMPS)可以工作在微蜂窝和微小蜂窝系统内，信号大小被限制在不影响已存在的附近的蜂窝系统，比如体育场和车站等。改进版的先进移动电话业务(AMPS)符合IS-94标准，可以使用新版低功率模式工作的手持电话。

数字化的微蜂窝无线通信系统可以成倍地增加用户容量。最强有力的方法就是采用更小的蜂窝，或者增加频率的复用；同时新技术也可以在给定的频率带宽内有效地“压缩”更多的蜂窝，比如25MHz蜂窝系统每个蜂窝可以接听56个通话，美国蜂窝无线通信系统TDMA(IS-54或者IS-136)的每个蜂窝支持的通话数量是原来的3倍，美国蜂窝无线通信系统码分多址多路接入CDMA(IS-95)技术的每个蜂窝支持通话数量是原来的10倍。

1.2.2 蜂窝的结构

在蜂窝无线通信系统中，蜂窝覆盖基站和天线，组成蜂窝串，移动电话用户通过无线信号与蜂窝中的天线和基站连接起来，公共电话交换中心的移动服务切换业务通过蜂窝中的基站和天线来实现。如图1.2.2所示。

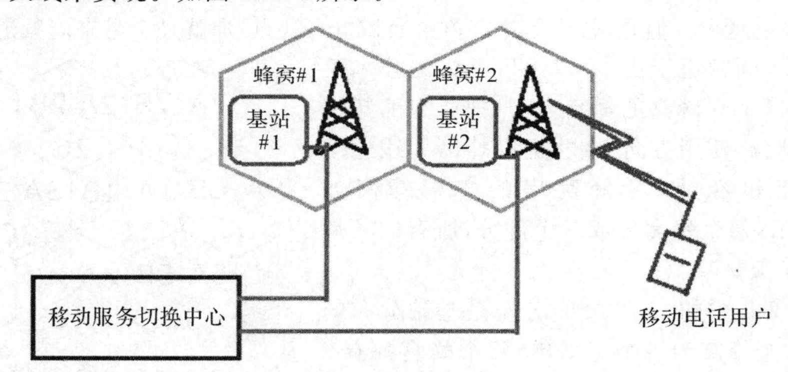

图1.2.2 蜂窝无线通信系统的组成

在图1.2.2中，移动电话用户的信号被蜂窝无线通信系统中的基站和天线接收，手持电话发射信号并调节到最强信号功率，从标准的控制信道中选择“最近”的蜂窝发射基站，然后向基站注册电子序列号码和电话号码，在发射信号给基站的同时，手持电话会周期性地扫描，找到一个“更接近自己”的蜂窝＃2的基站和天线。接着客户开始在手持电话上输入要拨打的电话号码，并按下“呼叫”键，用自己的电子序列号码和其他在控制信道中的身份信息向基站提出服务需求，同时根据收到的控制信道的回复信息，切换通信信道。如果手持电话的用户在移动的状态下通话，那么当用户接近蜂窝发射基站＃1时，通话服务会切换到蜂窝＃1的基站和天线。

蜂窝区域内的基站包括和移动设备通信的无线射频终端和回传到移动切换中心的传输设备接口。回传到移动切换中心的传输设备主要是基站和交换中心的链接和传输干线。移动服务交换中心主要包括基站或者蜂窝区域到公共交换电话网络的传输设备，完成由基站控制器进行的通话处理、控制和切换功能。其中的公共交换电话网络常常被称为移动切换中心。

在蜂窝之间移动的正在通话的手持电话，通话信号将会在两个蜂窝之间切换，如图1.2.3所示。

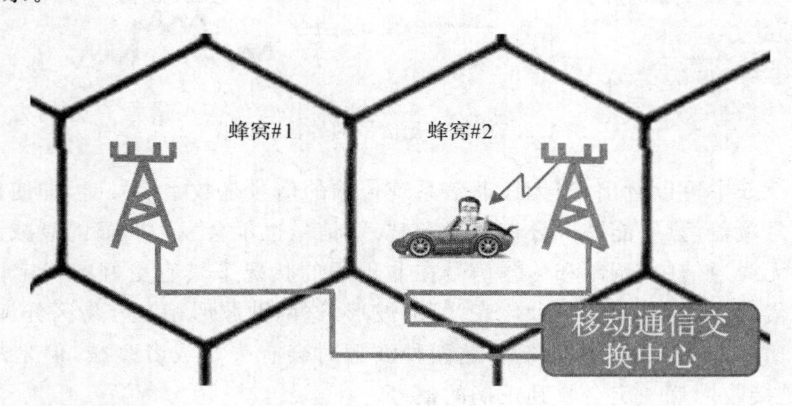

图1.2.3 蜂窝无线通信系统中的信号切换

在图1.2.3中，汽车中的手持电话在蜂窝＃2的区域中通话，使用蜂窝＃2中的信道建立通话。手持电话从标准的控制信道中选择“最近”的蜂窝发射基站和天线，然后向基站注册电子序列号码和电话号码，在发射信号给基站的同时，手持电话会周期性地扫描，找到一个“更接近自己”的蜂窝基站和天线。随着汽车移动进入蜂窝＃1区域，手持电话找到了“更接近自己”的蜂窝＃1的基站和天线，于是汽车中的手持电话的通信从蜂窝＃2切换到蜂窝＃1的基站和天线，开始使用蜂窝＃1的信道建立通话。

AMPS的模拟蜂窝无线通信系统应用频分复用(FDMA)的技术，信道采用30kHz频率，每个载波上有412个信道，按照频率复用的划分蜂窝区块，使用频率复用的全双工通信(FDD)。

1.2.3 数字无线通信

在数字无线通信中，语音信号被数字化，在编码的同时，把模拟信号转化为数字信号，同时对语音信号进行比特率压缩。如图1.2.4所示。

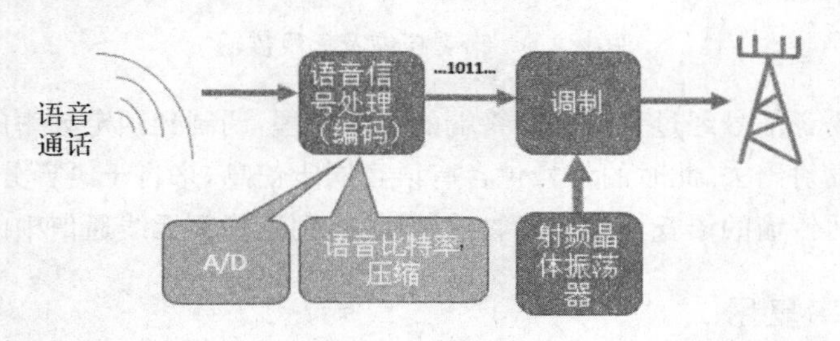

图1.2.4 基本数字无线通信系统

在图 1.2.4 中，模拟信号经过模拟/数字转换和压缩处理之后，进行编码处理，成为…1011…的信号，然后在调制电路中，加到射频载波信号上，通过天线，成为电磁波传输出去。语音信号的数字化处理使得信号更加稳定可靠，同时在蜂窝无线通信系统中增加了传输容量。如图 1.2.5 所示。

图 1.2.5　数字化信号的传输和接收

从图 1.2.5 中可以看出，当无线通信系统传输的信号是数字信号时，即使接收到的信号被噪声信号覆盖，只要能够区分信号“1”和“0”，信号也不会发生明显的衰减。

在数字无线通信中，调制和传输信号在非理想的状况下具有更好的稳定性。调制时只需要一种代表“1”的波形和一种代表“0”的波形，这两种波形相对容易区分，就能够很好地完成调制功能。在实际产生和制作这两种波形时会有失真或者衰减，但是却不会发生“误码”，于是接收端就一定会收到正确的信号。

对于数字信号，通过增加冗余电平，在传输信号时前向纠错码(FEC)会被加入到数字信号码元序列中，即使接收端收到错误的码元，仍然可以通过 FEC 冗余码创建原始的码元，而不需要发射端重新发送信息。这也充分保障了数字信号无线传输的可靠性。

在无线通信的实际通话中，语音信号需要被压缩到 13kb/s 或者更小的频率。如图 1.2.6所示。

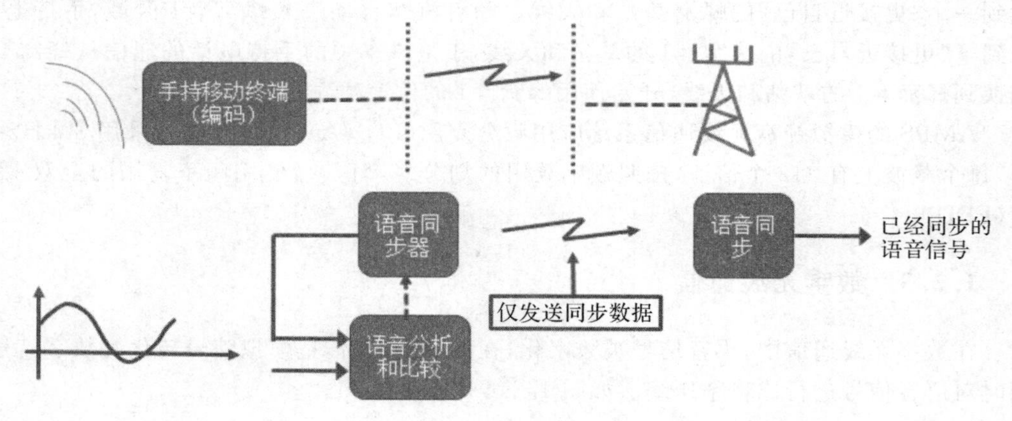

图 1.2.6　语音压缩及无线传输

图 1.2.6 中语音信号经过手持移动终端的编码处理，调制到预定频率的载波信号上，从手持终端的天线发射出去，此时的信号包含有语音同步信息，来自于语音分析比较和压缩的编码信息。在空间传输的语音信息被接收端同步后，到达蜂窝无线通信中的基站和天线。

1.2.4　频率复用

频率复用模式一般采用 4 蜂窝组合和 7 蜂窝组合的模式。其中 GSM(Global System

for Mobile Communication)和 GSM1900 常常采用 4 蜂窝组合的模式，AMPS(Advanced Mobile Phone Service)和 TDMA(Time Division Multiple Access)常常采用 7 蜂窝组合的模式。

通过使用频率复用的模式，数字无线通信极大地提高了通信容量。原因有两个：首先是蜂窝内部采用相同的频率，但是数字化技术提高了抗干扰能力，所以可以经常重复使用同一个频率。其次，在数字通信技术中，比如 CDMA(Code Division Multiple Access)在每一个蜂窝中都可以使用同样的频率，保证最大的频率使用率和最广泛的频率复用。

1.2.5 信道编码

众所周知，误码出现的原因来自三个方面：首先是噪声；其次是干扰，不同蜂窝的不同用户在同一个信道上通话造成的干扰，或者邻近信道的干扰；最后是衰减，由于信号的多路回声或者反射使信号叠加，从而造成信号消退。

在数字无线通信系统中，基站接收到手持移动终端的信号，在基站传输端还要进行信道编码。信道编码能够有效地减轻信号被损坏的影响，消除造成信号误码的原因。基站传输端的信道编码处理如图 1.2.7 所示。

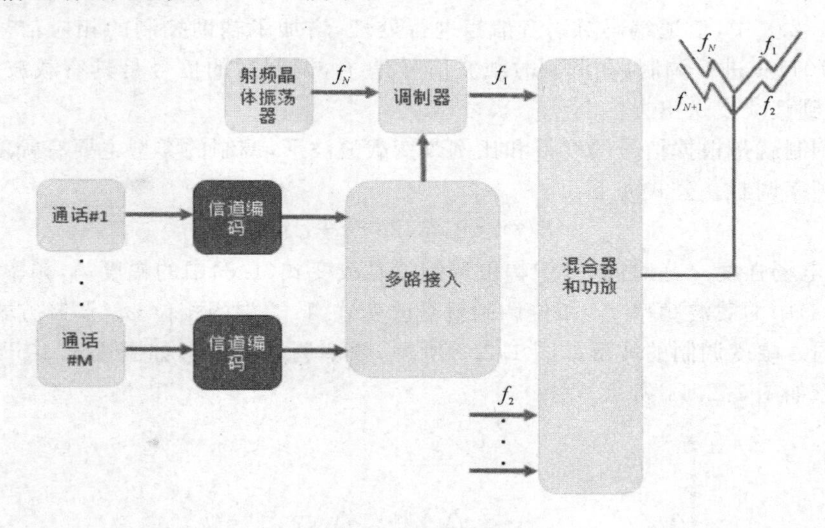

图 1.2.7 基站传输端的信道编码处理

在图 1.2.7 中，多路通话都通过同一个基站处理，有通话 1，通话 2，……，通话 M，它们各自进行信道编码之后，在多路接入后进行调制，其中调制波的载波频率是 f_N。调制波 f_1 进入“混合器和功效”进行处理，然后在天线上发送出去，载波信号也会在天线上发送出去。在无线上发送的信号还包括其他的调制波和它们相应的载波信号。

前向纠错(Forward Error Correction)使数字信号更加可靠。这主要表现在四个方面：第一，前向纠错位可以通过基站发射端插入比特流，从而增加冗余度；第二，一个非常简单的例子就是简单地把每个码传输三遍；第三，即使接收到的比特流有误码，接收端仍然可以利用前向纠错重建最原始的比特流；第四，所有这些都可以在不需要提出“重新发送信号”的请求的情况下完成，这种方法常用于数据传输，而不是语音传输。信道的多路复用具有辅助控制功能，用混合语音信号，在传输语音信号的同时，在信道混合时加入同步信号、“空白和停顿”快速信号、持续慢速信号和其他各种需要的信号。

1.2.6 调制

数字调制的目标是把比特位的码转化成为波形，因为波形更适用于无线传输。数字调制的过程如图 1.2.8 所示。

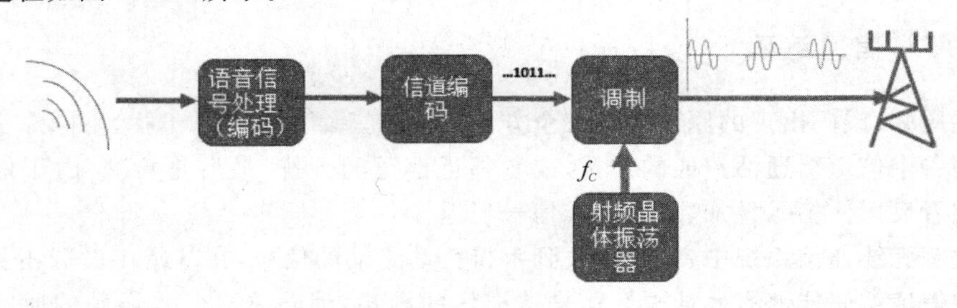

图 1.2.8 数字调制的过程

在图 1.2.8 中，信道编码对语音信号进行处理，增加了辅助控制的相应信号，然后对数字信号 1011…进行调制，在调制时载波信号是 f_c，调制后的信号是具有载波频率的波形，然后送到天线发送出去。

信号调制就是根据信号的度量和比例改变载波波形，调制的类型主要有幅度调制、相位调制和频率调制。公式如下：

$$E(t)=A\sin(2\pi f_c t+\varphi) \tag{1.3}$$

式中：E 是电场强度，t 是时间，其中幅度调制就是改变式(1.3)中的幅度 A，频率调制就是改变式(1.3)中的载波频率 f_c，相位调制就是改变式(1.3)中的相位 φ。调制方式不同，波形也不相同。幅度调制的波形如图 1.2.9 所示，频率调制的波形如图 1.2.10 所示，相位调制的波形如图 1.2.11 所示。

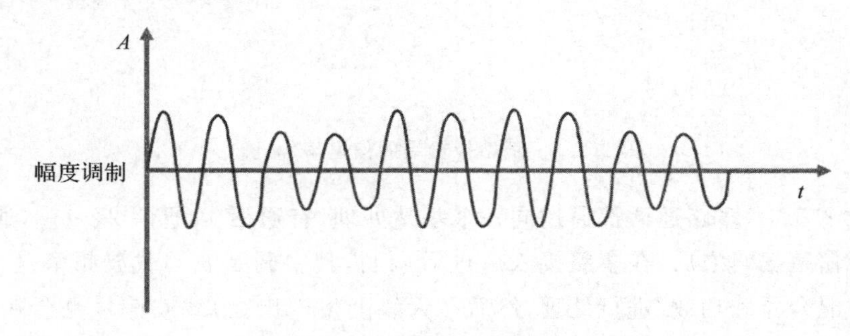

图 1.2.9 幅度调制波形

在图 1.2.9 中，载波信号的幅度发生变化，变化的趋势就是传输信号的电平变化趋势，在信号电平大的位置，载波的幅度变大，而信号电平小的位置，载波的幅度变小，这就是幅度调制的特点。

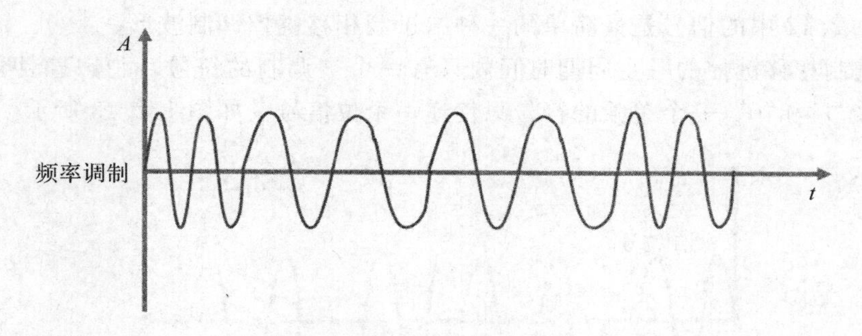

图 1.2.10　频率调制波形

在图 1.2.10 中，载波信号的频率发生变化，变化的趋势就是传输信号的波形。在信号电平大的位置，载波的频率变高，而信号电平小的位置，载波的频率变低，这就是频率调制的特点。

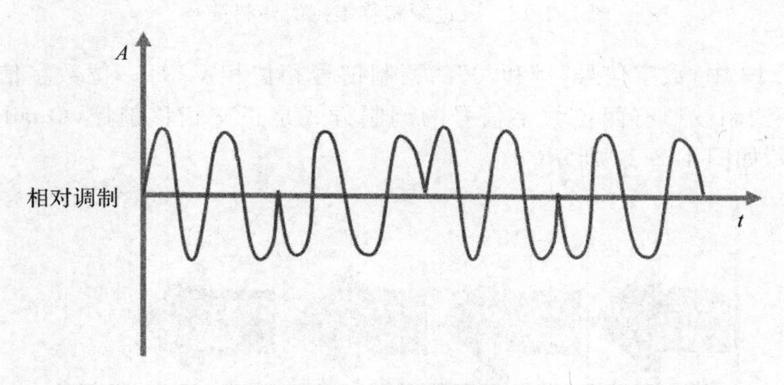

图 1.2.11　相位调制波形

在图 1.2.11 中，载波信号的相位发生变化，变化的趋势就是传输信号的波形。调相和调频有密切的关系。调相时，同时有调频伴随发生；调频时，也同时有调相伴随发生，不过两者的变化规律不同。实际使用时很少采用调相制，它主要是用来作为得到调频的一种方法。

在实际应用中，调制方式中的幅度调制易受到噪声的影响，直接影响无线通信信号的瞬时强度或者瞬时幅度。频率调制应用在先进移动设备服务的模拟信号中，模拟信号瞬时频率偏差变化高达 12kHz，模拟通话最大可以造成 30kHz 的载波间隔。频率调制应用在先进移动设备服务的数字信号中采用二进制相移键控(Binary Phase Shift Keying)的工作方式。

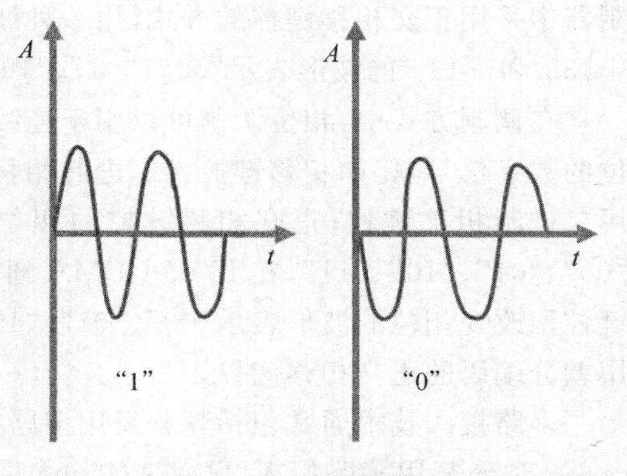

图 1.2.12　二进制相移键控的调制波形

最简单的二进制相移键控在传输"1"和"0"时使用不同的相位，相位差是 180°，如图 1.2.12 所示。

在图 1.2.12 中的信号是最简单的一种二进制相移键控调制波形。

在二进制相移键控的一定周期时间内只有一个被调制的符号，而且只有两种波形调制数字信号"1"和"0"，一个单独的符号只传递一个位信号。如图 1.2.13 所示。

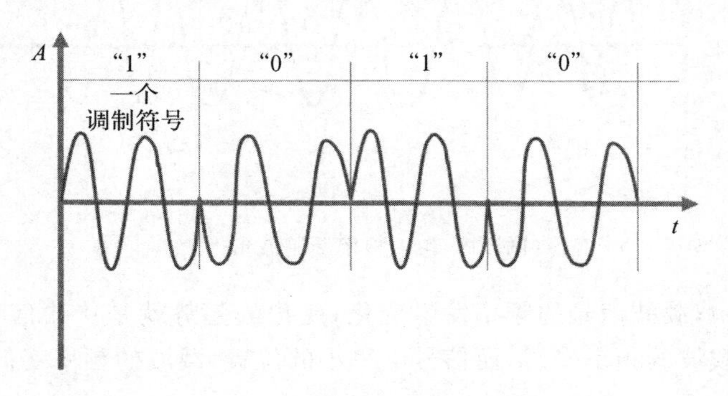

图 1.2.13　二进制相移键控的调制符号

在图 1.2.13 中，数字信号"1"和"0"的调制信号相位相反，每一位数字信号有一个调制波形。每个调制波形有两位数字信号的调制方式是正交相移键控(Quadrature Phase Shift Keying)，如图 1.2.14 所示。

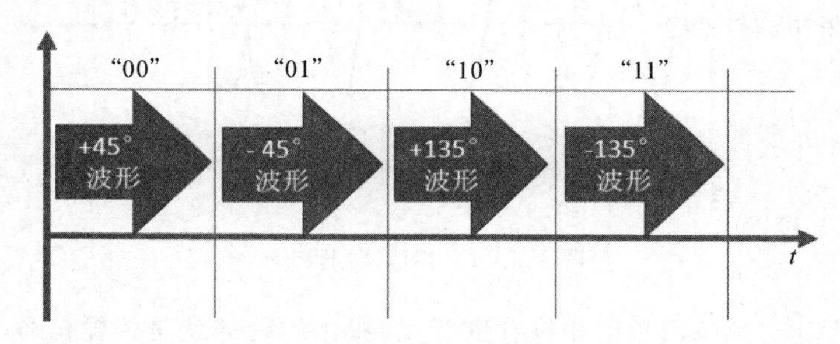

图 1.2.14　正交相移键控的调制符号

在图 1.2.14 中，语音信号的处理是把模拟信号转换为数字信号，并进行压缩后，在调制器中采用正交相移键控的方式，用一种波形表示两位数字信号，用相位为＋45°、－45°、＋135°和－135°的波形表示"00"、"01"、"10"和"11"。

在调制方式中，相位调制可以用于连续变化相位的模拟信号，也可以用于离散变化相位的数字信号，比如相移键控。二进制相移键控的相位表示"0"或"1"，在 GSM 通信中使用二进制相移键控；正交相移键控的相位为＋45°、－45°、＋135°和＋135°的波形表示"00"、"01"、"10"、"11"，在 IS-95 CDMA 通信中使用正交相移键控；差分编码的正交相移键控用改变相位的波形表示"00"、"01"、"10"、"11"，通常在 IS-54 和 IS-136 蜂窝通信中使用差分编码的正交相移键控。

多路接入技术通常包括频分复用多路接入 FDMA(Frequency Division Multiple Access)、时分复用多路接入 TDMA(Time Division Multiple Access)和码分复用多路接入 CDMA(Code Division Multiple Access)。其中采用频分复用多路接入技术通信的每个用

户被分配一个个人频率，频分复用多路接入传输的是模拟信号；采用时分复用多路接入通信的多个用户被分配一个通用频率，但是同时被分配给不同的时隙，时分复用多路接入传输的是数字信号；采用码分复用多路接入通信的多个用户的信号被扩频到宽带频段，但是同时被分配个人扩频的“码”，码分复用多路接入传输的是数字信号。

1.3 无线通信的网络特质

无线通信的网络是智能化的、能够满足蜂窝系统灵活需求的网络，这种网络结构为本地循环服务中采用蜂窝系统通信提供了各种可能性。

1.3.1 网络智能化

无线通信接入在社会生活和生产中非常重要，移动的车船、行走的人群和其他机动的物体，都需要通过无线通信接入技术来获得和外界的联系。个人通信服务、家庭网络和商业网络也是无线通信网络中机动性很高的一部分，除此之外，位置移动的客户访问网络需求都需要智能化的无线通信网络。

家庭位置注册（Home Location Register）和访客位置注册（Visitor Location Register）是无线通信网络智能化的一种体现。家庭位置注册是数据库，提供给客户的服务包括身份认证比如电子序列号码（Electronic Serial Number）和移动设备识别号码（Mobile Identification Number）、客户需要的服务、和访客位置注册正在搜索的客户位置信息。访客位置注册是包含客户目前在服务区内的活动信息的数据库，存储和更新的信息使无线通信网络可以判断客户当前的位置，特别是帮助实现认证和加密的功能。

在个人通信服务当中，SS7（Signaling System Number 7）用于移动设备应用部分，也用于 TELCORDIA 技术标准先进智能网络，或者美国国家标准委员会、国际电信联盟的智能网络。SS7 是国际标准协议，发送的信息包括用于基本通话控制和通话有关服务之间的切换，也包括切换功能和基于网络服务的数据库之间的信息，SS7 使用逻辑区分的、专业化的、通用信道和打包切换的网络。所以 SS7 适用于移动设备应用流程中除了 GSM1900 之外的美国蜂窝标准和个人移动通信服务、移动设备应用流程中的北美 GSM1900 和全球 GSM 通信，以及先进智能网络。

移动设备智能特性体现在国际标准的建立，应用在移动服务切换中心、家用位置注册和访问者位置注册。移动设备智能特性还表现在上述产品的生产商必须支持智能功能。移动设备智能特性在网络应用中建立技术指标，同时使移动功能应用在服务控制点或者相邻点，移动设备智能特性在个人通信网络中用无线功能实现“切换”功能，为网络服务供应商实现出售“交换”服务或者为移动服务对个人通信网络实现“交换”功能。

1.3.2 蜂窝结构

基于个人通信服务的蜂窝通信能够与蜂窝通信竞争，或者在国家层面服务中补充蜂窝通信的覆盖面。基于个人通信服务的微型蜂窝通信的低端个人通信服务为城市地区提供了更高的容量，覆盖面包括户外和建筑物内部，提供更高的通话质量。

基于宏观和微观的蜂窝通信的个人通信服务实现了移动通信的广泛应用，巨大的蜂窝通信用于覆盖宽阔地区和快速移动的机动设备上，小型蜂窝通信用于高容量（包括容量复用）和高质量通信技术，但是要求手持移动电话具备两种技术的通信功能。

具有交换功能的个人通信服务，既提供无线射频设备，也提供交换中心，如图 1.3.1 所示。

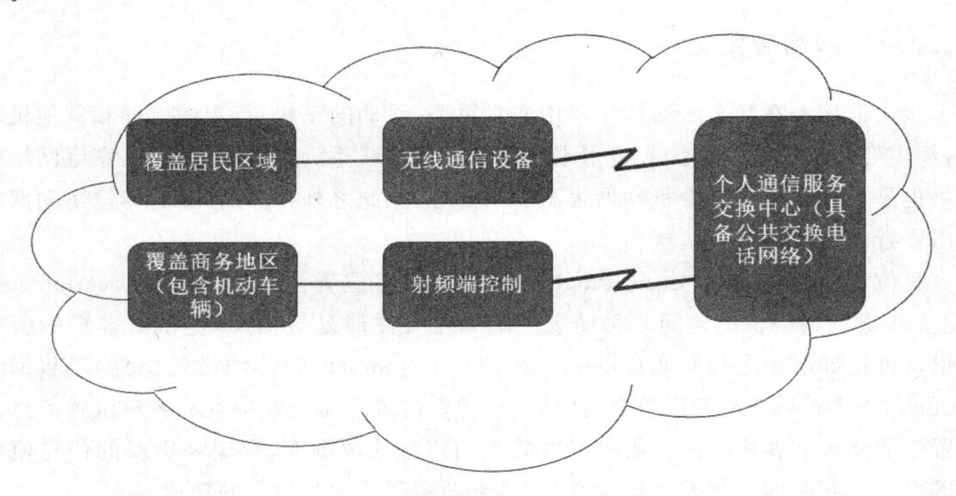

图 1.3.1　个人无线通信服务的网络结构

在图 1.3.1 中，个人通信服务的无线通信网络覆盖居民和企业商务活动两大部分，其中无线通信网络设备连接的个人通信服务终端包含公共交换电话网络功能。另外一种不具备公共交换电话网络功能的无线通信服务结构覆盖居民和企业商务活动两大部分，其中无线通信网络设备连接的个人通信服务终端包含公共交换电话网络功能，可以采用先进智能网络提供交换数据的功能。

在个人无线通信服务的网络结构中，多家运营商根据国际标准实施了无线通信服务，比如朗讯的无线通信业务和爱立信的 Freeset 业务遵循 PWT（Personal Wireless Telecommunications），松下的商务链接业务遵循 IS-94（Interim Standard 94 for in-building operation of low-powered analog systems），Nortel 的同伴系统遵循 CT2（Cordless Telephone-second Generation）。

1.3.3 无线本地回路

无线本地回路（Wireless Local Loop）技术正在日益成熟，因为采用无线本地回路技术，信道容量每隔3年就翻一倍，无线电磁波通信的成本每隔7年就降低一半，这每个无线电磁电信道的成本每隔2.1年降低50%。不具有无线本地回路技术的网络结构如图1.3.2所示。

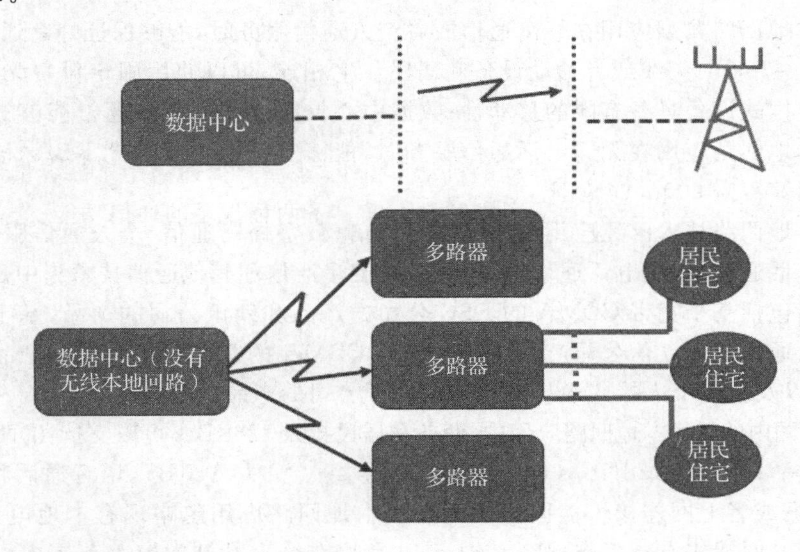

图1.3.2 不具有无线本地回路的无线通信网络

在图1.3.2中，数据中心通过有线或者无线通信与多个多路器相连，多路器通过有线连接的方式和居民住宅实现通信，每个多路器连接多个居民住宅。具有无线本地回路技术的网络结构如图1.3.3所示。

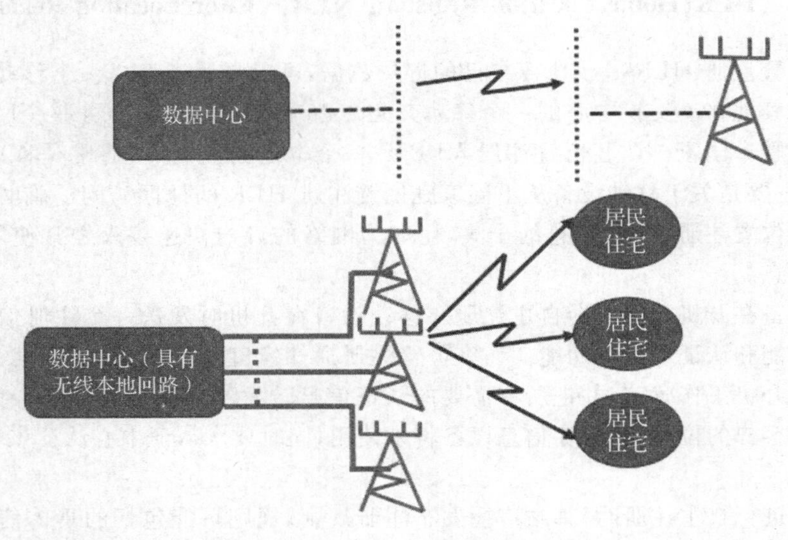

图1.3.3 具有无线本地回路的无线通信网络

在图1.3.3中，数据中心通过有线通信与多个基站相连，基站通过无线通信的方式和居民住宅实现通信，每个基站可以同时与多个居民住宅通信。

在建立无线本地回路的移动设备中需要建立固定位置的基站天线(在居民住宅连接点可以使用无绳电话),系统允许使用便携式设备,相邻覆盖范围在 100m 到十几公里之间。

无线本地回路典型应用在蜂窝通信或者个人通信服务时,能够保证蜂窝通话质量;基站间距是 2～70km;天线或者移动设备和居民住宅相连;可以使用固定付费无线电话;使用的蜂窝便携式设备具备有限的移动性;数据中心控制或切换功能通常能够被很好地简化。无线本地回路应用在无绳电话通信服务时,能够实现通话质量 32KB/s,语音延迟小于 50ms,能够覆盖 500m 的范围。

无线本地回路技术已经应用在模拟蜂窝通信、数字蜂窝通信、个人通信服务、数字增强型无绳电话通信、无绳电话通信第二代技术、卫星通信和其他通信技术当中。无线本地回路的产品包括基于宽带 CDMA 的 DSC 公司的产品和朗讯公司的产品,基于数字增强型无绳电话通信的爱立信公司产品,基于 IS-95 CDMA 的摩托罗拉公司的产品和高通公司的产品,以及基于个人接入通信系统的西门子公司的产品。

在美国国内的无线本地回路应用中,商务和居民接入 128KB/s 可以支持:①两路 64KB/s 语音同时通话;②一路 128KB/s 数据或者上网连接;③一路 64KB/s 语音通话和一路模拟 64KB/s 数据或者上网连接。美国国内的无线本地回路应用忽略现有本地电话载波,支持本地编号的便携式设备工作;某些个人基站允许在个人基站的覆盖范围内可以选用无绳电话分机的数字个人通信服务电话;而且基于无线本地回路的 AT&T 公司通信产品采用频分复用、时分复用、空间复用(比如窄波段天线支持的多个扇区)的技术支持本地、长距离、移动设备、因特网上数据服务。

1.3.4 HLR(Home Location Register)、VLR(Visitor Location Register)认证

家庭位置注册 HLR 是供应商自己的订户数据,可以是属于订户一个移动交换中心,可以服务于其他移动交换中心的一个移动交换中心,可以是独立地服务整个网络,也可以独立地服务整个国家。访客位置注册 VLR 是一个本地的数据库,通常是移动交换中心的一部分,主要是关于移动设备从不同家庭位置注册 HLR 的地区访问的临时位置信息,包含在家庭位置注册 HLR 信息的子集,比如为网络的订户快速接入经常使用的移动设备的位置信息。

移动设备在开机状态时会自主注册。移动设备在开机时发送一个注册信息,实现确认自己的功能和认证参数的功能。访客位置注册通知家庭位置注册,说明某个客户的移动设备处于开机工作状态,并把所有需要的认证信息转发给家庭位置注册。家庭位置注册记录这个客户的位置,并保存信息以备将来使用,同时要求认证中心认证该客户的移动设备。

当再次进行自主注册时,基站广播发布注册规则,规则可能包括的具体信息有:移动进入不同的地方,但是在同一访客位置注册的"区域";移动进入一个被不同移动交换中心或者访客位置注册的地区;每隔多少分钟注册。访客位置注册根据需要更新家庭位置注册,以便于能够为该客户的移动设备搜寻来电。

自主注册和认证在一些情况下必须执行,具体包括:漫游到同一个通信服务供应商覆

盖的偏远地区，客户无须支付额外的漫游费用；漫游到另一个通信服务供应商覆盖的网络，此时客户自己的服务商无法提供该地区的服务，客户必须支付额外的漫游费用。

认证中心支持一些功能，但是这些功能依赖于通信服务供应商的选择，具体包括：采取必要的验证来证明客户的移动设备的真实性，防止假冒或者复制的移动设备被认证；采取语音或者数据加密技术来防止通话被偷听；使用信号加密的信息技术来保护发送的信息中的信用卡号码等的敏感内容。

认证功能的职能概括起来包括三个方面：①在所有的数字移动设备中都必须被执行，也就是说所有的新的数字通信标准都注明"移动设备将会……"的字样，并使用加密技术；②在网络中被执行是可选择项，依赖于通信服务供应商的选择；③每个通信服务供应商都想要一些防止假冒的保护措施，但是网络设备的成本和复杂程度拖延了这些保护措施在网络中的实施。

虽然有实施中的困难，认证功能的职能已经在不断被接受和实施，例如基于系统的GSM一直都要求使用密码认证和语音加密，1991年相关的标准文件就已经发布；美国数字蜂窝通信和个人通信服务都建立在IS-41-C标准上，并在1995年加以改进；其他的技术也在被使用，"射频指纹"使每个移动通信设备采用独特的特征或者签名，采用个人识别码，对客户和通话文件进行网络分析，并在模拟通信系统中使用同样的技术。

在大部分美国数字蜂窝通信标准中采用"蜂窝认证和语音加密算法"，用两个层次的密钥：①一个64位主要密钥，被称为A密钥。A密钥仅有移动通信设备和认证中心知道，在移动通信设备中是半永久性存贮，可以被通信服务运营商手动修改。A密钥在"蜂窝认证和语音加密算法"中产生临时信息。②两个共享的临时64位密钥，被称为共享秘密数据A和共享秘密数据B，用于认证、语音加密和信号信息加密。

私有的密钥和公共的密钥算法是有区别的。在私有的密钥算法中，"蜂窝认证和语音加密算法"永远依赖一个单独的密钥，这个密钥只有移动通信设备和认证中心知道。实际上为了额外的安全考虑，"蜂窝认证和语音加密算法"采用两级私有的密钥系统，主要的密钥是A密钥，A密钥产生一个临时的密钥作为共享秘密数据A和B，共享秘密数据用来认证和加密。在公共的密钥算法中采用两种密钥，一个"公共密钥"被广泛公布，在信号发射端加密信息；同时一个只有信号接收端已经知道的"私人密钥"用来在接收到信息后解密；这种密钥更安全，但是当法律强制机构需要监听犯罪活动时也更加困难。

共享秘密数据采用的"蜂窝认证和语音加密算法"是一个128位的临时数字，可以利用访客位置注册加快认证和初始化的加密。其由两个64位数字组成，共享秘密数据A采用"蜂窝认证和语音加密算法"来进行认证，共享秘密数据B采用"蜂窝认证和语音加密算法"来进行语音加密和信息加密。共享秘密数据从未在空中发送，但是可以在网络内部从认证中心发给访客位置注册。共享秘密数据是一个计算使用并在其他参数中间的、被移动通信交换中心在空间发送并更新的一个随机数字。

"蜂窝认证和语音加密算法"的工作从64位主要密钥A和最初的密码建立共享秘密数据开始，加上电子序列号码，形成共享秘密数据A和共享秘密数据B，其中共享秘密数据A用于"蜂窝认证和语音加密算法"的认证，共享秘密数据B用于"蜂窝认证和语音加密算法"语音加密和信号加密。认证工作的流程如图1.3.4所示。

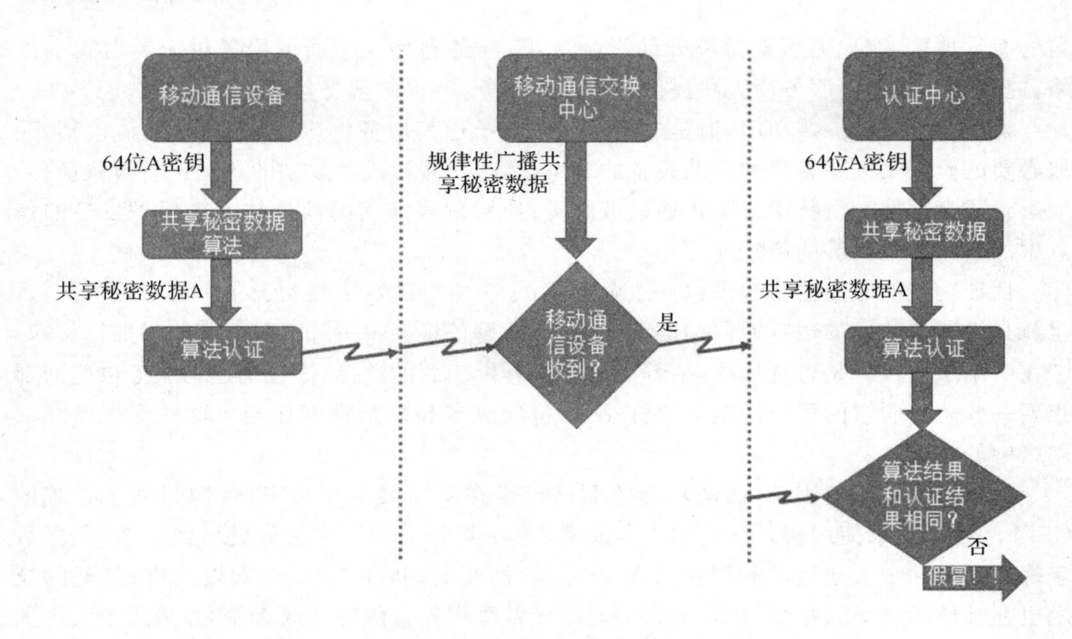

图 1.3.4　认证的流程

在图 1.3.4 中,移动通信设备通过“蜂窝认证和语音加密算法”完成认证信息;移动通信交换中心把临时产生并更新的共享秘密数据发布出来,并查询移动通信设备是否收到正确的信息;认证中心也通过“蜂窝认证和语音加密算法”完成认证信息,得到的信息和移动通信设备算法完成的信息对比,如果相同,就完成认证,如果不相同,就说明是假冒的移动通信设备,提出警告。

移动通信设备和认证中心都会对注册次数、初始化次数、中断次数这些最显著的事件进行计数。计数信息会被提交给其他认证中心。作为附加安全措施,即使假冒的移动设备破解了认证信息,它也不会猜到正确的计数信息,这将提醒系统产生一个预报警。

认证职能完成后,移动通信设备将会被允许接入基站,如果基站得到“许可”的认证信息,就规律性地广播控制信息,表明“许可”信息,包括所有的注册、拨打电话、响应来电,其中注册包含开机注册、自主注册、改变设备位置时所需要的自主再次注册。

语音私人使用和加密已经被广泛采用。GSM 系统一直都要求空间接口使用密码学和加密技术;美国 TDMA(包括 IS-54 和 IS-136)支持“蜂窝认证和语音加密算法”加密技术,而且在移动通信设备上被要求执行,在网络中可选择执行;美国 CDMA(IS-95)要求移动通信设备执行,提供“语音私人化”,并在所有系统上提供“公共长码掩码”默认项,为加强保护,在网络中可选择采用基于“蜂窝认证和语音加密算法”的“公共长码掩码”的加密;任何蜂窝通信和个人通信服务的加密方案都会有漏洞,没有万无一失的加密方案。

1.3.5　通话功能的实现

通话功能是无线移动通信系统的主要功能之一,通话的建立依靠无线移动通信系统的合作完成。如图 1.3.5 所示。

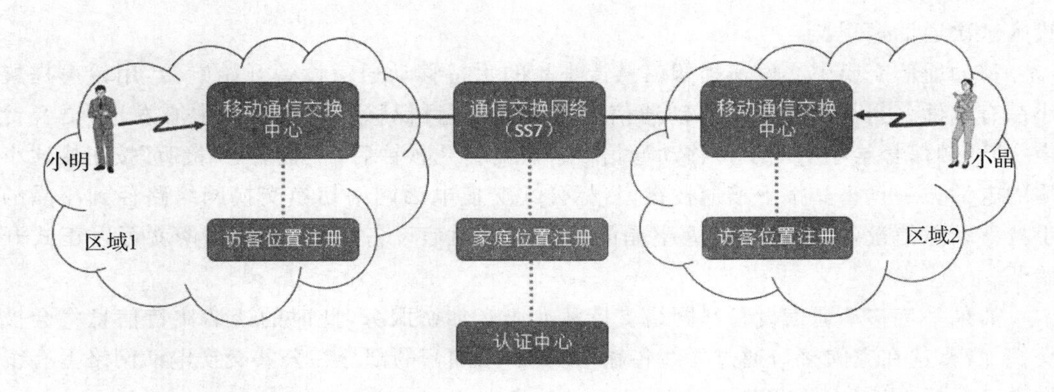

图 1.3.5 建立通话时的网络连接

在图 1.3.5 中，通话的两个人小明和小晶手持移动通信设备，小明是在区域 1 的某个位置，小晶是在区域 2 的某个位置，小明打电话给小晶，将会怎样实现网络接入呢？可以看出小明拨电话给小晶需要至少 3 个步骤：①小明在手持移动通信设备上输入小晶的手持移动通信设备的号码，并按下“发送”按钮；②小明的手持移动通信设备在共享控制信道发出初始信息给“移动通信交换中心”，初始信息包括小晶的手持移动通信设备的号码、小明自己的手持移动通信设备的号码和电子序列号、小明自己的手持移动通信设备的认证信息；③在通话进行之前，小明的手持移动通信设备再次注册得到认证。

此时移动通信交换中心在共享控制信道上发送一个短的“信道安排”信息给小明的手持移动通信设备，小明的手持移动通信设备切换到被指定的“交通信道”，这个信道将全力投入这次通话过程。移动通信交换中心使用小晶的手持移动通信设备号码来确定小晶的家庭位置注册，小晶的手持移动通信设备的前 6 位数字将会唯一确定她的家庭位置注册；从 2002 年开始“无线数字设备”投入运行，用 10 位数字来确定她的家庭位置注册。

小明所在区域 1 的移动通信交换中心询问小晶的家庭位置注册，怎样接通小晶的手持移动通信设备呢？这时小晶的家庭位置注册请求她所在区域 2 的移动通信交换中心指定临时本地方向号码，有时称为“寻呼号码”，比如一个“真实”号码像“有线”连接的号码那样被寻呼。于是小明的移动通信交换中心在 SS7 网络上发送建立通话的信息寻呼小晶的移动通信交换中心，一般是在通信交换网络上路径交换为目标的移动通信交换中心建立交换连接。

目标移动通信交换中心在共享控制信道上蜂窝通信的搜寻地区（通常是整个城市地区）发出“搜寻”短信搜寻小晶的手持移动通信设备，小晶的手持移动通信设备发出包含本机号码、电子序列号和认证信息的“搜寻响应”短信给在共享控制信道的移动通信交换中心。

目标移动通信交换中心把认证信息转发给访客位置注册，①更新小晶的确定位置；②并再次注册小晶的手持移动通信设备在哪个蜂窝通信区域；③目标的访客位置注册转发信息给小晶的家庭位置注册，小晶的家庭位置注册请求认证中心认证小晶的手持移动通信设备。此时目标移动通信交换中心在共享的控制信道发送“信道安排”短信给小晶的手持移动通信设备，小晶的手持移动通信设备切换到指定的“交通信道”，这个信道将全力投入这次通话过程。

移动通信交换中心发送提醒信息让小晶的手持移动通信设备开始响铃，用铃声提醒小晶有电话。当小晶的手持移动通信设备响铃时，目标移动通信交换中心发送“语音铃声”的音频信号给小明的手持移动通信设备。响铃几秒钟后，小晶按下“接听”按钮接通小明的电话。一旦小晶按下接通按键，目标公共交换电话网络切换交换网络路径到小晶的手持移动通信设备，通过基站为小晶的手持移动通信设备服务，电话交谈就可以正式开始了。

如果手持移动通信设备和网络支持私人语音加密服务，此时的谈话比特信息将会被交织加密，这在空间接口通过无线传输来实现，不加密的部分在公共交换电话网络上有线发送给目标，不需要解密。

以上就是无线通信网络中通话建立的整个流程。

第 2 章　无线移动通信 2G 技术

2.1　蜂窝通信和个人无线移动通信

蜂窝通信和个人通信相比较，两者都提供通信服务；都具有介绍新服务的目标；都采用无线通信技术，也就是说许多个人无线移动通信技术恰好采用数字蜂窝上行链路的800MHz 到 2GHz 的技术、投入相同的无线通信和网络设备的成本、但是仍然有些新技术选项。

蜂窝通信的优点是广泛分布，利润丰厚，这主要表现在 4 个方面：首先无线发射接收设备和网络设备的成本可以被支付，而且信号覆盖范围相当广泛；其次良好的客户基础，市场前景好，客户关注度高，利润高；第三因为利润丰厚，可以在价格上进行激烈竞争；第四蜂窝通信服务运营商的经验丰富。

蜂窝通信的缺点是大部分根植于旧技术（模拟通信技术），主要表现在 3 个方面：首先是显著的容量限制，使客户的账单增加；其次更新设备需要投入显著的成本；第三在技术更新上面临显著的挑战，具体包括采用新技术必须更换老旧设备、在可预见的未来还必须支持一半或者更多的客户采用旧技术工作、在最后一位模拟通信客户使用数字通信技术之前还不能实现获取新技术的全部优势。

个人无线移动通信的优点是个人通信的起点是全新的空间，个人无线移动通信是在任何地点都完全使用最新的技术，主要表现在 4 个方面：首先用新技术实现 10 倍或 10 倍以上的全容量空间；其次客户数量的增加使服务成本达到最低值；第三移动通信运营商在覆盖范围和信号强度方面都足够提供高质量服务；第四在信号覆盖范围内的地方都支持最先进的服务。

个人无线移动通信的缺点是个人无线移动通信在起步阶段面临挑战，这些挑战来自于 4 个方面：首先需要支付无线通信和网络的所有设备成本；其次需要创建市场、吸引客户、网络安装、运营和维护、和支付费用；第三创建蜂窝区域基站使信号能够足够覆盖大的面积；第四需要缩减通话费用。

综上所述，个人无线移动通信与蜂窝通信相比，个人无线移动通信面临起步的挑战，但是提供了长期发展的新技术来带的最大利益，包括客户容量巨大，服务成本低，通话质量高、容量大、很少掉话、客户可以获得最先进的通信服务。为此个人无线移动通信将会在经过开始几年的艰难之后，在无线个人通信领域获得资本和利润的不断增加。

2.2 移动通信的前景

2000 年 6 月的统计数据表明,全球范围内无限通信用户的数量及其采用技术的排名前 10 位的国家分别是:美国数量 9.37 千万,采用 CDMA/GSM 和 IS135 技术;日本数量 5.8 千万,采用 CDMA 和 PHS 技术;中国数量 4.65 千万,采用 CDMA、GSM 技术;意大利数量 3.11 千万,采用 GSM 技术;韩国数量 2.75 千万,采用 CDMA 技术;英国数量 2.55千万,采用 GSM 技术;德国数量2.5千万,采用 GSM 技术;法国数量 2.11 千万,采用 GSM 技术;西班牙数量1.64千万,采用 GSM 技术;巴西数量 1.44 千万,采用 CDMA、IS136 技术。

根据 1998 年至 2005 年的美国国内数据统计,可以看出个人无线移动通信业务需求从 900 万数量增加到 7.67 千万,蜂窝通信业务数量从 5.96 千万增加到 9.51 千万。2005 年无线通信业务总数量增加到 1998 年的 2.5 倍,个人无线移动通信的需求突飞猛进,未来市场需求必将持续增长。

2.3 个人无线移动通信服务的七个技术标准

个人无线移动通信是新一代电话业务向基于 7 个美国标准无线通信技术的无线通信用户的延伸。建立的标准支持个人无线移动通信业务,更新的内容符合国际移动电话通信 IMT-2000 的规定。

美国的 7 个标准采用 2GHz 的通信,具体包括:蜂窝通信的 IS-95(美国 CDMA)、个人无线移动通信 PCS1900(欧洲 GSM)、IS-136(美国 TDMA);无绳电话的 PACS(TR-1313)和 PWT(DECT);新技术的个人无线通信服务 PCS2000(CDMA/TDMA)、W-CDMA(宽带 CDMA)。根据这 7 个标准,北美先进移动电话系统 AMPS 项目从 1998 到 2005 年减少 60%,码分多址多路接入 CDMA 技术项目从 1998 到 2005 年增加 90%,时分多址多路接入 TDMA 技术项目从 1998 到 2005 年增加 75%,全球移动通信 GSM 技术项目从 1998 到 2005 年增加 90%。在 2005 年码分多址多路接入 CDMA 技术项目最多,其次是时分多址多路接入 TDMA 技术项目,全球移动通信 GSM 技术项目是码分多址多路接入 CDMA 技术项目的一半。

这些标准的技术参数各不相同,具体参数如表 2.1.1 所示。

表 2.1.1 技术参数比较

	美国 TDMA(IS-136)	GSM	CDMA(IS-95)
接入技术	TDMA/FDMA	TDMA/FDMA	CDMA/FDMA
频率范围(上行链路下行链路)	824—849MHz 869—894MHz	890—915MHz 935—960MHz	824—849MHz 869—894MHz

续表

	美国 TDMA(IS-136)	GSM	CDMA(IS-95)
调制方式	π/4 DQPSK	GMSK	QPSK
通话速率(kbps)	8	13	13
无线射频信道	3	8	12-20
频率复用	7	4	1

在表 2.1.1 中，频率范围是初始标准，实际上都有增加。这些技术标准的采用在用户容量上和先进移动电话系统 AMPS 技术相比都有不同程度的加倍，码分多址多路接入 CDMA(IS-95)容量是先进移动电话系统 AMPS 的 6～12 倍，全球移动通信 GSM 容量是先进移动电话系统 AMPS 的 3～6 倍，时分多址多路接入 TDMA(IS-136)容量先进移动电话系统 AMPS 的 3～4 倍。

2.4　第三代蜂窝通信

新一代无线通信技术是个人通信和数字蜂窝通信，第三代无线通信(常常被称为 3G)技术符合国际移动电话通信 2000 标准。追溯历史，第一代无线通信是采用模拟信号传输技术的先进移动电话服务 AMPS，第二代无线通信是采用数字信号传输技术的全球移动通信 GSM、码分多址多路接入 CDMA(IS-95)和时分多址多路接入 TDMA(IS-136)，第三代无线通信技术在国际电信联盟的技术要求中，不断提高数据传输速率。

目前的 3G 技术中，宽带码分多址多路接入 W-CDMA 技术兼容全球移动通信 GSM，码分多址多路接入 cdma2000 技术兼容码分多址多路接入 CDMA(IS-95)，宽带时分多址多路接入 TDMA 兼容 IS-136 技术。在欧洲采用宽带码分多址多路接入 W-CDMA 带宽在 4.8MHz 以上，在亚洲采用宽带码分多址多路接入 W-CDMA 和码分多址多路接入 cdma2000，在北美采用基于 IS-95 的码分多址多路接入 cdma2000、基于个人通信服务 PCS1900 的 WP-CDMA 和基于 IS-136 的通用无线通信 UWC-136。无线网络的市场份额逐年增长，无线通信将比有线通信具有更广泛的应用，无线通信中的多媒体服务被广泛应用。

中国因为鸦片战争，错过了第一代无线通信技术的发展建设和国际标准的参与，因为抗日战争和内战，错过了第二代无线通信技术的发展建设和国际标准的参与。新中国成立后，虽然中国无线移动通信技术基础薄弱，但是在第三代无线通信技术的发展建设中，中国终于提出建立了称为 TDS-CDMA 的属于自己的 3G 国际标准。因此加强中国无线移动通信技术的知识储备，学习无线移动通信技术的原理和工程实践，是发展和建设好中国第三代及以后无线移动通信现代化产业的重要任务。

2.5 TDMA 原理和应用

2.5.1 TDMA 基本原理

时分多址多路接入 TDMA 是在每个频率点有 M 个时隙，每个移动设备仅在自己的时隙传输信息，多个移动设备共享同一个无线频率载波的技术。如图 2.1.1 所示。

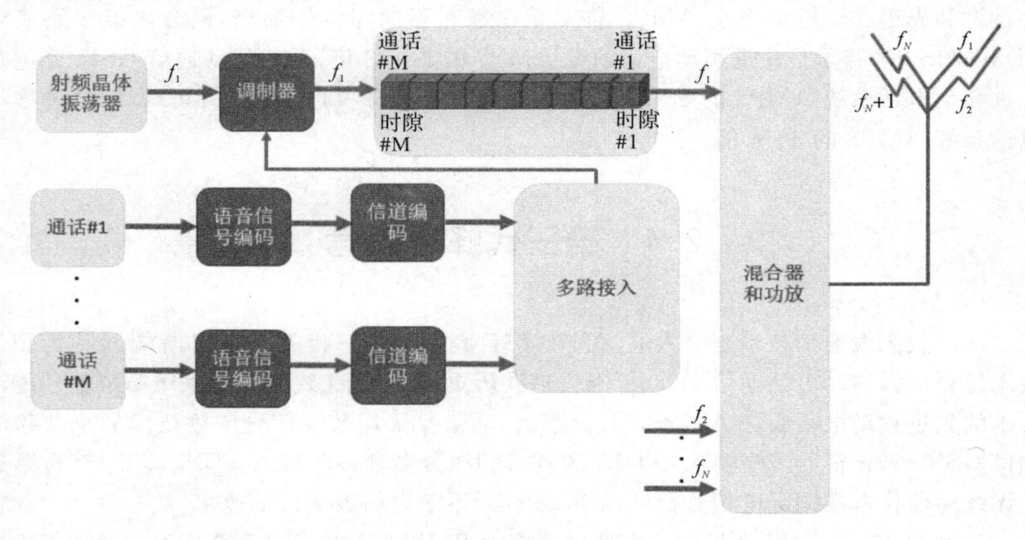

图 2.1.1 每个频率有 M 时隙的 TDMA

在图 2.1.1 中，多路电话接入调制器，同一个载波的不同时隙＃1……时隙＃M 上，分布不同的通话＃1……通话＃M，然后进入“多路接入”混合器，再经过“混合器和功放”放大后进入天线，通过天线把电磁波发送到空间。在空间中的多路调制波信号，分别到达手持移动通信设备的接收端＃1……接收端＃N。如图 2.1.2 所示。

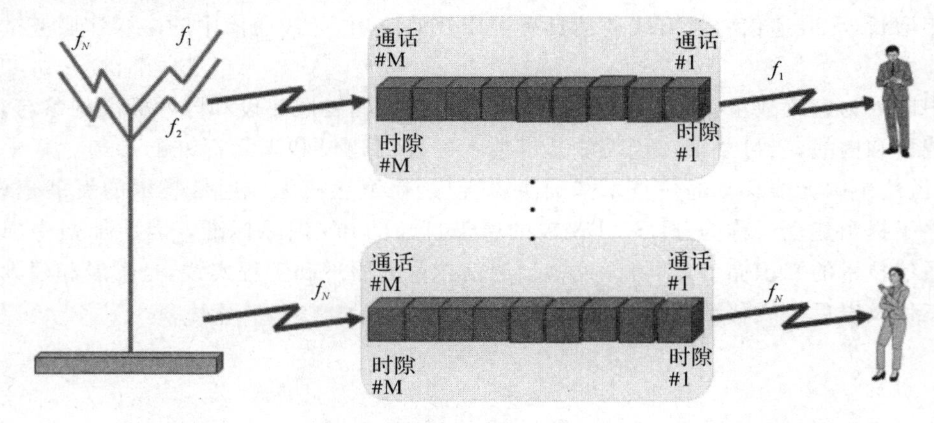

图 2.1.2 N 频率点的 TDMA

在图 2.1.2 中，空间中有 N 个不同频率的已调制的电磁波，每个电磁波上都调制有 M 个不同时隙分布的不同通话。

在一个基站接收和发送的每个频率的调制波上的时隙控制最多可以有 7 个语音通话，如果同时保证 7 个以上数量的电话接通，就需要更多的载波进行信号调制、更多的基站接收和发送。在通话过程中，需要安排每个通话信号接收和发送的信道，在图中 M 个通话需要 M 个信道，同一组调制波的 M 个时隙都分配给 M 个不同的信道。

在无线移动通信实现全双工通信时，上行链路是移动通信设备发送信号给基站，下行链路是基站发射信号给移动通信设备。上行链路和下行链路的建立需要有一对载波调制的频率对应的时隙，于是必须给上行链路和下行链路排队，等候相应的时隙安排。

每一个时隙上的基站发送信号给移动通信设备，同时移动通信设备接收基站信号；但是在同一个时隙，移动通信设备不能在接收基站信号的同时，发送信号给基站。如图 2.1.3所示。

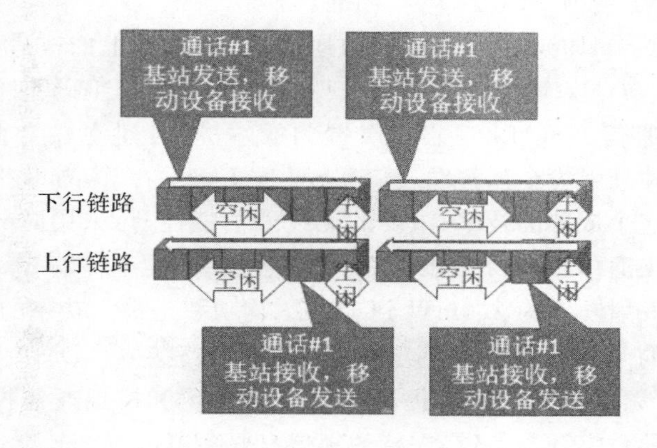

图 2.1.3　全双工通信的时隙分配

在图 2.1.3 中，上行链路占用的时隙和下行链路占用的时隙在不同的调制波频率上，也就是说通话过程中，信号在不同的时隙、不同的频率上切换。这个时隙被占用时，后面 3 个时隙保持空闲状态为信号切换做准备，包括频点的切换、工作状态转变和测试邻近信号强度。

在每一个蜂窝、每一个方向上至少有一个时隙被空闲状态的移动通信设备控制；在每一个蜂窝、每一个方向上至少有一个载波频率点在每一个蜂窝、每一个方向上别的时隙和载波也可以被使用。

在蜂窝通信 800MHz 附近的时分多址多路接入 TDMA 数字通信技术起初采用 IS-54、GSM(900MHz)，后来采用 IS-136。而个人无线移动通信在 2GHz 附近的时分多址多路接入 TDMA 数字通信技术起初采用全球移动通信 GSM1800，后来采用全球移动通信 GSM1900 和 IS-136。在上述技术中，IS-54 和 IS-136 同时支持模拟通信技术的先进移动电话系统 AMPS 和时分多址多路接入 TDMA 的新客户；允许逐步友好地从模拟通信技术转向数字通信技术；在 800MHz 蜂窝通信频段内并存；和先进移动电话系统 AMPS 一样使用 30kHz 载波宽度。IS-54 很早就开始使用数字语音信道和通信信道，每个方向有 2

个时隙，提供 8kHz/s 数字语音和前向纠错，使用和先进移动电话系统 AMPS 同样的控制信道作为制定数字通信信道和认证加密。IS-136 是先进移动电话系统容量是 AMPS 的 3 倍，每个通话需要 2 个时隙；在同样 30kHz 带宽范围内，先进移动电话系统 AMPS 支持一个通话，IS-136 支持 3 个通话；起初的标准是 8Kb/s 通话编码和 16Kb/s 的纠错码，后来是 4Kb/s 通话编码和纠错码在一个单独的 8Kb/s 的时隙，使容量加倍。

2.5.2 个人无线移动通信中的先进移动电话系统 TDMA 技术

在个人无线移动通信中的 GSM1900 采用时分多址多路接入 TDMA 通信技术，基于欧洲全球移动通信 GSM 数字蜂窝通信/频分复用多路接入通信，已经建立了美国标准；IS-136 增强版基于美国时分多址多路接入 TDMA 数字蜂窝通信，已经建立了美国标准；个人无线移动电话通信基于个人通信服务带宽的时分多址多路接入/频分复用多路接入双工通信，已经建立了美国 TDMA PCS 标准。

全球移动通信 GSM1900 是在全球移动通信 GSM 基础上的改进，改进的内容包括：提高频段到 1.8～2.0GHz；增加新的 13Kb/s 的“加强全速率编码”使通话质量接近于有线电话。全球移动通信 GSM1900 兼容高端和低端；同时建立在专业的全球移动通信 GSM 网络结构上；并且因为全球移动通信 GSM 和 DCS1800 的普及推广更为经济；很多供应商都可以采用这个成熟的技术；主要的无线通信特性有：采用时分多址多路接入/频分复用多路接入双工通信技术，在 200kHz 带宽的 8 个时隙上传输 270Kb/s 信号，手持移动通信设备的最大发射功率为 250mW 到 1W（平均功率是最大功率的八分之一）。

IS-136 增强版的个人通信技术是美国时分多址多路接入 TDMA 数字蜂窝通信标准的修改和更新，要求频段从 800MHz 提高到 2GHz；为了和模拟通信技术兼容，在 AMPS 控制信道中增加新的数字控制信道，支持的短信息服务可以有 256 字符，可以发送数据和传真；支持在基本的 8Kb/s 信道上支持 8Kb/s、16Kb/s、24Kb/s 语音信道；建立了基于个人通信服务的 IS-136 标准作为基站标准和空间接口标准。

个人无线移动通信增强版的时分多址多路接入 TDMA 移动通信技术是致力于低成本、高质量的通信频段；建立在数字加强版无绳电话通信标准的基础上；主要的无线通信特性有：①采用时分多址多路接入/频分复用多路接入双工通信技术；②采用 1MHz 带宽、1152Kb/s 的 24 个时隙（或者 12 个时隙的时分复用双工技术）；③使用 32Kb/s 语音编码；④支持 880Kb/s 数字传输；⑤平均发送功率是 10mW（最大 250mW）；⑥覆盖 300 米范围。

个人无线电话通信增强版的时分多址多路接入 TDMA 双工通信是在同一个频率上既有上行链路，也有下行链路。因为信号压缩，所以使频带增大。

2.5.3 时分多址多路接入 TDMA 的数据传输

时分多址多路接入 TDMA 在 IS-54 和 IS-136 的基础上建立的 TIA/EIA-136 标准定义了数字控制信道，建立了新服务种类包括数据服务，具体包括：①用 9.6Kb/s 的速率异步传输数据；②“全速”信道由一组时分多址多路接入 TDMA 时隙组成；③短信服务提高到250个字符；增加的功能包括：①8PSK“高层次调制”实现在“全速”信道传输14.4Kb/s；②“加倍时隙格式”的两个全速信道支持28.8Kb/s(2×14.4)；③“三倍时隙格式”的三个全速信道支持43.2Kb/s(3×14.4)。

在时分多址多路接入TDMA语音通话时，把时分多址多路接入TDMA空闲信道投入使用，使35%空闲的信道提供“多余”容量给高峰通信，高峰通信时的阻塞概率降低到2%以下，这种使用称为蜂窝数字包装数据，能够使多路数据用户共享一个单独信道；每个信道原始速率是19.2Kb/s；峰窝数字包装数据可以使用多个“空闲”信道，使运营商在蜂窝区域内投入全职信道，而且系统可以自动使用“空闲”信道。

第3章　GSM系统的工程技术

全球移动通信系统是时分多址多路接入 TDMA 技术最成功的应用。从技术赢得的客户和市场占有率来看，全球移动通信系统 GSM 是无线移动通信科学理论在实践中为人类服务的最高典范。

在国际标准的发展中，基于全球移动通信系统 GSM 的蜂窝通信和个人移动通信标准包括 GSM900、GSM1800 和 GSM1900，其中 GSM900 最初是欧洲 900MHz 数字蜂窝通信的标准，GSM1800 是 GSM900 频段升级到 1800MHz 的标准，有时被称为“个人通信网络”，GSM1900 是工作在 1900MHz 频段的北美 GSM 标准。

在技术参数上，全球移动通信系统 GSM 采用 200kHz 载波带宽、每个载波频率 8 个时隙，每个通话占用一个时隙，全速传输 13Kb/s 语音编码，采用 4 个蜂窝的 12 扇区频率复用。为了避免信号衰减，当发现传输信号所在的频率上网络信号不如其他频率点时，GSM 信道可以“跳频”到不同的频率、不同的时隙。GSM 无线移动通信设备包括无线通信设备(无线手持电话)和营运商身份模块(记载载波信息和营运商服务信息的 SIM 卡)2 个部分。

本章分 7 个小节来详细阐述 GSM 技术及其特色。

3.1　GSM 介绍

3.1.1　GSM 的起源

众所周知，在模拟通信技术被广泛应用的同时，模拟通信在容量方面的局限性日益显著，成为商业发展的瓶颈。为此必须开始一个新的商业方案，也就是一个在广大地区已经被占用的频谱上能够采用的新技术，并且是多个国家都使用的、能够被证明是持续发展无线移动通信事业的一个新技术。

于是，全球移动通信系统 GSM 学会成立了 GSM 标志，然后建立 GSM 标准，或者说建立了一系列标准。最初的全球移动通信系统 GSM900 和 GSM1800 被整合成为全球移动通信系统 GSM，大部分文件都已经在超过 5000 页的欧洲电信标准委员会的技术指标中，更高频率的 GSM1900 已经在北美实现并写入标准，欧洲电信标准委员会完成了 GSM400 的技术指标，可以在 400MHz 的频段内使用 14MHz 或者 28MHz 频谱，这种较低频率允许覆盖到 67 公里半径的蜂窝区域。GSM 的工作频率分布如表 3.1.1 所示。

表3.1.1 GSM工作频率

	GSM900	GSM1800	GSM1900
上行链路(MHz)	880-890(EGSM) 890-915	1710-1785	1850-1910
下行链路(MHz)	925-935(EGSM) 935-960	1850-1910	1930-1990

在表3.1.1中,GSM900、GSM1800和GSM1900在上行链路和下行链路都间隔20MHz的带宽范围,其中GSM900还有一部分的EGSM占用10MHz的上行链路和下行链路的频段范围,但是GSM1800和GSM1900的上行链路和下行链路频段都保证在60MHz以上,GSM1800的上行链路到75MHz,从这个方面看,高频段的频谱容量比低频段的频谱容量要大。

3.1.2 GSM服务的发展阶段

GSM服务有三个发展阶段:第一阶段从1991到1994年,第二阶段从1994到1995年,第三阶段从1995年开始。在第一阶段GSM系统提供有限的服务,第二阶段GSM系统功能不断增加,第三阶段实现了GSM所有的功能。

第一阶段的GSM服务主要是:全速率电话、紧急呼救电话、短信息的点对点和点对多点传输;承载业务是异步数据0.3～9.6Kb/s、同步数据0.3～9.6Kb/s、异步数据包接入0.3～9.6Kb/s、替换通话和数据0.3～9.6Kb/s;补充服务是呼叫转移和呼叫限制。

第二阶段的GSM服务主要是:电话业务的半速率通话和短信息加强版功能;承载业务有同步数据包接入2.4～9.6Kb/s;补充服务包括呼叫/连接线身份显示、呼叫/连接线身份限制、呼叫等待、呼叫保持、多方通话、关闭用户群组、付费建议及营运商可以决定的限制项目。

第三阶段的GSM服务已经有大约100项服务,主要项目举例包括:移动协助的频率分配;数字加强无绳电话通信接入GSM网络;支持最优的搜寻;给繁忙/无法送达的无线移动通信设备终端结束通话;内部与移动卫星系统工作;短信息服务移动繁忙;呼叫姓名显示;GSM无绳电话系统;GSM/AMPS漫游。这个阶段还包括网络架构、支持营运商制定指标的服务、允许个性化服务。后来GSM服务网络将会安装宽带码分多地接入(WCDMA)技术成为第三代无线移动通信技术。

3.2 蜂窝和数字无线通信的原理

3.2.1 数字无线系统通信的介绍

声音的空气压力波传播距离非常有限,音频能量在空气中快速地被损耗。电磁波在空气中的传播以某个频率传输,传输距离就非常远,声音的频率很低,但是电磁波的载波频率可以在 9kHz 到 3GHz 之间，如果把声音信号调制到电磁波上，就可以传输很远，在接收端把声音信号解调出来，恢复原来的语音就可以了。

以先进移动电话系统 AMPS 为例，每个信道宽度或者说信道空间是 30kHz，先进移动电话系统 AMPS 使用 2 个 30kHz 信道实现双工通信。当移动通信设备在 825MHz 使用一个 30kHz 的信道时，信道的频率是信道 30kHz 射频频谱中的中间位置的频率，信道带宽是信道的尺寸，如图 3.2.1 所示。

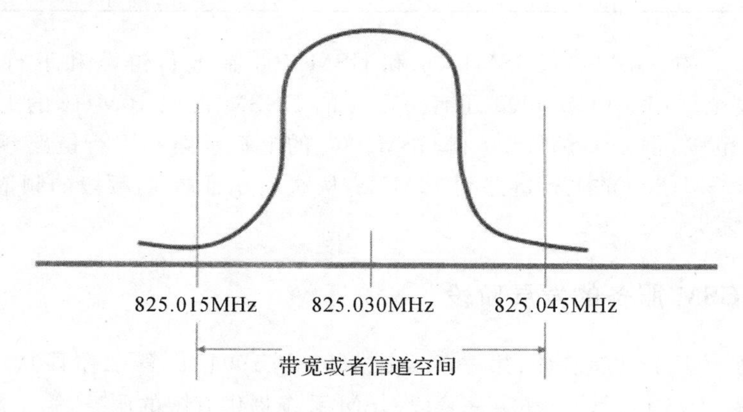

图 3.2.1　信道频率和信道带宽

在图 3.2.1 中，信道频率是 825.030MHz，信道带宽是 30kHz，此时 AMPS 上行通信链路的频率是 824～849MHz。

通常，带宽和信息容量有直接关系，信息位速率越高，在同等的其他条件下，需要的带宽越宽，如图 3.2.2 所示。

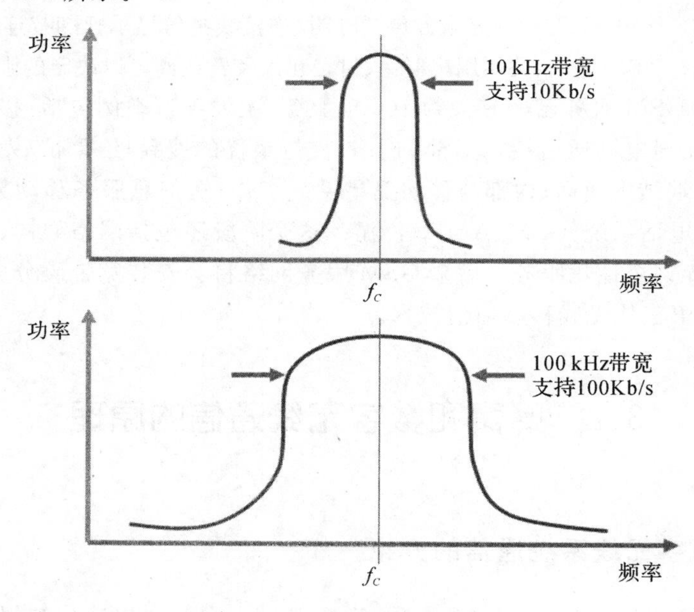

图 3.2.2　带宽和信息容量

在图 3.2.2 中,实际信息位速率是由调制信号和许多其他因素共同决定的,但中心频率为 f_C 的带宽越宽,信息位速率越高。

3.2.2 数字化的优点

数字信号传输的优点有两个方面:一方面信息传输更加可靠,另一方面适宜于采取通话压缩、频率复用的方法,使信息传输的容量增加。

数字通信使在非理想状况下的调制器在发射端的工作更加可靠。这是因为在调制器只需要 2 种波形,一种波形代表“0”,一种波形代表“1”,这 2 种波形非常容易区分。即使噪声或者明显的失真在信号传输过程中出现,也不会出现“位误码”。如图 3.2.3所示。

图 3.2.3 数字无线通信的发送端和接收端信号

在图 3.2.3 中,虽然接收端的信号波形看起来都是噪声,但是只要能够从噪声中区分“0”和“1”,接收端收到的信号就不会失真或者出现误码,正确的信号就一定会在接收端重建。

还有前向纠错(Forward Error Correction,FEC)技术使数字无线通信更加可靠。在发送端,把前向纠错 FEC 位插入到比特码中,增加了冗余度,使数字信号传输更加可靠,即使收到的信号有误码,但是前向纠错码仍然能够帮助接收端重建比特码,这一切不需要请求发送端重新发送信号。

实现数字通信,只需要在电磁波传输中,使用数字调制技术把数字信号调制到载波上,然后通过天线进行传输。

3.2.3 调制技术

调制的目标是把数字信号转化为适合于无线电磁波传输的波形,语音信号是模拟信号,在语音信号处理器中把语音的模拟信号转化为数字信号,把数字信号压缩到 13kb/s 或 13kb/s 以下的速率,然后通过信道编码,得到的数字编码信号“0”和“1”输入给调制器,在调制器输出高频率的调制后波形通过天线发送到空间成为电磁波。然后再采用语音信号压缩可以增加容量。

在第一章已经介绍过调制技术主要包括幅度调制、频率调制和相位调制。正交相移键控的相位为+45°、−45°、+135°和−135°的波形表示“00”、“01”、“10”、“11”,如图 3.2.4所示。

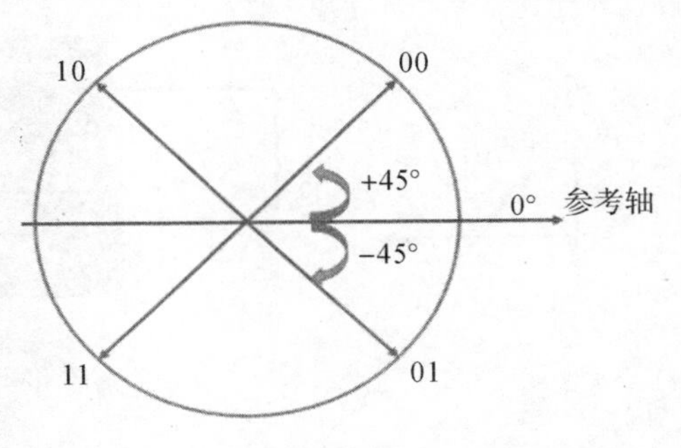

图 3.2.4 正交相移键控的矢量图

在图 3.2.4 中，以零度参考轴旋转 4 个不同角度，代表在 4 个极点的 4 种波形，每 1 种波形由 2 位数字信号表示。从原点到极点的距离表示信号幅度，相位和幅度组合被称为“星座图”。

正交相移键控的数字电路是通过加法器和乘法器对正弦信号和余弦信号进行处理得到的，如图 3.2.5 所示。

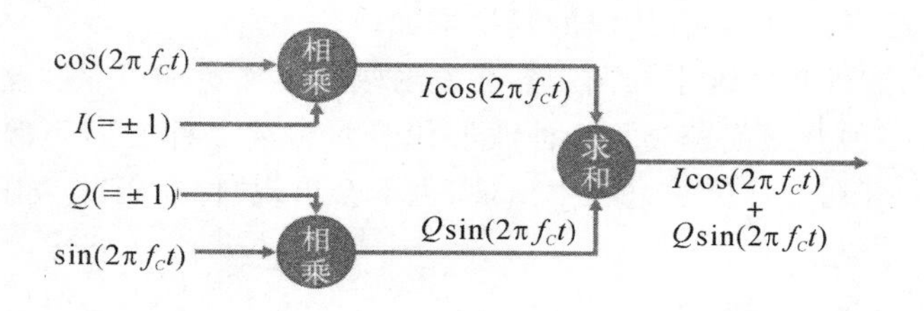

图 3.2.5　正交相移键控调制的电路

在图 3.2.5 中，两路基本的无线电信号的载波相位角相差 90°，因而被称为“正交”相移键控。I 和 Q 两路信号代表“＋1”和“－1”的二进制码，“＋1”代表二进制 0，“－1”代表二进制 1，QPSK 正交相移键控等同于双路二进制相移键控。

3.2.4　通话压缩和编码

正如在谈到数字无线移动通信的优点时，提到数字通信可以通过对数字语音进行压缩和编码来增加容量。数字通信及有传输真正的通话，真正被传输的是数字语音。数字通信降低了通话的误码率，大大提高了通话质量。在有线通信时，通话的语音采用脉冲编码调制的波形调制技术、自适应脉冲编码调制技术，速率高达 32Kb/s 以上。无线移动通信时，语音没有被直接传输，而是把语音压缩到 13Kb/s，采用的语音压缩技术如图 3.2.6 所示。

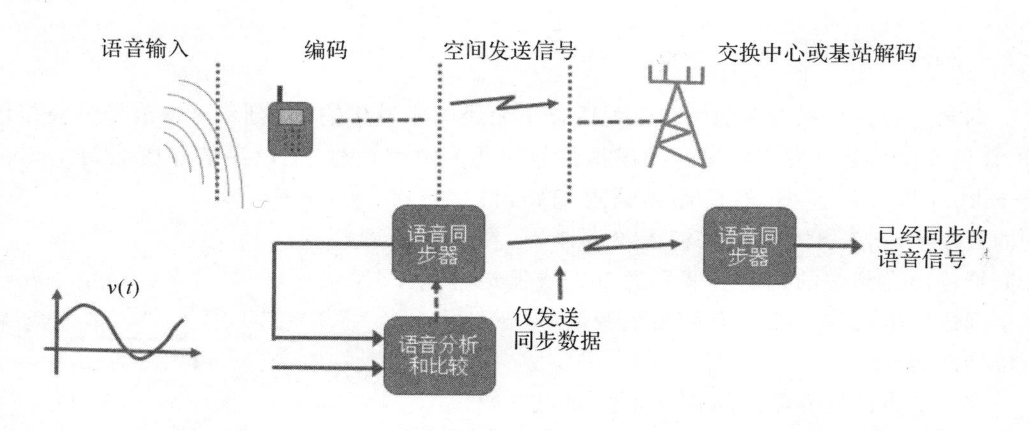

图 3.2.6　语音压缩

在图 3.2.6 中，通话建立后，在手持移动通信设备中进行语音编码，包括语音同步信号估计、语音分析和比较，然后信号被调制、经过功率放大后，通过手持移动通信设备中的天线发送到自由空间，在空间中传输，同时语音同步信号也被发送到自由空间。于是在移动通信交换中心或者基站接收到这些信号，就可以进行信号同步、信号接收和语音解码工作。

语音信号压缩使同频段内可以传输更多的信号，这极大地提高了通信容量，与此同时更多的频率复用也增加了通信容量。数字无线通信能够实现更多的频率复用，这是因为一方面数字通信提高信号的可靠性和抗干扰度，让无线通信中的蜂窝区域能够在相同频率靠得更近，更有机会重复使用频率；另一方面结合码分多址多路接入 CDMA 技术，相同频率可以在每个蜂窝单元扇形区域内实现最大化频率复用或者“全球”频率复用。

蜂窝概念使用更小的服务区域，每个蜂窝都使用所有可用的无线频率信道的子集；频率复用既可以在不相邻蜂窝内可实现，也可以在两个或两个以上蜂窝区域实现；六边形图案在构建频率复用时是很有用的图案，如图 3.2.7 所示。

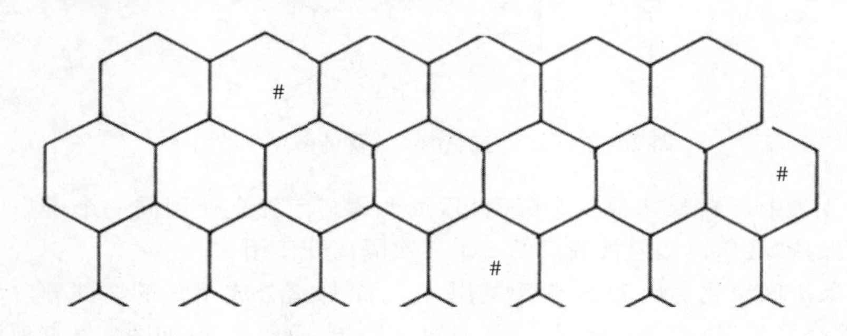

图 3.2.7　六边形蜂窝区域

在图 3.2.7 中，带有“#”的是频率复用的蜂窝区域，形成非常理想的蜂窝通信概念。在大都市地区，如果没有建立蜂窝通信系统的信道最大数量是 420 个，就需要大功率的移动通信设备覆盖面积大的区域，此时如果一个通话占用一个射频信道，就只能同时满足 420 个通话。

同样的 420 个信道采用蜂窝通信系统频率复用，假设总计 420 个信道，以 7 蜂窝为一个蜂窝串，则每个蜂窝可以有 60 个信道。同一个蜂窝串中，每个信道都不会复用。每个蜂窝串可以同时支持 420 个电话接听。如果一个地区有 N 个蜂窝串，这个地区的蜂窝无线通信系统可以支持 $N\times420$ 个信道。

在 7 蜂窝为一个蜂窝串的模式中，7 蜂窝模式保持的相同信道被两层不同的蜂窝区分开来，使用相同频率的蜂窝被不同的蜂窝串区分开来。这时的频率复用会获得多少信道容量？如果有 420 个信道的系统，采用 7 蜂窝为一个蜂窝串的模式，在蜂窝覆盖 258 平方公里的状态下，系统包含 10 个蜂窝串，也就是 4200 个信道的容量；在蜂窝覆盖 25.8 平方公里的状态下，系统包含 1000 个蜂窝串，也就是 420000 个信道的容量。可以看出，蜂窝覆盖面积越小，信道数量越大。但是较小的蜂窝覆盖面积也有缺点，那就是会带来同频道干扰。

为了减少同频道干扰，可以采取具体的技术手段。采用4区120°蜂窝的蜂窝分布，把所有频率点分成12部分，使用方向天线，提高蜂窝无线通信系统的性能和容量。每个蜂窝分成3个120°部分，7蜂窝串的所有的频率分成了21个子集。7/21蜂窝分布是基站分布的一种形式，采用方向阵列天线，每个蜂窝都是120°的区分。

7个蜂窝建立蜂窝串，蜂窝串的每个蜂窝得到七分之一的信道，就是60个信道，同一个蜂窝串中的每一个蜂窝频率没有复用，但是每个蜂窝串都可以同时满足420个通话，此时如果这个蜂窝串被复制 N 次来覆盖大都市，就可以实现 $N\times420$ 个信道进行通话。蜂窝通信系统中的每个蜂窝都编入7蜂窝的蜂窝串当中，如图3.2.8所示。

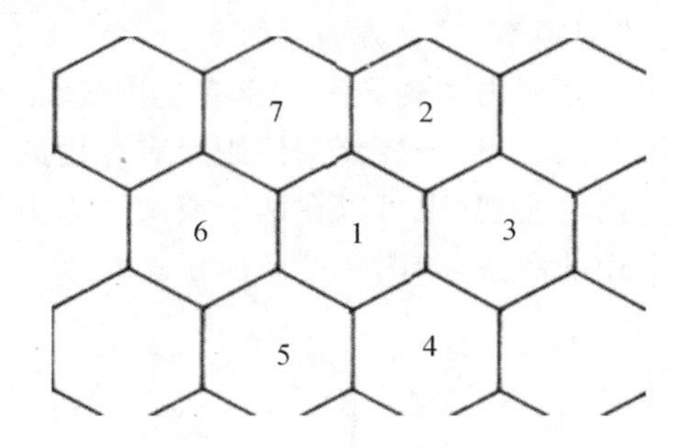

图3.2.8　GSM系统的7蜂窝的蜂窝串结构

在图3.2.8中，7蜂窝组成一个蜂窝串，每个蜂窝串独立使用同一个子集中的频率，每个蜂窝串保持“共信道”，但被蜂窝的2个层次隔离开使用。

在基站采用区块化实现7/21频率复用，每一个蜂窝分成120°的3部分，每个可用的频率都有21个子集，使用方向性天线，从而提高性能、增加容量，如图3.2.9所示。

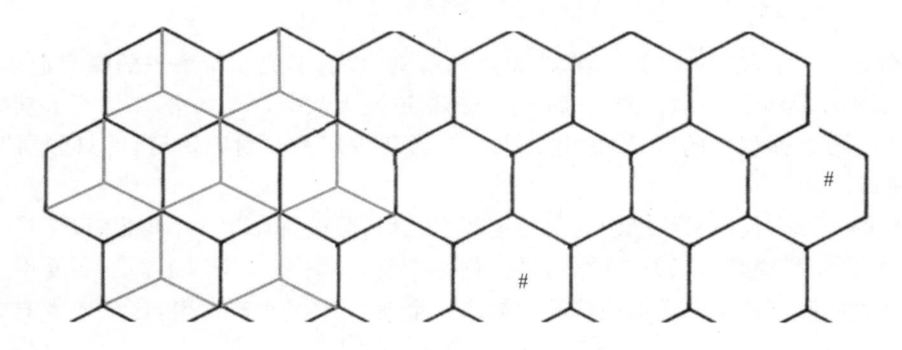

图3.2.9　7/21区块化蜂窝基站

在图3.2.9中，7蜂窝组成蜂窝串，每个蜂窝串有7个蜂窝，每个蜂窝内从中心点以120°划分成面积相等的3部分，这样在一个蜂窝串中有21个区块，频率被分成21个子集给一个蜂窝串使用，提高系统的性能，增加系统的容量。

有的基站采用4蜂窝的蜂窝串，每个蜂窝内从中心点以120°划分成面积相等的3部分，如图3.2.10所示。

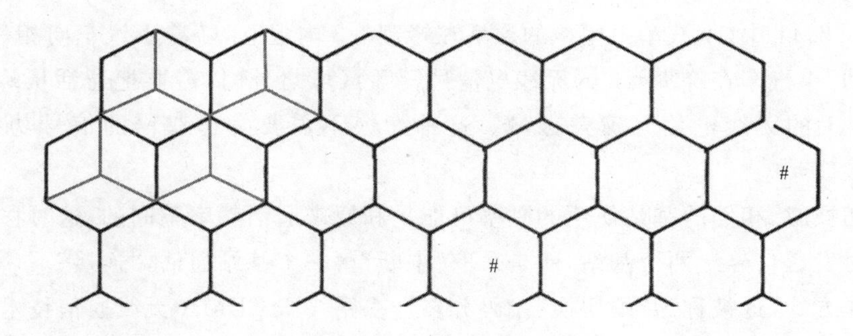

图 3.2.10 4/12 区块化蜂窝基站

在图 3.2.10 中，一个蜂窝串中有 12 个区块，频率被分成 12 个子集给一个蜂窝串使用，提高系统的性能，增加系统的容量。无论是 7 蜂窝的蜂窝串，还是 4 蜂窝的蜂窝串，或者单独一个蜂窝，在频带宽度、系统容量和应用的无线通信技术都不相同，如表 3.2.1 所示。

表 3.2.1 不同通信方式的基站频率复用的性能比较

	7/21 蜂窝复用	4/21 蜂窝复用	1/1 蜂窝复用
每个区块的频谱比例	1/21	1/12	1
容量	1.00	1.75	21.00
典型的通信方式	AMPS，TDMA	GSM	CDMA

在表 3.2.1 中，在频率复用的同时，系统容量增加的数量不同，是因为采用的无线通信方式不同，码分多址多路接入 CDMA 通信方式的容量增加到原来的 21 倍，全球移动通信系统 GSM 增加到 1.75 倍，但是先进移动电话系统 AMPS 和时分多址多路接入 TDMA 的容量和原来一样。码分多址多路接入 CDMA 虽然没有采用频率复用技术，但是码分多址的工作方式减弱信号干扰，即使增加容量，也能保证性能良好。

以上事实充分说明采用无线数字通信技术比采用无线模拟通信技术的优势是：在相同的信号传输过程中，抗干扰能力强，信号可靠性高，系统性能好，系统容量大。

在无线移动通信中，手持移动通信设备的通话可以在移动过程中进行，这是信号在不同基站或者信号覆盖区域的蜂窝之间交接或者切换是必须具备的功能。如图 3.2.11 所示。

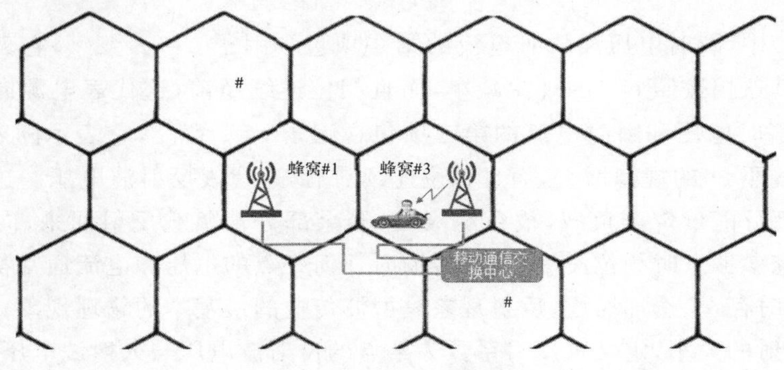

图 3.1.11 通话中的蜂窝小区切换

在图 3.2.11 中，小汽车中用户的通话在蜂窝＃3 内建立，随着小汽车向相邻蜂窝＃1 区域的移动，小汽车在蜂窝＃3 的无线电信号覆盖区域之外时，需要把通话从蜂窝＃3 切换到蜂窝＃1 的无线电信号覆盖区域。这种切换不需要发送双倍的信号功率去建立通话。

通话切换时，相邻的基站使用的频率可能是和原来通话频率不同的，这时移动通信设备不能同时发送信号给两个基站，而是采取“中断”第一个基站通话，“连接”下一个基站的通话的工作方式，这被称为“硬切换”。码分多址多路接入 CDMA 无线通信技术的工作频率是相同的，不存在在通话切换时，需要改变通话频率的问题，但是其他各种无线通信技术都需要具备切换通话频率的“硬切换”功能。

如果通话切换发生的相邻蜂窝覆盖区域使用相同的频率，比如在 CDMA 通信时，这个移动通信设备同时听从相邻的两个或者多个基站的信号，相邻的两个或者多个基站同时听从这个移动通信设备的信号，这种通话切换被称为“软切换”。

3.2.5 信道编码和卷积编码

在第一章谈到无线移动通信中信道编码可以减弱信号干扰造成的影响。信号干扰、噪声、反射和多径衰落造成的信号衰减成为造成误码的最主要原因，其中信号干扰包括不同移动通信设备使用者在不同蜂窝覆盖区域通话时的“共信道”干扰、来自“相邻”信道的干扰。

超高频率的无线电波称为微波，是一种电磁波，频率范围在 300MHz～3000GHz，对应波长在 0.1mm 至 1m 之间，电磁波的波长和传播速度、工作频率之间的关系如下：

$$f\lambda=\upsilon \tag{3.1}$$

在式(3.1)中，真空传播速度就是光速。正弦波动是波动的最基本传输形式，微波传输时瞬时电压、瞬时电流的传输特性方程如下：

$$\begin{cases} u=\dfrac{\sqrt{2}}{2}A\mathrm{e}^{-\alpha z}\mathrm{e}^{j(\omega t-\beta z)}+\dfrac{\sqrt{2}}{2}B\mathrm{e}^{\alpha z}\mathrm{e}^{j(\omega t+\beta z)} \\ u=\dfrac{\sqrt{2}}{2}\dfrac{A}{Z_0}\mathrm{e}^{-\alpha z}\mathrm{e}^{j(\omega t-\beta z)}+\dfrac{\sqrt{2}}{2}\dfrac{B}{Z_0}\mathrm{e}^{\alpha z}\mathrm{e}^{j(\omega t+\beta z)} \end{cases} \tag{3.2}$$

在式(3.2)中，瞬时电压和瞬时电流的第一项包含因子 $\mathrm{e}^{-\alpha z}\mathrm{e}^{j(\omega t-\beta z)}$，它表示随着传输距离 z 增大，其振幅按照 $\mathrm{e}^{-\alpha z}$ 的规律减小，而且相位连续超前，这代表电源向负载方向传输的入射波；瞬时电压和瞬时电流的第二项包含因子 $\mathrm{e}^{\alpha z}\mathrm{e}^{j(\omega t+\beta z)}$，它表示随着传输距离 z 增大，其振幅按照 $\mathrm{e}^{\alpha z}$ 的规律增大，而且相位连续滞后，这代表反射波电压。这说明在无线电传输时，一部分能量传至负载，被负载吸收，剩余部分被负载反射回来，向电源方向传播，返回至研究参考点时相位滞后，微波传输时任何一点的电压和电流通常都是入射波和反射波总是同时存在、迭加而成，反射现象是微波传输的最基本的物理现象。

为表征反射的大小，定义了反射系数为某点的反射波电压与入射波电压之比，或者某点的反射波电流与入射波电流之比的负数，为该点的反射系数 Γ，公式如下：

$$\Gamma=\frac{z_l-z_0}{z_l+z_0}\mathrm{e}^{-j2\beta(l-z)} \tag{3.3}$$

式中：z_l 是负载阻抗，z_0 是特性阻抗，两者相等时，无反射，为行波状态；z_l 为 0、∞或者 $\pm jX$ 时，全反射，为驻波状态；z_l 为 $R\pm jX$ 时，部分反射，为行驻波状态。

建筑物和高山对无线电信号的反射，造成信号迭加，如图 3.2.12 所示。

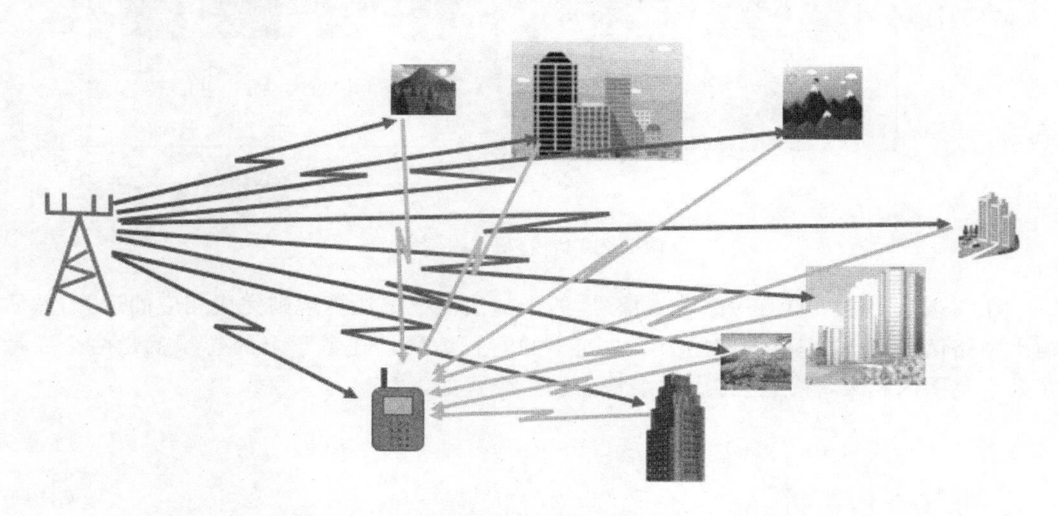

图 3.2.12　无线电波发射和反射造成多径传输

在图 3.2.12 中，基站信号有的直接被移动通信设备接收到，有的经过反射或者折射后才被移动通信设备接收。当一路无线电波长与另一路传输距离相差 $\lambda/2$ 的无线电波同时到达移动通信设备时，相位相差 180°的两个电压或者电流信号迭加，就会造成两路信号抵消。当两路信号传输距离相差 $3\lambda/2$、$5\lambda/2$、$7\lambda/2$ 等时，由于驻波的电场和磁场能量相互转换，当电场达到极值时，磁场为零，当磁场达到极值时，电场为零，形成电磁振荡，不能携带能量行进，电压和电流在空间和时间上均相差 $\pi/2$，此时电压和电流振幅是位置的函数，具有波腹点（其值是入射波的 2 倍）和波节点（其值恒为 0），相邻两个波腹或者相邻两个波节点的间距为 $\lambda/2$，波腹至波节点的间距为 $\lambda/4$，相邻波节点各点电压，或者电流同相，波节点两边的电压，或者电流反相。因此，同样都会发生信号衰减。当信号强度相同时，瑞利统计描述信号衰落的现象，信号衰落最高可达 30dB。

信号衰落必定会造成误码，为此在发射和接收的信息中加入前向纠错码，即使接收端收到的信息有误码，接收端仍然可以用前向纠错码重新建立原始的码元序列，而且在数据传输时不需要重新发送信息，从而提高信息传输的可靠性。为了实现前向纠错，减少数字信号传输的突发性差错，造成连续误码的影响，改善信号衰落，采用卷积交织编码纠正这种突发性差错，能改善移动通信的传输特性。

卷积交织编码由几个移位寄存器单元组成，每个寄存器单元可以按照一定的运算规则连接成为数字电路，将运算结果作为卷积交织编码的码元输出，如图 3.2.13 所示。

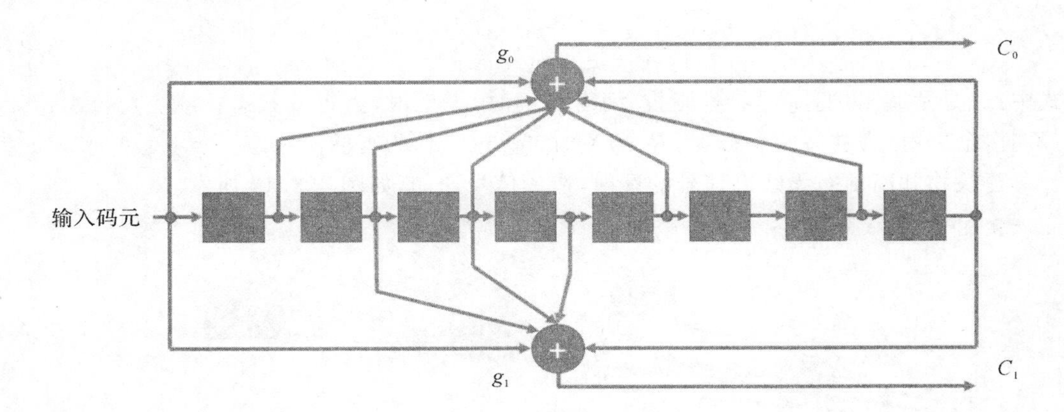

图 3.2.13　卷积交织编码

在图 3.2.13 中，只有一路输入信号，两个加法器根据运算规则完成相应的运算，然后输出两路信号，这样完成的编码为 1/2 速率的卷积编码。在数学上的卷积就是两个变量在某个范围内相乘，然后把每次的乘积相加。公式如下：

$$\begin{cases} y(n) = \sum_{i=-\infty}^{\infty} x(i)h(n-i) = x(n) * h(n) \\ y(t) = \int_{-\infty}^{\infty} x(p)h(t-p)dp = x(t) * h(t) \end{cases} \tag{3.4}$$

在式(3.4)中，离散变量是序列 $x(n)$ 和 $h(n)$ 时，卷积结果也是离散序列；连续变量是函数 $x(t)$ 和 $h(t)$，卷积结果也是连续变量。

在 IEEE 802.11a 协议中规定卷积编码使用的生成多项式 133(8 进制)和 171(8 进制)，码率为 1/2。如图 3.2.14 所示。

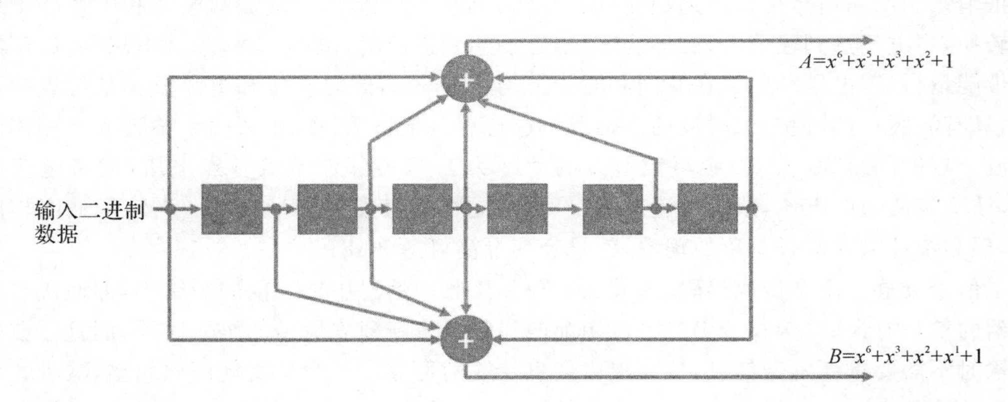

图 3.2.14　IEEE802.11a 协议中的卷积编码器

在图 3.2.15 中，6 个移位寄存器完成卷积编码，每输入 1 比特数据，输出 A 和 B 两路的 2 比特数据，实现 1/2 码率的卷机编码，优点是编码效率高，比较简单，如果约束长度足够长，就可以纠正突发差错，也可以纠正随机差错。

运用可编程逻辑器件FPGA设计数字电路，通过软件配置电路结构和功能，可以实现卷积编码器的功能，使硬件设计工作成为软件开发工作，提高了灵活性，降低了成本，具体实现卷积编码的FPGA软件例程在后面的章节会有详细的代码，读者可以在Xilinx软件环境运行。

3.2.6 FDMA、TDMA和CDMA

数字通信技术的多路接入方式不同，允许使用同一频率接入的通话方式也不同。FDMA是频分多路接入技术，是模拟信号的通信技术，每个使用者被分配一个单独的频率；TDMA是时分多路接入技术，是数字信号的通信技术，多个使用者在一个共用的频率上，每个人被分配一个单独的时间；CDMA是码分多路接入技术，是数字信号的通信技术，多个使用者把能量平铺在共用的宽频带上，每个人被分配一个单独的“码”，采用扩频技术。

在通信时，TDMA和FDMA的上行链路和下行链路常常可以兼容使用，但是CD-MA的上行链路和下行链路无法与FDMA或TDMA兼容使用。

3.3 网络技术及其实现

3.3.1 GSM公共地面移动通信网络

全球移动通信系统GSM实现通信的基本前提是开放的结构，GSM定义了各种性能良好的接口，连接各种供应商的不同设备。不同供应商提供的移动服务交换中心和基站系统都能够混合在GSM通信网络中。全球移动通信系统GSM公共地面移动通信网络是基于全球移动通信系统GSM的系统，由服务提供者运行。GSM公共地面移动通信网络的内部工作有精确的指标，允许内部工作，也允许全球漫游，如图3.3.1所示。

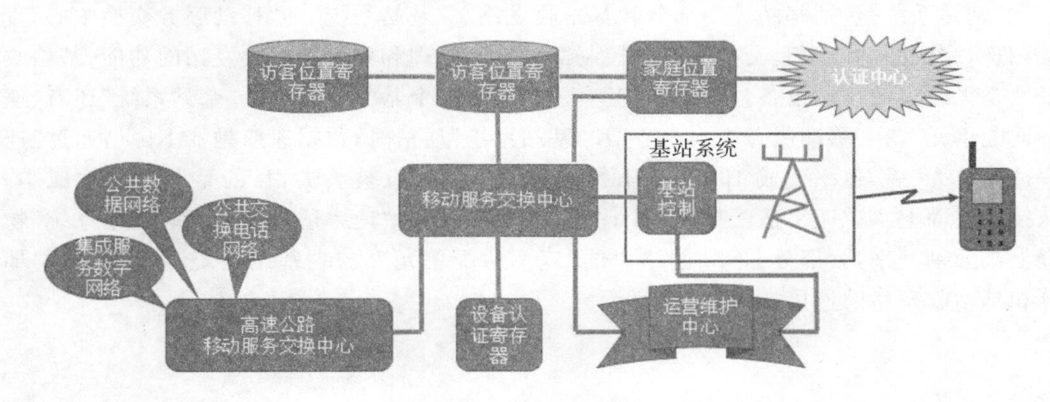

图3.3.1 GSM公共地面移动通信网络

在图 3.3.1 中,“访客位置寄存器”在移动应用部分连接到另一个与“移动服务交换中心”直接相连的“访客位置寄存器”,“移动服务交换中心”还与“家庭位置寄存器”、“认证中心”、“基站系统”、“高速公路移动服务交换中心”、“设备认证寄存器”和“运营维护中心”直接相连,共同完成 GSM 地面公共服务,基站系统在空间通过无线电波和 GSM 移动通信设备进行通信。

3.3.2 网络组成

GSM 移动通信网络中的 GSM 移动通信设备由移动通信设备终端和运营商身份信息卡组成,GSM 移动通信设备是能够接收和发送无线电波信号的通信终端,运营商身份信息卡携带运营商信息和必要的服务信息。GSM 移动通信设备有特定的国际移动设备身份编号。GSM 移动通信设备的最大功率由工作模式来决定,如表 3.3.1 所示。

表 3.3.1 GSM 移动通信设备最大功率

功率等级	GSM 瓦特(dBm)	GSM1800 瓦特(dBm)	GSM1900 瓦特(dBm)
1	20	1(30)	1(30)
2	8(39)	0.25(24)	0.25(24)
3	5(37)	4(36)	2(33)
4	2(33)	—	—
5	0.8(29)	—	—

在表 3.3.1 中,GSM 的第一等级指标是 20 瓦特,但一般不用第一等级的功率。功率等级是瞬时最大功率,平均功率要比这个功率低很多,功率偏差都是±2dB。

运营商身份信息卡是一个带有内置 IC(微处理器,ROM,RAM)的信用卡大小的智能卡,用来和 GSM 移动设备的电路接口匹配,包含的信息有:确认运营商身份的信息、运营商的号码、优先使用的“GSM 公共地面移动通信网络”、安全特征和功能。

“基站系统”包括基站控制部分和基站收发站。“基站系统”和“移动服务交换中心”直接相连,完成的功能不是交换。基站控制部分执行管理和控制基站收发站的功能,基站收发站是无线电波传输设备,“基站系统”有一个或者多个基站收发站。“基站系统”还有“速率适配单元”,在“移动服务交换中心”和“基站系统”通信时,数据速率是 64Kb/s,通过“速率适配单元”后,速率变成 16Kb/s,下行链路的某些信息被丢失,目的是节省传输成本。从技术层面上讲,“速率适配单元”属于“基站系统”,但是“速率适配单元”和“基站系统”物理上被分割开来,大部分 GSM 网络里的“速率适配单元”放在“基站系统”。基站控制部分和基站收发站的连接如图 3.3.2 所示。

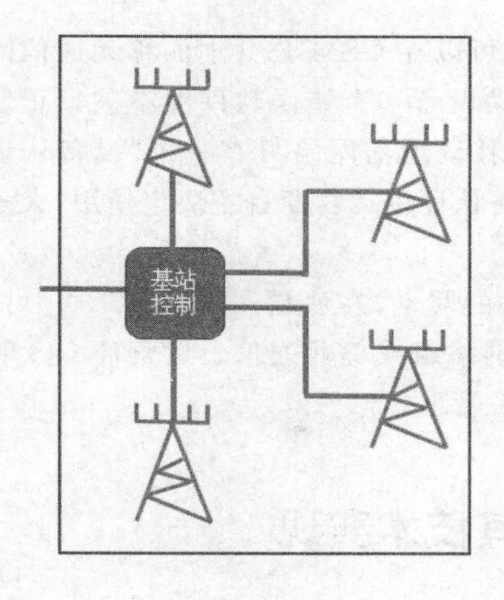

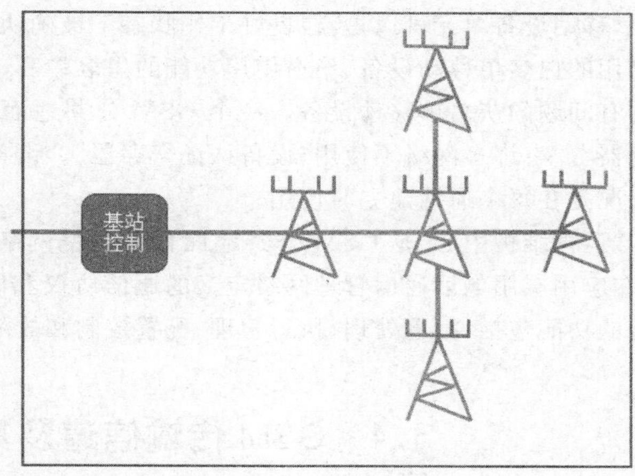

图 3.3.2 基站系统连接方式

在图 3.3.2 中，基站控制部分连接多个基站收发站，连接方式可以有“链路式”、“星型”、“集线器式”，GSM 技术指标中对连接方式没有具体要求。

基站控制部分执行“基站系统”集中功能，具体包括：①完成无线电波资源的分配，比如频率和时隙登记；②内部基站系统的切换管理；③监控基站收发站；④设备集中。基站收发站和移动通信设备的无线电波通信包括传输和控制信息，一个蜂窝区域建立一个基站收发站，基站收发站为无线电波接口进行信号处理，比如信道编码。

3.3.3 漫游和认证支持

GSM 公共地面移动通信网络的真正“大脑”是“移动通信交换中心”和“高速公路移动通信交换中心”，主要完成：①实现基本的通话建立和切换；②完成位置移动时的移动管理；③补充服务；④用公共电话交换网络、集成服务数字网络和公共数据网络实现内部工作的功能。

“访客位置寄存器”不仅用于“访客”，还在认证和加密功能中承担工作。无论是漫游还是不漫游，“访客位置寄存器”是一个运营商在服务地区的数据库，存贮和更新明确的位置信息和寻呼目的地。一个“移动通信交换中心”只有一个“访客位置寄存器”。

“家庭位置寄存器”是个人化的数据库，包括国际移动运营商身份、移动通信基站的基础服务数据网络、临时移动通信运营商身份和“移动通信基站漫游数据”，记录着运营商的信息，包括是否注册、注册后的访客位置寄存器。一个 GSM 公共地面移动通信网络只有一个“家庭位置寄存器”。

“认证中心”的功能是为了确保安全采取的身份确认工作，包括：①保存每个运营商的独特认证密码；②生成用于认证和加密的“随机码”；③计算每个电话的密码。“认证中心”常常和“家庭位置寄存器”集成在一起。只要运营商需要身份认证，“认证中心”就执行认证功能，认证通常是开机的网络注册、位置更新时的再次注册、建立通话和关机时退出注册。

“设备认证寄存器”对移动通信设备保持跟踪，保存国际移动设备身份码和移动设备单元,移动设备单元可以是:在良好工作状态下被确认可以在 GSM 公共地面移动通信网络使用的白名单移动设备、偷窃使用功能的黑名单移动设备和有错误软件但不被禁止使用的有问题的灰名单移动设备。一个 GSM 公共地面移动通信网络只有一个"设备认证寄存器"。有许多网络不使用"设备认证寄存器"。设备认证由运营商自主决定使用,大多数情况是在每个通话建立时使用。

"运营维护中心"是 GSM 公共地面移动通信网络的驱动,在底层采用 X. 25 通信协议,在应用层用电话通信管理网络定义的通信协议和网络组成单元通信。运营商介入时实现的功能包括:报警处理、执行管理、配置控制和故障管理。

3.4 GSM 传输信道及其技术实现

GSM 基站收发站的传输信道主要功能是完成语音编码、信道编码、交织、加密和准备发送信号。传输信道用于语音、数据和通话时的控制信息;每个射频载波上有 8 个传输信道,有时就少于 8 个是因为时隙被分配给控制信号,如果用半速率编码就可以有 16 个传输信道;采用 20ms 的"语音帧"。GSM 基站收发站传输结构如图 3.4.1 所示。

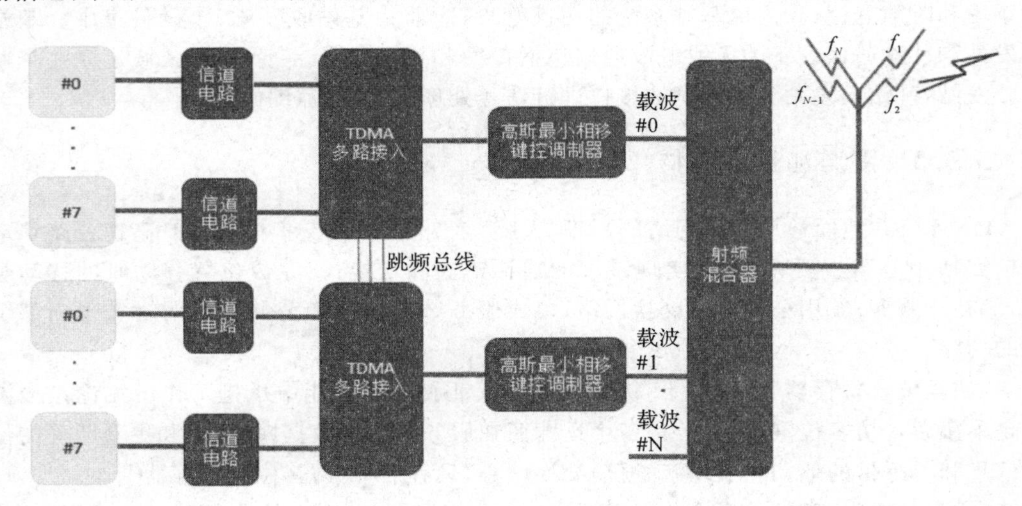

图 3.4.1 GSM 基站收发站的传输结构

在图 3.4.1 中,采用时分多址多路接入 TDMA 技术把 8 路信号的传输信道放在一起,使用一个载波调制。

GSM 基站收发站的信道电路主要功能是完成语音编码、信道编码、交织、加密和窃听标志以及建立打包发送。具体的工作内容包括:语音编码,就是把语音信号从 64Kb/s 压缩到 13Kb/s;信道编码,就是进行卷积编码来保护严酷的空间无线电波传输环境中的信息;交织就是和信道编码共同工作实现对无线电波信号的空间保护;加密和窃听标志,就是防止被窃听、给已经被有控制目的的"窃听"建立窃听标志;建立打包发送,就是将每个时隙的数据码元打包成一个数据包。

3.4.1 GSM 传输信道信道电路的语音编码

基站收发站信道电路的语音编码的原始码是全速率的规则脉冲触发长预测码，与此对应的半速率码是维克特求和线性预测码，加强版全速率编码是 12.2Kb/s 的每个语音帧有 244 位的线性预测码。基站收发站信道电路的语音编码如图 3.4.2 所示。

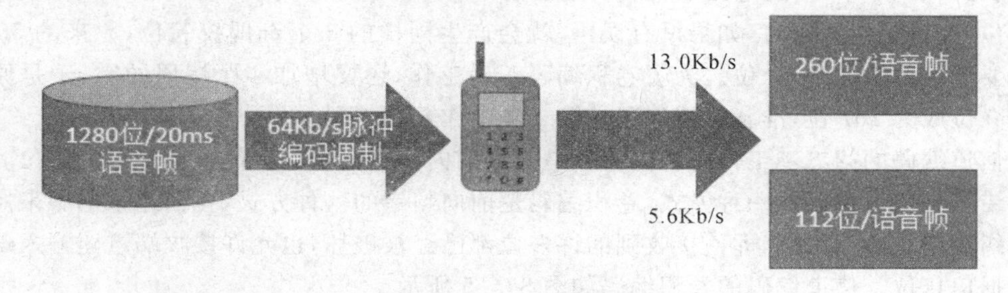

图 3.4.2　基站收发站信道电路的语音编码

在图 3.4.2 中，语音帧通过脉冲编码调制速率被压缩成为 13.0Kb/s 的每帧 260 位的语音信号或者 5.6Kb/s 的每帧 112 位的语音信号。语音编码的位都会被按照“重要性”定义等级，如图 3.4.3 所示。

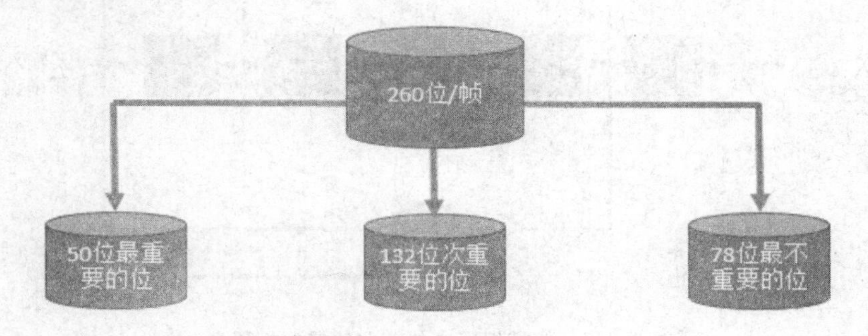

图 3.4.3　信道电路语音编码的位等级

在图 3.4.3 中，以 13.0Kb/s 的每帧 260 位码为例，260 位中有 50 位是最重要的位，有 132 位是次重要的位，还有 78 位是最不重要的位。

3.4.2 GSM 信道电路的信道编码

GSM 通信中基站收发站信道电路的信道编码要完成两步操作：第一步是进行分组编码；第二步是进行卷积编码。分组编码是奇偶校验码，是对最重要等级位的误码检测；卷积编码增加前向纠错码，从而包含所有的等级位，包括最重要等级位、次重要等级位和最不重要等级位。在最重要等级位的分组编码中，同一个分组编码在移动通信设备终端执行时，如果没有误码，就会产生同样的 3 个奇偶校验位；最重要等级位的重要性体现在：只要一位最重要等级位出错，整个语音帧都将被视为作废；有 4 个“尾码”为零，将会被加入在正确工作的卷积编码，如图 3.4.4 所示。

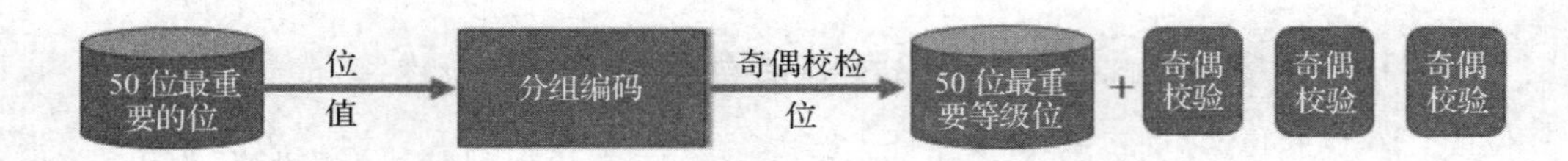

图 3.4.4　信道编码的第一步：分组编码

在图 3.4.4 中，信道电路语音编码输出的 13.0Kb/s 的每帧 260 位码，有 50 位最重要等级位，经过分组编码时，如果没有误码，就会产生同样的 3 个奇偶校验位，原来的 50 位最重要等级位增加到 53 位。为了卷积编码正确工作，还要增加 4 个尾码的零，于是原来的 260 位成为 267 位，准备信道编码的第二步工作卷积编码。

信道编码的第二步工作卷积编码就是增加前向纠错码来保护最重要等级的码位。前向纠错码是信道编码的一种方式，卷积编码是前向纠错的一种方式，在信道编码中采用的前向纠错码是卷积编码，即使接收到的许多位都已经被破坏，也允许接收端重建输入二进制数据信息位。信道编码的卷积编码如图 3.4.5 所示。

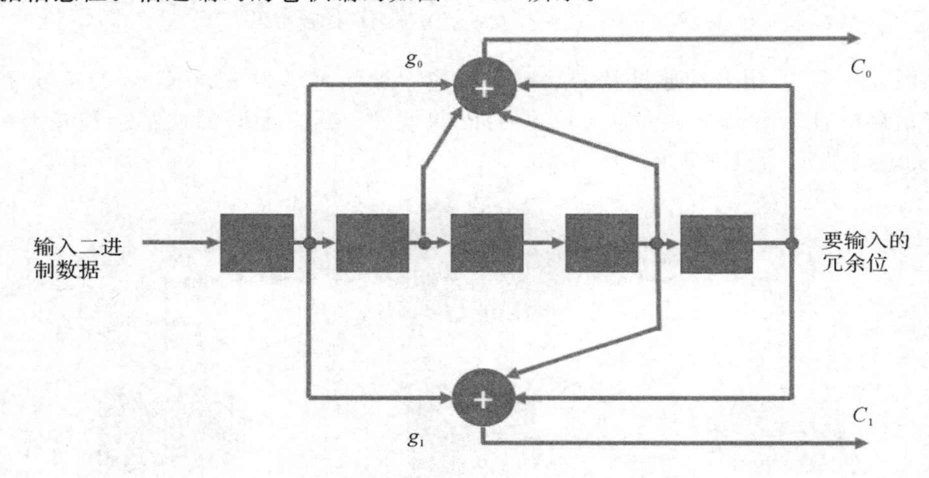

图 3.4.5　信道编码中的前向纠错码编码器

在图 3.4.5 信道编码中的前向纠错码编码器中，输入的数据位，通过数字电路的触发器和加法器，增加冗余位生成卷积编码，一路输入、两路（C_0 和 C_1）输出，速率是1/2。触发器作为移位寄存器，每一位的时间里，新的信息位保存在左边的存贮位置，所有以前保存的位都移动到右边的存贮位置；两个运算器 g_0 和 g_1 按照图 3.4.5 中所示的特定移位寄存器位置的排他性内容生成每一位数据；这种电路设计实现的编码器被称为“速率 1/2”卷积编码。这里有 5 个移位寄存器，卷积编码的约束长度就是 5，每一个输出位源自两部分：当前的信息位和以前 4 位数据的运算结果，这就是 GSM 使用“速率 1/2”、约束长度为 5 的卷积编码器。

在“速率 1/2”、约束长度为 5 的卷积编码器中，当输入位是 1，1，0，…时，按照信道编码中的前向纠错码编码器的运算方式，每一位输入能够产生两位输出数据，首先输入 1，则产生 11 两位输出位；其次输入 1，则产生 01 两位输出位；接着输入 0，则产生 10 两位输出位；以此类推，每次输出的两位数据都和当前数据位以及之前 4 位数据位的运算结果有关。

信道编码的第二步卷积编码的前向纠错码是为了保护重要数据,按照重要等级的安排,只保护最重要和次重要的数据,最不重要的数据不做卷积编码。最重要的 50 位以及 50 位的奇偶校验位有 3 位,还有尾码有 4 位都是零,加起来总共是 57 位,次重要的有 132 位,这 189 位属于卷积编码的工作内容,按照“速率 1/2”的编码输出 378 位数据。最不重要的 78 位不做卷积编码,就直接送到输出端,这样输出端有 456 位数据,于是在每个语音帧都会包括信息位、冗余位的 456 位数据被发送出来。

卷积编码可以重建原始的输入数据位,每一位输入位都会影响到 10 位连续的输出位;只要和一位输入位有关的这 10 位输出位没有错误,在接收端的卷积解码器就可以使用这些信息重新生成原始的那一个输入位。问题是在“突发错误”出现时,卷积编码重新建立原始的输入位就不是这么简单了。因为信号衰减,可能使卷积编码无效,这常常造成“突发错误”的出现,为了使“突发错误”随机分布,在通信技术中采用交织的工作方式。要了解 GSM 中交织的工作原理,必须先懂得 TDMA 的概念。

在 GSM 基站收发站的传输结构中,时分多路接入(Time Division Multiple Access, TDMA)技术采用多路用户分享一个射频载波频率的工作方式,例如每个射频载波频率有从♯0 到♯7 的 8 路时隙给♯0 到♯7 的 8 路通话,“突发错误”是脉冲,如图 3.4.6 所示。

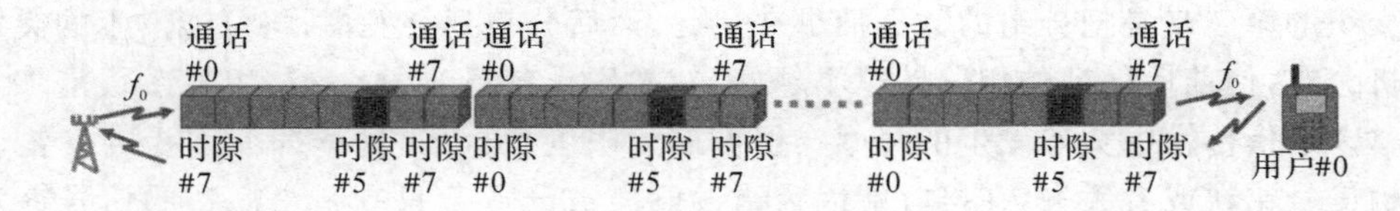

图 3.4.6 卷积编码器中的突发

在图 3.4.6 中,在射频载波频率为 f_0 的多路接入时隙♯5 突发重复发生,每秒 217 个突发,每个突发有 4.6ms 共 8 路接入信号,每个突发位持续时间是 0.577ms,这种脉动的突发速率常常干扰助听器的正常工作。因此需要采用交织技术让“突发错误”随机化分布。

3.4.3 GSM 传输信道信道电路的交织

在通信不利的射频环境中,瑞利衰落可以破坏 10%～20%的突发,如果在编码器中一个突发的数据位都是连续输出位,卷积编码就无效。所以必须在信道电路中采用交织。

交织的第一步就是分组。在 GSM 信道电路信道编码的卷积编码器,每个语音帧都会有 456 位数据包括信息位、冗余位被发送出来,分组就是把这 456 位数据分成 8 组,57 位数据组成一组。如表 3.4.1 所示。

表 3.4.1 交织中的数据分组

0	1	2	3	4	5	6	7
8	9	10	11	12	13	14	15
⋮	⋮	⋮	⋮	⋮	⋮	⋮	⋮
448	449	450	451	452	453	454	455

在表 3.4.1 中,8 组数据,57 位数一组,从 0 到 455 共有 456 位数。

交织的第二步就是把分组的语音帧沿着时间轴延长,当前语音帧和邻近的语音帧交织在一起,如图 3.4.7 所示。

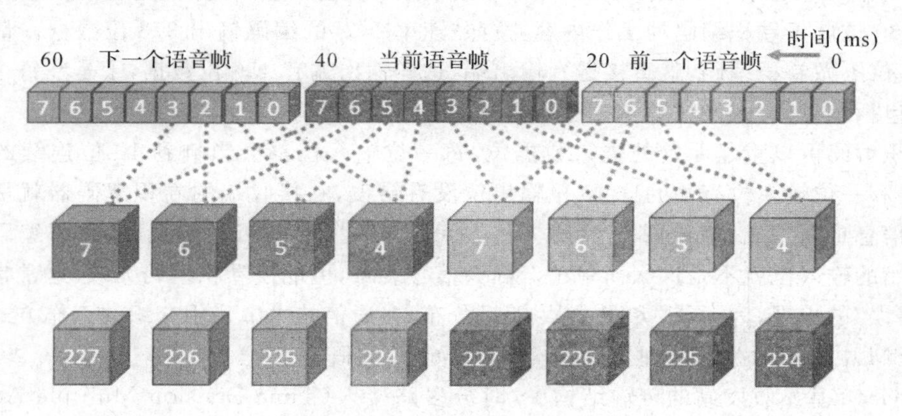

图 3.4.7 语音帧随时间延长

在图 3.4.7 中,经过时间延长之后的数据,并不是原来的顺序排列。

交织的第三步是把分组的数据捆绑在一起,然后分布到突发中,将可能发生的突发错误随机分布,使前后序列的相关性越小越好,在数学上统计独立分布,相关系数是零。使无线移动通信传输中突然发生的集中错误被最大限度地分散,这样即使因为突发错误造成传输信号错误或者丢失,在接收端因为错误已经被分散且只有一个比特的信号突发错误,因而仍然可以恢复出最原始的传输信号,从而提高纠错编码的能力,增强对连续位置的突发错误或者突发丢失信号时的恢复能力。如图 3.4.8 所示。

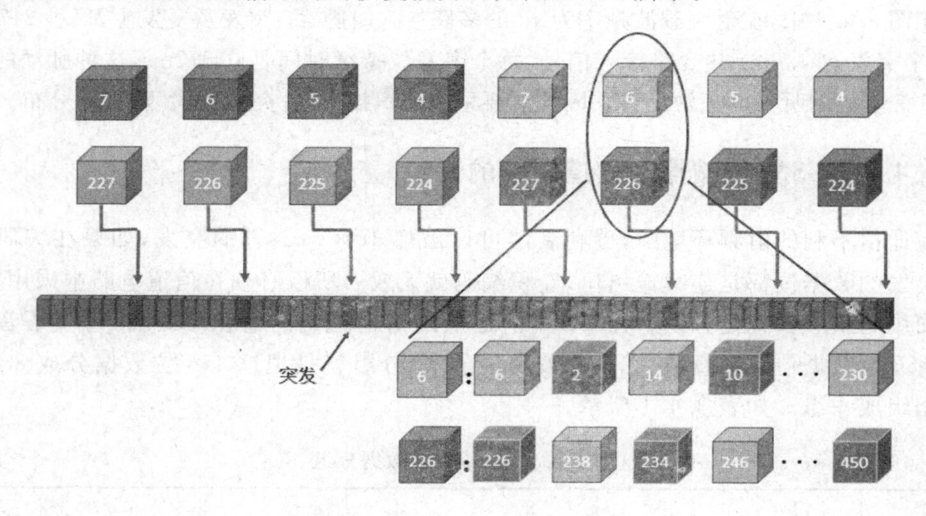

图 3.4.8 分布在突发中的分组

在图 3.4.8 中,突发中的数据是经过时间延长之后的分组数据,不同的颜色表示不同的语音帧。在接收端可以收到的数据有突发错误时,就会随机分布这些错误,使信道的突发错误在时间上得以扩散，从而使得接收端的解码器可以将它们当作随机误差处理。如图 3.4.9 所示。

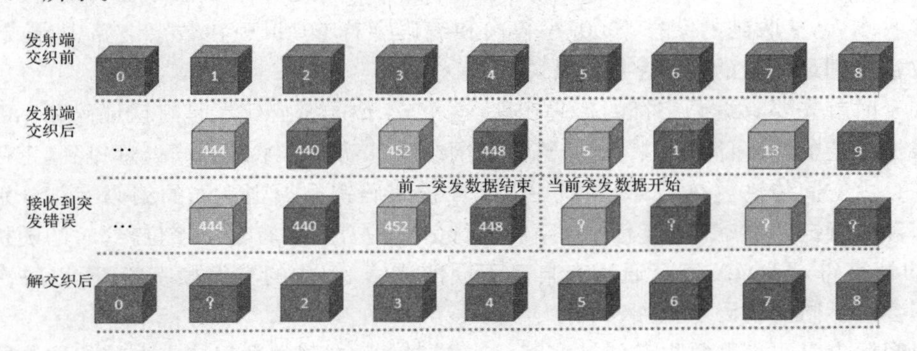

图 3.4.9 发射端的交织和接收端的解交织

在图 3.4.9 中，在交织前的蓝色信号码是顺序排列，然后把 4 个相继分组中的第 1 比特取出来，把这 4 个第 1 比特组成新的分组，成为 1 帧黄色和蓝色交错排列的数据，完成交织，蓝色和黄色码相同，但是在不同排列顺序的两个分组。原来的码在交织时被按照白噪声随机分布，到达接收端的信号已经发生了突发错误，丢失了一些信号码，在图中用"?"表示，可以看到丢失的信号只是随机分布的几个信号，丢失的黄色的"5"、蓝色的"1"、黄色的"13"和蓝色的"9"，在接收端经过解交织后，因为蓝色的"1"可以找黄色的"1"，蓝色的"9"可以找黄色的"9"，可以恢复最原始的发射端交织前的蓝色信号码，并不影响接收端恢复出整个最原始的蓝色信号码。

3.4.4 GSM 基站收发站信道电路的加密

加密是为了防止语音通话、数据传输和信号发送时被窃听。如果没有加密，普通的字符在自由空间被传输，窃密者可以捕捉空间信号数据，并按照 GSM 技术指标解码获得这些信号数据。采用加密方法能够使发送的数据在没有正确编码格式的情况下难以理解。加密功能是服务商或者运营商的可选项，而不是必须项，服务商或者运营商可以让加密功能"正常工作"或者"不工作"。GSM 技术安全性也曾被质疑，1999 年 12 月两个计算机研究员宣布发现破解 GSM 加密编码的方法，他们宣称使用普通计算机的两个 73G 驱动器，分析两分钟长度的加密数据之后，就能解密一段小于 1 秒钟长度的对话。

加密工作是由发送端加密、接收端解密来实现的。如图 3.4.10 所示。

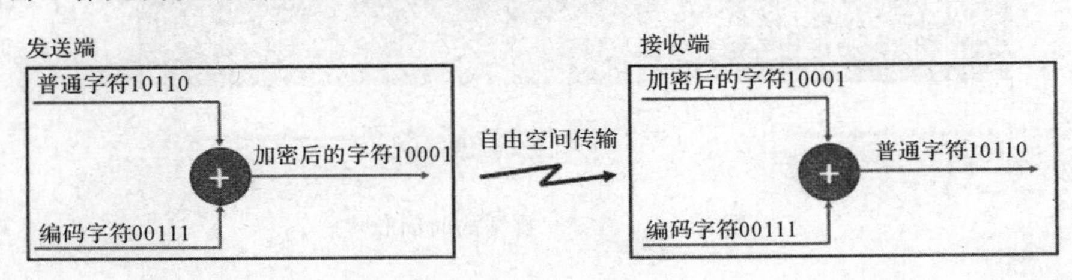

图 3.4.10 加密的基本原理

在图 3.4.10 中，信号发送端发送普通字符 10110…，这个要发送的码和编码字符 00111…在数字电路中异或，得到加密后的字符 10001…，这个加密信号在自由空间传播，到达接收端后，接收到的字符 10001…再次和编码字符 00111…在数字电路中异或，于是在接收端得到最原始的普通字符 10110…。

加密时首先要有编码字符的密码钥匙，这个 64 位的密码钥匙是有认证码和 128 位随机码根据一定的算法计算出来，这个算法是网络和移动通信基站共同处理得到，密码钥匙不会在自由空间传输。在 GSM 系统中，由 64 位密码钥匙得到不同的编码字符分别给上行链路和下行链路加密使用，上行链路和下行链路的普通字符是 114 位，这时的随机码是 22 位的帧字符，TDMA 每个通话有自己不同的连续 22 位的突发帧字符，所以每次突发数据都会被不同的编码字符加密。

窃密标志表明突发数据已经被窃密。当需要通话控制的数据速率在其他控制信道超出可用范围，就采用快速相关控制信道，这个快速相关控制信道取代语音信息，窃密标志表明数据是语音还是快速相关控制信道，用突发数据的额外增加的 2 位表示窃密标志。快速相关控制信道取代的不仅是突发数据，而且是整个通话帧 20ms 的长度，所以窃密标志在一次通话中设立 8 个连续突发数据，当窃密标志是“1”说明奇数个码被窃听，窃密标志是“0”说明偶数个码还在编码通话。

3.4.5 GSM 基站收发站信道电路中突发数据的建立

GSM 基站收发站信道电路中突发数据是在时隙传输，通话信道使用的是普通突发数据，突发数据有 148 位，有个 8.25 位长的“警戒期间”允许功率提升，这 8.25 位长的“警戒期间”也允许因为多径延时造成的最邻近时隙干扰，如图 3.4.11 所示。

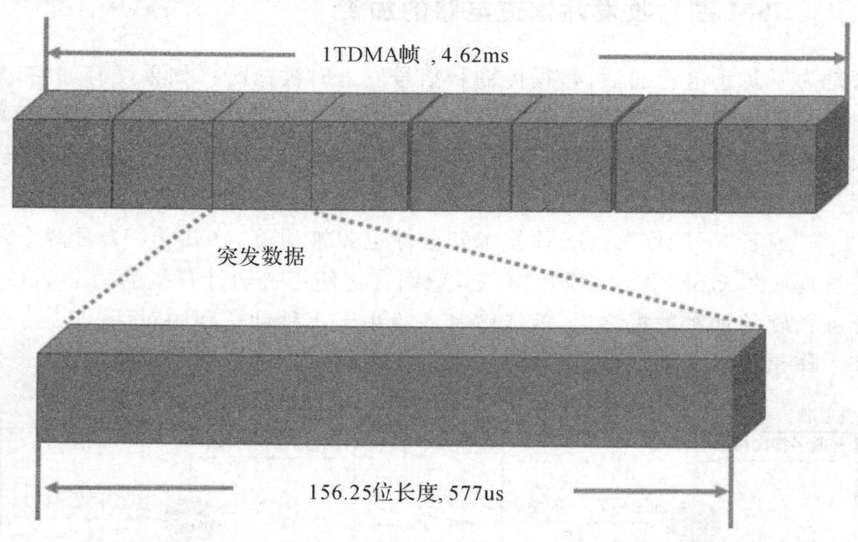

图 3.4.11 突发数据的时间长度

在图 3.4.11 中，一帧 TDMA 数据有 8 个时隙，时间长度是 4.62ms，突发数据占用一个时隙，时间长度是 577μs，有 156.25 位数据。其中的 8.25 位就是“警戒期间”。

突发数据的有用部分通常比有效部分少一位，而且如相邻时隙也被突发数据占用，就不需要功率提升，移动交换中心传输的技术要求稍有改变。突发数据的有效部分长度是148位，其中首尾各有3位尾码，与不确定的功率提升数据重叠，而且明确均衡器的开始和结束时间点。接着是两个57位数据跟在尾码旁边，然后是两个1位跟在57位数据旁边，然后是一个26位训练序列在中间，整个突发数据是首尾对称的结构。

自由空间内传输的信号附近的反射会严重损坏无线移动通信信号。在电磁波传输特性的驻波中已经讲过，无线电波经过半个波长的传输距离后与同样的信号迭加时，两路无线电波信号相位差180°的信号功率会相互抵消，瑞利统计也描述了这种同样信号功率被衰减的情况。同时还会出现延迟扩展。延迟扩展会混淆原始信号，使接收端收到模糊的突发数据，造成的符号间干扰使接收端很难收到正确的信息，在城市化地区的环境中延迟扩展可能达到3μs的时间长度。

$$S_{TX}(t) = \alpha\delta(t)$$
$$S_{RX}(t) = \sum_{i=1}^{n}\alpha_i\delta(t - T_i) \qquad (3.5)$$

式中：$S_{TX}(t)$是发射端的原始信号表达式；$S_{RX}(t)$是接收端的延迟扩展后的迭加信号表达式；T为延迟时间；$\delta(t)$为冲击信号；α为信号幅度。

为了解决延迟扩展造成的干扰，在突发数据中采用均衡器使信号恢复原始信号的模样。有个已知的序列允许均衡器对失真信号建立模型并对剩余的突发数据使用扭转功能，建立模型时，均衡器处于训练模式，就好像制作一副眼镜；在解释突发数据时，均衡器处于跟踪模式，就好像正在戴上眼镜。如果训练序列在数据帧的结尾处，训练序列作为“指导”在突发数据边缘的有用比特位，更好建立信道模型。所以，均衡器在一堆杂乱的数据中找到训练序列，GSM有8个独特的26位长度的训练序列，为了避免混淆，把不同的训练序列用共用信道。必须仔细查看标准里的要求，确保数据在突发数据中永远都不要像训练序列。

均衡器中能够实现错误概率最小化的最佳技术就是维特比最大似然技术，是高通公司Andrew Viterbi的成果。这个技术也可以用在信道解码，所以采用维特比最大似然技术可以用相同的部件同时完成均衡器的功能和信道解码的功能。

在实际工作中的随机变量，往往样本数量有限，又不知道分布参数的值，写不出确切的密度函数或者概率函数，采用最大似然估计根据样本值来估计数学期望值和均方根值。最大似然法的直观想法是：如果随机试验的结果得到样本观测值$x_1,x_2,x_3,\cdots,x_n$，则选取θ时，要使这组样本观测值出现的可能性最大，从而使$L_n(x_1,x_2,x_3,\cdots,x_n;\theta_1,\theta_2,\theta_3,\cdots,\theta_m)$达到极大值，求得参数$\theta$的估计值$\hat{\theta}$。从概率论统计的角度来讲，如果$L_n(x_1,x_2,x_3,\cdots,x_n;\theta_1,\theta_2,\theta_3,\cdots,\theta_m)$在$\hat{\theta}_1,\hat{\theta}_2,\hat{\theta}_3,\cdots,\hat{\theta}_m$达到最大值，则称$\hat{\theta}_1,\hat{\theta}_3,\cdots,\hat{\theta}_m$分别是$\theta_1,\theta_2,\theta_3,\cdots,\theta_m$的最大似然估计。数学上的最大值可以求解某个函数的导数：

$$\frac{\mathrm{d}L}{\mathrm{d}\theta}=0 \qquad (3.6)$$

在式(3.6)中，因为$\ln L$是L的增函数，所以L与$\ln L$在同一值处取得最大值，式(3.6)可以换成：

$$\frac{\mathrm{d}\ln L}{\mathrm{d}\theta}=0 \tag{3.7}$$

在式(3.7)中,解出的 $\hat{\theta}$ 就是参数 θ 的最大似然估计值。

在数学上可以严格证明,只要样本足够大,最大似然估计和未知参数的真值可以相差任意小,而且是离散变量和连续变量的一致估计值。在一定意义上没有比最大似然估计更好的估计。在均衡器上采用维特比最大似然技术无限接近发送端传输的在自由空间信号的真值,就像佩戴眼镜后,看到的线条很清晰,这个清晰的线条就是发送端原始信号的真值,只要接收端得到这样的真值,就能够得到正确的原始信号,使无线移动通信的传输信号可靠性得到保障。

3.4.6 GSM 基站收发站的全速通话信道的比特位速率

在 GSM 基站收发站的信道电路中,通话信号是 64Kb/s,经过语音编码和压缩,速率变成 13.0Kb/s,经过信道编码,速率变成 22.8Kb/s,每个语音帧都会有 456 位数据,然后在信道电路中还要经过交织器、加密和窃密标志的建立、突发数据的建立,采用时分多址多路接入 TDMA 技术,此时的数据速率如式 3.8 所示。

$$\frac{\text{一个 TDMA 帧 156.25 位}}{\text{一个 TDMA 帧 }577\mu\text{s}}=270.833\text{Kb/s} \tag{3.8}$$

式中:一个时分多址多路接入 TDMA 帧内的突发数据长度是 156.25 位,时间是 577μs 的长度,速率是 270.833Kb/s,这个速率的信号进入高斯最小相移键控调制器。

由于调制器的载波频率各不相同,各个 TDMA 多路接入器之间需要采用跳频技术。跳频时有快速调频技术和慢速跳频技术两种。快速调频技术的各个信号码采用不同的频率传输,慢速调频技术的各个信号码采用相同的频率传输。GSM 通信中要求移动通信设备终端支持跳频中的慢速跳频技术的功能,要求基站收发站具备跳频中的慢速跳频技术的可选项功能。具备跳频功能使多路传输载波成为可能,通话#9 在 TDMA 帧的时隙中跳频传输,如图 3.4.12 所示。

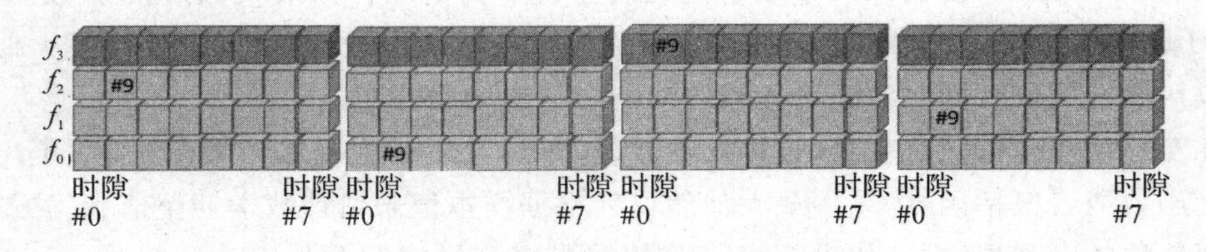

图 3.4.12 TDMA 时隙中通话#9 的跳频传输

在图 3.4.12 中,通话#9 在 TDMA 时隙#1 中传输,通话频率从 f_2 跳到 f_0,然后跳到 f_3,然后跳到 f_1。其余的 30 个通话在不冲突的协调模式内完成跳频。

跳频功能使无线移动通信的工作频率呈现多样性。在移动时通话,信号衰减情况在时刻变化,采用交织器的信道编码关注信号薄弱的"粗糙点";在静止时通话,被调到的频率点的信号有可能已经衰减,而其他频率点的信号很好。跳频功能还使无线移动通信的干扰源呈现多样性,只有在同频率同时隙时,共用信道蜂窝通信会造成干扰,采用跳频技术,其他干扰源对无线移动通信信噪比的影响概率大大减小。

3.4.7 GSM基站收发站的调制技术

GSM基站收发站对语音数字信号采用二进制频移键控和二进制相移键控的调制技术，在语音编码阶段完成模数转换和语音压缩，然后数字信号在调制器内加载到载波信号上，经过功率放大器放大，通过天线传输到自由空间。

无线移动通信调制方式的方案选择要有利于通信的容量和质量。在无线移动通信系统设计时，需要最大化地提高比特位传输速率，从而获得高容量；也需要使出错概率最小化，从而获得高质量。为此，选择调制方案时，需要最大化频谱效率，获得在给定频谱的最快位速率传输；也需要最大化功率效率，等于误码率最小，信噪比最大。调制方式获得功率效率和系统性能，就是提高信噪比，增加信号对干扰的免疫力，增加频率复用的概率。GSM采用的高斯最小移频键控调制（Gaussian Minimum Shift Keying，GMSK）是因为具有良好的频谱效率，同时功率效率也很好，工作时的调制速率为270.833Kb/s。

高斯最小移频键控具有良好的工作特性。高斯最小移频键控是连续频率—相位转移键控技术，避免突然的相位改变，减少杂散发射，具有良好的频谱效率。高斯最小移频键控，接收端检测到的是频率或者相位变化，而不是绝对数值，这更容易实现。高斯最小移频键控具有恒定包络线的调制方式，比特值不影响发出信号的幅度，在突发数据时功率恒定，避免影响线性度，还能获得良好的功率效率。高斯最小移频键控是一种二进制频移键控，比特位成为被转移的频率，如表3.4.2所示。

表3.4.2 二进制频移键控的频率对应关系

奇数位	1	0	0	1
偶数位	1	0	1	0
频率	$f_C+\Delta f$	$f_C+\Delta f$	$f_C-\Delta f$	$f_C-\Delta f$

在表3.4.2中，奇数位和偶数位的二进制数据组合对应频率偏移不同，分别是$f_C+\Delta f$和$f_C-\Delta f$，也就是给射频载波频率加上或者减去67.708kHz，表示1和0。

高斯最小移频键控比二进制频移键控和二进制相移键控具有更好的频谱效率，相位曲线的不连续轨迹还是会影响获取最优的频谱效率。创建相位轨迹的第一步是用正弦曲线表示GSM载波中心频率；第二步是传输比中心频率稍高一点的频率，高频率比中心频率需要更少的时间，高频率的相位在时间轴上左偏移中心频率的相位；第三步传输比中心频率稍低一点的频率，低频率比中心频率需要更多的时间，低频率的相位在时间轴上右偏移中心频率的相位，接收端需要判断偏移的方向。

高斯最小移频键控是现代数字调制技术领域研究的一个热点。高斯最小移频键控的多级流程是从时分多址多路接入TDMA的突发数据开始，不归零的二进制码元经过差分编码，最后经过积分器，经过高斯滤波器，在射频信号发生器中生成射频信号，给天线发送到自由空间。高斯滤波器是线性平滑滤波器，用于信号的平滑处理，能够抑制正态分布的噪声，消除振铃，得到信噪比高的信号。

振铃在电路中影响信号质量，以运算放大器电路为例，$Q>1/\sqrt{2}$，电路不稳定，出现振铃。可以根据实际需要串联电阻R_2，增加相位裕度，使相位裕度大于76.3°，但还不够稳定，如果需要更大的相位裕度，需要降低第二个拐点频率。为此给 R_1 并联电容 C_2，如图 3.4.13 所示。

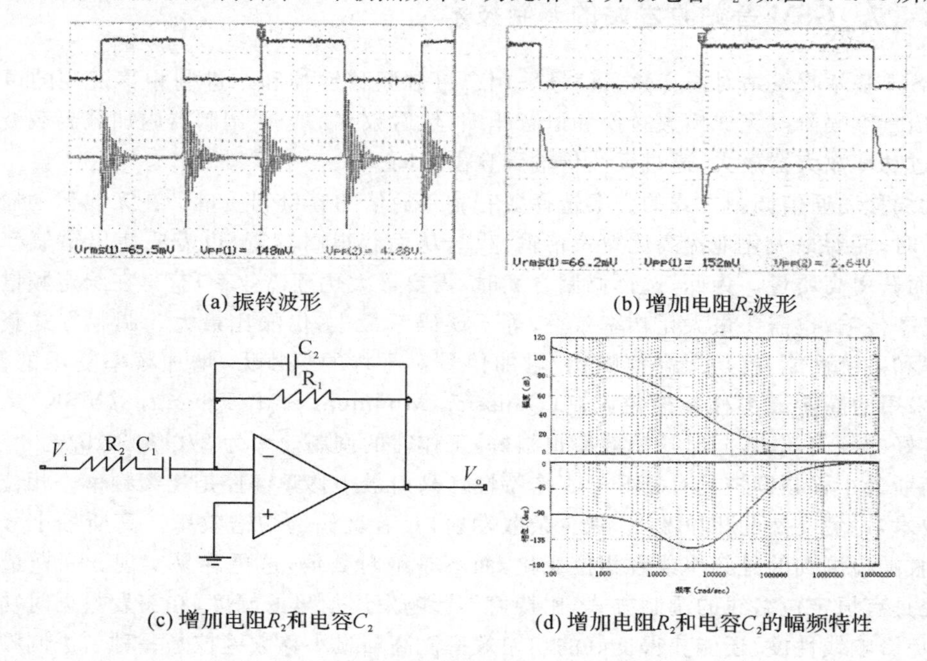

(a) 振铃波形　(b) 增加电阻 R_2 波形

(c) 增加电阻 R_2 和电容 C_2　(d) 增加电阻 R_2 和电容 C_2 的幅频特性

图 3.4.13　消除振铃的改进电路

在图 3.4.13 中，输入 2kHz 方波时，示波器测量运算放大器的输出信号得到振铃波形在(a)中，增加电阻 R_2 波形有改善，但是相位裕度不够大，增加电容 C_2 后，品质因数 $Q=0.406$，$Q<1/\sqrt{2}$，电路很稳定，不发生振铃。

高斯滤波器是空间滤波器，是一种平滑线性滤波器，使用高斯滤波器进行滤波，其效果是降低信号曲线的“尖锐”变化，也就是使信号“模糊”了。高斯滤波对于抑制服从正态分布的噪声效果非常好，可以理解成曲线上每一个点都取周边点的平均值，计算平均值时，取值范围越大，“模糊效果”越强烈，从曲线的效果上看，就是“平滑化”。

如果使用简单求和相加的平均，就不合理，因为曲线是连续取值，相互之间越靠近的点关系越密切，越远离的点关系越疏远。因此，加权平均更合理，相互之间距离接近的点权重大，远的点权重小。高斯模糊就是把某一点周围的值按高斯曲线统计，采用数学上加权平均的计算方法得到这条曲线的值，然后得到曲线的轮廓。正态分布就是一种可以按照权重取值的模式，正态分布曲线是钟形曲线，接近中心的点取值大，远离中心的点取值小。“平滑”处理时，需要计算平均值，计算时只需要将“中心点”作为原点，其他点则根据其在正态曲线上的位置确定权重系数，然后就可以得到这个点的加权平均值。

正态分布的密度函数叫做“高斯函数”，高斯滤波的模板是用高斯函数的公式计算出来的，一维和二维高斯函数如下：

$$\begin{aligned} G(x) &= \frac{1}{\sqrt{2\pi}\sigma}\mathrm{e}^{-\frac{x^2}{2\sigma^2}} \\ G(x,y) &= \frac{1}{2\pi\sigma^2}\mathrm{e}^{-\frac{x^2+y^2}{2\sigma^2}} \end{aligned} \tag{3.9}$$

式中:$G(x)$是一维高斯函数;$G(x,y)$是二维高斯函数。一维高斯函数分布曲线如图 3.4.14 所示。

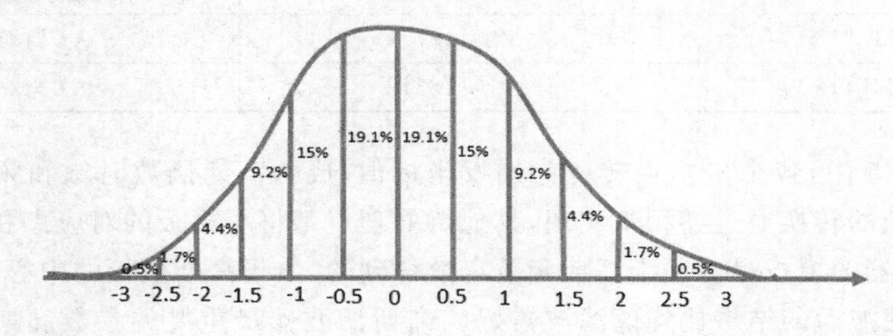

图 3.4.14 一维高斯函数的分布曲线

在图 3.4.14 中,横轴表示变量 x,竖轴表示随机变量的概率分布密度 $G(x)$,这个曲线与横轴围成的图形面积为 1,σ 决定了曲线的宽度,σ 越大,表示密度分布一定比较分散,由于面积为 1,于是尖峰部分就减小,曲线宽度越宽;σ 越小,说明密度分布较为集中,于是尖峰越尖,宽度越窄。

二维高斯函数的离散函数就是一维高斯函数平面坐标系向三维曲面的延伸,二维离散高斯函数的表达:

$$f(x,y)=\frac{1}{2\pi\sigma_1\sigma_2\sqrt{1-\rho^2}}\mathrm{e}^{-\frac{1}{2(1-\rho)^2}\left[\frac{(x-\mu_1)^2}{\sigma_1^2}-\frac{2\rho(x-\mu_1)(y-\mu_2)}{\sigma_1\sigma_2}+\frac{y-\mu_2)^2}{\sigma_2^2}\right]} \tag{3.10}$$

式中:$f(x,y)$服从 $\mu_1,\mu_2,\sigma_1,\sigma_2$ 的二维正态分布。从频域角度看,高斯函数的傅立叶变换仍是高斯函数,在时间域进行高斯平滑相当于频域低通滤波,频域的信号越集中,高频成分削弱得越多,图像越平滑。从低通滤波角度考虑,可以对图像做傅立叶变换进行频谱分析,叠加上频域高斯并调整查看效果,找到适合的 σ 值。

如果设定中心点的坐标是(0,0),距离中心点最近的 8 个点的坐标如表 3.4.3 所示。

表 3.4.3 高斯分布坐标点的矩阵

(−1.1)	(0,1)	(1,1)
(−1,0)	(0,0)	(1.0)
(−1,−1)	(0,−1)	(1,−1)

在表 3.4.3 中,中心点和其周围的点用 9 个点的矩阵表示。σ 越大,高斯滤波器的频带就越宽,平滑程度就越好。取 $\sigma=1.5$,模糊半径为 1,坐标点是两个变量(x,y),代入二维高斯函数公式可以得到表 3.4.4。

表 3.4.4 σ=1.5 的高斯分布坐标点

0.0453542	0.0566406	0.0453542
0.0566406	0.0707355	0.0566406
0.0453542	0.0566406	0.0453542

在表 3.4.4 中,为了保证 9 个点相加为 1,需要除以这 9 个点的和 0.4787147,得到表 3.4.5。

表 3.4.5　高斯分布加权坐标点

0.0947416	0.0118318	0.0947416
0.0118318	0.0147761	0.0118318
0.0947416	0.0118318	0.0947416

在表 3.4.5 中，各个坐标点转化为加权坐标值，成为高斯函数时域和频域转化的模板，时域和频域的转换通过卷积来实现，其他待处理点都将与模板的对应点相乘再相加。

高斯滤波器的模板是对二维高斯函数离散得到的，由于高斯模板的中心值最大，四周逐渐减小，其滤波后的结果比均值滤波器好。高斯滤波器最重要的参数高斯分布的 σ 决定了高斯分布曲线的形状，也决定了高斯滤波器的平滑能力，σ 大，高斯滤波器的频带就较宽，对图像的平滑程度就好，只要调节 σ 参数，就可以改变高斯滤波器对噪声的抑制程度和对信号的模糊程度。高斯函数的傅立叶变换频谱是单瓣的. 传输信号包含所希望的信号特征，可以既含有低频分量，又含有高频分量，高斯函数傅立叶变换的单瓣意味着平滑图像不会被不需要的高频信号（噪声和细纹理）所污染。二维高斯函数具有旋转对称性，这保证了高斯滤波器在各个方向上的平滑程度相同，在后续边缘检测中没有偏向任何方向。高斯滤波器用加权均值来代替曲线上该点的真实值，而每一邻域坐标点权值随着该点与中心点的距离单调增减，不会相互影响信号传输，也不会造成信号失真。

高斯滤波器是线性平滑滤波，高斯低通就是模糊，高通就是锐化。在图形上，正态分布是一种钟形曲线，越接近中心，取值越大，越远离中心，取值越小。计算平均值的时候，我们只需要将“中心点”作为原点，其他点按照其在正态曲线上的位置，分配权重，就可以得到一个加权平均值。线性滤波器使用连续窗函数内像素加权和来实现滤波。特别典型的是，同一模式的权重因子可以作用在每一个窗口内，也就意味着线性滤波器是空间不变的，这样就可以使用卷积模板来实现滤波。卷积的计算步骤：①卷积核绕自己的核心元素顺时针旋转 180°；②移动卷积核的中心元素，使它位于输入图像待处理像素的正上方；③在旋转后的卷积核中，将输入图像的像素值作为权重相乘；④第三步各结果的和做为该输入像素对应的输出像素。举例说明，如表 3.4.6 所示。

表 3.4.6 卷积模板实现滤波

(a)卷积核

−1	−2	−1
0	0	0
1	2	1

(b)待处理的矩阵

1	2	3	4
5	6	7	8
9	10	11	12
13	14	15	16

(c)卷积核顺时针旋转180°

1	2	1
0	0	0
−1	−2	−1

(d)卷积核和矩阵第一个元素做卷积

1*0	2*0	1*0		
0*0	0*1	0*2	3	4
−1*0	−2*5	−1*6	7	8
	9	10	11	12
	13	14	15	16

(e)卷积核和矩阵第二个元素做卷积

1*0	2*0	1*0	
0*1	0*2	0*3	4
−1*5	−2*6	−1*7	8
9	10	11	12
13	14	15	16

(f)卷积核和矩阵的卷积结果

−16	−24	−28	−23
−24	−32	−32	−24
−24	−32	−32	−24
28	40	44	35

在表3.4.6中，(a)是卷积核，(b)是待处理的矩阵，(c)是绕自己的核心元素顺时针旋转180°的卷积核，(d)是移动卷积核的中心元素，使它位于输入图像待处理像素的正上方的第一个元素上，相乘并相加求出卷积，(e)是移动卷积核的中心元素，使它位于输入图像待处理像素的正上方的第二个元素上，相乘并相加求出卷积，(f)是移动卷积核的中心元素，使它位于输入图像待处理像素的正上方的每一个元素上，相乘并相加求出卷积，得到的卷积结果作为该输入像素对应的输出像素。

因为通常将高斯滤波器的3dB带宽 B 和输入码元宽度 T 的乘积 BT 值作为设计高斯滤波器的一个主要参数，这里用到的是 BT 为0.3高斯滤波器。

高斯最小移频键控的第一步是差分编码，好处是让接收端找到相位和频率的变化，而不是绝对数值。差分编码是当前位码和前一位码异或，输出结果给频率偏移，按照 $f_i = 1-2x_i$ 得到对应的"+1"或者"−1"，根据频率偏移规则"+1"频率增加偏移，"−1"频率减少偏移。高斯最小移频键控的第二步积分，决定了相位轨迹，为高斯滤波做准备。积分器的工作是把"+1"频率增加偏移 $f_C+\Delta f$ 的信号，变成逐渐上升的斜线，"−1"频率减少偏移 $f_C-\Delta f$ 的信号，变成逐渐下降的斜线。高斯最小移频键控的第三步是高斯滤波，高斯滤波器的平滑程度由 BT 决定，这里的 $T=3.69\mu s$，3dB 带宽 $B=0.3/3.69=81.25kHz$，这个滤波器也被称为“预调制高斯脉冲波形滤波器”，BT 越小，频谱效率越好，但是如果 BT 很低，曲线过于平滑，会造成符号间干扰，增大误码率，所以 $BT=0.3$ 是平衡频谱效率和符号间干扰的最佳取值。高斯最小移频键控的第四步是射频调制，通常选用频率调制或者正交调制过程，然后功率放大、发射到移动通信站。

综上所述，在 GSM 通话信道中，基站收发站完成的工作是把 64Kb/s 的语音信号进行语音编码、信道编码、交织、加密和窃密标志、建立突发数据、TDMA（具备跳频功能）、调制、功率放大、天线发送到自由空间；移动通信站接受到信号，进行解调和均衡、解密、解交织、信道解码、语音解码，然后得到 64Kb/s 的原始语音信号。运用可编程逻辑器件 FPGA 设计数字电路，通过软件配置电路结构和功能，可以实现信道编码、交织、加密的功能，使硬件设计工作成为软件开发工作，提高了灵活性，降低了成本。具体实现卷积编码的 FPGA 软件例程在后面的章节会有详细的代码，读者可以在 Xilinx 软件环境运行测试。

3.5 GSM 逻辑信道和物理信道

全球移动通信系统 GSM 的逻辑信道就是某个具有表达目标的信道，物理信道就是在射频通信信道中给定的时隙内的突发集合。逻辑信道必须排列在某一个物理信道里面，简单地说，物理信道是“包装”，逻辑信道是“内容”。

3.5.1 GSM 逻辑信道

全球移动通信系统 GSM 的逻辑信道包含通话信息和控制信息，通话信息包括语音和数据，控制信息包括广播信道、组合公共控制信道、专用控制信道和关联控制信道。如图 3.5.1 所示。

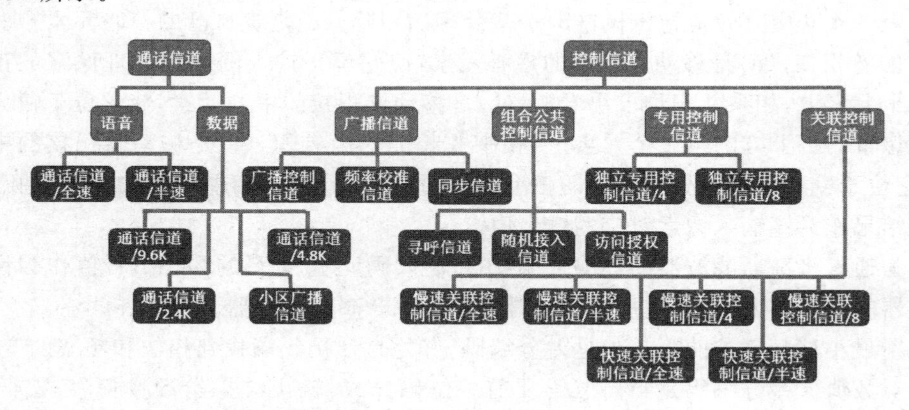

图 3.5.1　GSM 逻辑信道的内容

在图 3.5.1 中，绿色框是逻辑信道，蓝色框是逻辑信道的分类。第三行以下的绿色框是逻辑信道，第一行和第二行蓝色框是逻辑信道的分类。

全球移动通信系统GSM通话信道中传输语音的逻辑信道是全速通话信道和半速通话信道，全速通话信道是22.8Kb/s总数据速率的逻辑信道，半速通话信道是11.4Kb/s总数据速率的逻辑信道。通话信道中传输数据的逻辑信道是9.6Kb/s数据速率的全速通话信道、4.8Kb/s数据速率的全速通话信道、小于等于2.4Kb/s数据速率的全速通话信道、4.8Kb/s数据速率的半速通话信道、小于等于2.4Kb/s数据速率的半速通话信道和蜂窝小区广播信道，其中蜂窝小区广播信道传输短信息服务蜂窝小区广播的信息，这些信息被广播给整个蜂窝小区中的移动设备。

GSM控制信道包括广播信道的内容、组合公共控制信道的内容、专用控制信道的内容和关联控制信道的内容。

GSM控制信道中的广播信道从基站传输站被持续发送到自由空间。载波和时隙被指定给这些信道后，就不再跳频。广播信道的内容是逻辑信道，具体包含：广播控制信道、频率校准信道和同步信道。广播控制信道包含基站传输站特定信息，例如位置面积认证、邻近蜂窝小区清单和这个蜂窝小区控制信道的特征。频率校准信道允许移动通信设备精确调节到基站传输站的频率。同步信道实现移动通信设备和基站传输站的同步，传输被减少的TDMA帧的数量信息、基站传输站身份码和训练序列。

GSM控制信道中的组合公共控制信道的内容是逻辑信道，组合公共控制信道基本上用于通话的建立。其中包含寻呼信道、随机接入信道和访问授权信道。寻呼信道就是寻呼移动通信设备，并给移动通信设备建立通话。随机接入信道是移动通信设备发送，用来注册、给初始通话发送信道需求和寻呼响应。之所以是“随机”，主要是基站传输站不知道何时会有随机接入信道。访问授权信道就是分配控制信道给移动通信设备建立通话，或者有时直接分配通话信道，时序也是在访问授权信道中指定。

GSM控制信道中的专用控制信道的内容是逻辑信道，专用控制信道主要用于通话建立和空闲模式，主要是认证、位置更新、通话信道分配和短信息发送，工作速率是通话信道全速率的1/8。专用控制信道具体包括独立专用控制信道/4和独立专用控制信道/8。独立专用控制信道/4是有4个独立专用控制信道排列在同一个物理信道作为组合公共控制信道；独立专用控制信道/8是8个独立专用控制信道排列在单独的基本物理信道。

GSM控制信道中的关联控制信道的内容是逻辑信道，关联控制信道包含无线电波链路，关联控制信道被指定给特别的通话信道或者独立专用控制信道，提供无线电波链路统一信息，例如为功率控制提供功率水平测量。关联控制信道具体包括快速关联控制信道和慢速关联控制信道。快速关联控制信道是快速传输的通信员，这些信道只有当紧急信息需要以高数据速率传送时才出现，例如切换，快速关联控制信道从自己的关联信道获得通信链路，会由“窃取标志”标明，其中快速关联控制信道/F是全速率快速关联控制信道，快速关联控制信道/H是半速率快速关联控制信道。慢速关联控制信道比较像第三级邮件，是一个连续数据信道，携带无线电波链路维护的例行数据，例如服务于蜂窝小区功率测量、邻近蜂窝小区功率测量、功率控制信息和时间校准调节。慢速关联控制信道包括慢速关联控制信道/F、慢速关联控制信道/H、慢速关联控制信道/4、慢速关联控制信道/8，其中慢速关联控制信道/F是慢速、全速率通话信道的关联控制信道，慢速关联控制信道/H是慢速、半速率通话信道的关联控制信道，慢速关联控制信道/4是慢速、独立专用控制信道/4 的关联控制信道,慢速关联控制信道/8 是慢速、独立专用控制信道/8 的关联控制信道。

在全球移动通信系统 GSM 通话和控制信道的逻辑信道中,无线电波通信链路有关的信道如图 3.5.2 所示。

在图 3.5.2 中,绿色、黄色、红色的信道都是 GSM 系统的逻辑信道,其中绿色信道既是上行链路信道,也是下行链路信道;黄色仅是

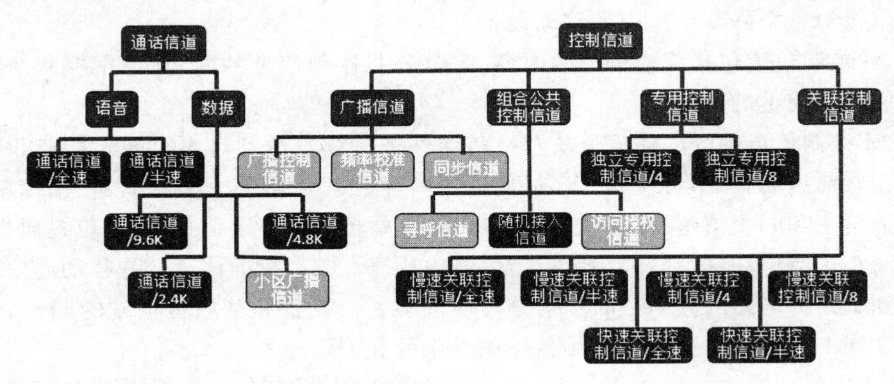

图 3.5.2　GSM 逻辑信道的无线电波通信链路

下行链路信道,红色仅是上行链路信道。

3.5.2　GSM 物理信道

全球移动通信系统 GSM 逻辑信道是内容,物理信道是包装,要把逻辑信道排列进入物理信道,就需要了解 GSM 物理信道中的突发数据建立、GSM 帧结构和许可信道组合的内容。

GSM 物理信道中的突发数据建立是在一个时隙的物理信道中。总共有 5 种不同的突发类型,实现 5 个不同的目标,尾码位的作用是功率提升和实现均衡器的作用,警戒期间是防止突发数据的冲突。正常突发的数据格式如图 3.5.3 所示。

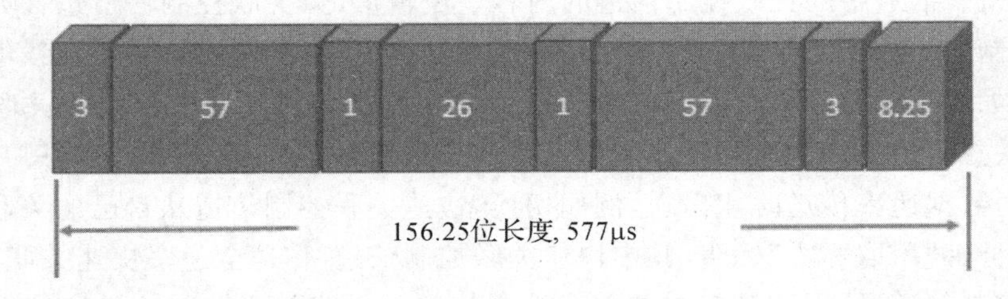

图 3.5.3　GSM 物理信道突发数据格式

在图 3.5.3 中,位数为 3 的是尾码,有 2 个尾码,57 位的是加密码,有 2 个加密码,26 位的是训练序列,在 57 位加密码和 26 位训练序列之间的 1 位是“窃密标志”,8.25 位警戒期间位。突发数据携带通话或者一些控制信息,例如独立专用控制信道、快速关联控制信道和慢速关联控制信道。训练序列的比特信息给均衡器使用。

GSM物理信道中的突发数据还有一种频率校准突发数据。频率校准突发数据为移动通信设备提供明确的和基站传输站相关的频率,从基站传输站发送固定调制的载波来传送这个信息,突发数据比特位的值被设定为“0”,无线移动通信调制方式的方案选择要有利于通信的容量和质量。在无线移动通信系统设计时,需要最大化地提高比特位传输速率,从而获得高容量;也需要使出错概率最小化,从而获得高质量。为此,选择调制方案时,需要最大化频谱效率,获得在给定频谱的最快位速率传输;也需要最大化功率效率,等于误码率最小,信噪比最大。调制方式获得功率效率和系统性能,就是提高信噪比,增加信号对干扰的免疫力,增加频率复用的概率。GSM采用差分编码和高斯最小移频键控调制是因为具有良好的频谱效率,同时功率效率也很好,工作时的调制速率为270.833Kb/s。高斯最小移频键控具有良好的工作特性。高斯最小移频键控是连续频率—相位转移键控技术,避免突然的相位改变,减少杂散发射,具有良好的频谱效率。高斯最小频移键控的第一步是差分编码处理信息,如图3.5.4所示。

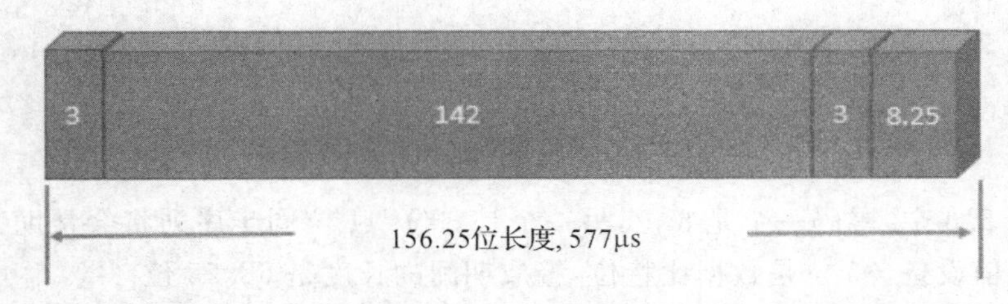

图3.5.4 GSM逻辑信道的频率校准突发数据格式

在图3.5.4中,两个3位的尾码之间是142位的固定比特,警戒期间长度还是8.25位,突发数据的总长度是156.25位。在这个突发数据中,基站传输站发送比载波频率高67.7kHz的未调制的载波,移动通信设备很容易就检测到在这个频率点的额外能量,并获得频率同步,当信号功率提升时,移动通信设备首先检测这个突发数据,移动通信设备会尽可能按照移动通信设备设计要求的那样多次检测这个频率,这个操作也依赖于所选择器件的频率稳定性。

GSM物理信道中的突发数据还有同步突发数据。移动通信设备通过立即跟踪频率突发能够找到同步数据的确切位置,其中的64位同步序列作为训练序列帮助移动通信设备找到这个突发数据。同步突发数据位移动通信设备提供时间同步信号,发送TDMA帧数量、基站传输站身份码和这个蜂窝小区使用8个训练序列中的哪一个训练序列。如图3.5.5所示。

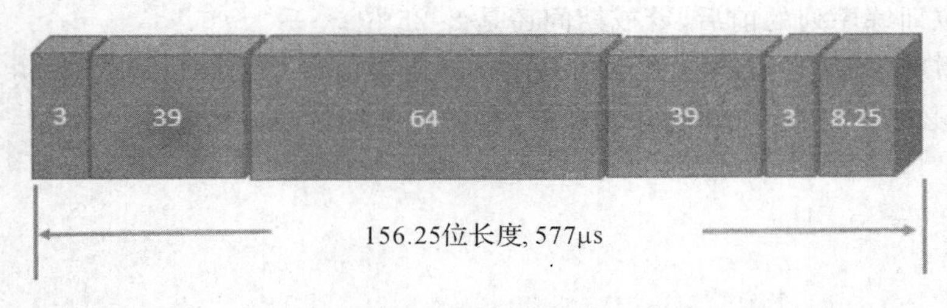

图3.5.5 GSM逻辑信道的同步突发数据格式

在图 3.5.5 中，64 位同步序列提供帮助移动通信设备找到这个突发数据的训练序列，在 64 位同步序列的前后有 2 个 39 位数据比特码，在 39 位数据比特位的旁边是 3 位尾码，尾码也有 2 个，警戒期间长度还是 8.25 位，突发数据的总长度是 156.25 位。

GSM 物理信道的突发数据还有接入突发数据。接入突发数据由移动通信设备发送给基站传输站，作为移动通信设备初始化、寻呼响应和注册。传输时的延时，使接入突发数据在随机的时间到达基站传输站，41 位的同步序列将会帮助基站传输站找到移动通信设备，特别长的警戒期间既能够防止突发数据的重叠，也能够满足最大半径 35km 蜂窝小区的使用，如图 3.5.6 所示。

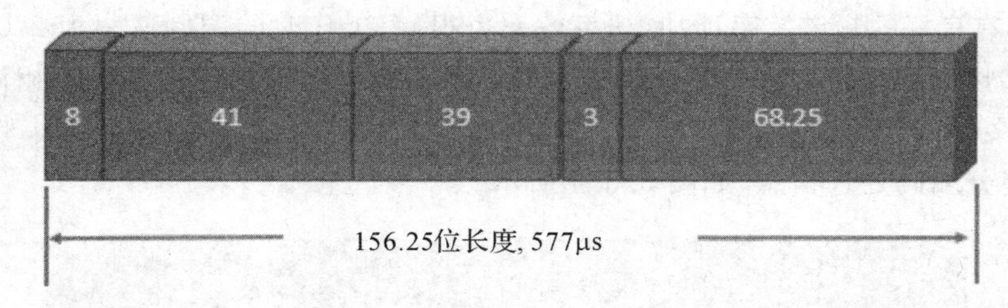

图 3.5.6 GSM 逻辑信道的接入突发数据格式

在图 3.5.6 中，尾码一个是 8 位，另一个是 3 位，41 位同步序列将会帮助基站传输站找到移动通信设备，36 位是数据比特位，警戒期间的长度是 68.25 位。

GSM 物理信道的突发数据还有仿造的突发数据。仿造的突发数据不携带任何信息，被发送在广播信道的同一个载波上，发送的时隙上没有通话信息。相邻蜂窝小区的移动通信设备可以测量这个控制载波的功率水平，从而决定是否这个蜂窝小区的信号可以满足通话切换。仿造的突发数据的格式如图 3.5.7 所示。

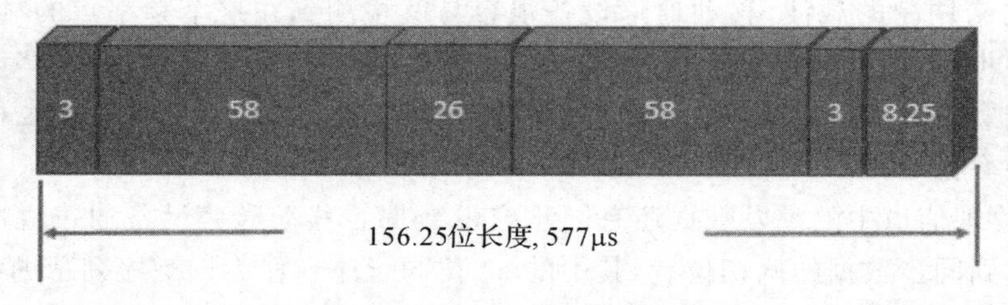

图 3.5.7 GSM 逻辑信道的仿造的突发数据格式

在图 3.5.7 中，尾码有 2 个，都是 3 位。26 位训练序列，58 位的混合比特位有 2 个，分布在 26 位训练序列的前后，警戒期间还是 8.25 位。

GSM 物理信道中的 GSM 帧结构是用在把逻辑信道排列到物理信道，并不是所有的逻辑信道都必须发送在 TDMA 帧。GSM 帧结构如图 3.5.8 所示。

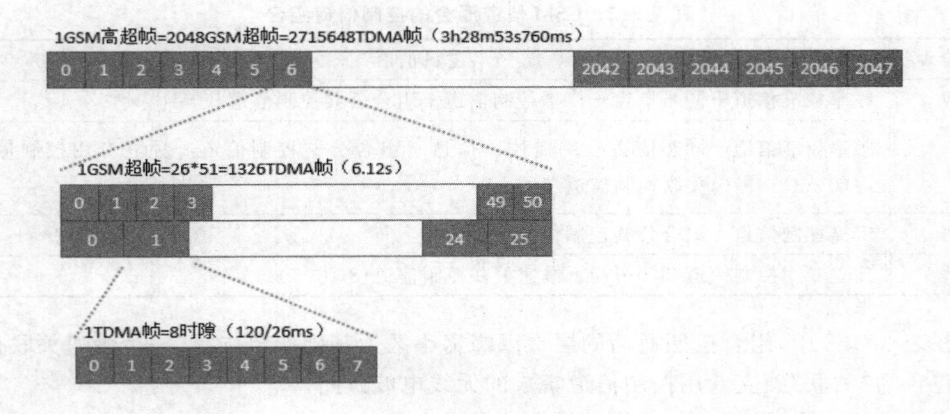

图 3.5.8 GSM 帧结构

在图 3.5.8 中，一个 GSM 高超帧长达 3 小时 28 分钟 53 秒 760 毫秒，它由 2048 个 GSM 超帧组成，一个 GSM 超帧的时长是 6.12 秒，由 1326 个 TDMA 帧组成，一个 TDMA 帧时长 4.62 毫秒，有 8 个时隙。

GSM 逻辑和物理信道是允许混合的。各类不同的逻辑信道也是可以混合的，而且被指定给一个"物理信道"。忽略跳频时，一个"物理信道"是射频载波的一个时隙任务。一个"信道混合"是给逻辑信道使用物理信道的有序序列。一旦知道了"信道混合"，就可以知道在哪里、在什么时候找到一个特定的逻辑信道。

信道混合可以利用帧结构来实现。通话信道被组织在 26 帧的多路帧结构中完成（组合Ⅰ到Ⅲ），如表 3.5.1 所示。

表 3.5.1 GSM 信道混合的通话信道组合

组合＃	逻辑信道	支持速率
Ⅰ	通话信道/F＋快速关联控制信道/F＋慢速关联控制信道/F	一个全速率通话信道
Ⅱ	通话信道/F＋快速关联控制信道/H＋慢速关联控制信道/H	一个全速率通话信道
Ⅲ	通话信道/H(0)＋快速关联控制信道/H(0,1)＋慢速关联控制信道/H(0,1)＋通话信道/H(1)	两个全速率通话信道

在表 3.5.1 中，组合＃I 的一个 TDMA 帧只有一个时隙，一个通话信道/F 可以被指定给时隙 0 到时隙 7 的任何一个，在需要的时候关联控制信道可以占用通话信道。组合＃I 有一个空闲帧，移动通信设备利用空闲帧的时间执行其他工作任务。组合＃Ⅱ和组合＃Ⅲ中，半速率信道每隔一个 TDMA 帧需要一个突发数据，一个通话信道可以被指定给时隙 0 到时隙 7 的任何一个，移动通信设备有充足的时间在每隔一个 TDMA 帧执行其他工作任务。

控制信道被组织在 51 帧的多路帧结构中完成（组合Ⅳ到Ⅶ），如表 3.5.2 所示。

表 3.5.2 GSM 信道混合的控制信道组合

组合 #	逻辑信道
Ⅳ	频率校准信道＋同步信道＋广播控制信道＋组合公共控制信道
Ⅴ	频率校准信道＋同步信道＋广播控制信道＋组合公共控制信道＋独立专用控制信道/4(0…3)＋慢速关联控制信道/4(0…3)
Ⅵ	广播控制信道＋组合公共控制信道
Ⅶ	独立专用控制信道/8(0…7)＋慢速关联控制信道/8(0…7)

在表 3.5.2 中，组合按照通话的层次以蜂窝小区为基础作出选择，一个慢速关联控制信道包含为“关联”独立专用控制信道集成的无线电波链路。

当蜂窝小区容量逐年增加，信道组合的安排也需要发生变化。例如，最初阶段一个蜂窝小区只有几个移动通信设备终端时，接收发射移动通信设备有 8 个物理信道。8 个时隙的安排如表 3.5.3 所示。

表 3.5.3 安排 8 个物理信道的信道混合

时隙 #	信道混合
0	Ⅴ
1—7	Ⅰ

在表 3.5.3 中，时隙 #0 的信道混合采用组合 #Ⅴ 的形式是频率校准信道＋同步信道＋广播控制信道＋组合公共控制信道＋独立专用控制信道/4(0…3)＋慢速关联控制信道/4(0…3)，时隙 #1 到时隙 #7 采用信道组合 #Ⅰ 是通话信道/F＋快速关联控制信道/F＋慢速关联控制信道/F 的一个全速率通话信道。

接着这个蜂窝小区的移动通信发射设备增加到原来的 3 倍，通话容量增加，混合信道组合 #Ⅴ 没有足够的容量来传输控制信息(包括寻呼、通话建立等)，那就需要原来 8 个物理信道的 3 倍，就是 24 个物理信道。信道混合的安排如表 3.5.4 所示。

表 3.5.4 安排 24 个物理信道的信道混合

射频载波	信道混合	时隙 #	物理信道 #
C0	Ⅳ(控制)	0	1
C0	Ⅶ(控制)	1	1
C0	Ⅰ(通话)	2…7	6
C1&C2	Ⅰ(通话)	0…7	16

在表 3.5.4 中，物理信道中总共有 22 个通话信道。

然后这个蜂窝小区的移动通信发射设备增加到原来的 6 倍，通话容量增加，那就需要原来 8 个物理信道的 6 倍，就是 48 个物理信道，之前的信道组合不能满足控制信息传输的需要，信道混合的安排重新改变，新的安排如表 3.5.5 所示。

表3.5.5 安排48个物理信道的信道混合

射频载波	信道组合#	时隙#	物理信道#
C0	Ⅳ(控制)	0	1
C0	Ⅵ(控制)	2	1
C0	Ⅶ(控制)	1&3	2
C0	Ⅰ(通话)	2,4,6 & 7	4
C1-C5	Ⅰ(通话)	0…7	40

在表3.5.5中,总共有44个通话信道放在48个物理信道中。

3.6 GSM的数据传输

在GSM通信中,传输数据的方式通常有2种:专用电路传输模式和共享打包传输模式。专用电路传输模式对每个用户使用专用的资源,性能较好,成本较高;共享打包传输模式在多个用户中共享一个资源,对于每个用户来说性能降低、成本降低,需要媒体接入控制协议才能接入数据传输,在网络中需要有记忆的存储空间。

GSM增强型的服务加强了数据传输功能,采用了通用打包无线服务和高速电路切换数据。通用打包无线服务(General Pacakge Radio Service,GPRS)允许多个用户中心一个或者多个接口信道,包裹数据通常是在数据流里各自按位传输的相对的短数据组合,在突发数据或者短数据传输中特别有用,GPRS在一个时隙内总的数据传输速率是22.8Kb/s。高速电路切换数据(High Speed Circuits Switched Data, HSCSD)采用集合时隙的加强数据速率,是一种“电路切换”适用于高容量数据通话的更经济的方法,3个集合时隙的数据传输可以达到68.4Kb/s的粗略总数据传输速率。

在一个时隙内高斯最小频移键控22.8Kb/s的位传输速率允许传输13Kb/s的语音,也就是大约9.8Kb/s额外的前向纠错,或者传输9.6Kb/s数据,也就是大约13.2Kb/s额外的前向纠错。全球进化加强版数据速率(Enhanced Data Rate for Global Evolution, EDGE)采用8-PSK(Phase Shift Keying)调制,一次传输3位,可以达到最大的容量是:一个时隙粗略估计传输,101.56Kb/s的位速率,传输信息或者一个人时隙传输65.2Kb/s“网”位速率(减去TDMA的尾码和训练序列),也就是48Kb/s的用户位速率、17Kb/s的额外前向纠错,或者30Kb/s的用户位速率、35Kb/s的额外前向纠错。

如果多路用户用GPRS共享一个信道,在一个单独的时隙内用户会被按照顺序传输信息,采用媒介接入控制协议让用户进入共享信道,在共享时隙内的用户数量由在特定时间内正在活动的数量和这些用户要传输的数据容量来决定。当GPRS采用高斯最小频移键控时的传输速率可以达到115Kb/s,当GPRS采用EDGE时的传输速率可以达到384Kb/s,达到加强版GPRS的传输速率。在通信时,GPRS网络结构如图3.6.1所示。

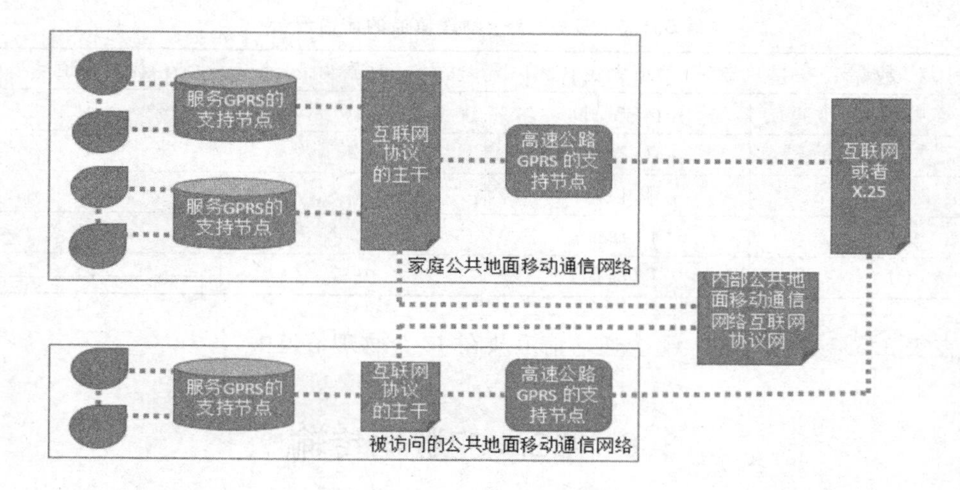

图 3.6.1　GPRS 网络架构

在图 3.6.1 中,GPRS 服务的网络在家庭公共地面移动通信网络和被访问的公共地面移动通信网络覆盖范围内,GPRS 服务按照互联网协议与高速公路 GPRS 支持的节点联通,家庭公共地面移动通信网络和被访问的公共地面移动通信网络之间通过内部的公共地面移动通信网络协议和互联网联通。在家庭公共地面移动通信网络中,移动通信用户的打包接入包括:认证和加密,移动和漫游访问管理,在同一个无线公共地面移动通信网络内寻呼和打包数据传输。这时的高速公路接口连接外部的网络包括:互联网协议网络,X.25 网络,非 GPRS 网络。

短信息发送服务(Short Message Service,SMS)允许移动通信 GSM 用户发送,或者接收最多 160 个字符的信息,并且一直在不断增加信息容量。所有的短信息服务都由短信息中心控制,短信息中心通常由不同的事业团体提供服务,不在 GSM 公共地面移动通信网络的范围之内,短信息通常都贮存在营运商身份模块 SIM(Subscriber Identity Module)卡中。

3.7 GSM 系统容量

当提出"GSM 系统是可以有多少用户使用的系统?"这个问题时,就必须计算 GSM 系统的容量是多少。首先计算一个蜂窝小区物理信道的数量,一个物理信道可以被看成是一个"用户信道",是一个通话需要的资源。那么计算一个蜂窝小区内物理信道的数量就是给定时间内使用一个蜂窝小区的最大用户数量 $U_{\max}$,要找到这个最大用户数量 $U_{\max}$,就要做一些简化的假设:首先这个蜂窝小区内所有的物理信道都被占用,其次在整个系统内采用一种标准的频率复用模式,最后就是在任何时候所有的物理信道都工作在相同的功率水平,此时 GSM 系统容量就是最大用户数量 $U_{\max}$,公式如下:

$$U_{\max}=\frac{B_S U_C}{S_C N} \tag{3.11}$$

式中：U_{max}是最大用户数量；B_S 是系统可以使用的射频带宽的总和；U_C 是一个射频载波上的用户数量；S_C 是射频载波之间的最小频率间隔；N 是频率复用的因数。

在蜂窝移动通信系统中，GSM 系统抗干扰能力比 AMPS 强；在 GSM 系统中，频率复用比 AMPS 系统中的频率复用要多，GSM 系统是 4 蜂窝小区的复用，AMPS 系统是 7 蜂窝小区的复用。具体参数如表 3.7.1 所示。

表 3.7.1 GSM 和 AMPS 系统参数

	N	S_C	U_C
GSM	4	200kHz	8(全速率传输)
AMPS	7	30kHz	1

在表 3.7.1 中，GSM 按照全速率传输数据，一个射频载波上的用户数量是 8，射频载波之间的最小频率间隔是 200kHz，GSM 是 4 蜂窝小区复用，N 是 4；同理，AMPS 一个射频载波上的用户数量是 1，射频载波之间的最小频率间隔是 30kHz，AMPS 是 7 蜂窝小区复用，N 是 7，这时可以计算出 U_{max}(GSM)/U_{max}(AMPS)＝2.1，也就是说，GSM 系统的容量是 AMPS 系统容量的 2.1 倍。

同理假设所有的信道都在 TDMA 系统全功率工作，有 3 个蜂窝通信扇区，一个 CDMA 视频载波支持 12～24 个通话，接着就可以计算出 TDMA 系统容量和 GSM 系统容量的倍数关系：U_{max}(US. TDMA)/U_{max}(GSM)＝1.4，TDMA 系统容量是 GSM 系统容量的 1.4 倍，CDMA 系统容量和 GSM 系统容量的倍数关系：U_{max}(CDMA)/U_{max}(GSM)＝2.9～5.8，CDMA 系统容量是 GSM 系统容量的 2.9～5.8 倍。

GSM 系统的容量实际上要比上面的比较结果更多一些，原因是技术方面的。首先，蜂窝通信载波的 800MHz 带宽频谱中有 50MHz 被一些模拟通信、效率不佳的营运商占用；其次，GSM 的 900MHz、1800MHz 和 1900MHz 只是数字通信，没有模拟通信的用户；第三，GSM1800MHz 频段的频谱有 150MHz，而 PCS 有 120MHz；最后，GSM 系统还可以应用射频工程技术增加容量，所以 GSM 系统实际上还有更多的容量。

增加系统容量的方法从技术上看，就是增加最大用户数量 U_{max}，为此，可以增加 B_S、增加 U_C、减小 S_C、减小 N 频率复用因数。这些条件建立在之前的假设之上，这些假设包括：所有的物理信道都被占用，所有的物理信道都工作在一个稳定不变的功率水平，N 频率复用因数依赖于国际通信标准中的载波干扰比率参数，所有这些假设不一定总是正确，一些可以降低干扰的技术可以改变 N 频率复用因数，增加系统容量。

降低干扰可以通过动态功率控制来实现，动态功率控制使达到"可接受的信号传输性能"的同时尽可能用最小的功率发送信号。链路性能参数平均 480ms 汇报一次，汇报的参数被称为"接收质量"，8 个是在误码率(Bit Error Rate，BER)范围内定义。功率控制的步进是 2dB，让移动通信设备按照这个 2dB 步进降低 1mW(0dB)的功率。动态功率控制在移动通信设备是强制执行的，在基站传输站是可选择执行。

降低干扰也可以通过间断性信号传输来实现。在通话时，一个人只有 35％的时间在讲话，如果不讲话，为什么还要传输数据？于是 GSM 系统就被设计了在上行链路或者下行链路没有讲话时，就关断发送器的功能。如图 3.7.1 所示。

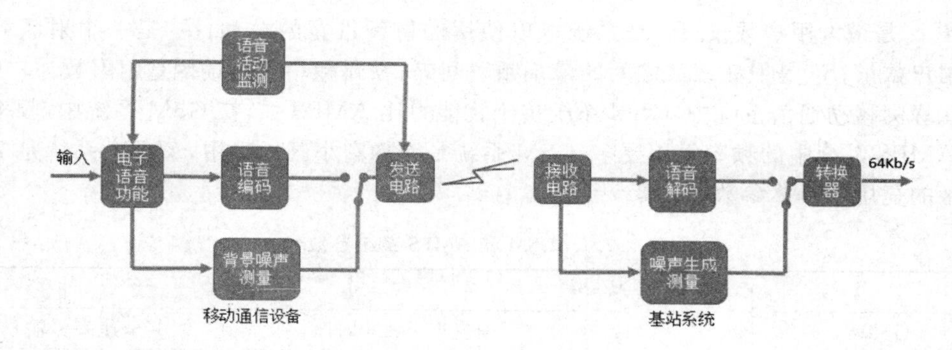

图 3.7.1 上行链路的间断性信号传输

在图 3.7.1 中，移动通信设备的“语音活动监测”没有检测到通话，背景噪声被测量的时间超过 4 个 TDMA 帧，“语音活动监测”指挥“背景噪声测量”发送信号，“语音编码”的传输被中断，“接收电路”收到后理解为需要合适的噪声，于是把背景噪声提供给“噪声生成测量”，变成 64Kb/s 综合背景噪声传输出去。背景噪声测量 480ms 测量一次，移动通信设备平均地发送噪声，直到“语音活动监测”发现有通话，才会切换到语音编码的发送功能。

降低干扰也可以采用慢速跳频来实现。慢速跳频可以使频率分散到各个频率点，也使干扰更分散。分散的干扰降低了干扰强度，这和通话功能的工程应用原理有关。如果在一天中最繁忙的时间里，一个蜂窝小区有平均 9 个正在通话的移动通信发射设备，服务运营商就会决定不超过 2%的通话必须被阻断，因为历史记录表明，大部分时间一些没有使用的信道，没有干扰，偶尔会有全部信道被占用的情况，这时新的通话就会被阻断。通话功能的工程要求即使移动通信系统是在繁忙时间里最拥挤的时刻，也要保证显著部分的物理信道不会被占用。在一次跳频时，一个跳频的物理信道会经历一个不同层次共信道干扰的情况，在慢速跳频时，一个给定通话很有可能在可接受的语音质量条件下，超出最小允许的载波干扰比值。跳频带来干扰的分散，只有在同频率、同时隙的共信道蜂窝小区会有干扰，跳频使干扰的平均值降低，使载波干扰比值的范围变小。GSM 系统的跳频有周期性跳频，也有随机跳频，通信性能会随着频率数量的增加而提高，随机跳频在基站传输站的小数量的移动通信收发设备中优先选用。基带信号跳频采用周期性跳频，综合器的跳频采用随机跳频。

综上所述，降低干扰的工程技术有动态功率控制、间断性传输信号和慢速跳频，根据技术标准的规定，在射频载波传输广播控制信道时，任何时隙都不允许广播控制信道跳频。广播控制信道在所有的时隙都被连续不间断地传输，并保持恒定不变的射频功率水平。除此之外，动态功率控制、间断性传输信号和慢速跳频可以用在不支持广播控制信道的其他所有的射频载波上；支持动态功率控制、间断性传输信号和慢速跳频的蜂窝小区和传输收发设备多，利用动态功率控制、间断性传输信号和慢速跳频的优点获益就多；很多研究和工程实践都公开报道了最大化地利用这些优点达到移动通信的最佳工作性能。

降低干扰可以采用多路复用模式来实现，在广播控制信道载波和至少一种携带通话的频率上可以实现多路复用。在广播控制信道通常接收 12 多路复用，3 个扇区 4 个地区的多路复用。9路复用或者3路复用在其余频率上都可以使用，例如在51个射频载波频率的频谱宽度10.2MHz使用多路复用，可以在一个蜂窝小区的N频率复用因数为12的12个频率、4蜂窝小区的N频率复用因数为9的36个频率、1蜂窝小区N频率复用因数为3的3个频率，通常3路复用的干扰太高，达不到可接受的通话质量，但有动态功率控制、间断性传输信号和慢速跳频技术，会帮助移动通信系统减轻干扰的影响。在这个多路复用的模式中，计算系统容量N频率复用因数和系统容量比值如下：

$$N=\frac{1\times 12+4\times 9+1\times 3}{6}=8.5$$

$$\frac{U_{\max}(\mathrm{CDMA})}{U_{\max}(\mathrm{GSM})}=\frac{\frac{B_S U_C}{S_C N}(\mathrm{CDMA})}{\frac{B_S U_C}{S_C N}(\mathrm{GSM})}=\frac{\frac{12\sim 24}{1250+\frac{1}{3}\times 3}}{\frac{8}{200\times 8.5}}=2.0\sim 4.1 \tag{3.12}$$

在式(3.12)中，因为采用动态功率控制、间断性传输信号、慢速跳频技术和多路复用模式，所以GSM系统容量比之前提高了许多。

其他还有一些技术有助于提高系统容量，具体包括：分等级蜂窝小区结构（多楼层蜂窝设计），有适应能力的信道分布，蜂窝细胞切换，通信蜂窝小区（分割复用），有适应能力的多速率语音编码器，有适应能力的天线。

第4章 CDMA技术

码分多址接入技术是一种适用于个人通信服务和数字蜂窝移动通信系统的技术。采用码分多址接入技术CDMA技术的优点有很多,在后面的章节都会介绍。

4.1 CDMA介绍

个人无线通信服务是电信服务向无线通信服务延伸、与国际移动通信进一步发展的新一代通信。主要的通信标准包括蜂窝无线通信的IS-95的CDMA、PCS1900的欧洲GSM和IS-136的北美TDMA;无绳电话通信的标准;新技术的PCS2000和Wideband-CDMA。用在个人通信服务和蜂窝移动通信服务的CDMA相似,但也有不同,在800MHz蜂窝通信频段的CDMA是采用IS-95A蜂窝通信标准;在2GHz个人通信服务频段的CDMA是采用IS-95个人通信服务标准和J-STD-008个人通信服务标准,1998年,ANSI95B把这两个标准综合起来并被批准出版。其中IS-95A在9.6Kb/s的信道传输速率基础上增加了14.4Kb/s的信道传输速率。

基于ANSI-95技术的产品也被称为“cdmaOne”,被CDMA研发部注册为商标,“cdmaOne”包括蜂窝通信、个人通信服务、无线本地局部回路的所有产品和标准。

个人通信服务在2GHz和数字蜂窝通信非常相似,拥有同样的网络结构;同样都工作在2GHz频率,而不是800MHz;同样是数字通信,而不是模拟通信。个人通信服务和蜂窝通信都有很多标准用在空间接口,具体包括:ANSI-95的CDMA使用在许多运营商承担的通信服务中,其他的运营商选用时分多址多路接入TDMA或个人通信系统PCS1900系统。大部分运营商都尽量提供全球通信网络的覆盖。

4.2 CDMA原理及技术实现

CDMA具有最大的系统容量,因为每个用户都可以使用全部频率范围;最好的通话质量,因为CDMA在空间、时间和频率上都提供最可靠的信号连接;最具有灵活性,因为CDMA很容易提供广泛种类的不同用户的比特率,而不需要聚合多个时隙或多个频率;CDMA还是最有潜力的技术,因为CDMA系统容量和通话质量的干扰非常有限,智能天线和干扰消除的新技术很容易快速降低干扰。

扩频技术是在传输信号的频段扩展带宽的方法，传输信号的频段比传输时实际需要的带宽要宽。海蒂·拉玛发明了扩频技术，被尊称的CDMA之母。扩频技术常常用在减小国际干扰的通道阻塞影响，也常常用在减弱其他干扰的影响，例如窄带传输设备和其他扩频传输设备。扩频技术一般有跳频技术和直接序列扩频技术两种。

跳频是扩频技术中最重要的方法之一，由于调制器的载波频率各不相同，所以各个TDMA多路接入器之间需要采用跳频技术。跳频时有快速调频技术和慢速跳频技术两种。快速调频技术的各个信号码采用不同的频率传输，慢速调频技术的各个信号码采用相同的频率传输。GSM通信中要求移动通信设备终端支持跳频中的慢速跳频技术的功能，要求基站收发站具备跳频中的慢速跳频技术的可选项功能。具备跳频功能使多路传输载波成为可能，举例说明在30个通话中的通话＃9在TDMA帧的时隙中跳频传输，如图4.2.1所示。

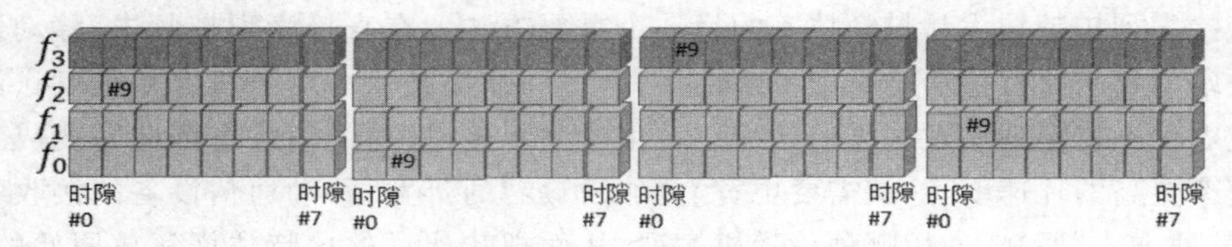

图4.2.1 TDMA时隙中通话＃9的跳频传输

在图4.2.1中，通话＃9在TDMA时隙＃1中传输，通话频率从f_2跳到f_0，再后跳到f_3，然后跳到f_1。其余的30个通话在不冲突的协调模式内完成跳频。

跳频功能使无线移动通信的工作频率呈现多样性。在移动时通话，信号衰减情况在时刻变化，采用交织器的信道编码关注信号薄弱的“粗糙点”；在静止时通话，调整的频率有可能信号已经衰减，而其他频率点的信号很好。跳频功能还使无线移动通信的干扰源呈现多样性，在同信道蜂窝通信会造成干扰，但是只有在同频率同时隙时才会发生同信道干扰，采用跳频技术，其他干扰源对无线移动通信的影响概率大大减小。

降低干扰也可以采用慢速跳频来实现。慢速跳频可以使频率分散到各个频率点，也使干扰更分散。分散的干扰降低了干扰强度，这和通话功能的工程应用原理有关。如果在一天中最繁忙的时间里，一个蜂窝小区有平均9个正在通话的移动通信设备，服务运营商就会决定不超过2％的通话必须被阻断，因为历史记录表明，在大部分时间里一些没有使用的信道，没有干扰，偶尔会有全部信道被占用的情况，这时新的通话就会被阻断。通话功能的工程要求即使移动通信系统是在繁忙时间里最拥挤的时刻，也要保证显著部分的物理信道不会被占用。在一次跳频时，一个跳频的物理信道会经历一个不同层次共信道干扰的情况，在慢速跳频时，一个给定通话很有可能在可接受的语音质量条件下，超出最小允许的载波干扰比值。跳频带来干扰的分散，只有在同频率、同时隙的共信道蜂窝小区会有干扰，跳频使干扰的平均值降低，使载波干扰比值的范围变小。GSM系统的跳频有周期性跳频，也有随机跳频，通信性能会随着频率数量的增加而提高，随机跳频在基站传输站的小数量的移动通信收发设备中优先选用。基带信号跳频采用周期性跳频，综合器的跳频采用随机跳频。

实际上，快速跳频和慢速跳频相比，有很多用户的比特位都在一次跳频时被发送出来。无线传输设备采用跳频的伪随机序列在发射端发送信号的比特位时，多次跳到不同的频率点，信号就被扩展到许多频率点，而不是保留在一个频率点上。为了能够正确地恢复原始信号，必须通知接收端哪种伪随机序列在发射端被采用。

伪随机二进制序列在概率论中一般称为贝努利(Bernoulli)序列，它由两个元素(符号)0,1 或 1,－1 组成。序列中不同位置的元素取值相互独立，取 0、取 1 的概率相等，等于 1/2：我们简称此种系列为随机序列。随机序列具有 3 个基本特性：首先在序列中"0"和"1"出现的相对频率各为 1/2。其次，序列中连 0 或连 1 称为游程，连 0 或连 1 的个数称为游程的长度，序列中长度为 1 的游程数占游程总数的 1/2；长度为 2 的游程数占游程总数的 1/4；长度为 3 的游程数占游程总数的 1/8；长度为 n 的游程数占游程总数的 $1/2n$(对于所有有限的 n)，这是随机序列的游程特性。最后，如果将给定的随机序列位移任何个元素，则所得序列和原序列对应的元素有一半相同，一半不同。

直接序列扩频技术是扩频技术的另一个重要方法。在直接序列扩频中，移动通信设备发送端的每个比特位信号被细分成许多片，每一片都是一个伪随机序列里发送端的比特位或者伪随机序列里发送端的比特位转化的比特位；发送的信号也因此转变成为一种比特速率更高的片速率，这就需要更宽、更加"扩展"的带宽；移动通信设备的接收端需要被"以某种方式"通知，使用哪种伪随机序列，从而把转化后的比特位恢复成原始的值，然后重建原始的信号，在数字蜂窝通信和个人通信服务系统里，这里的"以某种方式"通知指在通话建立的阶段，用通话建立消息的方式。采用这种转变比特位的方式，移动通信设备发送端的"片/比特位"允许一个信号用一种代码和其他信号的另一种代码来区分，这种处理方式能有效地实现"干扰抑制"。

下面从 CDMA 的直观解释和 CDMA 的专业特性来阐述 CDMA 的工作原理和技术要求。

4.2.1 CDMA 的直观解释

设想在饭店里吃饭的人有很多，座位都坐满了，大家都在边吃边交谈，每桌客人们都在谈论自己感兴趣的话题，每个人都在仔细地听同桌的人的讲话，可是很多人同时讲话，很多声音同时发出来，交错叠加，声音都重叠在同一个时间点，声音在传输时和许许多多别人的声音叠加，几千个声音同时发声，在传输空间里争抢传输的缝隙，这就是真正的自由空间的声音传输，也就是通话信号在自由空间的真实传输环境，这样的结果就是很多话似乎被减弱了，听不清或者根本就听不到了。如图 4.2.2 所示。

在图 4.2.2 中，饭店里的一桌一桌人都边吃饭边谈话，声音噪杂，此起彼伏，周围还有碗筷相碰的声音，以致饭桌上常常有人会听不到对方在说什么。这就是真实的通话环境。在数字无线通信中，发送和接收的信号都带有噪声，只要可以分辨出"0"和"1"，移动通信设备的接收端就可以重建移动通信设备的发送端发出的信号，如图 4.2.3 所示。

在图 4.2.3 中，移动通信设备的发送端发出"001100"，移动通信设备的接收端收到的信号已经有许多噪声叠加在信号上，但还是可以分辨出"001100"，所以只要能收到这样的信号，就能够在接收端重新建立原来发送出的信号。如图 4.2.4 所示。

在图 4.2.4 中，采用 CDMA 技术，在人群熙熙攘攘的饭店里谈话，周围饭桌上的人们都在交谈，但是却听不到周围的声音，只听见对方的讲话，就好像在一个饭桌的房间里吃

图 4.2.2 真实的通话环境

图 4.2.3 数字信号的发送和接收

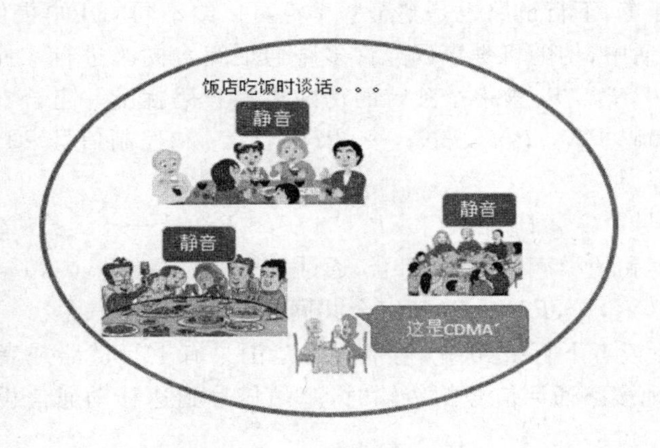

图 4.2.4 CDMA 的通话环境

饭时的谈话，没有任何噪声和环境声音的干扰，这就是 CDMA 的真实通话环境。

CDMA 的真实谈话环境能够这样安静，就好像滤波器滤除了周围环境的声音，这是和 CDMA 技术的工作频段有关的。频分多址接入(Multiple Access，FDMA)技术、时分多址接入(Time Division Multiple Access，TDMA)技术都在一定的频率范围、一定的时隙传输某个通话信号，但是 CDMA 却不同，如图 4.2.5 所示。

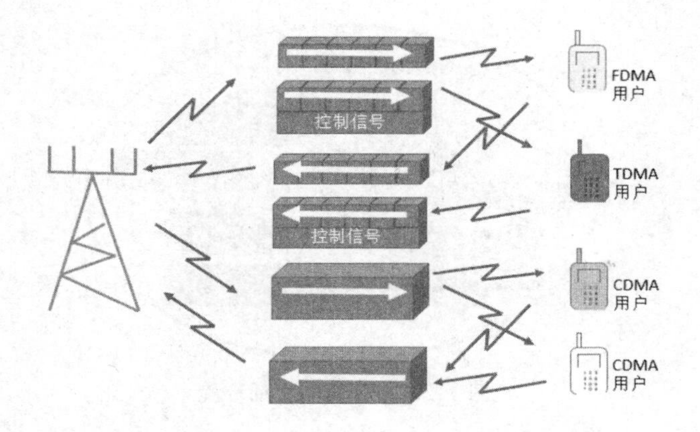

图 4.2.5　FDMA、TDMA 和 CDMA 传输链路的区别

在图 4.2.5 中，无线通信信号覆盖的区域有 FDMA、TDMA 和 CDMA 通信的各种不同通信方式。FDMA 的传输链路包括上行链路频率点、下行链路频率点和控制信号通道的频率点；TDMA 的传输链路包括上行链路频率点、下行链路频率点和控制信号通道；CDMA 的传输链路包括上行链路或者下行链路，而且上行链路是整个频率点可以给不同的用户提供通话通道，下行链路也是整个频率点可以给不同的用户提供通话通道。

在 CDMA 通话中，伪随机噪声码允许多路通话组合同时进行。控制信号 C_0 和通话信号 $T_1,T_2,T_3,\cdots,T_{19},T_{20}$ 被一个独特的伪随机噪声码扰乱并组合在一个通信链路中，伪随机噪声信号编码 $PN_1,PN_2,PN_3,\cdots,PN_{19},PN_{20}$ 和控制信号、通话信号组合形成基站传输的组合信号为：

$$\text{信号}=C_0\times PN_0+T_1\times PN_1+T_2\times PN_2+\cdots+T_{20}\times PN_{20} \tag{4.1}$$

式中：控制信号 C_0 和伪噪声的 PN_0 组合，通话信号 $T_1,T_2,T_3,\cdots,T_{19},T_{20}$ 和伪噪声信号编码 $PN_1,PN_2,PN_3,\cdots,PN_{19},PN_{20}$ 组合共同成基站发出的信号。

在同一个上行或者下行链路中，整个频率范围只有上行链路或者下行链路两种，在 CDMA 系统中实现多路通话信号的传输时，基站信号到达移动通信设备的传输过程，如图 4.2.6所示。

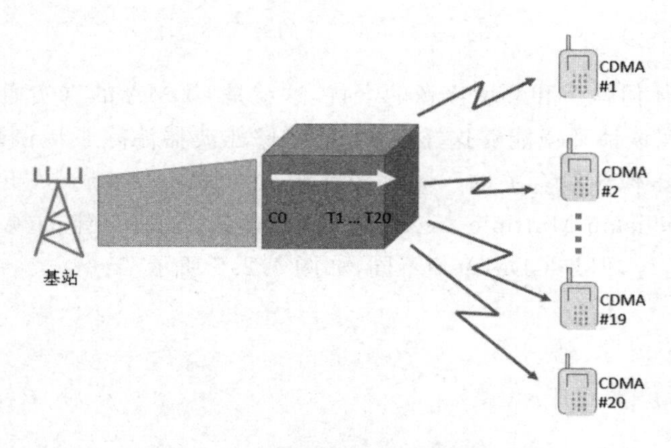

图 4.2.6　CDMA 通信链路传输的信号

在图 4.2.6 中,CDMA 用户#1、CDMA 用户#2、CDMA 用户#3,……,CDMA 用户#19,CDMA 用户#20 都在接收基站发出的组合信号,控制信号 C_0 和 20 路通话信号 $T_1 \sim T_{20}$ 同时传输,通话信号在与伪随机噪声码的组合中,从基站天线发射到自由空间,传输到达移动通信设备的接收端。

在接收端,CDMA 用户的移动通信设备收到基站发来的组合信号,以 CDMA 用户#1 为例,CDMA 用户#1 在基站发出的组合信号中,伪噪声系数 PN_1 被分配给 CDMA 用户#1,于是 CDMA 用户#1 先同步信号,然后乘以 PN_1,然后相加,从而提取出自己的信号。公式如下:

$$
\begin{aligned}
\overline{\text{信号} \times PN_1} &= \overline{(C_0 \times PN_0 + T_1 \times PN_1 + T_2 \times PN_2 + \cdots + T_{20} \times PN_{20}) \times PN_1} \\
&= \overline{C_0 \times PN_0 \times PN_1} + \overline{T_1 \times PN_1 \times PN_1} + \overline{T_2 \times PN_2 \times PN_1} + \cdots \\
&\quad + \overline{T_{19} \times PN_{19} \times PN_1} + \overline{T_{20} \times PN_{20} \times PN_1} \\
&= \overline{T_1 \times PN_1 \times PN_1}
\end{aligned}
\tag{4.2}
$$

式中:伪随机序列噪声序列编码 $PN_1, PN_2, PN_3, \cdots, PN_{19}, PN_{20}$ 相互正交,所以 $\overline{PN_0 \times PN_1}$,$\overline{PN_2 \times PN_1}$,$\overline{PN_{19} \times PN_1}$,$\overline{PN_{20} \times PN_1}$ 都为 0,只有 $\overline{PN_1 \times PN_1}$ 被保留,因为 $\overline{PN_1 \times PN_1}$ 是已知的数值,所以只有 T_1 被保留,实现了 CDMA 用户#1 只能听见自己这一路的通话,屏蔽了其余的 19 路通话的机制。

在通信过程中,数字信号比特位"0"用图形中的水平线"+1"表示,比特位"1"用图形中的水平线"−1"表示,简化为"+/−",如图 4.2.7 所示。

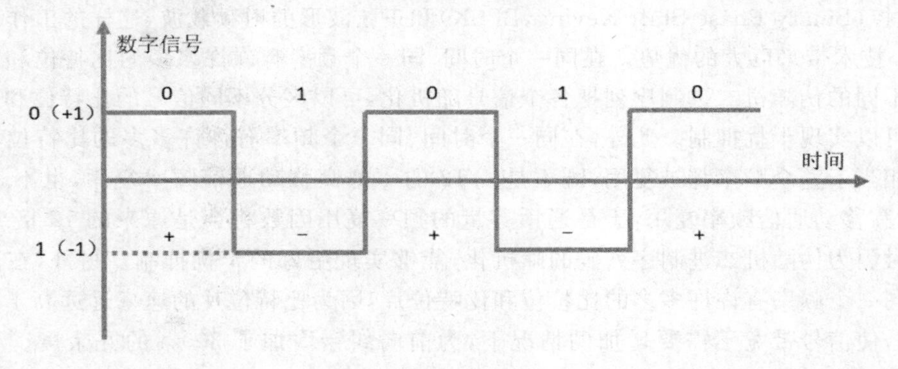

图 4.2.7 数字化语音比特位

在图 4.2.7 中,基站发送的数字语音信号的"0"用"+1"代表,"1"用"−1"代表,移动通信设备接收端收到的数字化的语音比特位听起来既响亮又清楚。

在移动通信设备接收端的解码器可以把数字化的语音信号解码出来,并且进行数字—模拟转换,得到模拟语音信号。由数字信号转化来的模拟语音信号比一般的模拟语音信号更响亮、更清楚。

扩频系统把比特位分成许许多多更短的比特位片,比特位片的速率可以是原来的比特位的 100 倍,但是在 cdmaOne 系统内,只用到 24 倍。如果比特位片速率是原来比特位的 100 倍,就需要 100 倍的带宽给扩展信号,在比特位内允许 CDMA 的"码"和一位比特的所有比特位片相关。伪随机噪声码让信号变成随机信号,CDMA 采用较高的比特位速率的伪随机二进制序列使各个不同的信号随机化，如图 4.2.8 所示。

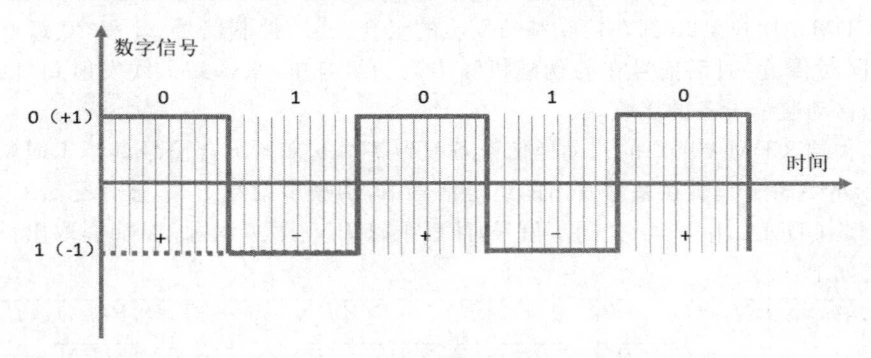

图 4.2.8　伪随机序列使信号随机化

在图 4.2.8 中，较高速率的伪随机二进制序列加在数字信号上，伪随机二进制序列把数字信号切割成比特位片，原始信号变成随机化的高速率的比特位片。在移动通信设备接收端的解码器通过数字—模拟转换重新生成随机化的信号比特位，也就是带宽有限、接近“白噪声”的信号。这时如果移动通信设备没有收到正确的伪随机二进制序列，就不能实现信号的“去随机化”，也就是解扰。只有在目标移动通信设备的接收端可以在通话时建立的控制信息内，收到正确的伪随机二进制序列。

如果传输的信号是被伪随机二进制序列随机化的信号，射频传输的信号就是二进制相移键控(Binary Phase Shift Keying，BPSK)和正弦波形的射频载波，这样的工作方式为 CDMA 技术带来巨大的优势。在同一个时间、同一个频率有许许多多的比特位和比特位片，用不同的伪随机二进制序列把各个信号随机化，可以区分不同信号的比特位和比特位片，也可以实现干扰抑制。此外，在同一个时间、同一个频率有许许多多的比特位和比特位片，相当于整个频率都被复用，既不是 4/12 的 4 蜂窝移动通信频率复用，也不是 7/21 的 7 蜂窝移动通信频率复用，于是通话容量的频率复用因数将会是原来的 12 倍或者 21 倍，同时因为伪随机二进制序列码的随机化，能够实现更好的干扰抑制。另外，在同一个时间、同一个频率有许许多多的比特位和比特位片，因为比特位片的速率远远高于比特位的速率，使信号带宽不需要增加的情况下，为前向纠错增加了 300％的冗余度。相比之下，其他技术由于额外增加了比特位，从而需要更大的带宽，而且即使获得更大的带宽，还只能获得不到 100％的冗余度。

经过伪随机二进制序列随机化对原始的语音信号进行加扰处理，在保持带宽不变的同时，原来的信号比特位的传输速率被比特位片的应用增加了 24 倍，实现了基站发射信号的干扰抑制。如果语音信号是“0”，在加扰时相关性处理的结果是一个逻辑比特位“0”，比特位片是 24 个＋1；如果语音信号是“1”，在加扰时相关性处理的结果是一个逻辑比特位“1”，比特位片的速率是 24 个－1。在移动通信设备接收端，只要使用正确的伪随机二进制序列、正确的排列，就能够把加扰的语音信号解扰出来，恢复原始的语音信号。因为只含有原始的语音信号，没有任何环境噪声或者其他线路的信号被解扰，所以恢复出来的原始语音信号比原来的语音信号更加响亮、更加清楚。

在基站发送端和移动通信设备的接收端对比特位片要做累加，在每一个比特位开始的位置，累加器清零，然后把这一个比特位的所有比特位片的“0”和“1”加起来，在这一个比特位结束的位置，读出累加器的值。累加器累加的位数由信号比特位决定，如果语音信号是“0”，在加扰时相关性处理的结果是一个逻辑比特位“0”，比特位片是 24 个＋1；如果语音信号是“1”，在加扰时相关性处理的结果是一个逻辑比特位“1”，比特位片是 24 个－1。在理想情况，累加器的值一定和比特位的值相同，原来的比特位是“0”，累加器的值就是“0”，原来的比特位是“1”，累加器的值就是“1”。在比特位的时间段内，累加求和能够提高我们对信号的置信度，同时提供过程增益，例如在 24 个比特位片的累加结果一个是“＋24”或者“—24”，有助于在恢复原始语音信号时再次确定比特位的值；假如出现误码，导致比特位片的累加在一个比特位的时间内，“0”和“1”的数目相同，在这一个比特位的时间内累加时，累加器的结果就会是接近零。实际上真实情况是，比特位“0”和“1”因为伪随机二进制序列的加扰作用，原来的比特位“0”已经成为比特位片“110001100101101000111010”，原来的“1”已经成为比特位片“110001001010010110011110”，基站发射端发送的是这样的比特位片，移动通信设备接收端接收的也是这样的比特位片，在接收端使用和发射端一样的伪随机二进制序列，这些比特位片就会被“翻转”回到原来的“0”和“1”，原始语音信号就重新建立了。在系统频率和时间内正确排列语音信号非常重要，在移动通信设备“开机”时，就按照系统频率和时间完成语音信号基本排列，这个过程包括：用最强信号的“导航信道”锁定基站；从基站的“同步信道”获得额外的帮助；基站建立的所有的“通话信道”都按照导航信道来安排。

自由空间的传输信道中许许多多的通话都在使用各自不同的伪随机二进制序列码加扰，移动通信设备接收端收到的是自由空间内所有在传输的随机信号的叠加总和，如图 4.2.9 所示。移动通信设备接收端按照自己被指定的伪随机二进制序列码，对一个信号解扰，因为伪随机二进制序列正交性的关系，其他的信号不能被解扰，于是移动通信设备接收端只听到自己的通话信号。

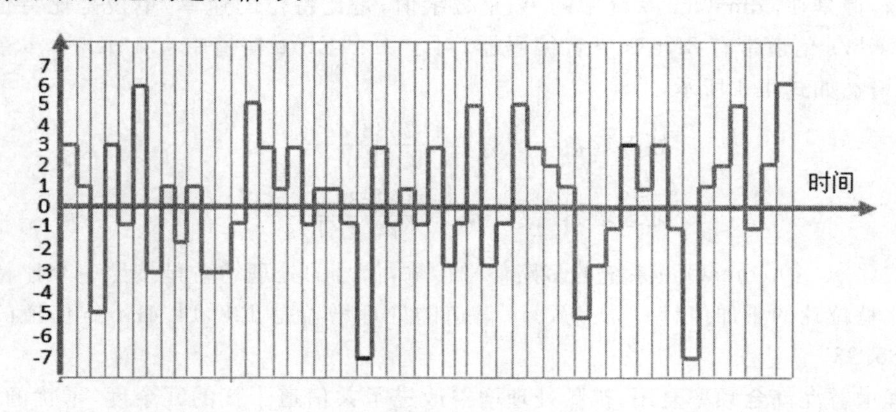

图 4.2.9　组合的加扰信号

在图 4.2.9 中，被伪随机二进制序列加扰的信号传输时，其他各路通话信号的加扰信号也都在被传输，线性叠加后的信号继续传输，基站发射端发出的 BPSK 射频信号幅度按照这个叠加后的幅度变化，在天线发射到自由空间。

在多路通话信号中，一路信号在比特位片做累加时，“不希望收到的信号”有时会出现，有时会减少“希望收到的信号”，但是在整个“比特位”的时间内，“不希望收到信号”的平均影响接近于零。当“不希望收到的信号”数量比较多时，在一个单独的比特位片内会出现广泛波动，但是仅仅浮现在整个“比特位”时间内影响“希望收到的信号”的清晰效果，不会影响其他比特位。

信号的比特位片的线性累加，意味着保存每个比特位片时间内的累加值的幅度信息，累加值是+2 在传输时要比累加值+1 的电场强度振幅多 2 倍。如果有 N 个信号，许许多多“+1”或者“−1”累加，在比特位片时间内的累加值可能会达到“$+N$”或者“$-N$”。

在自由空间传输“噪声”的同时也包含着信号，在移动通信设备的接收端，CDMA 用户 #1 在收到的 24 个随机比特位片信号的累加值上，应用指定给自己的伪随机二进制序列 #1，就可以解扰得到 CDMA 用户 #1 的这路信号，其余的信号仍然保留像噪声一样的状态被压缩存贮起来。CDMA 用户 #1 的通话能够忽略其他通话信号，这时比特位时间内的累加值总计达到+24，获得处理增益 24，而其他通话信号在这个比特位时间内的累加值总计接近“0”，对 CDMA 用户 #1 通话信号的比特位时间内的累加值的影响最小化，接近于“0”。如果这时比特位被随机化成比特位片是 100 片，就会得到 100 个随机比特位片信号的累加值总计是+100，获得处理增益 100，而其他通话信号在这个比特位时间内的累加值总计接近“0”，对 CDMA 用户 #1 通话信号的比特位时间内的累加值的影响最小化，接近于“0”。处理增益的公式如下：

$$\text{处理增益}=(\#\text{比特位片累加})/\text{比特位} \tag{4.3}$$

式中：处理增益值大的是希望收到的信号，处理增益值小的信号是不希望收到的信号。希望收到的信号通过累加、集成，相关性得到加强，不希望收到的信号没有被加强。

处理增益通常定义为 W/R，这里的 R 是信号比特位速率，W 是扩展带宽的频段，单位是赫兹，但是在 cdmaOne 系统中的 W 是数字值，是比特位的速率，单位是比特位/秒。对于 9.6Kb/s 信道带有 8Kb/s 声音编码器，对于 14.4Kb/s 信道带有 13Kb/s 声音编码器，处理增益如式 4.4 所示。

$$\begin{aligned}\text{处理增益}&=128\left[=\frac{1.2288\text{Mc/s}}{9.6\text{Kb/s}}\right]\\ \text{处理增益}&=85.33\left[=\frac{1.2288\text{Mc/s}}{14.4\text{Kb/s}}\right]\end{aligned} \tag{4.4}$$

在式(4.4)中，cdmaOne 系统的多路信号传输，信号的处理增益是按照一个比特位的随机化比特位片的累加值计算，9.6Kb/s 信道的处理增益是 128，14.4Kb/s 信道的处理增益是 85.33。

处理增益允许全频率复用，扩频处理增益改进了共信道干扰的冗余度，干扰的减少，保障了频率复用，具体包括：基于 IS-95 的系统采用 1.25MHz 的一个扇区内有 12 至 24 路通话，所有的通话都在同一个时间同一个频率；基于 IS-95 的系统采用 1.25MHz 的其他每一个扇区内有 12 至 24 路通话，所有的通话也都在同一个时间同一个频率；即使是共信道干扰的影响，也能保障通话质量；有效的频率复用是实现 CDMA 系统容量的关键，如果只有一个蜂窝小区，“扩频”利用频率资源的效果也很有限，但是处理增益能够实现在每一个扇区和每一个蜂窝小区的每一个频率得到复用。因此，每一位 CDMA 用户都可以使用整个频率范围，CDMA 系统容量就很大。

CDMA 技术采用的扩频技术增加了频谱带宽，例如比特位被伪随机二进制序列随机化成 100 个比特位片，频谱就扩展了 100 倍，如图 4.2.10 所示。

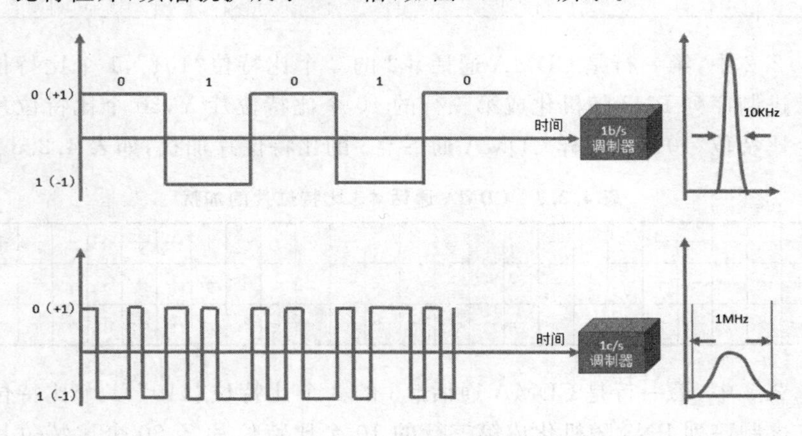

图 4.2.10　扩频前后射频带宽的变化

在图 4.2.10 中，1b/s 的比特位信号，经过调制器后的射频频谱是 10kHz；当经过伪随机二进制序列随机化 100 倍后，比特位片信号是 1c/s，经过调制器后的射频频谱是 1MHz。经过伪随机二进制序列随机化，信号的频谱被扩展 100 倍。

CDMA 信号传输的是编码调制信号，这些信号对于毫无线索的移动通信设备接收端来说，就好像是噪声，只有目标移动通信设备接收端才会在传输的信号中收到伪随机二进制序列，解扰后得到占据一定带宽的有用信号，这个带宽是原来信号的 N 倍，N 是由"比特位片/比特位"来决定的，也就是说，收到的信号带宽是扩频之后的带宽。

CDMA 多路通话叠加是比特位片的累加，在数字电路上采用同或计算，比特位被伪随机二进制序列随机化，也就是加扰，然后由基站发射端发出，如表 4.2.1 所示。

表 4.2.1　CDMA 通话＃1 比特位片的加扰

+	+	+	+	+	+	+	+	+	+	−	−	−	−	−	−	−	−	−	−	−	−	−	−	−	−	−	−	−	−
+	−	−	+	−	−	+	+	+	−	−	+	+	+	+	−	+	−	−	−	+	−	+	−	−	+	+	+	−	−
+	−	−	+	−	−	+	+	+	−	+	−	−	−	−	+	−	+	+	+	−	+	−	+	+	−	−	−	+	+

在表 4.2.1 中，第一行是 CDMA 通话＃1 的 3 个比特位"011"，1 个比特位被第二行的伪随机二进制序列 PN1 随机化成第三行的 10 个比特位片 X，第三行的 30 个比特位片传输原始信号的 3 个比特位"011"。同样 CDMA 通话＃2 的比特位片加扰，如表 4.2.2 所示。

表 4.2.2 CDMA 通话＃2 比特位片的加扰

−	−	−	−	−	−	−	−	−	−	+	+	+	+	+	+	+	+	+	+	−	−	−	−	−	−	−	−	−	−
−	+	+	+	+	−	−	+	−	−	−	+	−	+	−	+	+	+	−	−	+	+	−	+	−	−	+	+	−	−
+	−	−	−	−	+	+	−	+	+	−	+	−	+	−	+	+	+	−	−	−	−	+	−	+	+	−	−	+	+

在表 4.2.2 中，第一行是 CDMA 通话＃2 的 3 个比特位“101”，1 个比特位被第二行的伪随机二进制序列 PN2 随机化成第三行的 10 个比特位片 Y，30 个比特位片传输原始信号的 3 个比特位“101”。同样 CDMA 通话＃3 的比特位片加扰，如表 4.2.3 所示。

表 4.2.3 CDMA 通话＃3 比特位片的加扰

−	−	−	−	−	−	−	−	−	−	−	−	−	−	−	−	−	−	−	−	+	+	+	+	+	+	+	+	+	+
−	−	+	+	−	+	−	+	−	+	+	+	+	−	+	−	−	−	−	+	−	+	+	+	+	−	−	+	−	−
+	+	−	−	+	−	+	−	+	−	−	−	−	+	−	+	+	+	+	−	−	+	+	+	+	−	−	+	−	−

在表 4.2.3 中，第一行是 CDMA 通话＃3 的 3 个比特位“110”，1 个比特位被第二行的伪随机二进制序列 PN3 随机化成第三行的 10 个比特位片 Z，30 个比特位片传输原始信号的 3 个比特位“110”。

CDMA 移动通信技术的加扰过程，在 FPGA 的软件中已经可以实现，根据 Xinllix 9.1软件，完成的代码如下：

```
module DATA_scramble(SCRAM_SEED,SCRAM_CLK,SCRAM_DIN,SCRAM_LOAD,SCRAM_ND,
                    SCRAM_RST,SCRAM_DOUT,SCRAM_RDY);

    input [7：1] SCRAM_SEED;     // 扰码器初始设置信号，本程序采用 7'b1011101
    input SCRAM_CLK;             // 时钟信号
    input SCRAM_DIN;             // 扰码器输入信号，已经将并行数据变成串行数据
    input SCRAM_LOAD;                    // 扰码器初始设置信号，由 MCU 单元控制
    input SCRAM_ND;                      // 扰码器淙胗效，与输入信号同步拉高
    input SCRAM_RST;                     // 复位信号
    output SCRAM_DOUT;                   // 扰码器输出信号
    output SCRAM_RDY;              // 扰码器输出有效信号，与输出信号同步拉高

    reg [7：1] SCRAMBLER;                // 扰码器，一个 7 位的移位寄存器
    reg SCRAM_DOUT;                      // 扰码器输出信号定义成寄存器类型
    reg SCRAM_RDY;                       // 扰码器输出有效信号定义成寄存器类型

    always @(negedge SCRAM_RST or posedge SCRAM_CLK)        // 加扰过程
      begin
          if(! SCRAM_RST)                // 复位信号低电平有效
              begin
                  SCRAM_DOUT <= 0;
                   SCRAM_RDY <= 0;
```

```
            SCRAMBLER <= 0;
        end
      else
          begin
            if(SCRAM_LOAD)                  // 扰码器初始设置信号
            SCRAMBLER <= SCRAM_SEED;        // 扰码器加载
            else
                begin
              if(SCRAM_ND)          // 扰码器输入有效
                  begin
                      SCRAM_DOUT <= SCRAM_DIN + SCRAMBLER [7] + SCRAMBLER [4];
  // 根据生成多项式S(X)=x^7+x^4+1 写出扰码器输出信号的表达式
                      SCRAM_RDY <= 1;           // 扰码器输出有效
                      SCRAMBLER <= { SCRAMBLER[6 : 1], SCRAMBLER [7] + SCRAMBLER [4] };
              // 移位寄存器的输入信号
                  end
                else
                  begin    // 扰码器输入无效
                    SCRAM_DOUT <= 0;            //扰码器输出信号为零
                  SCRAM_RDY <= 0;               //扰码器输出有效为低电平
                  end
                end
        end
    end
endmodule
```

在CDMA移动通信发送端进行加扰，信号传输到CDMA移动通信接收端就需要进行解扰。

在移动通信设备的接收端收到的是通话♯1、通话♯2、通话♯3三路信号的叠加X+Y+Z，然后由目标移动通信设备接收端根据自己收到的伪随机二进制序列解扰，CDMA通话♯1的移动通信设备接收端收到伪随机二进制序列PN1，对X+Y+Z解扰，如表4.2.4所示。

表4.2.4 CDMA通话♯1移动通信设备接收端的解扰

+	−	−	−	−	−	+	−	+	−	−	−	−	+	−	+	+	+	+	−	−	+	+	+	+	−	−	−	+	+
3	1	3	1	1	1	3	1	3	1	1	1	3	1	3	3	1	3	1	1	3	1	1	1	3	1	3	1	1	1
+	−	−	+	−	−	+	+	+	−	−	+	+	+	+	−	+	−	−	−	+	−	+	−	−	+	+	+	−	−
+	+	+	−	+	+	+	−	+	+	+	−	−	+	−	−	+	−	−	+	−	−	+	−	−	−	−	−	−	−
3	1	3	1	1	1	3	1	3	1	1	1	3	1	3	3	1	3	1	1	3	1	1	1	3	1	3	1	1	1

在表4.2.4中，第一行是CDMA通话♯1的移动通信设备接收端收到的比特位X+Y+Z，第二行是伪随机二进制序列PN1，解扰就是第一行“X+Y+Z”和第二行PN1相乘

得到第三行,然后第三行每 10 个比特位片累加和就是原始的比特位,第一批 10 个比特位累加得到“+14”,就是原始的比特位“0”,中间的 10 个比特位累加得到“−10”,就是原始的比特位“1”,最后 10 个比特位累加得到“−14”,就是原始的比特位“1”,于是得到原始信号比特位“011”,这个就是基站发射端发送到自由空间的通话信号 X。

同样 CDMA 通话#2 的移动通信设备接收端收到伪随机二进制序列 PN2,对移动通信设备接收端收到的比特位片 X+Y+Z 解扰,如表 4.2.5 所示。

表 4.2.5　CDMA 通话#2 移动通信设备接收端的解扰

+3	−1	−3	−1	−1	−1	+3	−1	+3	−1	−1	−1	−3	+1	−3	+3	+1	+3	+1	−1	−3	+1	+1	+1	+3	−1	−3	−1	+1	+1
−	+	+	+	+	−	−	+	−	−	−	+	−	+	−	+	+	+	−	−	+	+	−	+	−	−	+	+	−	−
−3	−1	−3	−1	−1	+1	−3	−1	−3	+1	+1	−1	+3	+1	+3	+3	+1	+3	−1	+1	−3	+1	−1	+1	−3	+1	−3	−1	−1	−1

在表 4.2.5 中,第一行是 CDMA 通话#2 的移动通信设备接收端收到的比特位 X+Y+Z,第二行是伪随机二进制序列 PN2,解扰就是“X+Y+Z”和第二行 PN2 相乘得到第三行,然后第三行每 10 个比特位片累加和就是原始的比特位,第一批 10 个比特位累加得到“−14”,就是原始的比特位“1”,中间的 10 个比特位累加得到“+14”,就是原始的比特位“0”,最后 10 个比特位累加得到“−10”,就是原始的比特位“1”,于是得到原始信号比特位“101”,这个就是基站发射端发送到自由空间的通话信号 Y。

同样 CDMA 通话#3 的移动通信设备接收端收到伪随机二进制序列 PN3,对移动通信设备接收端收到的比特位片 X+Y+Z 解扰,如表 4.2.6 所示。

表 4.2.6　CDMA 通话#2 移动通信设备接收端的解扰

+3	−1	−3	−1	−1	−1	+3	−1	+3	−1	−1	−1	−3	+1	−3	+3	+1	+3	+1	−1	−3	+1	+1	+1	+3	−1	−3	−1	+1	+1
−	−	+	+	−	+	−	+	−	+	+	+	+	−	+	−	−	−	−	+	−	+	+	+	+	−	−	+	−	−
−3	+1	−3	−1	+1	−1	−3	−1	−3	−1	−1	−1	−3	−1	−3	−3	−1	−3	−1	−1	+3	+1	+1	+1	+3	+1	+3	−1	−1	−1

在表 4.2.6 中,第一行是 CDMA 通话#3 的移动通信设备接收端收到的比特位 X+Y+Z,第二行是伪随机二进制序列 PN3,解扰就是第一行“X+Y+Z”和第二行的 PN3 相乘,得到第三行,然后第三行的 10 个比特位片累加和就是原始的比特位,第一批 10 个比特位累加得到“−14”,就是原始的比特位“1”,中间的 10 个比特位累加得到“−18”,就是原始的比特位“1”,最后 10 个比特位累加得到“+10”,就是原始的比特位“0”,于是得到原始信号比特位“110”,这个就是基站发射端发送到自由空间的通话信号 Z。

随着超大规模集成电路的发展,解扰过程可以在 Xillinx 中用 FPGA 代码实现,解扰的代码如下:

```
`timescale 1ns/10ps
module Descrambler(Clk60,reset_n,inEn,dataIn,inSymCount,outEn,dataOut,outSymCount);
input Clk60;                    // 60MHz 时钟
input reset_n;                  // 系统复位信号,低电平有效
input inEn;                     // 输入有效信号,高电平表明 dataIn 有数据输入
input dataIn;                   // 输入数据信号,串行输入
input [7:0] inSymCount;         // 当前输入所属 symbol 的序号
```

```
output outEn;                    // 输出有效信号
output [7 : 0] dataOut;          // 解码后输出数据,每个时钟并行8位输出
output [7 : 0] outSymCount;      // 当前传输 symbol 的序号

reg [7 : 0] tempdata;            // 输入数据缓存
reg SC;                          // 扰码器每个时钟输出1位
reg [6 : 0] state;               // 扰码器状态
reg [7 : 0] tempSC;              // 扰码序列缓存
reg [7 : 0] dataOut;
reg [7 : 0] outSymCount;
reg outEn;
reg [4 : 0] counter;             // 扰码生成计数
reg [7 : 0] tempSymCount;        // 输入 symbol 计数缓存
reg flag;                        // 标志位,用于标志是否已解扰码
reg En;                          // 一级缓存,于缓词入使能 inEn
reg data;                        // 缓存,用于缓存输入数据 dataIn
reg [7 : 0]SymCount;             // 缓存,用于缓存输入 inSymCount 的序号

always @(posedge Clk60 or negedge reset_n)  // 输入信号的缓存,以保证同步
begin
   if(! reset_n)
        begin
            En<=0;
            data<=0;
            SymCount<=0;
        end
   else
        begin
            if(inEn)
                begin
                    En<=1;
                    data<=dataIn;
                    SymCount<=inSymCount;
                end
            else
                begin
                    En<=0;
                    data<=0;
                    SymCount<=0;
                end
        end
end
```

```
always @(posedge Clk60 or negedge reset_n)
begin
  if (! reset_n)                        // 系统复位,各寄存器赋初值
     begin
         tempdata <= 8'b0;
         SC <= 0;
         flag<=0;
         state <= 7'b0;
         tempSC <= 8'b0;
         outEn <= 0;
         dataOut <= 8'bx;         // 用 x 是为以示区别
         outSymCount <= 8'bx;
         tempSymCount <= 8'b0;
         counter <= 8'b0;
     end
  else
     begin
       if (En)            // 输入使能有效时
           begin
           if (SymCount >= tempSymCount)          // 判断是不是新的帧,以下是不是新的
                                                     帧到来的处理
                 begin
                     tempSymCount <= SymCount;
                     if (SymCount >= 4)             // 因为长训练序列的 SymCount 为 1 和
                                                     2,signal 的 SymCount 为 3,故 Data
                                                     域的 SymCount 从 4 开始
                        begin
                            if(counter==16)           // 因为一个帧的 sym 数不定,故
                                                         counter 的位宽无法确定,故
                                                         让其一直在 8 到 16 循环
                                counter<=9;
                            else
                                counter <= counter + 1;        // 扰码生成计数,每个
                                                                 时钟来,计数加 1
                            tempdata[0] <= tempdata[1];     // 把接收到的数据缓存入
                                                               一 8 位宽的寄存器中
                            tempdata[1] <= tempdata[2];     // 认为收到的数据是从低
                                                               位到高位
                            tempdata[2] <= tempdata[3];
                            tempdata[3] <= tempdata[4];
                            tempdata[4] <= tempdata[5];
```

```
tempdata[5] <= tempdata[6];
tempdata[6] <= tempdata[7];
tempdata[7] <= data;
if (counter <= 6)              // 当计数器小于7时,用于初始化扰码器
    begin
        tempSC[counter] <= data;    // 解扰码序列缓存
        state[6-counter] <= data;   // counter=6时,扰码器初始化完成
        SC <= state[6] + state[3];  // 扰码器每时钟输出的数据
    end
else if (counter==7)           // 因扰码器的初始化是7位,但是要并惺涑霈故当counter等于7,单独处理
    begin
        flag<=1;
        state[6] <= state[5];
        state[5] <= state[4];
        state[4] <= state[3];
        state[3] <= state[2];
        state[2] <= state[1];
        state[1] <= state[0];
        state[0] <= SC;
        SC <= state[5] + state[2];  // 因为用了非阻塞,故扰码器的输出数据要相应的变成2与5的异或
        tempSC[7] <= SC;
    end
else
    begin
        flag<=1;
        state[6] <= state[5];       // 扰码器的状态变换
        state[5] <= state[4];
        state[4] <= state[3];
        state[3] <= state[2];
        state[2] <= state[1];
        state[1] <= state[0];
        state[0] <= SC;
```

```
                SC <= state[5] + state[2];
                tempSC[0] <= tempSC[1];   // 解扰码器的缓存
                                                变换
                tempSC[1] <= tempSC[2];
                tempSC[2] <= tempSC[3];
                tempSC[3] <= tempSC[4];
                tempSC[4] <= tempSC[5];
                tempSC[5] <= tempSC[6];
                tempSC[6] <= tempSC[7];
                tempSC[7] <= SC;
                if(flag)    // 当有解扰码时
                    begin
                      if (counter % 8 ==0)  // 判断是否已解扰
                                                码 8 位了
                          begin
                            outEn <= 1;  // 输出使能有效
                            dataOut <= tempSC ^ tempdata;// 用解
                            扰码的缓存跟接收到的数据的缓存异
                            或,得到并行的输出的 8 位数据
                                outSymCount <= SymCount; // 输
                                出 outSymCount
                            end
                        else
                            begin
                              outEn <= 0;  // 输出使能维持 1 个
                                                时钟
                            end
                    end
                end
            end
        end
    else if (SymCount < tempSymCount)  // inSymCount<tempSymCount,表
                                          明输入为第一个数据时,扰码
                                          器初始化
        begin
            tempSymCount <= SymCount;
            counter <= 0;            // 新的帧的到来,一些寄存器赋
                                          初值
            state <= 7'b0;
            tempSC <= 8'b0;
            SC <= 0;
        end
```

```
            end
        else
            if(flag)              // 一个 symbol 的解扰后的最后 8 位数据，因 inEn 已变为低电平
                                     了，故在这处理
              begin
                  flag<=0;
                  dataOut<=tempSC^tempdata;
                  outEn<=1;
              end
            else
              begin
                  outEn<=0;
                  dataOut <= 0;
                  outSymCount <= 0;

              end
          end
      end
endmodule
```

CDMA通信信号就是根据上面的随机化、加扰、解扰过程，从移动通信设备的发射端，通过基站，到达移动通信设备接收端，全频段抑制干扰，实现了声音响亮、清晰的通话。

在基于ANSI-95的系统里混合使用了伪随机二进制序列的短码、长码和沃尔什码，这三种码在无线通信链路和反向无线通信链路中各自有不同的使用。其中，短码的伪随机二进制序列由32768个比特位片组成，长码的伪随机二进制序列由4.4万亿个比特位片组成，沃尔什码的伪随机二进制序列由64个比特位片组成。在CDMA无线移动通信中，一个通话有由短伪随机二进制序列码、长伪随机二进制序列码和沃尔什伪随机二进制序列码三种码组合的独特的伪随机二进制序列码，如式(4.5)所示。

$$(短码)\oplus(沃尔什码)\oplus(长码)=独特码 \tag{4.5}$$

式中：短伪随机二进制序列码和长伪随机二进制序列码进行数字电路的异或运算，然后再和沃尔什伪随机二进制序列码进行数字电路的异或运算，就得到这路通话的独特码。

4.2.2 CDMA的专业特点

基于ANSI-95的cdmaOne无线移动通信系统具有自己的专业特点。基于ANSI-95的cdmaOne无线移动通信系统工作在800MHz或者2GHz频率区域内，使用一个或者多个1.25MHz的频谱带宽作为无线移动通信的上行链路和无线移动通信的下行链路。系统容量和AMPS相比，在使用13Kb/s语音编码器和3个扇区天线时，基于ANSI-95的cdmaOne无线移动通信系统的系统容量是AMPS的6～8倍；在使用8Kb/s语音编码器和3个扇区天线时，基于ANSI-95的cdmaOne无线移动通信系统的系统容量是AMPS的10～12倍；在使用8Kb/s语音编码器和6个扇区天线时，基于ANSI-95的cdmaOne

无线移动通信系统的系统容量是 AMPS 的 16～18 倍。

基于 ANSI-95 的 cdmaOne 无线移动通信系统具有自己的专业属性。当一个移动通信设备具备所有的数字 CDMA 功能，而且其比特位片用于射频传输和接收信号时，或者在这个单独数字比特位片上有 4 个相关器时，单独一个比特位片的传输功能可以在一些运营商的网络上实现；基于 ANSI-95 的 cdmaOne 无线移动通信系统使用多路相关器作为瑞克接收机，在多径传输的环境里也能获得可靠的性能；基于 ANSI-95 的 cdmaOne 无线移动通信系统实现"软切换"，首先具备能够在放弃当前基站之前获得新基站的能力，其次具备为了改进质量，同时和 3 个或 3 个以上蜂窝小区或扇区在较长时间内保持同时通信的能力，还具备在通话交接时不破坏数据或语音的能力；基于 ANSI-95 的 cdmaOne 无线移动通信系统具有不同比特位速率语音编码的能力，包括在 8Kb/s 或 13Kb/s 速率的语音编码，也包括在"安静"间隔时间内的二分之一、四分之一或者八分之一速率的语音编码，还包括与之相称的功率和降低干扰；基于 ANSI-95 的 cdmaOne 无线移动通信系统为了解决距离或近或远的问题，能够进行严谨的、快速的移动通信设备传输功率控制。

多径传输对 TDMA 无线移动通信系统的工作性能是一个挑战。在无线电传输时，一部分能量传至负载，被负载吸收，剩余部分被负载反射回来，向信号源方向传播，反射波返回至研究参考点时相位滞后，任何一点的电压和电流通常都是入射波和反射波总是同时存在、迭加而成，反射现象是微波传输的最基本的物理现象。

为表征反射的大小，定义了反射系数为某点的反射波电压与入射波电压之比，或者某点的反射波电流与入射波电流之比的负数，该点的反射系数为 Γ。建筑物和高山对无线电信号的反射，造成信号迭加，如图 4.2.11 所示。

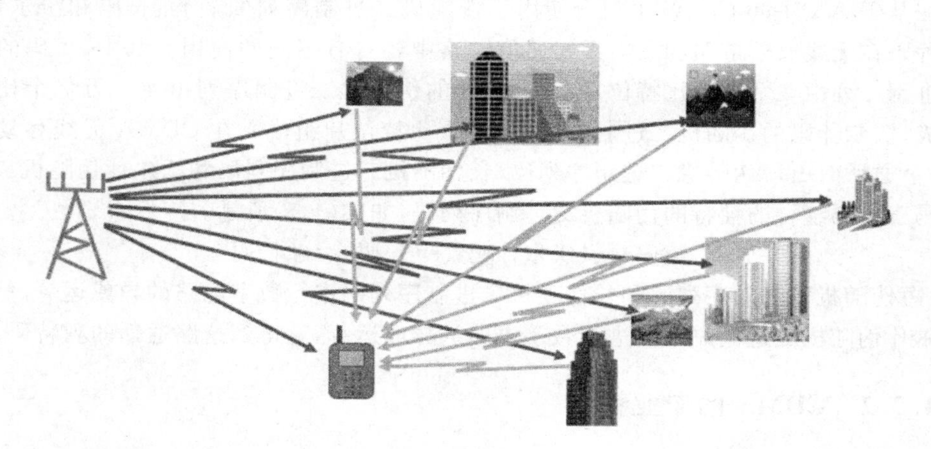

图 4.2.11　无线电波发射和反射造成多径传输

在图 4.2.11 中，基站信号有的直接被移动通信设备接收到，有的经过反射或者折射后才被移动通信设备接收。当一路无线电波长与另一路传输距离相差 $\lambda/2$ 的无线电波同时到达移动通信设备时，相位相差 180°的两个电压或者电流信号迭加，就会造成两路信号抵消。当两路信号传输距离相差 $3\lambda/2$、$5\lambda/2$、$7\lambda/2$ 等时，由于驻波的电场和磁场能量相互转换，当电场达到极值时，磁场为零，当磁场达到极值时，电场为零，形成电磁振荡，不能携带能量行进，电压和电流在空间和时间上均相差 $\pi/2$，此时电压和电流振幅是位置的函数，具有波腹点(其值是入射波的2倍)和波节点(其值恒为0)，相邻两个波腹或相邻两个波节点的间距为 $\lambda/2$，波腹至波节点的间距为 $\lambda/4$，相邻波节点各点电压或者电流同相，波节点两边的电压或者电流反相。因此，同样都会发生信号衰减。当信号强度相同时，瑞利统计描述信号衰落的现象，信号衰落最高可达30dB。信号衰落必定会造成误码，为此在发射和接收的信息中加入前向纠错码，即使接收端收到的信息有误码，接收端仍然可以用前向纠错码重新建立原始的码元序列，而且在数据传输时不需要重新发送信息，从而提高信息传输的可靠性。为了实现前向纠错，减少数字信号传输的突发性差错，造成连续误码的影响，改善信号衰落，可采用卷积交织编码纠正这种突发性差错，改善移动通信的传输特性。

当符号或者比特位在被移动通信设备接收端收到时受到一个或者多个以前传输的、延时收到的符号或者比特位的干扰，在TDMA无线移动通信系统中的多径延时会造成符号间干扰(Inter-Symbol Interference,ISI)；此时TDMA无线移动通信系统需要复杂的“适应的均衡器”来减轻ISI。但是，多径传输的符号延迟一个或者多个比特位片的数据，能够给基于ANSI-95的cdmaOne无线移动通信系统提供帮助，当相关器“手指”锁定在原始符号路径时，多径传输的符号就被基于ANSI-95的cdmaOne无线移动通信系统拒绝接受；一个瑞克接收机的其他相关器“手指”可以被用来锁定多路传输的符号，从而利用“路径的多样性”组合来改进传输的符号质量。

多径延时的传输速率在不同路径上是不相同的，无线电波信号在自由空间的传输速率是光速，大约304.8毫米/ns，被在近处的建筑物反射回来的路径，因为传输了2倍，无线电波信号被延迟0.8微秒；被在远处的建筑物反射回来的无线电波信号被延迟8微秒；被在远处的高山反射回来的无线电波信号被延迟40微秒。在移动通信设备接收端的瑞克接收机可以很好地处理多径延时传输的多路信号，用爬犁的“手指”分别同步最强的信号、第二强的信号、……、第 N 强的信号。

移动通信设备接收端的瑞克接收机也就是相关器，能够简化和说明多径传输的信号，在多径传输的信号中找到最强的信号，建立多路信号的最优组合。如图4.2.12所示。

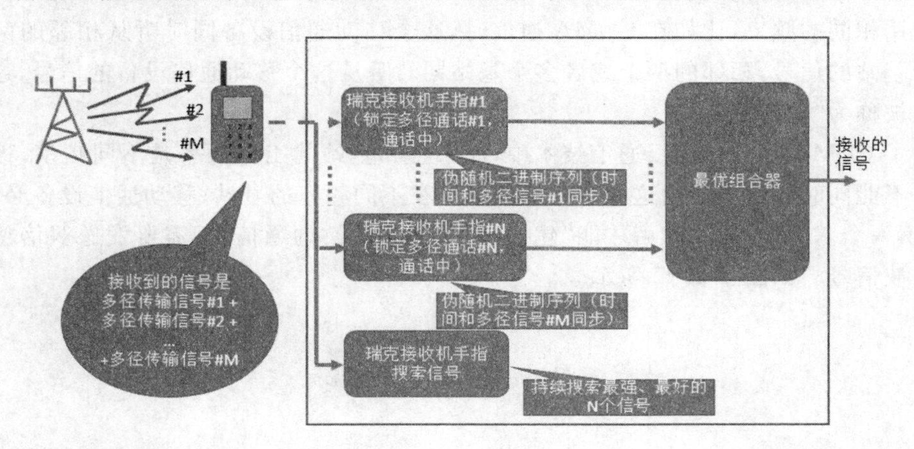

图4.2.12 瑞克接收机的信号

在图 4.2.12 中，基站传输的 CDMA 信号经过多路反射和折射才到达移动通信设备接收端，于是接收到的信号是多径传输信号 #1、多径传输信号 #2 和多径传输信号 #M 的混合信号，此时瑞克接收机手指一直在持续搜索最强、质量最好的信号，在瑞克接收机中的手指在时间和伪随机二进制序列 #1 同步时，锁定多径通话 #1，在瑞克接收机中的手指在时间和伪随机二进制序列 #2 同步时，锁定多径通话 #2，……，在瑞克接收机中的手指在时间和伪随机二进制序列 #M 同步时，锁定多径通话 #M，然后在最优组合器中对多径传输来的各路信号做最优组合，组合后的信号成为接收信号。

蜂窝区域内的基站包括移动设备通信的无线射频终端和回传到移动切换中心的传输设备接口。回传到移动切换中心的传输设备主要是基站和交换中心的链接和传输干线。移动服务交换中心主要包括基站或者蜂窝区域到公共交换电话网络的传输设备，完成由基站控制器进行的通话处理、控制和切换功能。其中的公共交换电话网络常常被称为移动切换中心。

在蜂窝之间移动的正在通话的移动通信设备终端，通话信号将会在两个蜂窝之间切换，汽车行进中的移动通信设备终端在蜂窝 #1 的区域中通话，使用蜂窝 #1 中的信道建立通话。移动通信设备终端从标准的控制信道中选择“最近”的蜂窝发射基站和天线，然后向基站注册电子序列号码和电话号码，在发射信号给基站的同时，移动通信设备终端会周期性地扫描，找到一个“更接近自己”的蜂窝基站和天线。随着汽车移动进入相邻的蜂窝 #2 区域，移动通信设备终端找到了“更接近自己”的蜂窝 #2 的基站和天线，于是汽车中的移动通信设备终端的通信从蜂窝 #1 切换到蜂窝 #2 的基站和天线，开始使用蜂窝 #2 的信道建立通话。

通话切换时，相邻的基站使用的频率可能是和原来通话频率不同的频率，这时移动通信设备不能同时发送信号给两个基站，而是采取“中断”第一个基站的通话，“连接”下一个基站的通话的工作方式，这被称为“硬切换”。码分多址多路接入 CDMA 无线通信技术的工作频率是相同的，不存在在通话切换时，需要改变通话频率的问题，但是其他各种无线通信技术都需要具备切换通话频率的“硬切换”功能。如果通话切换发生的相邻蜂窝覆盖区域使用相同的频率，比如在 CDMA 通信时，这个移动通信设备同时听从相邻的两个或者多个基站的信号，相邻的两个或者多个基站同时听从这个移动通信设备的信号，这种通话切换被称为“软切换”。

除了 CDMA 之外的无线通信技术中，如果相邻基站的工作频率是不同频率，移动通信设备不能同时传输信号给这 2 个相邻的工作在不同频率的基站；移动通信设备必须“切断”和第一个基站的通信，然后才能“建立”和第二个基站的通信，不需要发送双倍功率的无线电波信号。如图 4.2.13 所示。

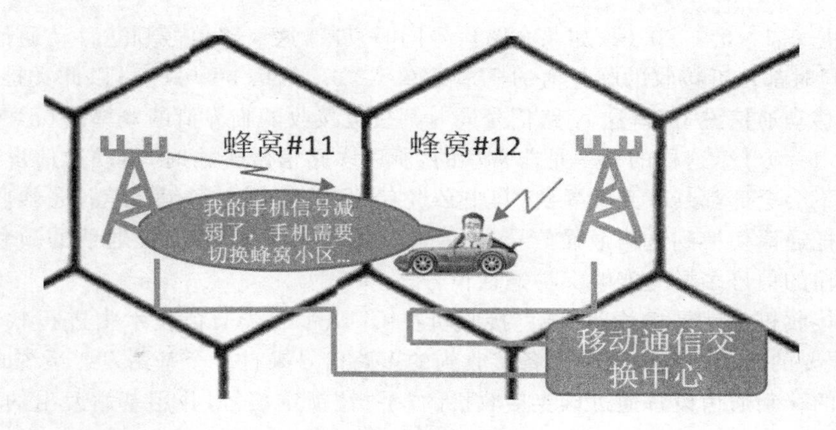

图 4.2.13　无线通信网络的硬切换

在图 4.2.13 中，移动通信设备终端在蜂窝小区＃12 中移动，在接近蜂窝小区＃11 时，无线通信信号减弱，到达蜂窝小区＃11 时，就要中断和蜂窝小区＃12 的通话信号，重新建立和蜂窝小区＃11 的通话。

在 CDMA 移动通信中，信号在不同蜂窝小区之间的切换采用的是"软切换"，既不需要"硬切换"，也不需要"硬切换"的选择功能。在 CDMA 移动通信中，相邻基站的工作频率都是相同的频率，2 个或者更多的基站同时接听移动通信设备的信号，移动通信设备也同时接听 2 个或者多个相邻基站的信号。如图 4.2.14 所示。

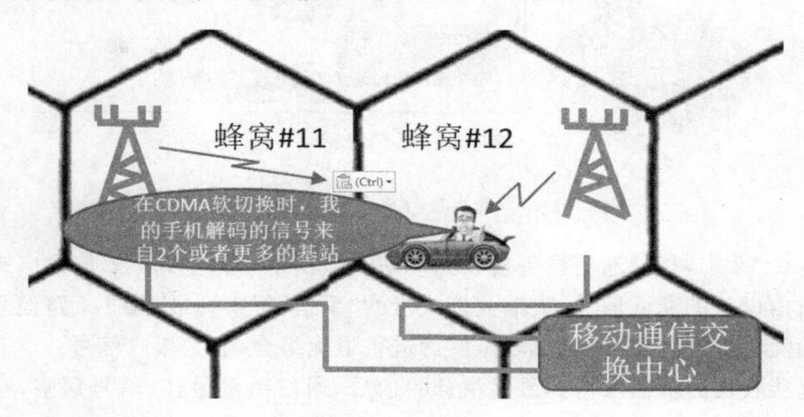

图 4.2.14　CDMA 通信中的软切换

在图 4.2.14 中，移动通信设备终端在蜂窝小区＃12 中移动，在接近蜂窝小区＃11 时，蜂窝小区＃12 的 CDMA 无线通信信号减弱，移动通信设备解码的混合信号中的蜂窝小区＃11 信号增强，于是移动通信设备到达蜂窝小区＃11 时，就直接建立和蜂窝小区＃11 的通话。

CDMA 无线通信信号在自由空间传输的多路信号被同一个移动通信设备接收，使得移动通信设备接收到的信号具有多样性，正是这种多样性保护了传输信号。即使有一路传输信号在逐渐减弱，这路信号到达移动通信设备时，接近接收的临界值的概率是 0.1；如果 2 路信号同时衰减，这 2 路信号到达移动通信设备，2 路信号同时都接近接收的临界值的概率是 0.1×0.1=0.01；如果 3 路信号同时衰减，这 3 路信号到达移动通信设备时，3 路信号同时都接近接收的临界值的概率是 0.1×0.1×0.1=0.001；以此类推，当 N 路信号到达移动通信设备时，这 N 路信号同时都接近接收的临界值的概率是 $0.1\times0.1\times\cdots\times0.1\times0.1=0.1^N$，这样的概率是非常小的，所以多路信号传输时，移动通信设备接收的多路信号不会全部都衰减到临界值，其中必然有最强的信号被移动通信设备接收到、移动通信设备把通话切换到这路最强信号，然后建立所需要的通话，保证通话的顺利进行，因此多路传输的信号多样性能够保护通话信号。

瑞克接收机也就是相关器，瑞克接收机在 CDMA 无线通信技术中进行软切换功能时，起到重要的作用。移动通信设备接收到的多路信号来自多个基站发射系统时，正在通话进行中的移动通信设备通过瑞克接收机的“手指”锁定信号，并用基站发出的伪随机二进制序列码解扰，如图 4.2.15所示。

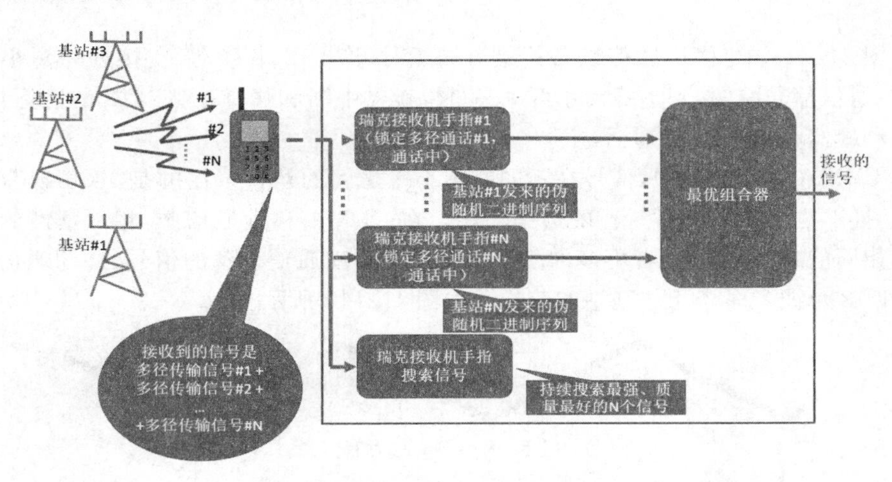

图 4.2.15　瑞克接收机在软切换中的作用

在图 4.2.15 中，移动通信设备接收到基站＃1、基站＃2、基站＃3 传输出来并多径传输到移动通信设备的通话信号，被瑞克接收机的“手指”搜索到最强的 N 路信号，锁定、使用指定的伪随机二进制序列同步解扰，然后进行最优组合，成为接收信号。

在瑞克接收机的输出端得到最优组合的信号，通信质量最佳、信号最强，在数据统计分析中，通过输入因子对最佳响应输出的分析，可以得到最优化的组合，这是由最优化理论和现代数理统计方法相结合而发展起来的一种综合优化方法——响应曲面方法（Response surface Methodology，RSM）。响应曲面方法是 1951 年由 George Box 和 K. B. Wilson 首先提出特定因素设计的统计学优化方法。RSM 是一种可用于多因素系统中的优化方法，运用统计、数学和计算机科学的综合技术建立响应曲面回归模型，对影响实验过程的因子及其交互作用进行评价，确定最佳水平。RSM 建立的复杂多维空间曲面较接近实际情况，因此响应曲面回归模型被广泛应用。任何测量过程都是在各种输入因素的综合作用下得到测量过程的响应，如图 4.2.16 所示。

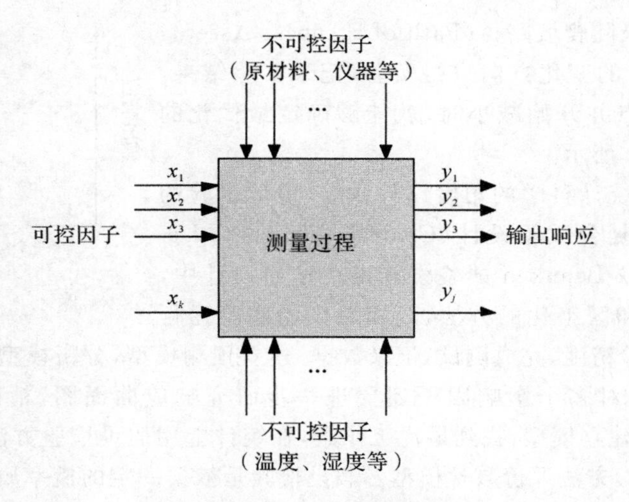

图 4.2.16　测量过程模型

从质量管理的角度出发，把实验纳入测量系统的范畴，通过回归分析测量数据，就可以用一阶方程、二次方程或者立方的数学曲线方程预测测量系统的模型。虽然复杂实际工程问题很难用一阶方程的统计模型描述，但是二次曲面方程已经足够涵盖大部分工程应用领域的优化问题。以三个显著影响因子为例的二次曲面方程如下：

$$\hat{y}=b_0+b_1x_1+b_2x_2+b_3x_3+b_{12}x_1x_2+b_{13}x_1x_3+b_{23}x_2x_3+b_{11}x_1^2+b_{22}x_2^2+b_{33}x_3^2+\varepsilon \tag{4.6}$$

三次曲线方程如下：

$$\begin{aligned}\hat{y}=&b_0+b_1x_1+b_2x_2+b_3x_3+b_{12}x_1x_2+b_{13}x_1x_3+b_{23}x_2x_3+b_{11}x_1^2+b_{22}x_2^2+b_{33}x_3^2\\&+b_{123}x_1x_2x_3+b_{112}x_1^2x_2+b_{113}x_1^2x_3+b_{122}x_1x_2+b_{133}x_1x_3^2+b_{223}x_2^2x_3\\&+b_{233}x_2x_3^2+b_{111}x_1^3+b_{222}x_2^3+b_{333}x_3^3+\varepsilon\end{aligned} \tag{4.7}$$

在式(4.6)和式(4.7)中，$\hat{y}$ 为输出响应的预测值；x_i 为可控因子；ε 为不可控因素造成的随机误差，方差为 σ^2，均值为 0，b_i 和 b_{ii} 为系数。图 4.2.17 是举例说明的以压力（单位为帕）和时间（单位为小时）为输入因素研究输出响应的等高线图。

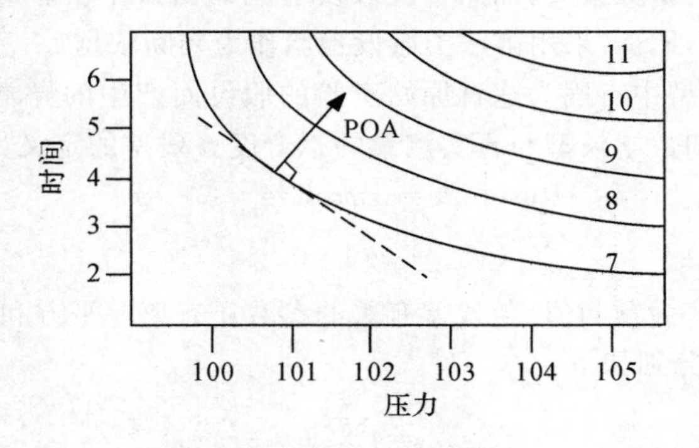

图 4.2.17　等高线图

在图 4.2.17 中，压力和时间为坐标，输出响应随压力和时间变化。与等高线的切线

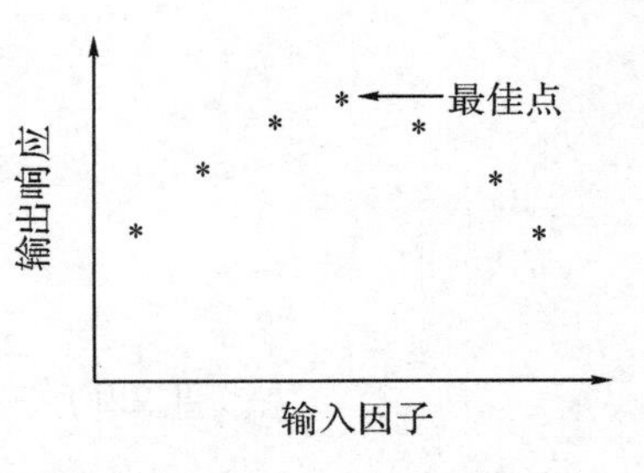

图 4.2.18 最优化值

相垂直的方向为最陡爬坡路径(Path of Steepest Ascent, POA),沿着 POA 的变化方向进行实验,记录实验结果,当响应到达最高点并开始减小时,就能够确定最优化的位置,如图 4.2.18 所示。

RSM 从数理统计科学的角度设计试验,设计试验的方法主要有中心复合试验设计(Central Composite Design, CCD)和 Box Behnken 试验设计。在试验设计中,通过使用中心点和区组化的方法,以相对少的实验运行次数和较高的试验精度,完成测试,记录数据,建立预测模型,分析模型的等高线图,就可以找到最优区域;对多个影响因子还要进一步研究响应曲面图,精确逼近最优化值。RSM 采用回归法建立模型,找到最优工作点,在统计上用假设检验方法和残差诊断(Residual Diagnostics)方法评价数学模型。假设检验是依据一定的概率原则,估计数值与总体数值是否存在显著差异,以较小的出错风险来判断是否应当接受原假设选择的一种检验方法。设定显著检验水平 $\alpha=0.05$,假设检验的条件如下:

$$\begin{aligned} H_0:\mu &= \text{目标值} \\ H_A:\mu &> \text{目标值} \end{aligned} \tag{4.8}$$

式中:H_0 是原假设;H_A 是备择假设;μ 是测量数据的均值。若实验结果的偏差分析显著性检验水平的可能性 $p>\alpha$,表明所有的均值都显著等于目标值,不拒绝原假设 H_0,即接受原假设,认为均值等于目标值;同理,若实验结果的偏差分析显著性水平的可能性 $p<\alpha$,表明至少有一个均值显著大于目标值,拒绝原假设 H_0,即接受备择假设 H_A,认为均值大于目标值。当实验结果的偏差分析显著性水平的可能性 $p>\alpha$,则原假设是正确的而被拒绝,会发生第一类假设检验错误;当实验结果的显著性水平的可能性小于 α,则原假设是错误的而没有被拒绝,会发生第二类假设检验错误。两种情况的概率如下:

$$\begin{aligned} \alpha &= P\{\text{第一类假设检验错误}\} = P\{\text{当 } H_0 \text{ 为真时,拒绝 } H_0\} \\ \beta &= P\{\text{第二类假设检验错误}\} = P\{\text{当 } H_0 \text{ 为假时,不拒绝 } H_0\} \end{aligned} \tag{4.9}$$

在测量系统的过程控制能力分析时,第二类假设检验的错误会导致不合格产品流入市场,造成生产厂家的重大损失;而第一类假设检验的错误不会影响市场中的产品质量,是可以接受的。因此,RSM 采用第一类假设检验作为判断依据。

残差表明是否模型中有因为违背原始实验的假设而产生的异常值,分析残差的概率分布特性,就可以得知数学模型与真实测量的拟合度。残差的定义如下:

$$\begin{aligned} \text{Residual} &= \text{Error} = y_{\text{obs}} - \hat{y} \\ \sum (y_{\text{obs}} - \hat{y}) &= 0 \end{aligned} \tag{4.10}$$

其中,y_{obs} 为观测值;$\hat{y}$ 为预测值。与残差有关的参数还有离差平方和 SS、均方差 MS 和相关系数 R^2,其表达式分别如下:

$$\begin{cases} SS_{\text{Error}} = \sum_{i=1}^{n} (y_{\text{obs}} - \hat{y})^2 \\ SS_{\text{Total}} = \sum_{i=1}^{n} (y_{\text{obs}} - \bar{y})^2 \end{cases} \tag{4.10}$$

$$\hat{y}=\frac{1}{n}\sum_{i=1}^{n}y_i \tag{4.11}$$

式中：$\bar{y}$ 为样本的算术平均值。

$$\begin{cases}DFSS_{\text{Total}}=DFSS_{\text{Model}}+DFSS_{\text{Error}}\\ MS_{\text{Total}}=\sqrt{SS_{\text{Total}}/DF_{\text{Total}}}=\sqrt{SS_{\text{Total}}/(n-1)}\\ MS_{\text{Error}}=\sqrt{SS_{\text{Error}}/DF_{\text{Error}}}=\sqrt{SS_{\text{Error}}/(n-p)}\end{cases} \tag{4.12}$$

式中：n 为观测值的个数；p 为模型中可控因素的个数；独立项的个数为自由度 DF。离差平方和 SS 和均方差 MS 越小越好。

$$\begin{cases}R^2=1-\dfrac{SS_{\text{Error}}}{SS_{\text{Total}}}\\ \text{Adj}R^2=1-\dfrac{MS_{\text{Error}}}{MS_{\text{Total}}}=1-\dfrac{DF_{\text{Total}}}{DF_{\text{Error}}}(1-R^2)\end{cases} \tag{4.13}$$

式中：相关系数 R^2 在[0,1]区间内，总是由于“人工”增加条件而变大，因此倾向于用相关系数 $\text{Adj}R^2$ 代表模型中真正起作用的因素的样本方差，它体现了模型的拟合程度，相关系数 $\text{Adj}R^2$ 总小于相关系数 R^2，相关系数 $\text{Adj}R^2$ 越接近相关系数 R^2，表示模型的拟合越好，模型越接近真实情况；两者越接近1越好。

噪声是集成电路设计中极为重要的影响因素，噪声产生的原因各不相同，噪声源也各不相同。在实验室测量的结果是电路输出的电压噪声峰峰值的目标值为80mV，通过率只有65%。对于噪声测量过程，有3个因素比较重要：带宽 BW（单位为MHz）、电路增益 A（单位为V/V）和电压噪声功率谱密度 n（单位为 $n\text{V}/\sqrt{\text{Hz}}$），为此测量过程以这3个参数为输入因子研究输出响应，优化模拟信号系统的噪声测量设备的性能。这3个参数的变化范围如表4.2.7所示。

表4.2.7　影响噪声测量结果的参数及其变化范围

试验输入参数	参数范围
BW(MHz)	1～2
A(V/V)	90～110
$n(\text{nV}/\sqrt{\text{Hz}})$	7～15

在表4.2.7中，带宽 BW 在1～2MHz，电路增益 A 在90～110V/V，电压噪声功率谱密度 n 在7～15nV $\sqrt{\text{Hz}}$。采用中心复合试验设计（Central Composite Design，CCD）比Box Behnken试验设计的预测质量更高，因此在研究噪声测量设备的试验设计中，采用有6个中心点、4个立方点、2个轴向点和2个区组的CCD，保证整个试验区域内的预测值都有统一精度，并且每个影响因子有5个实验类型。实验数据如表4.2.8所示。

表4.2.8　测量数据

运行次序	类型	区组	增益	带宽	密度	通过率
1	−1	2	100	1.5	4.468	69
2	−1	2	100	0.6835	11	68

续表

运行次序	类型	区组	增益	带宽	密度	通过率
3	－1	2	100	1.5	17.532	66
4	－1	2	100	2.3165	11	65
5	0	2	100	1.5	11	76
6	－1	2	116.33	1.5	11	61
7	－1	2	83.67	1.5	11	66
8	0	2	100	1.5	11	75
9	1	1	110	1	15	68
10	1	1	90	1	7	70
11	0	1	100	1.5	11	76
12	1	1	90	2	15	61
13	1	1	110	1	7	62
14	0	1	100	1.5	11	77
15	1	1	90	1	15	65
16	1	1	110	2	7	63
17	0	1	100	1.5	11	76
18	0	1	100	1.5	11	76
19	1	1	90	2	7	72
20	1	1	110	2	15	62

在表 4.2.8 中，数据随机采样，分析统计特性，得到图 4.2.19 的分布。

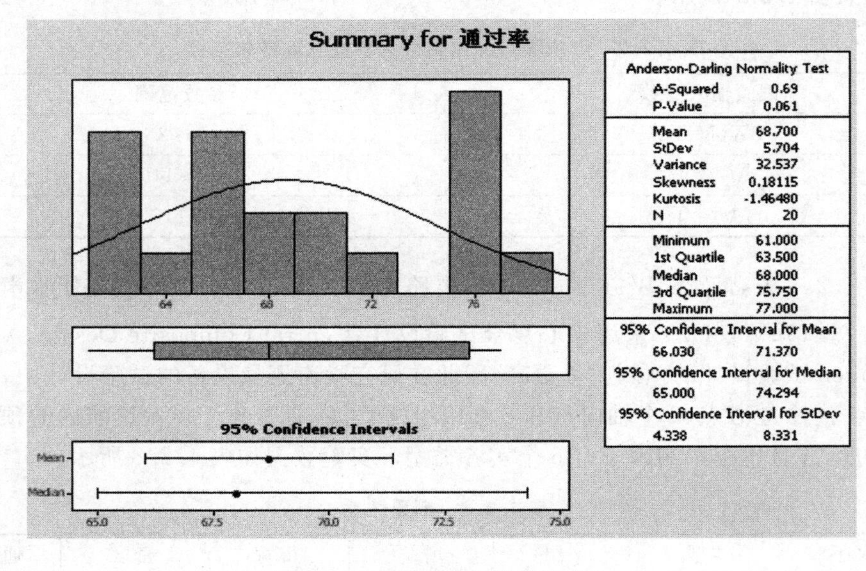

图 4.2.19　测量数据的统计分布

利用假设检验的方法检验分布特性,分析图4.2.19的P-Value数据,首先设定测量数据样本的检验水平可能性为$\alpha=0.05$,设定原假设H_0:测量数据没有显著异常值;设定备择假设H_A:测量数据有显著异常值。可以看到测量数据的检验水平可能性大于0.05。不能拒绝原假设,即接受原假设H_0,拒绝备择假设H_A,说明测量数据中没有显著异常值。分析数据模型的结果,$R-S_q=99.7\%$,$R-S_q(\text{Adj})=99.3\%$,相关系数$R^2(\text{Adj})$和R^2两者很接近,而且接近1,说明模型非常接近真实测量过程,目前模型中的所有因素都是显著因素,因此"增益 * 带宽"可以在模型中作为显著因素存在。根据相关系数写出的回归方程如下:

$$\begin{aligned}\text{通过率}=&-357.824+8.23185\times\text{增益}+55.1526\times\text{带宽}-1.51686\times\text{密度}\\&-0.044999\times\text{增益}\times\text{增益}-13.5\times\text{带宽}\times\text{带宽}-0.1875\times\text{密度}\times\text{密度}\\&-0.075\times\text{增益}\times\text{带宽}+0.065625\times\text{增益}\times\text{密度}-0.8125\times\text{带宽}\times\text{密度}\end{aligned}\tag{4.14}$$

在式(4.14)中的拟合回归表达式的各个项,列出了全部显著影响因素。经过残差检验再次确认拟合良好。接着进行模型优化,找到显著影响因素的最优组合,作出的等高线图如图4.2.20所示。

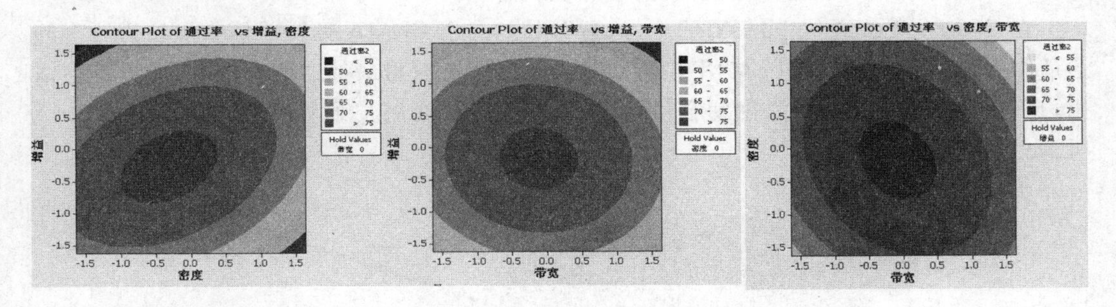

图4.2.20 模型的等高线图

图4.2.20分别是以增益和密度为坐标的等高线图、以增益和带宽为坐标的等高线图、以密度和带宽为坐标的等高线图。从中可以看出POA指向通过率75%,比原来的65%提高了10%。分析响应曲面,得到图4.2.21。

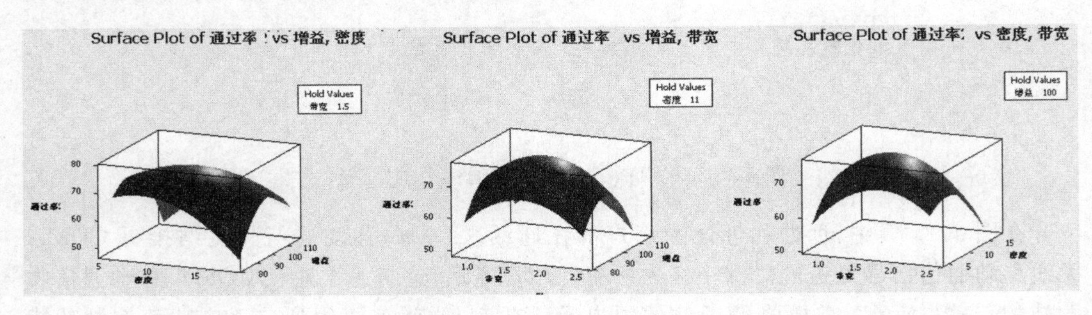

图4.2.21 模型的响应曲面图

在图4.2.21中,分别是以增益和密度为坐标的响应曲面图、以增益和带宽为坐标的响应曲面图、以密度和带宽为坐标的响应曲面图。从中可以看出，此时曲面最优值的趋势，3 个因素最优取值分别为带宽 $BW=1.5$MHz，密度 $n=11nV\sqrt{Hz}$，增益 A＝100V/V。这个例子充分说明在数据采样、分析、回归、优化的基础上，可以得到瑞克接收机最优组合的信号。

CDMA 无线通信技术的软切换功能需要设备和资金的投入。CDMA 无线通信技术中的软切换发生在 2 个移动通信基站之间，在软切换的进行过程中需要 2 个基站的功能和网络资源，而且在任何时刻都有 30％的 CDMA 移动通信通话发生软切换，这就需要投入建立基站设施的资金，但是这方面的成本投入非常有价值，因为 CDMA 无线通信技术的软切换功能能够在无线通信最薄弱的链路上大幅度地提高通信质量，而且在维护通信质量的同时获得更大的蜂窝小区通信半径。

CDMA 移动通信技术对变化的比特位速率进行语音编码，能够加强 IS-95 系统容量。在移动通信信号传输的一个方向上大约有 35％的语音通话正在进行，在移动通信信号传输不需要全速率时，IS-95-CDMA 具备怎样把语音编码速率降低到 1/2 速率、1/4 速率或者 1/8 速率。在 IS-95 系统中，用户使用较低速率的语音编码数据就意味着系统可以允许更多数量的用户同时进行通话，从而增加系统容量。

在 CDMA 无线通信中，还有一个“远近”问题：一个 CDMA 无线通信收发站为所有的通话服务，需要在大约相同的功率接听所有的通话才能获得最佳通话性能，因而近的通话用户不得不降低功率，避免收发容量饱和或者陷入远处用户通话的沼泽，如图 4.2.22 所示。

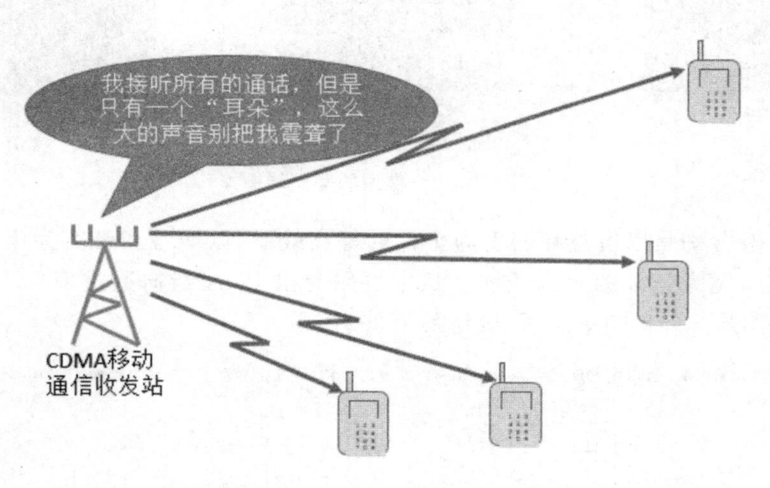

图 4.2.22 CDMA 无线移动通信中的“远近”

在图 4.2.22 中，远处和近处的用户都在通话，CDMA 移动通信收发站接听 CDMA 无线移动通信信号覆盖的蜂窝小区内所有的用户通话，这时为了避免 CDMA 移动通信收发站的传输“饱和”，需要降低近处的用户通话功率，这就需要用到自适应功率控制功能(Adaptive Power Control，APC)。

CDMA 无线通信技术的自适应功率控制的目标是在同时接收所有用户的同样功率

的信号时,便携式移动通信设备采用开环控制或者闭环控制实现近处用户通话功率的降低。开环控制就是便携式移动通信设备根据自己收到的 CDMA 移动通信收发站传输的信号功率的大小,决定自己传输信号的功率大小,开环控制能实现缓慢、粗糙的功率控制;闭环控制就是便携式移动通信设备根据自己传输到的 CDMA 移动通信收发站传输的信号功率的大小,由 CDMA 移动通信收发站传输通知自己是否增加或降低功率,闭环控制能实现快速、精确的功率控制。但是,CDMA 移动通信技术的 APC 在实现过程中并不是很容易,例如在通话过程中,通话信号传输的方向突然被移动的汽车遮挡,这一时刻的功率控制就很难实现了。

4.3　CDMA 通信链路及其实现

CDMA 无线通信技术具有技术优势和专业特色,在深入探索后,发现 CDMA 信号在无线通信链路中传输时还有更多的技术特色。下面通过前向无线通信链路结构和反向无线通信链路结构的介绍进一步了解 CDMA 的专业优势。

4.3.1　前向无线通信链路结构

CDMA 无线通信基站发射器的更高层次的电路结构,能够实现 CDMA 无线通信前向链路的发射传输功能。如图 4.3.1 所示。

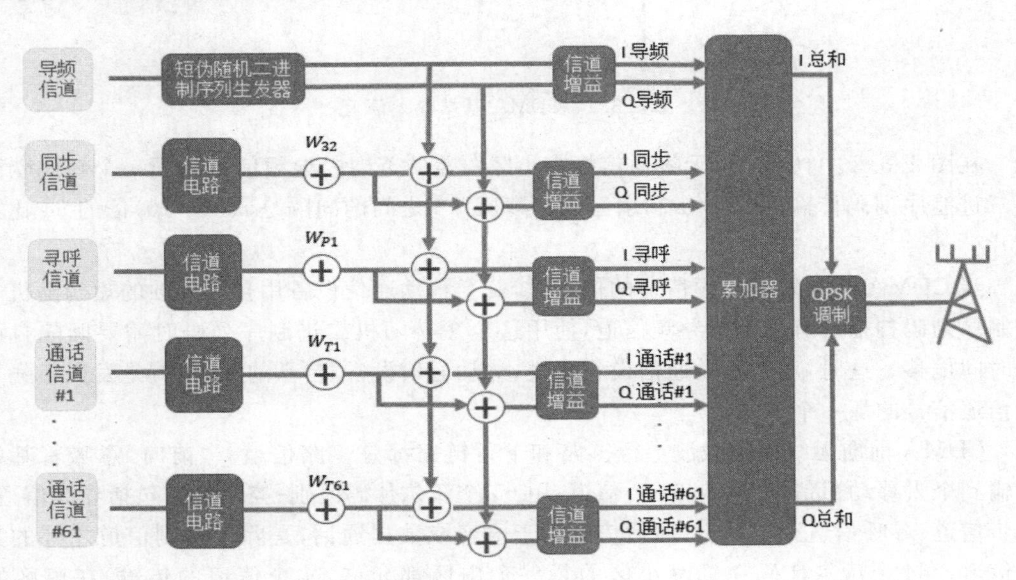

图 4.3.1　CDMA 移动通信基站发射端的结构

在图 4.3.1 中,CDMA 基站传输站接收和发射 1 路导频信道、1 路同步信道、1 路寻呼信道、61 路通话信道。导频信道传输由伪随机二进制序列发生器产生的 I 导频和 Q 导频信号，W_{32}、W_{P1}、W_{T1} 和 W_{T61} 是 ANSI-95 系统中使用的沃尔什码，同步信道、寻呼信道和通话信道＃1、……、通话信道＃61 的信息需要和沃尔什码异或、和伪随机二进制序列码异或，经过信道增益得到 I 同步和 Q 同步、I 寻呼和 Q 寻呼、I 通话＃1 和 Q 通话＃1、……、I 通话＃61。然后经过累加器，在正交相移键控 QPSK 调制器调制之后，传输到天线，从天线把信道的信号传输到自由空间。

在 CDMA 基站传输的导频信道，使用同样的短序列码（伪随机二进制序列），但是各个扇区短序列伪随机二进制码之间的间隔依次是 64 比特位的倍数关系，倍数的范围是 2～10，间隔 64 比特位也就是间隔 52μs。如图 4.3.2 所示。

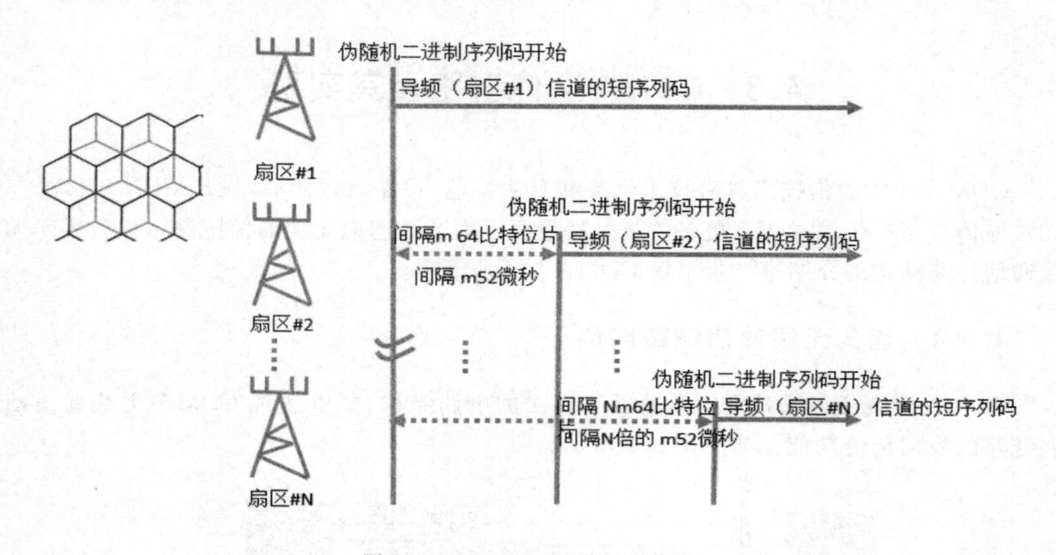

图 4.3.2　CDMA 基站导频信道

在图 4.3.2 中，CDMA 无线通信蜂窝小区覆盖的范围内导频信道用同一个短码伪随机二进制序列码传输，扇区＃1 和扇区＃2、扇区＃3 之间的间隔是 m(2～10)倍的 64 比特位片。

当 CDMA 基站发送导频信道的信号时，一个移动通信设备用自己单独的短伪随机二进制序列码扫描所有的基站导频信道，使用这个短伪随机二进制序列码时需要间隔自己的时间偏移。这时，对于移动通信设备来说，移动通信设备“自己的”基站就是发送最强导频信道信号的那一个基站。

CDMA 前向无线通信载波上行链路和下行链路都是多路信道。“前向”意味着基站传输到个人移动通信设备，有 64 个信道，用 64 个沃尔什码区别；控制信道包括导频信道、同步信道、寻呼信道 1 至 7 个；通话信道用于语音或数据通话，是除了控制信道之外的其余信道。64 个沃尔什码在蜂窝小区的每一个扇区都允许 64 个信道的传输，在扇区的 1.25MH射频载波上，这 64 个信道是由 64 个不同的沃尔什码和扇区的导频信道的短伪随机二进制序列码及其时间偏移组合而成。如图 4.3.3 所示。

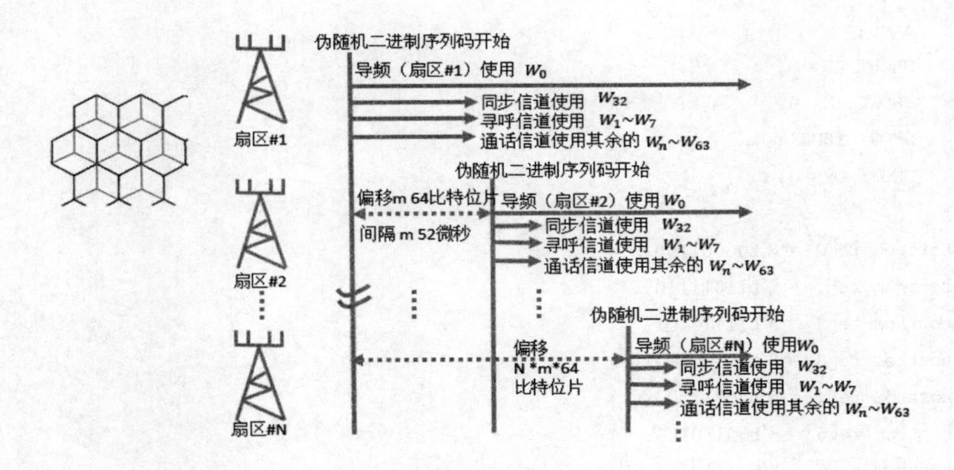

图 4.3.3　扇区里 64 个沃尔什码编码的 64 个信道

在图 4.3.3 中，蜂窝小区各个扇区的基站传输的信号都有 64 个信道，各个扇区的导频的短伪随机二进制序列码和 64 个沃尔什码组合成为自己独特的 64 个信道，在整个蜂窝小区的扇区内，有 N 个扇区，就有 $64N$ 个信道。短训练序列的生成可以用 FPGA 代码实现。其代码如下：

```
module SHORT_generator(RESET,FFT_CLK,SHORT_ACK,SHORT_RE,SHORT_IM,SHORT_INDEX,SHORT_DV);
    input RESET;
    input FFT_CLK;
    input SHORT_ACK;
    output [7:0] SHORT_RE;
    output [7:0] SHORT_IM;
    output [7:0] SHORT_INDEX;
    output SHORT_DV;

    reg [7:0] SHORT_RE;
    reg [7:0] SHORT_IM;
    reg [7:0] SHORT_INDEX;
    reg SHORT_DV;

    reg[3:0] i;
    reg[3:0] j;
    reg [7:0] shortrom_re [15:0];
    reg [7:0] shortrom_im [15:0];

always @ (negedge RESET or posedge FFT_CLK)   //registers initial
    if (! RESET)
    begin
        i=0;
```

```
        j=0;
        SHORT_RE=0;
        SHORT_IM=0;
        SHORT_INDEX=0;
        SHORT_DV=0;

    shortrom_re[0]=8'b00001100;
    shortrom_re[1]=8'b11011110;
    shortrom_re[2]=8'b11111101;
    shortrom_re[3]=8'b00100100;
    shortrom_re[4]=8'b00011000;
    shortrom_re[5]=8'b00100100;
    shortrom_re[6]=8'b11111101;
    shortrom_re[7]=8'b11011110;
    shortrom_re[8]=8'b00001100;
    shortrom_re[9]=8'b00000001;
    shortrom_re[10]=8'b11101100;
    shortrom_re[11]=8'b11111101;
    shortrom_re[12]=8'b00000000;
    shortrom_re[13]=8'b11111101;
    shortrom_re[14]=8'b11101100;
    shortrom_re[15]=8'b00000001;

    shortrom_im[0]=8'b00001100;
    shortrom_im[1]=8'b00000001;
    shortrom_im[2]=8'b11101100;
    shortrom_im[3]=8'b11111101;
    shortrom_im[4]=8'b00000000;
    shortrom_im[5]=8'b11111101;
    shortrom_im[6]=8'b11101100;
    shortrom_im[7]=8'b00000001;
    shortrom_im[8]=8'b00001100;
    shortrom_im[9]=8'b11011110;
    shortrom_im[10]=8'b11111101;
    shortrom_im[11]=8'b00100100;
    shortrom_im[12]=8'b00011000;
    shortrom_im[13]=8'b00100100;
    shortrom_im[14]=8'b11111101;
    shortrom_im[15]=8'b11011110;

    end
    //*************************************
```

```
else
begin
if (SHORT_ACK)
if (i<=9)
if(j<15)
begin
SHORT_RE=shortrom_re[j];
SHORT_IM=shortrom_im[j];
SHORT_DV=1;
    if(i==0&j==0)   //multiplied by the window function
      begin
      SHORT_RE=SHORT_RE>>1;
      SHORT_IM=SHORT_IM>>1;
      end
  j=j+1;
SHORT_INDEX=SHORT_INDEX+1;
end
else
begin
SHORT_RE=shortrom_re[j];
SHORT_IM=shortrom_im[j];
SHORT_INDEX=SHORT_INDEX+1;
SHORT_DV=1;
j=0;
i=i+1;
end
else
begin
i=0;
SHORT_RE=shortrom_re[j]>>1;  //multiplied by the window function
SHORT_IM=shortrom_im[j]>>1;
SHORT_INDEX=SHORT_INDEX+1;
end
else
begin
i=0;
j=0;
SHORT_RE=0;
SHORT_IM=0;
SHORT_INDEX=0;
SHORT_DV=0;
```

```
    end
    end
  endmodule
```

CDMA移动通信技术中的加扰，采用长码和寻呼信道、通话信道的组合来实现。如图4.3.4所示。

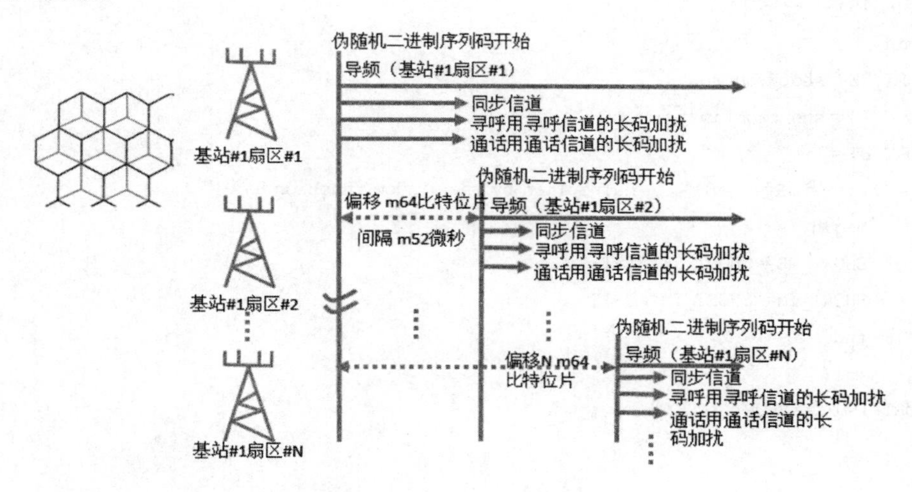

图4.3.4　CDMA移动通信技术的加扰

在图4.3.4中，CDMA移动通信技术同一个蜂窝小区的同一个基站＃1的不同扇区＃1、扇区＃2、……、扇区＃N，64个信道中的寻呼信道和通话信道同时进行和各自长码序列码的加扰。"私人"或"加密"是由通话信道特别地修改长码来实现，修改的依据是移动通信设备的电子序列号或者密钥。

CDMA移动通信技术的导频信道是基站发射的重要内容。首先，在基站传输的信号中最强、最明显的信号就是导频信道，这是因为占据15％的基站总功率，大部分导频信道的功率比其他任何信道都强；其次，采用CDMA移动通信技术的基站允许移动通信设备寻找和准备"锁定"，用户的移动通信设备使用最强的导频信号搜索所有的基站，而且基站位其他信道提供时序和相位同步，允许移动通信设备使用"连贯"的解调；各个基站使用自己同一个伪随机二进制序列码、在多路不同的时间偏移使用64比特位片的伪随机二进制序列。

采用CDMA移动通信技术的所有基站使用短伪随机二进制序列码。一个伪随机二进制序列码的长度是32768（$=2^{15}$）比特位，简单地用15位的移位寄存器实现，间隔26.67ms（即32768/1.2288百万比特位片/秒），被称为短伪随机二进制序列码，是因为"一个长伪随机二进制序列码（长度大约是4.4万亿比特位，41.4天重复一遍）"被作其他用途。采用CDMA移动通信技术的各个基站使用自己的同一个伪随机二进制序列码编码，但使用独特的时间偏移，时间偏移量是独立的m倍的64比特位片允许512/秒（32768/64秒）独特偏移、或者m倍的52微秒（64/1.2288百万比特位片/秒），m是在2～10的典型取值，允许移动通信设备使用单独编码的接收机"手指"扫描所有的蜂窝小区和扇区。采用CDMA移动通信技术的基站为给定蜂窝小区和扇区提供的所有通话和控制信道都用自己蜂窝小区或者扇区的伪随机二进制序列码的时间偏移排序。

实施CDMA移动通信技术的线性反馈移位寄存器产生I伪随机二进制序列和Q伪随机二进制序列。15位移位寄存器产生2个"最大长度"的伪随机二进制编码序列，这个序列被重复产生，间隔时间是2^{15}(32768)伪随机二进制序列比特位片。如图4.3.5所示。

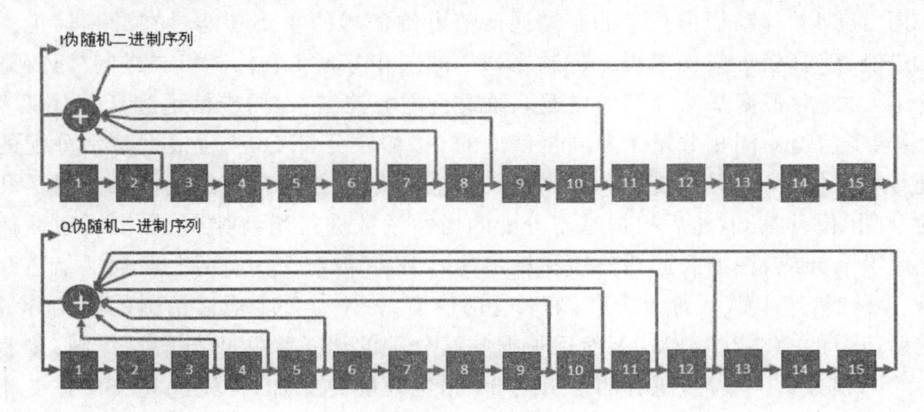

图4.3.5 CDMA移动通信技术的线性反馈移位寄存器

在图4.3.5中，15位移位寄存器的输出信号经过不同的异或电路产生I伪随机二进制序列和Q伪随机二进制序列。

CDMA移动通信技术的基站的重要信息是同步信道。用导频信道实现同步时，移动通信设备终端很容易"锁定"，而且使用简单的沃尔什码W_{32}，W_{32}是32个"0"和跟随的32个"1"，传输速率是1200比特/秒；持续发送的"同步信道信息"包括：系统身份信息（移动通信运营服务提供者的身份信息）、网络身份信息（地铁地区的身份信息）、寻呼信道数据速率、"系统时间"和"长伪随机二进制序列编码"的状态。

CDMA移动通信技术的长伪随机二进制序列码的长度是4.4万亿比特位，那么锁定长伪随机二进制序列码的时间是41.4天吗？移动通信设备终端如何知道长伪随机二进制序列码生成的开始时间呢？此时采用CDMA移动通信技术的基站同步信道提供"一天的时间"，也就是"系统时间"知道"一天的时间"。使用CDMA移动通信技术的所有的基站都参考CDMA系统范围内的时间尺度，各个基站内部的全球定位系统接收机使用全球定位系统的时间，全球定位系统和全球协调时间保持同步；系统时间的$t=0$是1980年全球协调时间的零点零分零秒，这也是全球定位系统的$t=0$的时间；使用CDMA移动通信技术的基站同步信道重复传输，并更新当前系统时间和当前长伪随机二进制序列的状态；CDMA移动通信技术的移动通信设备终端使用这个系统时间信息和基站保持同步。

采用CDMA移动通信技术的基站向移动通信设备终端发送寻呼信道信息。根据实际通信需要，寻呼信道可以有最多7个寻呼信道，使用沃尔什码W_{p1}到W_{p7}，采用9600比特位/秒或4800比特位/秒的传输速率，在9600比特位/秒的传输速率的寻呼信道可以在1秒钟内支持大约180个信息。在寻呼信道上有4种专门的信息，具体包括领头信息，寻呼信息（如来电传递信息）、命令信息（如通用目的的控制移动通信设备终端的信息）、信道安排信息（如给一个通话指定通话信道和相应的沃尔什码）。CDMA移动通信寻呼信道上的领头信息是另外一种重要信息。在寻呼信道上的领头信息具体包括：系统常数信息、基站身份信息、注册区域身份信息、本基站的注册规则、基站的经度和纬度；还有接入常数信息，包括接入信道的数目；扩展的邻近基站清单信息，具体包括邻近蜂窝小区的导频信道偏移量清单和促进切换的信息。

采用 CDMA 移动通信技术的基站通话信道传输器的主要功能是在导频信道产生伪随机二进制序列码、形成伪随机二进制序列码的同相分量 I 和伪随机二进制序列码的 90°相位分量 Q，然后根据基站分配的增益系数进行增益控制；在同步信道和沃尔什码 W_{32} 异或，产生同步信道的同相分量 I 和同步信道的 90°相位分量 Q，然后根据基站分配的增益系数进行增益控制；在寻呼信道和沃尔什码 W_{p1} 异或，产生寻呼信道的同相分量 I 和寻呼信道的 90°相位分量 Q，然后根据基站分配的增益系数进行增益控制；在第 1 通话信道和沃尔什码 W_{T1} 异或、在第 2 通话信道和沃尔什码 W_{T2} 异或、……、在第 61 通话信道和沃尔什码 W_{T61} 异或，产生第 1 通话信道、第 2 通话信道、……、第 61 通话信道的同相分量 I 和这些通话信道的 90°相位分量 Q，然后根据基站分配的增益系数进行增益控制；接着所有的信道的同相分量 I 累加，所有的信道的 90°相位分量 Q 累加；再经过 QPSK 正交相移键控调制，最后传输给天线发送到自由空间。采用 CDMA 移动通信技术的基站要产生导频信道、同步信道、寻呼信道、通话信道，其中，采用 CDMA 移动通信技术的基站的信道电路还要完成 CDMA 移动通信系统的通话信号的语音编码和压缩、多路信道混合、信道编码、加扰和功率控制的处理工作，如图 4.3.6 所示。

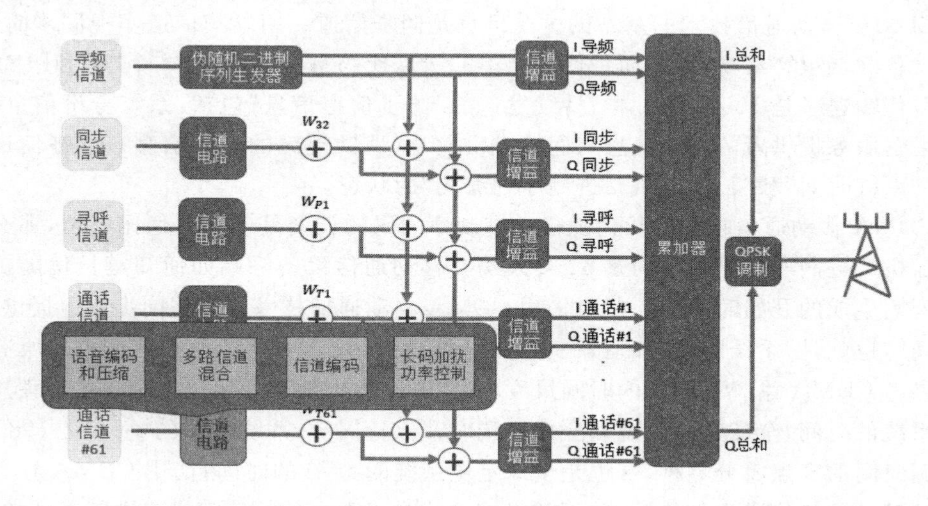

图 4.3.6　CDMA 移动通信基站通话信道传输器的结构

在图 4.3.6 中，CDMA 移动通信基站的通话信道电路需要完成的语音编码和压缩工作主要是把语音信号从 64Kb/s 压缩到 8Kb/s 或者 13Kb/s，需要完成的多路信道混合主要是原始、次级的多路信号和信号通话的接入，需要完成的信道编码主要是采用卷积编码和交织保护信息在严酷的无线电波环境中的传播，需要完成的加扰和功率控制的工作主要是私人信息保护和加密处理以及移动通信设备终端的功率控制，其中加扰时，采用的是长伪随机二进制序列码完成加扰。

根据 ANSI-95 的标准规定，在一次通话期间，CDMA 移动通信基站的通话信道将被用于通话期间的语音、数据、控制信息的传输。CDMA 移动通信基站载波是 1.25MHz 带宽、频分复用 2.5MHz 带宽的范围内，在蜂窝小区的每个扇区都可以根据分配的沃尔什码，有最多 61 路通话，但实际上是 12 至 24 路通话，这是因为使用了同步信道、一路或者更多路的寻呼信道、沃尔什码被用在其他蜂窝小区或者扇区的移动通信设备的软切换，还有可接受的通信质量保证时的干扰限度。在 CDMA 移动通信基站的通话信道使用 20 毫秒的帧结构，采用的传输速率是 9.6Kb/s 信道速率和 14.4Kb/s 信道速率，其中 9.6Kb/s 的信道速率是和领头信息一起用于 8Kb/s 语音编码器，14.4Kb/s 的信道速是和领头信息一起用于 13Kb/s 语音编码器。

在 CDMA 移动通信基站的信道电路功能中信号是以比特位、比特位片和符号的形式存在的。比特位是传输的二进制信息；符号是对二进制信息进行编码之后的结果，目的是保护前向纠错信息，或者让信号在载波调制中更适合于传输，通常编码是针对输入的比特位，输出的符号因为增加了信号的冗余位，而比输入的比特位要多一些；比特位片是更小的比特位，一个符号或者一个比特时间有许多比特位片，代表更宽的带宽扩展编码和扩展信号。如图 4.3.7 所示。

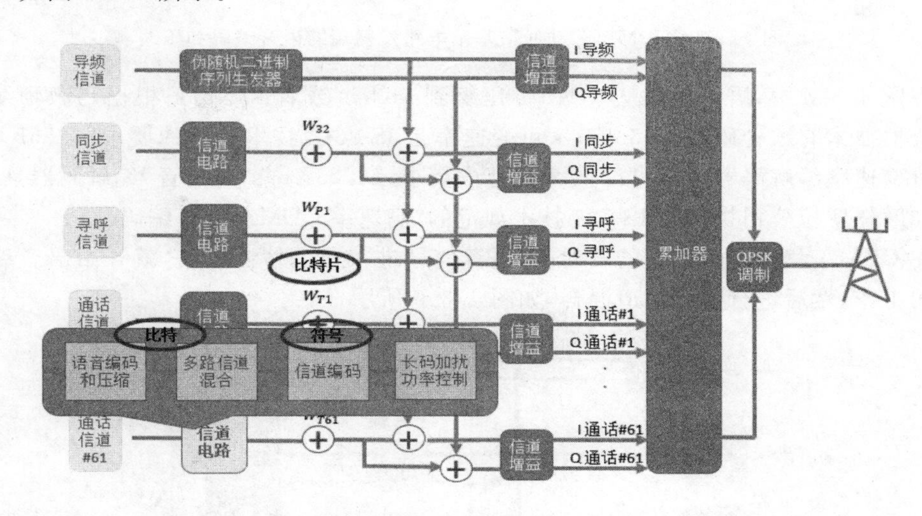

图 4.3.7　CDMA 移动通信基站信道电路的信号形式

在图 4.3.7 中，CDMA 移动通信基站的信道电路在语音编码和压缩之后的信号是比特位，经过多路信道混合，到信道编码阶段的信号是符号，在经过信道电路之后与沃尔什码异或的信号是比特位片。

在 ANSI-95 标准中的 CDMA 移动通信基站的比特位、符号和比特位片都有典型的取值。通话信道传输信息的比特位速率是 9600b/s 或 14400b/s；编码之后，前向信道的符号传输速率是 19.2Ks/s、或者 28.8Ks/s，反向信道的符号传输速率是 307.2Ks/s，这里的 s/s 是指符号/秒，这时符号仍然是"比特位"，未编码的比特位被放在不同的位置；比特位片是扩展的码，传输速率是 1.2288Mc/s，比特位片也是占用一位空间，但是与符号、比特位的空间不一样。

CDMA 移动通信基站的信道电路需要执行 CDMA 移动通信系统的通话信号的语音编码和压缩、多路信道混合、信道编码、加扰和功率控制的功能。在 CDMA 移动通信基站的发射端，语音信号进入通话信道电路，就开始语音编码和压缩的工作，如图 4.3.8 所示。

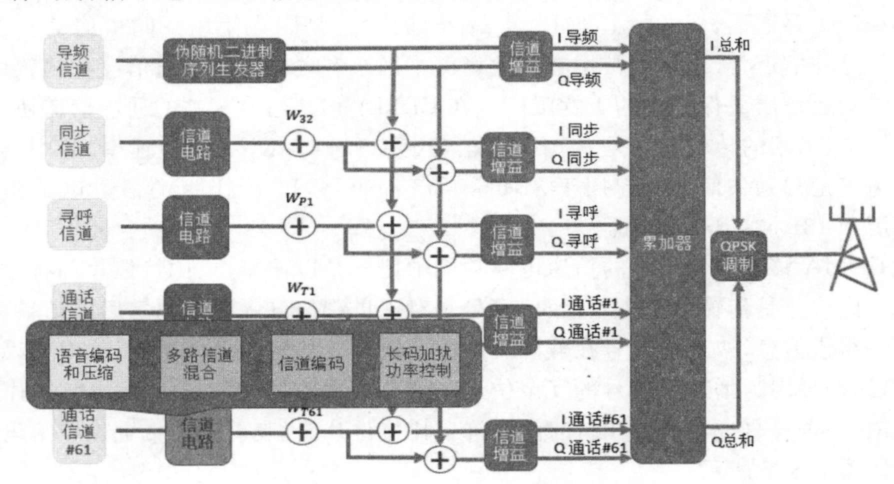

图 4.3.8 CDMA 移动通信基站电路发射端的语音编码和压缩

在图 4.3.8 中，语音信号从 64Kb/s 压缩到 8Kb/s 或者 13Kb/s，根据码激励线性预测编码器技术有 3 种码速：8.55Kb/s 可变速率是 IS-96-B 技术规范的要求；8.55Kb/s 加强型可变速率编解码器是 IS-127 技术规范的要求；13.25Kb/s"纯语音"编解码器是高通、朗讯和摩托罗拉公司执行的 IS-733 技术规范的"高速率 CDMA 语音编码器"。

在 CDMA 移动通信基站的发射端，语音信号进入通话信道电路，就开始语音编码和压缩的工作，然后进行多路信道混合，如图 4.3.9 所示。

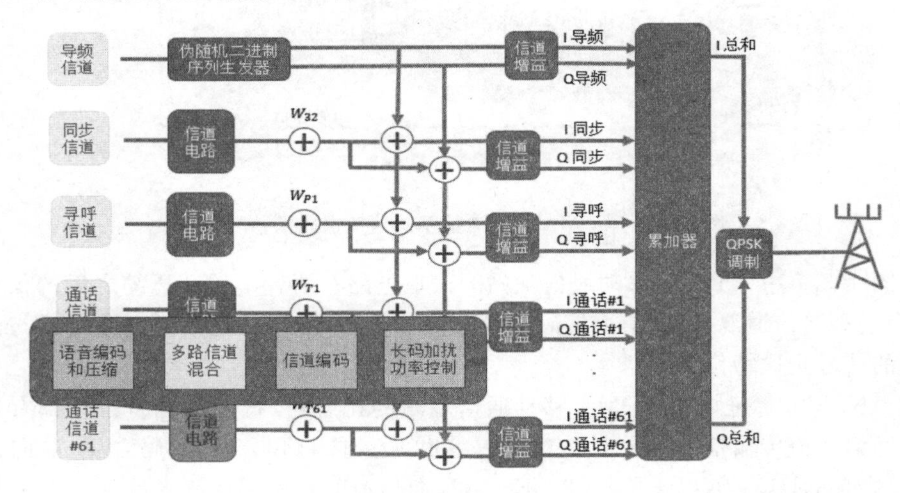

图 4.3.9 CDMA 移动通信基站电路发射端的多路信道混合

在图 4.3.9 中，CDMA 基站信道电路发射端的多路信道混合传输的是信号帧，在 20ms 的帧可以包含的内容有：原始通话，如语音通话；二级通话，如数据；信号，如控制信息或者用户信息。这个帧结构如图 4.3.10 所示。

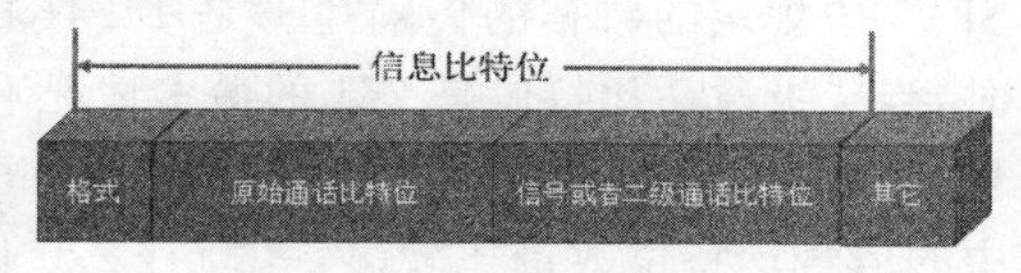

图 4.3.10 CDMA 基站发射端多路信道混合的一种帧

在图 4.3.10 中，CDMA 基站发射端多路信道混合的帧包括 267 个信息比特位的传输速率是 14.4Kb/s(总共有 288 个信息比特位)，以及 172 个信息比特位的传输速率是 9.6Kb/s(总共有 192 个信息比特位)。这个帧的传输时间是 20ms。在“格式”比特位定义有多少路信息被混合，在“其他”比特位包含循环冗余检验和误差检测。CDMA 基站发射端多路信道混合的另一种帧结构如图 4.3.11 所示。

图 4.3.11 CDMA 基站发射端多路信道混合的另一种帧结构

在图 4.3.11 中，CDMA 基站发射端多路信道混合的另一种帧结构也是 20ms 的通话信道帧，其中有“多路通话比特位”。通常这种“多路通话比特位”是指：当所有的信息位都用于支持信号和二级通话时的“空白和突发”；当部分信息比特位用于支持信号和二级通话时的“减弱和突发”；当没有支持信号和二级通话时的信息比特位时，所有的信息比特位都是原始通话信号。

CDMA 基站发射端多路信道混合还适用于同时有通话和数据的情况，当通话只有 35%在进行，半数以上的信息位都用于：通话控制(相对罕见)、通话期间的短信服务、等待信息；和语音同时传输的数据，平均比特速率是 7.2Kb/s 或者 4.8Kb/s。但是，通话和数据同时传输的多路信道混合将会提高信道的占用空间，从而降低“通话容量”。ANSI-95 中规定的 CDMA 基站发射端多路混合第二种帧的前向通话信道的信息位如表 4.3.1 所示。

表 4.3.1 多路混合第二种帧的前向通话信道的信息位

传输速率(比特位/秒)	格式比特位的保留位	格式比特位的混合模式	帧模式	原始通话(比特位/帧)	信号通话(比特位/帧)	二级通话(比特位/帧)
14400	1	0	—	265	0	0
	1	1	0000	124	137	0
	1	1	0001	54	207	0
	1	1	0010	20	241	0
	1	1	0011	0	261	0
	1	1	0100	124	0	137
	1	1	0101	54	0	207
	1	1	0110	20	0	241
	1	1	0111	0	0	261
	1	1	1000	20	221	20

在表 4.3.1 中，ANSI-95 中规定的数据的传输速率是 14.4Kb/s，只有原始通话和二级通话的多路信道混合时，当二级通话比特位是 261 的最多情况下，原始通话的比特位为 0。同时有原始通话、信号和二级通话的多路信道混合时，传输的语音信号比特位很少，一帧只有 20 比特位，而其中的信号比特位数量比较多，一帧有 220 比特位。只有原始通话和信号的多路信道混合时，当原始通话比特位最多位是 265 时，信号的比特位为 0，此时的数据如图 4.3.12 所示。

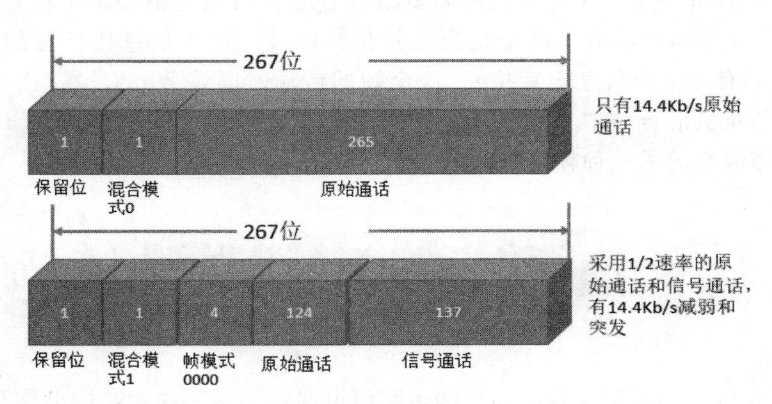

图 4.3.12　多路混合第二种帧的前向通话信道的原始通话信息位

图 4.3.12 是 ANSI-95 中规定的前向通话信道信息位的原始通话形式，数据传输的速率是14.4Kb/s。在 CDMA 基站发射端的信道电路的多路混合第二种帧的“空白和突发”、“减弱和突发”的信息位如图 4.3.13 所示。

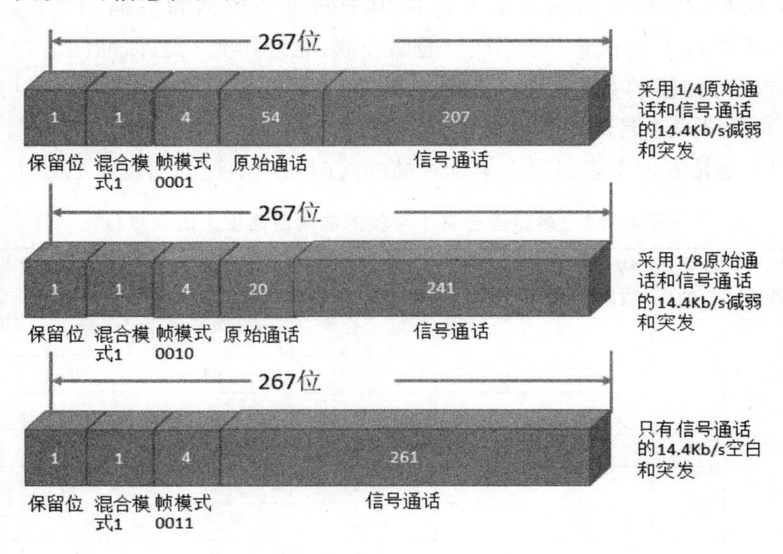

图 4.3.13　多路混合第二种帧的前向通话信道的信号通话信息位

图 4.3.13 是 ANSI-95 中规定的前向通话信道信息位的信号通话的信息位，数据传

输的速率是14.4Kb/s。在CDMA基站发射端的信道电路的多路混合第二种帧的“空白和突发”、“减弱和突发”的信息位的二级通话信息位数据如图4.3.14所示。

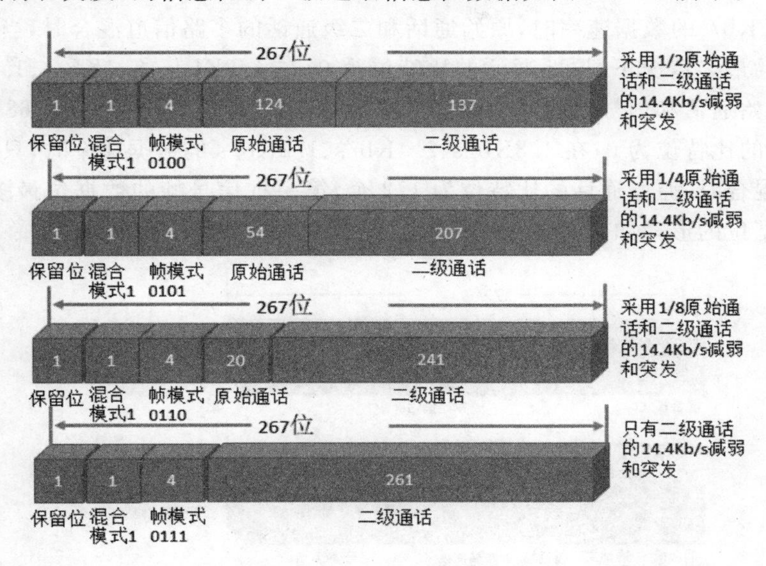

图4.3.14 多路混合第二种帧的前向通话信道的二级通话信息位

图4.3.14是前向通话信道二级通话信息位的数据格式，数据传输的速率还是14.4Kb/s。

在ANSI-95标准中，CDMA基站信道电路发射端的多路信道混合传输的第一种信号帧的信息位如表4.3.2所示。

表4.3.2 多路混合第一种帧的前向通话信道的信息位

传输速率（比特位/秒）	格式比特位的保留位	格式比特位的混合模式	帧模式	原始通话（比特位/帧）	信号通话（比特位/帧）	二级通话（比特位/帧）
14400	0	—	—	171	0	0
	1	0	00	80	88	0
	1	0	01	40	128	0
	1	0	10	16	152	0
	1	0	11	0	168	0
	1	1	00	80	0	88
	1	1	01	40	0	128
	1	1	10	16	0	152
	1	1	11	0	0	168
4800	—	—	—	80	0	0
2400	—	—	—	40	0	0
1200	—	—	—	16	0	0

在表 4.3.2 中，ANSI-95 中规定的数据的传输速率分别是 9.6Kb/s、4.8Kb/s、2.4Kb/s、1.2Kb/s，在 9.6Kb/s 的数据速率时，只有原始通话比特位被传输；在 4.8Kb/s、2.4Kb/s、1.2Kb/s的数据速率时，原始通话和二级通话的多路信道混合时，当二级通话比特位是 168 的最多情况下，原始通话的比特位为 0；在 4.8Kb/s、2.4Kb/s、1.2Kb/s 的数据速率时，原始通话和信号通话的多路信道混合时，当信号通话比特位是 168 的最多情况下，原始通话的比特位为 0；在 4.8Kb/s、2.4Kb/s、1.2Kb/s 的数据速率时，只有原始通话的多路信道混合时，原始通话的比特位为 172 个，第一种信号帧的数据位最多是 172 位。原始通话数据位的形式如图 4.3.15 所示。

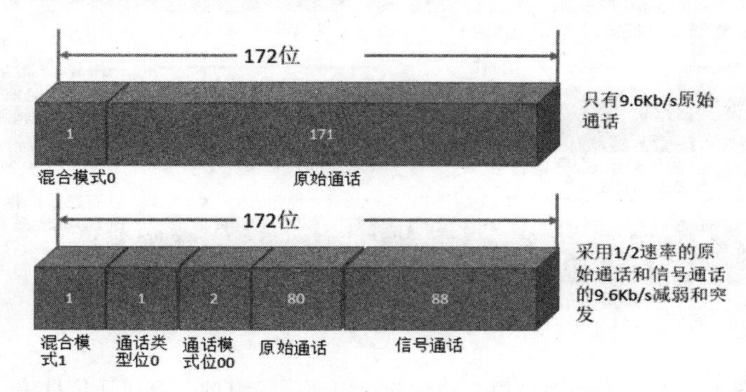

图 4.3.15　多路混合第一种帧的前向通话信道的原始通话信息位

图 4.3.15 是 ANSI-95 中规定的前向通话信道信息位第一种帧的原始通话信息位形式，数据传输的速率是 9.6Kb/s。CDMA 基站发射端的信道电路的多路混合第一种帧中的“空白和突发”、“减弱和突发”的信息位如图 4.3.16 所示。

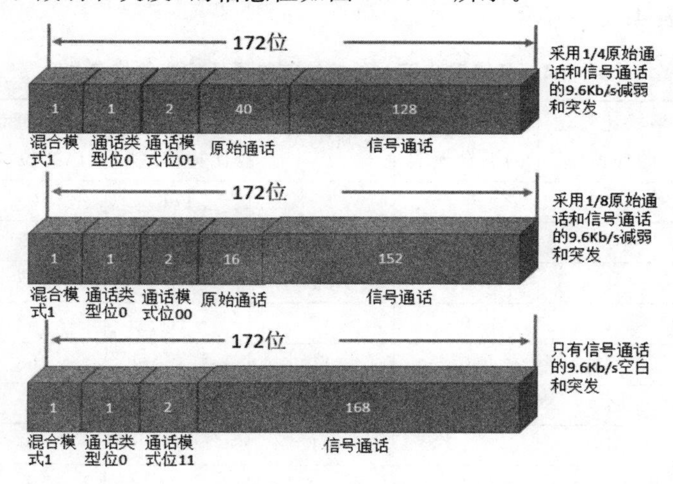

图 4.3.16　多路混合第一种帧的前向通话信道的信号通话信息位

图 4.3.16 是 ANSI-95 中规定的前向通话信道第一种帧格式的信号通话的信息位形式，数据传输的速率是 9.6Kb/s。在 CDMA 基站发射端的信道电路的多路混合第二种帧的“空白和突发”、“减弱和突发”的信息位的二级通话信息位形式如图 4.3.17 所示。

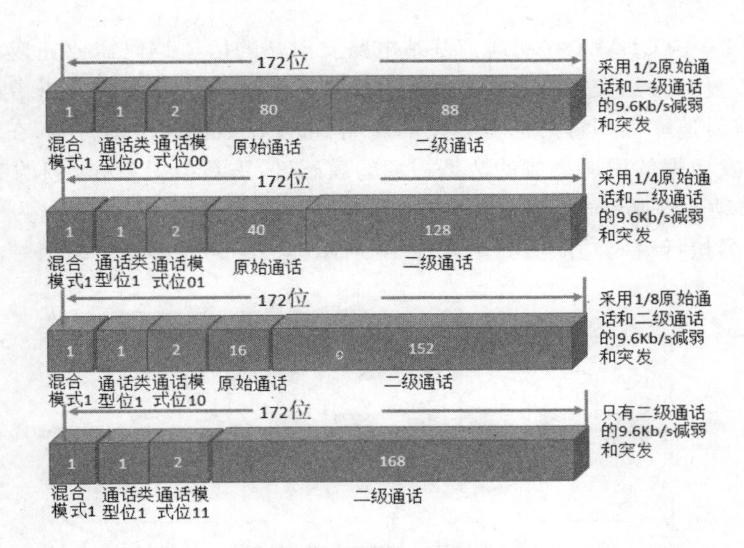

图 4.3.17　第一种帧的前向通话信道的二级通话信息位

图 4.3.17 是前向通话信道二级通话信息位的数据格式，数据传输的速率还是 9.6Kb/s。

在 ANSI-95 中规定的多路信道混合还包括功能需要的其他比特位，例如帧质量显示器完成循环冗余校验检测器的功能，包括在 14.4Kb/s 和 9.6Kb/s 的 12 位循环冗余校验，仅仅 10、8、6、0 位的循环冗余校验在较低数据速率；决定帧是否是错误帧；使移动通信设备终端决定帧的数据速率(使之不与重复数据或者符号混淆)。又例如，编码器尾码比特位，具体包括在通话帧末尾的 8 个 0 比特位；在信道编码器清除“记忆”；类似于“刷新寄存器”的功能。

在 CDMA 移动通信基站的发射端，语音信号进入通话信道电路，就开始语音编码和压缩的工作，进行多路信道混合，然后进行信道编码，如图 4.3.18 所示。

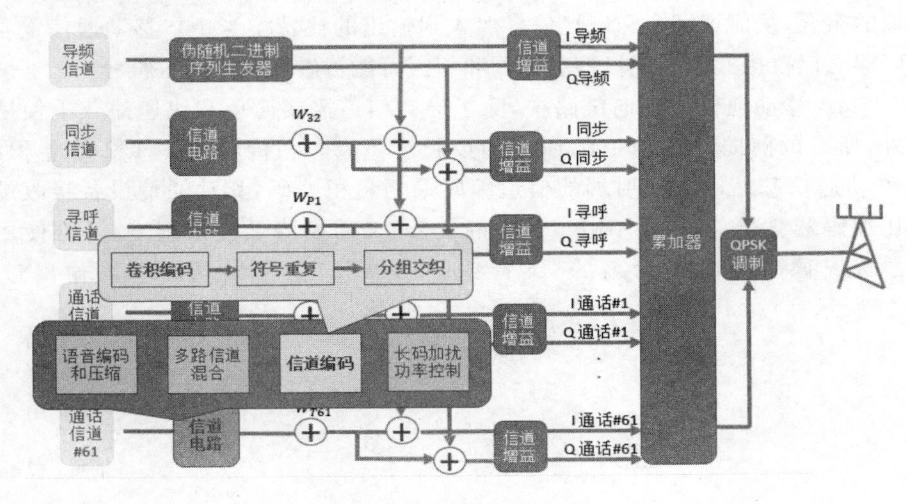

图 4.3.18　CDMA 移动通信基站电路发射端的信道编码

在图 4.3.18 中,CDMA 移动通信基站电路发射端的信道编码需要完成 3 个功能:卷积编码、符号重复和分组交织。在卷积编码中,为了保护信号加入前向纠错;在符号重复中,为了保持符号速率而不考虑部分速率的影响,重复低数据速率的符号;在分组交织中,为了降低对突发数据的误码造成的数据损坏的敏感度,重新组织 20ms 帧的数据。

CDMA 移动通信基站电路发射端的信道编码的卷积编码,采用速率为 1/2 的编码,采用移位寄存器执行编码功能。如图 4.3.19 所示。

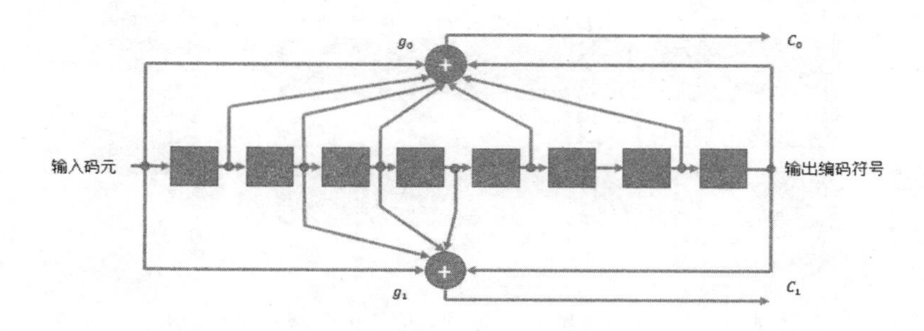

图 4.3.19　CDMA 移动通信基站电路发射端的卷积编码

在图 4.3.19 中,一个比特位的时间内,一个新的信息位被保存在最左边的存贮器位置,所有之前保存的比特位都被向右边移动。在一个比特位时间内,两个计算式 g_0 和 g_1 让特定的移位寄存器位置中保存的内容进行独家计算,在一个比特位时间内输出两个"符号"c_0 和 c_1,数据速率刚好等于符号比特位速率的 1/2。编码器的"记忆深度"可以用"约束长度"K 来表示,"记忆深度"就是 $K-1$,这是因为输出的"符号"来源于当前输入比特位和之前的 8 个比特位的组合,这里 8 个之前的比特位代表"记忆深度",此时的"约束长度"K 是 9。

CDMA 移动通信基站电路发射端的信道编码具备前向纠错的功能,在卷积编码器输入一个比特位时,输出 2 个比特位的符号,输出的比特位是当前输入比特位和记忆中的之前比特位的组合,从而把冗余和记忆信息加入到输出的比特位当中。移动通信设备接收端的解码器可以根据冗余和记忆信息检测和纠正可能被破坏的比特位符号。

在 CDMA 移动通信的前向链路中,除了导频信道需要简单和快速捕获不使用卷积编码之外,所有的前向通话信道都使用约束长度 $K=9$ 和传输速率 1/2 的卷积编码。CDMA 移动通信基站电路发射端的信道编码采用卷积编码,移动通信设备接收端的解码器要比编码器复杂,既需要不减少编码的优势,又需要降低复杂程度,通常使用以高通公司总裁安德鲁维特比命名的"维特比解码器"。卷积编码的输入输出过程如图 4.3.20所示。

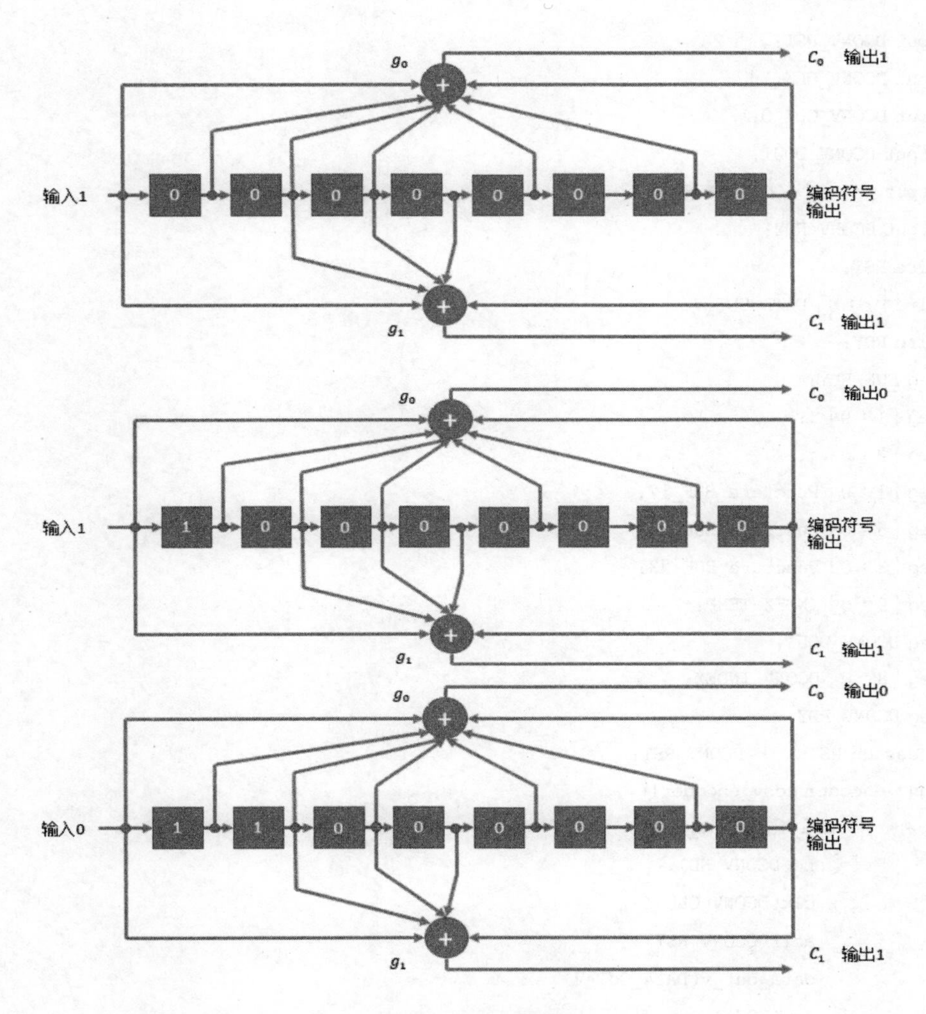

图 4.3.20　速率 1/2 卷积编码的过程

在图 4.3.20 中，输入 1 时，输出 11，接着再输入 1 时，输出 01，接着输入 0 时，输出 01，于是输入比特位 110，得到的输出比特位是 110101。

CDMA 移动通信的卷积编码在 FPGA 中采用编程方式就可以实现了 signal 域 1/2 卷积编码，data 域 3/4 编码，模块有两个时钟：一个是输入时钟，另一个是输出时钟（按照所得速率不同而不同）。在符号域，输入时钟（20MHz），输出时钟（40MHz），包括 Rate 和 Length 两个主要字段，Rate 传输数据符号用到的调制和码率信息。在数据 data 域，输入时钟（60MHz），输出时钟（80MHz）。实现这个功能的代码如下：

```
module DATA_conv_encoder(DCONV_DIN,DCONV_ND,RATE_CON,DCONV_RST,DCONV_CLK_I,
DCONV_CLK_O,DCONV_DOUT,DCONV_INDEX,DCONV_RDY);
    input DCONV_DIN;
    input DCONV_ND;
    input [3 : 0] RATE_CON;
```

```
input DCONV_RST;
input DCONV_CLK_I;
input DCONV_CLK_O;
output DCONV_DOUT;
output [8 : 0] DCONV_INDEX;
output DCONV_RDY;
 wire RST;
 wire [1 : 0] DATA_OUT_V;
 wire RDY;
 reg BUF_RDY;
 reg [1 : 0] i;
 reg [2 : 0] j;
 reg [1 : 0] Puncture_BUF_12;
 reg [5 : 0] Puncture_BUF_34;
 reg [3 : 0] Puncture_BUF_23;
 reg [9 : 0] INDEX_TEMP;
 reg DCONV_DOUT;
 reg [8 : 0] DCONV_INDEX;
 reg DCONV_RDY;
 //assign RST = ~DCONV_RST;
 conv_encoder conv_encoder1(
        .data_in(DCONV_DIN),
          .nd(DCONV_ND),
          .clk(DCONV_CLK_I),
          .aclr(DCONV_RST),
          .data_out_v(DATA_OUT_V),
          .rdy(RDY));
always @( negedge DCONV_RST or posedge DCONV_CLK_I )        // Put data into puncture_buffer.
  begin
      if( ! DCONV_RST )
          begin
              Puncture_BUF_12 <= 0;
                Puncture_BUF_34 <= 0;
               Puncture_BUF_23 <= 0;
                i <= 0;
       end
    else
            begin
              if( RDY )
                case( RATE_CON )
                  4'b1101,4'b0101,4'b1001:            // Rate is 1/2.
```

```
    begin
        Puncture_BUF_12 <= DATA_OUT_V;
         BUF_RDY <= 1;
      end
  4'b1111,4'b0111,4'b1011,4'b0011:     // Rateis 3/4.
    begin
         case (i)
             2'b00:
                 begin
                     Puncture_BUF_34 [1 : 0] <= DATA_OUT_V;
                     BUF_RDY <= 1;
                     i <= i + 1 ;
                  end
             2'b01:
                  begin
                     Puncture_BUF_34 [3 : 2] <= DATA_OUT_V;
                     BUF_RDY <= 1;
                     i <= i + 1 ;
                  end
             2'b10:
                  begin
                     Puncture_BUF_34 [5 : 4] <= DATA_OUT_V;
                     BUF_RDY <= 1;
                     i <= 2'b00 ;
                  end
             default:
                  begin
                     Puncture_BUF_34 <= 0;
                     BUF_RDY <= 0;
                     i <= 0;
                  end
                endcase
end
  4'b0001:            // Rate is 2/3.
    begin
         case( i )
             2'b00:
                begin
                   Puncture_BUF_23 [1 : 0] <= DATA_OUT_V;
                   BUF_RDY <= 1;
                   i <= i + 1 ;
```

```
                    end
            2'b01:
                  begin
                      Puncture_BUF_23 [3 : 2] <= DATA_OUT_V;
                      BUF_RDY <= 1;
                      i <= 0 ;
                    end
                default:
                  begin
                      Puncture_BUF_23 <= 0;
                      BUF_RDY <= 0;
                      i <= 0 ;
                    end
          endcase
        end
        endcase
   else
       begin
         BUF_RDY <= 0;
         Puncture_BUF_12 <= 0;
          Puncture_BUF_34 <= 0;
         Puncture_BUF_23 <= 0;
         i <= 0;
    end
      end
end
always @( negedge DCONV_RST or posedge DCONV_CLK_O )      // Puncture and output the data.
begin
   if( ! DCONV_RST )
     begin
       DCONV_DOUT <= 0 ;
        DCONV_RDY <= 0;
        j <= 3'b000;
     end
   else
     if( BUF_RDY )
       case( RATE_CON )
            4'b1101,4'b0101,4'b1001:            // Rate is 1/2.
              begin
                case( j )
                  3'b000:
```

```
                begin
                  DCONV_DOUT <= Puncture_BUF_12 [j] ;
                   DCONV_RDY <= 1;
                   j <= j +1 ;
                 end
       3'b001:
                begin
                  DCONV_DOUT <= Puncture_BUF_12 [j] ;
                   DCONV_RDY <= 1;
                   j <= 3'b000 ;
                 end
       default:
                begin
                   DCONV_DOUT <= 0 ;
                   DCONV_RDY <= 0;
                   j <= 3'b000 ;
         end
           endcase
         end
     4'b1111,4'b0111,4'b1011,4'b0011:      // Rate is 3/4.
       begin
           case (j)
               3'b000,3'b001,3'b010:
                   begin
                       DCONV_DOUT <= Puncture_BUF_34 [j] ;
                     DCONV_RDY <= 1;
                     j <= j + 1 ;
                   end
               3'b011:
                   begin
                       DCONV_DOUT <= Puncture_BUF_34 [j+2] ;
                     DCONV_RDY <= 1;
                     j <= 3'b000 ;
                   end
               default:
                   begin
                       DCONV_DOUT <= 0;
                       DCONV_RDY <= 0;
                       j <= 0;
                   end
                 endcase
```

```
                end
                 4'b0001:          // Rate is 2/3.
                   begin
                      case( j )
                        3'b000,3'b001:
                          begin
                            DCONV_DOUT <= Puncture_BUF_23 [j] ;
                            DCONV_RDY <= 1;
                            j <= j + 1 ;
                           end
                   3'b010:
                          begin
                            DCONV_DOUT <= Puncture_BUF_23 [j] ;
                            DCONV_RDY <= 1;
                            j <= 3'b000 ;
                           end
                        default:
                          begin
                            DCONV_DOUT <= 0 ;
                            DCONV_RDY <= 0 ;
                            j <= 0 ;
                           end
                 endcase
                   end
            endcase
     else
         begin
           DCONV_DOUT <= 0 ;
            DCONV_RDY <= 0 ;
       end
   end
 always @( negedge DCONV_RST or posedge DCONV_CLK_0 )      // Index output.
   begin
      if( ! DCONV_RST )
          begin
            DCONV_INDEX <= 0 ;
              INDEX_TEMP <= 0;
           end
        else
         begin
           if( BUF_RDY )
```

```
case( RATE_CON )
    4'b1101,4'b1111:
        begin
          if( INDEX_TEMP < 47 )
              begin
                INDEX_TEMP <= INDEX_TEMP + 1 ;
        DCONV_INDEX <= INDEX_TEMP ;
              end
            else
              begin
                INDEX_TEMP <= 0 ;
        DCONV_INDEX <= INDEX_TEMP ;
              end
    end
    4'b0101,4'b0111:
        begin
          if( INDEX_TEMP < 95 )
              begin
                INDEX_TEMP <= INDEX_TEMP + 1 ;
        DCONV_INDEX <= INDEX_TEMP ;
              end
            else
              begin
                INDEX_TEMP <= 0 ;
        DCONV_INDEX <= INDEX_TEMP ;
              end
    end
    4'b1001,4'b1011:
        begin
          if( INDEX_TEMP < 191 )
              begin
                INDEX_TEMP <= INDEX_TEMP + 1 ;
        DCONV_INDEX <= INDEX_TEMP ;
              end
            else
              begin
                INDEX_TEMP <= 0 ;
        DCONV_INDEX <= INDEX_TEMP ;
              end
    end
    4'b0001,4'b0011:
```

```
                        begin
                          if( INDEX_TEMP < 287 )
                              begin
                                INDEX_TEMP <= INDEX_TEMP + 1 ;
                        DCONV_INDEX <= INDEX_TEMP ;
                              end
                            else
                              begin
                                INDEX_TEMP <= 0 ;
                        DCONV_INDEX <= INDEX_TEMP ;
                              end
                end
               endcase
          else
            DCONV_INDEX <= 0 ;
      end
    end
endmodule
module conv_encoder(clk,aclr,data_in,nd,data_out_v,rdy);
input aclr;
input clk;
input data_in;
input nd;
output [1:0] data_out_v;
output rdy;
reg [6:1] shift_reg;
reg [1:0] data_out_v;
reg rdy;
always @( negedge aclr or posedge clk )
begin
if( ! aclr )
begin
     shift_reg <= 6'b000000;
     data_out_v <= 0;
     rdy <= 0 ;
  end
else
if( nd )
     begin
       data_out_v[0] <= shift_reg[6] + shift_reg[5] + shift_reg[3] + shift_reg[2] +
data_in;
```

```
        data_out_v[1] <= shift_reg[6] + shift_reg[3] + shift_reg[2] + shift_reg[1] +
data_in;
        rdy<=1;
        shift_reg <= { shift_reg [5 : 1], data_in };
      end
    else
      rdy <= 0;
  end
  endmodule
```

CDMA移动通信技术的前向通话链路信道编码中,在少量连续符号信息被损坏时,卷积编码能够有效恢复原始符号信息,但是如果大量的连续的符号信息在突发错误中被损坏,卷积编码不能够有效恢复原始符号信息,突发错误在干扰频繁发生、信号减弱时是常见的情况,因此采用交织来使突发错误随机化,就能够帮助解决这个问题。突发错误在外界干扰的影响下,持续的时间要比一个符号的长度还要长,这时候卷积编码就显得很脆弱,在传输信息之前,先在一个20ms帧的区组中进行交织,重新安排符号,将会在移动通信设备接收端解交织时,使突发错误随机化,减小突发错误对整个帧破坏的可能性。如表4.3.3所示。

表4.3.3 分组交织处理的帧

1	2	3	4	5	6	7	8	9	10	11	12	13	14	15	16	17	18	19	20	21	22	23	24	25
1	65	129	193	257	321	33	97	161	225	289	353	17	81	145	209	273	337	49	113	177	241	305	369	9
1	65	129	193	257	321	33	97	E	E	E	E	E	E	E	E	E	337	49	113	177	241	305	369	9
1	2	3	4	5	6	7	8	9	10	11	12	13	14	15	16	E	18	19	20	21	22	23	24	25

在表4.3.3中,第一行是在CDMA移动通信发射端交织前的帧,第二行是交织后的帧,但是还没有传输到自由空间,第三行是在自由空间传播过程中有突发错误发生,出错的比特位"E"表示1个出错的比特位,连续的9个比特位都出现错误,第四行是在CDMA移动通信接收端解交织之后的帧,因为分组交织,把连续出现的突发错误随机分散开,于是1个数据帧中的错误只是1个比特位的错误,从而把9个符号突发错误转变成为1个符号比特位的错误。

在CDMA移动通信信道电路的信道编码中,需要完成卷积编码、符号重复和分组交织3个功能,符号重复能够通过减少各路通话之间的干扰,提高系统下行传输的容量;当一个符号被重复M次传输,它的功率可以降低到$1/M$,到达CDMA移动通信接收端的符号总功率仍然是原来的功率;为了维护符号传输速率为常数,有必要重复传输卷积编码的符号;特别是数据速率小于最大速率的传输,例如数据速率为1200b/s、2400b/s、4800b/s需要在传输速率为9600b/s的信道上传输;或者数据速率为1800b/s、3600b/s、7200b/s需要在传输速率为14400b/s的信道上传输时,必须进行符号重复的工作。

在CDMA移动通信的信道电路中，信道编码的符号重复传输可以是在同一个信道上按照不同速率传输。如图4.3.21所示。

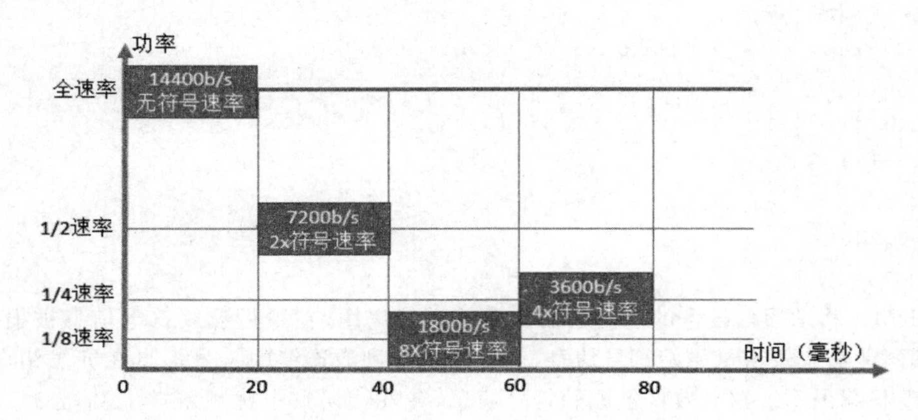

图4.3.21　可变速率帧的符号重复

在图4.3.21中，信道速率是14400b/s，符号重复传输的速率可以是1/2速率的7200b/s、1/8速率的1800b/s或1/4速率的3600b/s帧传输，重复次数M可以是2倍、8倍或4倍，同一个帧重复传输，这个帧的传输总功率仍然是原来的功率。同理，信道速率是9600b/s，符号重复传输的速率可以是1/2速率的4800b/s、1/8速率的1200b/s或1/4速率的2400b/s帧传输，重复次数M可以是2倍、8倍或4倍，同一个帧重复传输，这个帧的传输总功率仍然是原来的功率。在FPGA中可以用代码实现交织，代码如下：

```
module DATA_interleaver(DINT_DIN,DINT_ND,INDEX_IN,DINT_RST,DINT_CLK,MODE_CON,DINT_DOUT,DINT_RDY);
    input DINT_DIN;
    input DINT_ND;
    input [8:0] INDEX_IN;
    input [1:0] MODE_CON;
    input DINT_RST;
    input DINT_CLK;
    output DINT_DOUT;
    output DINT_RDY;

    reg DIN;            //register of input
    reg ND;                 //enable of output
    reg [8:0] INDEX;        //register of index for output
    reg [1:0] MODE;
    reg [9:0] WA_1;      //DINT_RAM_1 write address
    reg DIN_1;           //DINT_RAM_1 input register
    reg REN_1;           //DINT_RAM_1 enable read
    reg WEN_1;           //DINT_RAM_1 enable write
    reg WAC_1;               //control write address of 1st interleaver
```

```
    reg DINT_RDY_1;          //DINT_RAM_1 enable output
    reg DIN_2;                   //DINT_RAM_2 input register
    reg [4:0] WA_2;          //DINT_RAM_2 write address
    reg WEN_2;                   //DINT_RAM_2 enable write
    reg REN_2;                   //DINT_RAM_2 enable read
    reg WAC_2;                   //control write address of 2ed interleaver
    reg DINT_DV;             //enable output
    reg DINT_DOUT;           //output register
    reg DINT_RDY;                //synchronize with output

    wire [9:0] RA_1;         //DINT_RAM_1 read address
    wire [9:0] Q_1;          //RCOUNT_1 counter of output
    wire DOUT_1;             //DINT_RAM_1 output
    wire RST;                //reset of IP core, enable under high leavel
    wire [4:0] Q_2;          //RCOUNT_2 counter of output
    wire [4:0] RA_2;             //DINT_RAM_2 read address
    wire DOUT_2;             //DINT_RAM_2 output

    assign RST=~DINT_RST;
    assign RA_1=Q_1;                 //register for input

always @ (negedge DINT_RST or posedge DINT_CLK)
if (! DINT_RST)
    begin
    DIN<=1'b0;
    ND<=1'b0;
    INDEX<=9'b000000000;
    MODE<=2'b00;
    end

  else
    begin
    if (DINT_ND)
    begin
    DIN<=DINT_DIN;
    ND<=DINT_ND;
    INDEX<=INDEX_IN;
    MODE<=MODE_CON;
    end
  else
    begin
    DIN<=1'b0;
```

```
    ND<=1'b0;
    INDEX<=9'b000000000;
    end
  end
    //DINT_RAM_1

    // BRAM: depth is 384 bits, the 1st interleaver BRAM to store the data which already adjust the order

dint_ram DINT_RAM_1 (
    .addra(WA_1),
    .addrb(RA_1),
    .clka(DINT_CLK),
    .clkb(DINT_CLK),
    .dina(DIN_1),
    .doutb(DOUT_1),
    .enb(REN_1),
    .sinitb(RST),
    .wea(WEN_1));
    //RCOUNT_1

    // counter cycle is 384 to generate read address of DINT_RAM_1

    rcount_1 RCOUNT_1 (
    .Q(Q_1),
    .CLK(DINT_CLK),
    .CE(REN_1),
    .ACLR(RST));
    //1st interleaver

    always @ (negedge DINT_RST or posedge DINT_CLK)
    if (! DINT_RST)
      begin
      WAC_1<=1'b0;
      WA_1<=10'b0000000000;
      WEN_1<=1'b0;
      DIN_1<=1'b0;
      REN_1<=1'b0;
      DINT_RDY_1<=1'b0;
      end

  else
      begin
```

```
     case (MODE)
     2'b10:
   begin
     if (ND)
     begin
     if (! WAC_1)                           // input data write in the BRAM first half part and the
                                               end alternatively, under control of WAC_1.
   WA_1<=(INDEX[3:0]<<3)+(INDEX[3:0]<<2)+INDEX[8:4];
   else
   WA_1<=(INDEX[3:0]<<3)+(INDEX[3:0]<<2)+INDEX[8:4]+192;

   WEN_1<=1'b1;

   DIN_1<=DIN;
   if (INDEX==191)
   begin
   WAC_1<=~WAC_1;
   REN_1<=1'b1;
   end
end

else
   begin
   WA_1<=10'b0000000000;
   WEN_1<=1'b0;

   DIN_1<=1'b0;
   end

if (Q_1==191 || Q_1==383)                          //finish read of BRAM
   REN_1<=1'b0;
   end
endcase

if (REN_1)
   DINT_RDY_1<=1'b1;
else
   DINT_RDY_1<=1'b0;

end
   //DINT_RAM_2
```

```
    // BRAM: depth is 32bits, as 2ed interleaver, change the write address too

dint_ram2 DINT_RAM_2 (
    .A(WA_2),
    .CLK(DINT_CLK),
    .D(DIN_2),
    .WE(WEN_2),
    .DPRA(RA_2),
    .QDPO_CLK(DINT_CLK),
    .QDPO(DOUT_2),
    .QSPO(QSPO),
    .QDPO_RST(RST));

    //WCOUNT_2

    count24 WCOUNT_2 (
    .Q(Q_2),
    .CLK(DINT_CLK),
    .CE(DINT_RDY_1),
    .ACLR(RST));
    //RCOUNT_2


    count24 RCOUNT_2 (
    .Q(RA_2),
    .CLK(DINT_CLK),
    .CE(REN_2),
    .ACLR(RST));
    //2nd interleaver

    always @ (negedge DINT_RST or posedge DINT_CLK)
    if (! DINT_RST)
      begin
      WEN_2<=1'b0;
      DIN_2<=1'b0;
      WAC_2<=1'b0;
      WA_2<=5'b00000;
      REN_2<=1'b0;
      DINT_DV<=1'b0;
      DINT_DOUT<=1'b0;
      DINT_RDY<=1'b0;
      end
```

```
else
    begin
    case (MODE)
    2'b10:
    begin
    if (DINT_RDY_1)                          //input data to the 2ed interleaver
                                               after finish the 1st interleaver
      begin
      WEN_2<=1'b1;
      DIN_2<=DOUT_1;
      if (WAC_2)                             //process the input data, change the
                                               write address or not with 12bits
                                               cycle alternatively, under con-
                                               trol of WAC_2
      WA_2[4:1]<=Q_2[4:1];
      WA_2[0]<=~Q_2[0];
      end
     else
     WA_2<=Q_2;
   end
  else
   begin
   WEN_2<=1'b0;
   DIN_2<=1'b0;
   end

   if (Q_2==11 || Q_2==23)                   //finish write, begin to read
     begin
     WAC_2<=~WAC_2;
     REN_2<=1'b1;
     end

   if (RA_2==23 && ! DINT_RDY_1)
     REN_2<=1'b0;
   end
   endcase

   if (REN_2)
   DINT_DV<=1'b1;
   else
     DINT_DV<=1'b0;
```

```
if (DINT_DV)                                    //data output
  begin
  DINT_DOUT<=DOUT_2;
  DINT_RDY<=1'b1;
  end
else
begin
  DINT_DOUT<=1'b0;
  DINT_RDY<=1'b0;
  end
end

endmodule
```

采用FPGA,可以用代码实现解交织,代码如下:

```
module deinterleave(clk20m,clk80m,dataIn,dataOut,inSymCount,rst_n,inEn,
          data,SymCount,En,outSymCount,outEn);
input [3:0]dataIn;            // 输入数据,并行4位输入,上一模块的输出数据
input [7:0]inSymCount;        // 一帧中的symbol序号(输入)
input clk20m;                 // 系统时钟
input clk80m;
input rst_n;                  // 系统复位信号
input inEn;                   // 本模块的输入使能信号
output [3:0]data;
output [7:0]SymCount;
output En;
output [3:0]dataOut;          // 并行输出四位
output outEn;                 // 本模块的输出使能信号
output [7:0]outSymCount;      // 一帧中的symbol序号(输出)
wire [3:0]data;               // 两级交织的连接数据,第一级解交织的结果
wire [7:0]SymCount;
wire En;
                              //deinterleavel module
deinterleavel deleavel(       // 第一级解交织的映射
.dataIn(dataIn),
.dataOut(data),
.inSymCount(inSymCount),
.Gclk(clk20m),
.inEn(inEn),
.rst_n(rst_n),
```

```
    .outSymCount(SymCount),
    .outEn(En)
    );

    //deinterleave2 module
    deinterleave2 deleave2(    // 第二级解交织的映射
    .dataIn(data),
    .dataOut(dataOut),
    .inSymCount(SymCount),
    .inEn(En),
    .Gclk(clk20m),
    .clk(clk80m),
    .rst_n(rst_n),
    .outSymCount(outSymCount),
    .outEn(outEn)
    );
Endmodule
```

在 CDMA 移动通信的前向链路通信中,因为信道电路的信道编码功能,具备卷积编码、符号重复和分组交织,在 9600b/s 信道上的比特位和符号传输速率,如图 4.3.22 所示。

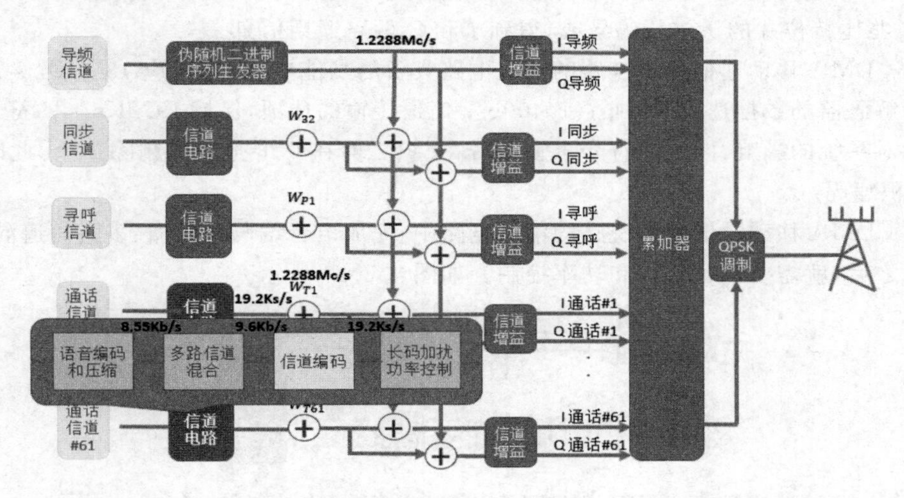

图 4.3.22　前向链路 9600b/s 信道的比特位和符号传输速率

在图 4.3.22 中,导频信道的速率是 1 秒传输 1.2288 兆比特位片,在通话信道的信道电路中,语音编码和压缩之后是 1 秒传输 8.55k 比特位,多路信道混合之后是 1 秒传输 9.8k 比特位,信道编码之后是 1 秒传输 19.2Ks,然后经过长码加扰和功率控制,再和 1.2288Mc/s的沃尔什码异或,成为 I 和 Q 两路信号进行下一步的信道增益控制。

在 CDMA 移动通信信道电路的信道编码增加 14400b/s 信道选项为适应 13.3Kb/s 以上的传输速率如图 4.3.23 所示。在信道电路的长码加扰和功率控制部分,输入的是传输速率为28.8Ks/s的信息，需要对符号信息进行每隔6个符号删除2个的操作，输出成为传输速率是19.2Ks/s的信息，然后和沃尔什码进行异或运算。

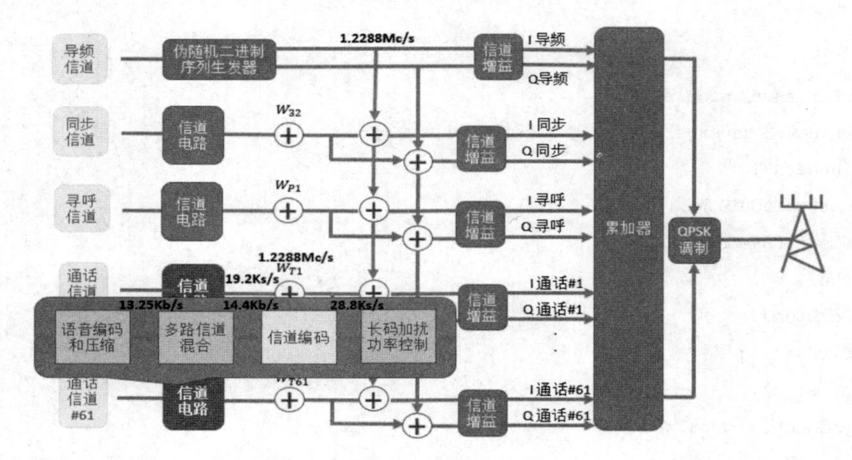

图 4.3.23　为适应13.3Kb/s传输速率的信道电路增加14400b/s信道选项

在图4.3.23中，增加了14400b/s信道传输，通话信道的信号速率和9600b/s信道不同，在语音编码和压缩之后，数据速率是13.25Kb/s，经过多路信道混合之后，数据速率是14.4Kb/s，经过信道编码的卷积编码、符号重复和分组交织3个步骤之后的速率是28.8Ks/s，接着进行长码加扰和功率控制，数据速率成为19.2Ks/s的信息，和1秒传输1.2288兆比特位片的沃尔什码异或，得到 I 和 Q 两路通话信息。

在CDMA移动通信前向链路的信道电路具备的功能中，为了适应13.3Kb/s及其以上编码解码器的数据速率，增加了14400b/s信道传输的选项，保持19.2Ks/s的符号速率来限制对系统的影响，同时在符号重复之后、交织之前在6个符号中删除2个，此时输出3/4卷积编码。

在CDMA移动通信前向链路的信道电路中，完成语音编码和压缩、多路信道混合、信道编码之后，就需要进行加扰和功率控制。如图4.3.24所示。

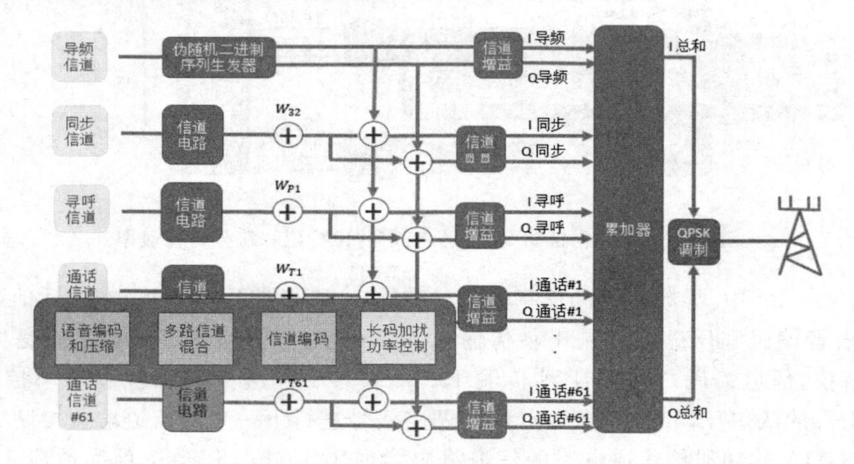

图 4.3.24　CDMA移动通信基站发射端信道电路的加扰和功率控制

在图 4.3.24 中，CDMA 移动通信前向链路通话信道的信道电路需要完成长码加扰和功率控制，然后才能和沃尔什码异或，产生 I 和 Q 信号。

根据 ANSI-95 的要求，在 CDMA 移动通信基站发射端的信道电路进行前向链路的加扰和功率控制，加扰使用长码加密，一个用户有一个被修改过的独特的加扰长码，长码的长度是 2^{42}-1；功率控制是调整移动通信设备终端的信号功率，采用自适应功率控制，减轻因为距离远近造成的信号功率不均匀问题。加扰是对长码的加扰，私密性和安全性的加强都依靠一个被修改过的独特的加扰长码分配给一个用户来实现，采用的方式有 2 种：一种是移动通信设备终端的电子序列号码置换的公共长码掩码；另一种是利用“蜂窝身份验证和语音加密”的密码学算法的个人长码掩码，这是在美国数字蜂窝和个人通信系统标准中特定使用，“蜂窝身份验证和语音加密”由国际武器管制交通和出口管制共同控制，使用共享秘密数据的 64 位 A 做身份验证、共享秘密数据的 64 位 B 做语音隐私和信息加密处理。

在 CDMA 移动通信的基站发射器信道电路中，长码发生器产生长码。长码的长度是 4.41 万亿比特位，持续 41.4 天，然后重复，传输速率是 1 秒传输 1.2288 兆比特位片。根据 ANSI-95 的规定，长码发生器如图 4.3.25 所示。

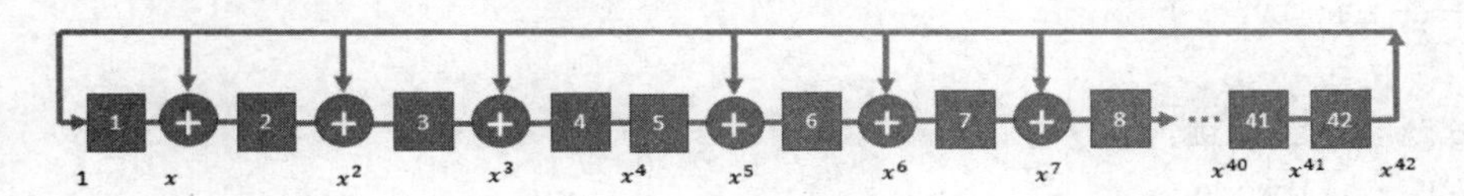

图 4.3.25 CDMA 移动通信基站信道电路的长码发生器

在图 4.3.25 中，42 个触发器在异或运算和反馈信号的共同作用中生成 4.4 万亿个比特位码。

CDMA 移动通信的基站发射器信道电路的通话信道中，通话信道长码的掩码是长码发生器和 42 比特位的模 2 加法运算的结果。如图 4.3.26 所示。

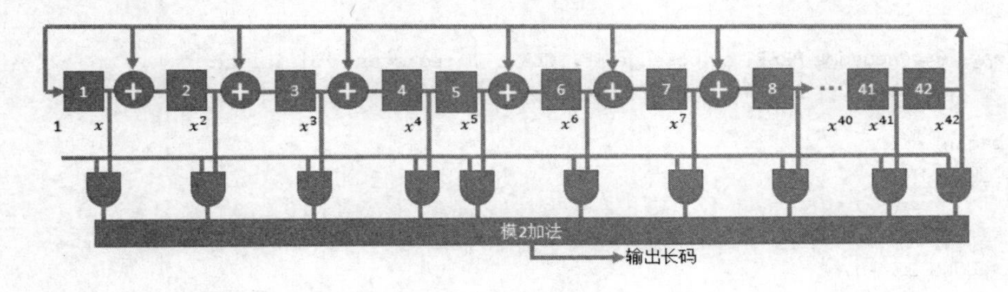

图 4.3.26 通话信道的长码

在图 4.3.26 中，通话信道的长码是基本长码被修改之后的长码掩码，通话信道的长码掩码是独特的“公共”或者“私密”长码掩码，总长度是 42 位。公共长码掩码是移动通信设备终端的 32 位电子序列号码的简单置换，私密长码掩码使用“蜂窝认证和语音加密算法”的加密算法和“共享秘密数据”。

在 CDMA 移动通信信道电路的通话信道的公共长码掩码来自于移动通信设备终端

的电子序列号码，如果移动通信设备终端的 32 位电子序列号码是：

$E_{31}E_{30}E_{29}E_{28}E_{27}E_{26}E_{25}E_{24}E_{23}E_{22}E_{21}E_{20}E_{19}E_{18}E_{17}E_{16}E_{15}E_{14}E_{13}E_{12}E_{11}E_{10}E_{9}E_{8}E_{7}E_{6}E_{5}E_{4}E_{3}E_{2}E_{1}E_{0}$

那么移动通信设备终端的独特的公共长码掩码就是：

$1100011000E_{0}E_{31}E_{22}E_{13}E_{4}E_{26}E_{17}E_{8}E_{30}E_{21}E_{12}E_{3}E_{25}E_{16}E_{7}E_{29}E_{20}E_{11}E_{2}E_{24}E_{15}E_{6}E_{28}E_{19}E_{10}E_{1}E_{23}E_{14}E_{5}E_{27}E_{18}E_{9}$

这种置换确保具有连续或者相似电子序列号码的移动通信设备终端能够使用完全不同的长码。利用 FPGA 实现长码的生成，代码如下：

```
module
LONG_generator(RESET,FFT_CLK,LONG_ACK,LONG_RE,LONG_IM,LONG_INDEX,LONG_DV);
    input RESET;
    input FFT_CLK;
    input LONG_ACK;
    output [7:0] LONG_RE;
    output [7:0] LONG_IM;
    output [7:0] LONG_INDEX;
    output LONG_DV;

    reg [7:0] LONG_RE;
    reg [7:0] LONG_IM;
    reg [7:0] LONG_INDEX;
    reg LONG_DV;
    reg[1:0] i;
    reg[5:0] j;
    reg [7:0] longrom_re [63:0];
    reg [7:0] longrom_im [63:0];

    always @ (negedge RESET or posedge FFT_CLK)  //registers initialize
      if (! RESET)
      begin
      i=0;
        j=0;
        LONG_RE=0;
        LONG_IM=0;
        LONG_INDEX=0;
        LONG_DV=0;

      longrom_re[0]=8'b00101000;
      longrom_re[1]=8'b11111111;
      longrom_re[2]=8'b00001010;
```

```
longrom_re[3]=8'b00011001;
longrom_re[4]=8'b00000101;
longrom_re[5]=8'b00001111;
longrom_re[6]=8'b11100011;
longrom_re[7]=8'b11110110;
longrom_re[8]=8'b00011001;
longrom_re[9]=8'b00001110;
longrom_re[10]=8'b00000000;
longrom_re[11]=8'b11011101;
longrom_re[12]=8'b00000110;
longrom_re[13]=8'b00001111;
longrom_re[14]=8'b11111010;
longrom_re[15]=8'b00011111;
longrom_re[16]=8'b00010000;
longrom_re[17]=8'b00001001;
longrom_re[18]=8'b11110001;
longrom_re[19]=8'b11011110;
longrom_re[20]=8'b00010101;
longrom_re[21]=8'b00010010;
longrom_re[22]=8'b11110001;
longrom_re[23]=8'b11110010;
longrom_re[24]=8'b11110111;
longrom_re[25]=8'b11100001;
longrom_re[26]=8'b11011111;
longrom_re[27]=8'b00010011;
longrom_re[28]=8'b11111111;
longrom_re[29]=8'b11101000;
longrom_re[30]=8'b00010111;
longrom_re[31]=8'b00000011;
longrom_re[32]=8'b11011000;
longrom_re[33]=8'b00000011;
longrom_re[34]=8'b00010111;
longrom_re[35]=8'b11101000;
longrom_re[36]=8'b11111111;
longrom_re[37]=8'b00010011;
longrom_re[38]=8'b11011111;
longrom_re[39]=8'b11100001;
longrom_re[40]=8'b11110111;
longrom_re[41]=8'b11110010;
longrom_re[42]=8'b11110001;
```

```
longrom_re[43]=8'b00010010;
longrom_re[44]=8'b00010101;
longrom_re[45]=8'b11011110;
longrom_re[46]=8'b11110001;
longrom_re[47]=8'b00001001;
longrom_re[48]=8'b00010000;
longrom_re[49]=8'b00011111;
longrom_re[50]=8'b11111010;
longrom_re[51]=8'b00001111;
longrom_re[52]=8'b00000110;
longrom_re[53]=8'b11011101;
longrom_re[54]=8'b00000000;
longrom_re[55]=8'b00001110;
longrom_re[56]=8'b00011001;
longrom_re[57]=8'b11110110;
longrom_re[58]=8'b11100011;
longrom_re[59]=8'b00001111;
longrom_re[60]=8'b00000101;
longrom_re[61]=8'b00011001;
longrom_re[62]=8'b00001010;
longrom_re[63]=8'b11111111;

longrom_im[0]=8'b00000000;
longrom_im[1]=8'b11100001;
longrom_im[2]=8'b11100100;
longrom_im[3]=8'b00010101;
longrom_im[4]=8'b00000111;
longrom_im[5]=8'b11101010;
longrom_im[6]=8'b11110010;
longrom_im[7]=8'b11100101;
longrom_im[8]=8'b11111001;
longrom_im[9]=8'b00000001;
longrom_im[10]=8'b11100011;
longrom_im[11]=8'b11110100;
longrom_im[12]=8'b11110001;
longrom_im[13]=8'b11111100;
longrom_im[14]=8'b00101001;
longrom_im[15]=8'b11111111;
longrom_im[16]=8'b11110000;
longrom_im[17]=8'b00011001;
```

```
longrom_im[18]=8'b00001010;
longrom_im[19]=8'b00010001;
longrom_im[20]=8'b00011000;
longrom_im[21]=8'b00000100;
longrom_im[22]=8'b00010101;
longrom_im[23]=8'b11111010;
longrom_im[24]=8'b11011001;
longrom_im[25]=8'b11111100;
longrom_im[26]=8'b11111011;
longrom_im[27]=8'b11101101;
longrom_im[28]=8'b00001110;
longrom_im[29]=8'b00011101;
longrom_im[30]=8'b00011011;
longrom_im[31]=8'b00011001;
longrom_im[32]=8'b00000000;
longrom_im[33]=8'b11100111;
longrom_im[34]=8'b11100101;
longrom_im[35]=8'b11100011;
longrom_im[36]=8'b11110010;
longrom_im[37]=8'b00010011;
longrom_im[38]=8'b00000101;
longrom_im[39]=8'b00000100;
longrom_im[40]=8'b00100111;
longrom_im[41]=8'b00000110;
longrom_im[42]=8'b11101011;
longrom_im[43]=8'b11111100;
longrom_im[44]=8'b11101000;
longrom_im[45]=8'b11101111;
longrom_im[46]=8'b11110110;
longrom_im[47]=8'b11100111;
longrom_im[48]=8'b00010000;
longrom_im[49]=8'b00000001;
longrom_im[50]=8'b11010111;
longrom_im[51]=8'b00000100;
longrom_im[52]=8'b00001111;
longrom_im[53]=8'b00001100;
longrom_im[54]=8'b00011101;
longrom_im[55]=8'b11111111;
longrom_im[56]=8'b00000111;
longrom_im[57]=8'b00011011;
```

```
    longrom_im[58]=8'b00001110;
    longrom_im[59]=8'b00010110;
    longrom_im[60]=8'b11111001;
    longrom_im[61]=8'b11101011;
    longrom_im[62]=8'b00011100;
    longrom_im[63]=8'b00011111;

      end

      //* * * * * * * * * * * * * * * * * * * * * * * * * * * * * * * * * * * * *
else
    begin
    if (LONG_ACK)
    begin
      LONG_INDEX=LONG_INDEX+1;
      //Add cyclic guard//
      if (i==0)
      if (j<31)
        begin
      LONG_RE=longrom_re[j+32];
      LONG_IM=longrom_im[j+32];
      LONG_DV=1;
      if (i==0&j==0)
        begin     //multiplied by the window function
        LONG_RE=8'b11101100;
        end
          j=j+1;
        end
      else
        begin
        LONG_RE=longrom_re[j+32];
        LONG_IM=longrom_im[j+32];
        LONG_DV=1;
        j=0;
        i=i+1;
        end
      else if (i>0&i<=2)
      if (j<63)
        begin
        LONG_RE=longrom_re[j];
```

```
        LONG_IM=longrom_im[j];
        LONG_DV=1;
          j=j+1;
        end
      else
        begin
        LONG_RE=longrom_re[j];
        LONG_IM=longrom_im[j];
        LONG_DV=1;
        j=0;
        i=i+1;
        end
      else
        begin
        i=0;
      LONG_RE=longrom_re[j]>>1;  //multiplied by the window //function
      LONG_IM=longrom_im[j]>>1;
      end
      end
    else
      begin
      i=0;
      j=0;
      LONG_RE=0;
      LONG_IM=0;
      LONG_INDEX=0;
      LONG_DV=0;
      end
      end
    endmodule
```

CDMA 移动通信基站信道电路发射器的子信道功率控制主要是移动通信设备终端的自适应功率控制，根据移动通信设备终端的信号在基站测量得到的信号强度，以及开环功率控制机能的调整，通知移动通信设备终端提高或者降低 1dB，也就是大约 26％的功率。采用以 800b/s 的速率，每隔 1.25 毫秒发送一次功率控制位的 1 个比特位的方式，替换 2 个卷积码的符号，被称为“符号碎片”。使用长码时，哪 2 位比特位的符号被替换是被明确定义为随机进行。

CDMA 移动通信基站信道电路发射器的沃尔什码传输速率是 1.2288Mc/s，沃尔什码扩展产生了 64 个独特的信道。如图 4.3.27 所示。

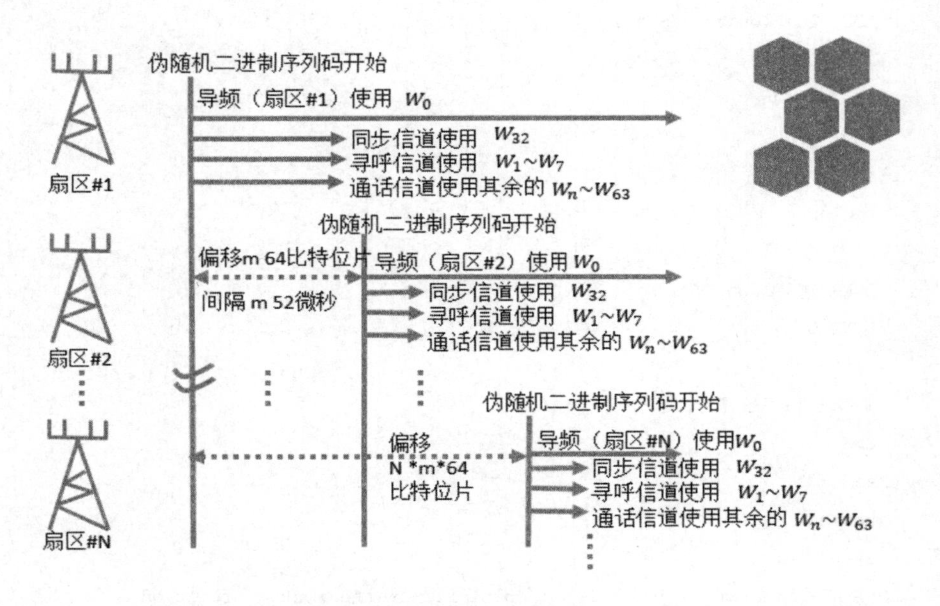

图 4.3.27　64 个沃尔什码产生 64 个信道

在图 4.3.27 中，64 个沃尔什码在蜂窝小区的每个扇区允许 64 个 1.25MHz 射频载波的信道，一个扇区的 64 个信道是由 64 个不同的沃尔什码和扇区的导频短伪随机序列码及其偏移量组合产生的。

CDMA 移动通信技术中，信道电路的沃尔什扩频和沃尔什信道正交化都是由沃尔什码实现的。卷积编码的符号被沃尔什码替换的同时，64 个沃尔什比特位片实现了因数为 64 的扩频，而且在速率为 1/2 卷积编码再实现 2 倍的扩频；CDMA 移动通信基站信道使用 64 个沃尔什码中的 1 个进行沃尔什信道正交，这也允许在一个单独 CDMA 基站射频载波中正交组合 64 个信道。沃尔什码扩频的实现也是通过异或算法，64 比特位长度的沃尔什码 W_{15}＝01101001…0110 时，如图 4.3.28 所示。

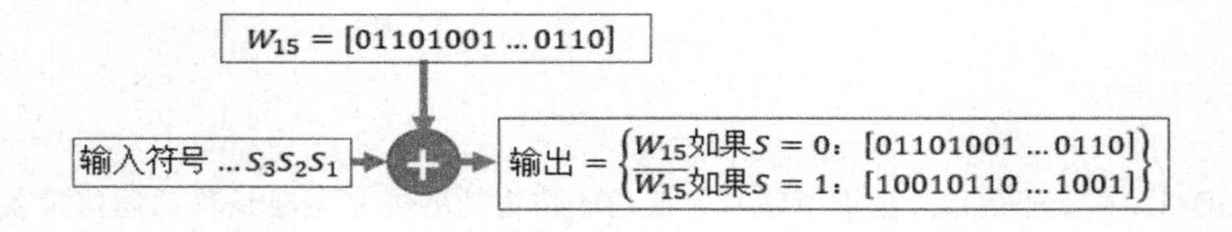

图 4.3.28　CDMA 移动通信基站信道电路的沃尔什码扩频

在图 4.3.28 中，64 个沃尔什码的 W_{15} 对输入符号进行异或运算，输出正交的信号。扩频的编码如图 4.3.29 所示。

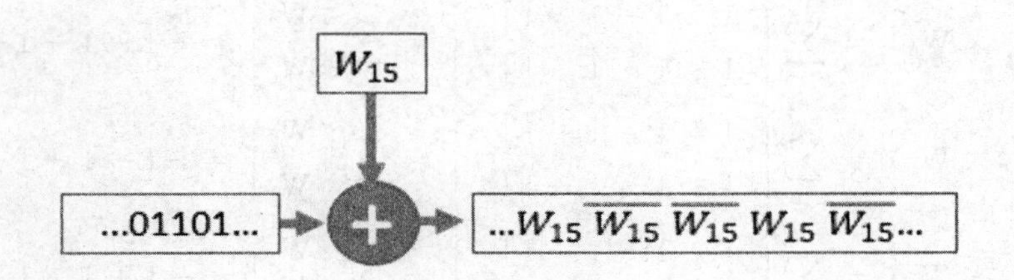

图 4.3.29 CDMA 移动通信基站信道电路的沃尔什码扩频码

在图 4.3.29 中，输入符号和沃尔什码 W_{15} 进行异或运算，输出的信号是 W_{15} 沃尔什码的 W_{15} 和 $\overline{W_{15}}$ 2 种形式。

CDMA 移动通信基站信道电路的沃尔什码可以采用递归式过程产生，也就是数学上的阿达玛矩阵，如图 4.3.30 所示。

$$H_2=\begin{matrix}0&0\\0&1\end{matrix}\quad H_4=\begin{matrix}0&0&0&0\\0&1&0&1\\0&0&1&1\\0&1&1&0\end{matrix}\quad H_8=\begin{matrix}0&0&0&0&0&0&0&0\\0&1&0&1&0&1&0&1\\0&0&1&1&0&0&1&1\\0&1&1&0&0&1&1&0\\0&0&0&0&0&0&0&0\\0&1&0&1&0&1&0&1\\0&0&1&1&0&0&1&1\\0&1&1&0&0&1&1&0\end{matrix}$$

图 4.3.30 CDMA 移动通信基站信道电路的沃尔什码矩阵

在图 4.3.30 中，$H_1=0$，递归推导得到 2×2 阶矩阵 H_2、4×4 阶矩阵 H_4 和更多沃尔什码的 H_8。例如，H_4 是由（W_0，W_1，W_2，W_3）组成的 4×4 阶矩阵，如果“0”用“+1”表示，“1”用“−1”表示，任何两行相乘再相加的结果都符合下列正交规则：

$$\sum(W_i\times W_j)=\begin{cases}A\ 常数, & 当且仅当\ i=j\\0, & 当且仅当\ i\neq j\end{cases}\tag{4.15}$$

在式(4.15) 中，当 $i=j$ 时，累加 2 行的乘积，得到的是常数，当 $i\neq j$ 时，累加 2 行的乘积，得到的是 0。此时，4×4 阶矩阵 H_4 和沃尔什码的关系如图 4.3.31 所示。

$$H_4=\begin{bmatrix}0&0&0&0\\0&1&0&1\\0&0&1&1\\0&1&1&0\end{bmatrix}=\begin{bmatrix}W_0\\W_1\\W_2\\W_3\end{bmatrix}$$

图 4.3.31 沃尔什码的 4×4 阶矩阵

在图 4.3.31 中，4×4 阶矩阵 H_4 是包含 4 个沃尔什码 W_0，W_1，W_2，W_3 的矩阵。4 列沃尔什码符合正交规则，如下：

$$\sum(W_2\times W_0)=\sum\begin{pmatrix}[1 & 1 & -1 & -1]\\ [1 & 1 & 1 & 1]\end{pmatrix}=\sum\begin{pmatrix}W_2\\ W_0\end{pmatrix}=+1+1-1-1=0$$

$$\sum(W_2\times W_1)=\sum\begin{pmatrix}[1 & 1 & -1 & -1]\\ [1 & -1 & 1 & -1]\end{pmatrix}=\sum\begin{pmatrix}W_2\\ W_1\end{pmatrix}=+1-1-1+1=0$$

$$\sum(W_2\times W_2)=\sum\begin{pmatrix}[1 & 1 & -1 & -1]\\ [1 & 1 & -1 & -1]\end{pmatrix}=\sum\begin{pmatrix}W_2\\ W_2\end{pmatrix}=+1+1+1+1=4$$

$$\sum(W_2\times W_3)=\sum\begin{pmatrix}[1 & 1 & -1 & -1]\\ [1 & -1 & -1 & 1]\end{pmatrix}=\sum\begin{pmatrix}W_2\\ W_3\end{pmatrix}=+1-1+1-1=0 \tag{4-16}$$

式(4-16)中 4×4 的 H_4，是共 16 个沃尔什码的矩阵，当且仅当 $i=j$ 时，两行相乘，再相加，结果是常数，符合正交规则。同理 H_8，H_{16}，H_{32}，H_{64} 矩阵的沃尔什码也符合正交规则，因此产生沃尔什码 64 个信道的码相互正交。

根据 ANSI-95 的规定，64 沃尔什码的排列符合正交规则，如表 4.3.4 所示。

			11	1111	1111	2222	2222	2233	3333	3333	4444	4444	4455	5555	5555	6666
	0123	4567	8901	2345	6789	0123	4567	8901	2345	6789	0123	4567	8901	2345	6789	0123
0	0000	0000	0000	0000	0000	0000	0000	0000	0000	0000	0000	0000	0000	0000	0000	0000
1	0101	0101	0101	0101	0101	0101	0101	0101	0101	0101	0101	0101	0101	0101	0101	0101
2	0011	0011	0011	0011	0011	0011	0011	0011	0011	0011	0011	0011	0011	0011	0011	0011
3	0110	0110	0110	0110	0110	0110	0110	0110	0110	0110	0110	0110	0110	0110	0110	0110
4	0000	1111	0000	1111	0000	1111	0000	1111	0000	1111	0000	1111	0000	1111	0000	1111
5	0101	1010	0101	1010	0101	1010	0101	1010	0101	1010	0101	1010	0101	1010	0101	1010
6	0011	1100	0011	1100	0011	1100	0011	1100	0011	1100	0011	1100	0011	1100	0011	1100
7	0110	1001	0110	1001	0110	1001	0110	1001	0110	1001	0110	1001	0110	1001	0110	1001
8	0000	0000	1111	1111	0000	0000	1111	1111	0000	0000	1111	1111	0000	0000	1111	1111
9	0101	0101	1010	1010	0101	0101	1010	1010	0101	0101	1010	1010	0101	0101	1010	1010
10	0011	0011	1100	1100	0011	0011	1100	1100	0011	0011	1100	1100	0011	0011	1100	1100
11	0110	0110	1001	1001	0110	0110	1001	1001	0110	0110	1001	1001	0110	0110	1001	1001
12	0000	1111	1111	0000	0000	1111	1111	0000	0000	1111	1111	0000	0000	1111	1111	0000
13	0101	1010	1010	0101	0101	1010	1010	0101	0101	1010	1010	0101	0101	1010	1010	0101
14	0011	1100	1100	0011	0011	1100	1100	0011	0011	1100	1100	0011	0011	1100	1100	0011
15	0110	1001	1001	0110	0110	1001	1001	0110	0110	1001	1001	0110	0110	1001	1001	0110
16	0000	0000	0000	0000	1111	1111	1111	1111	0000	0000	0000	0000	1111	1111	1111	1111
17	0101	0101	0101	0101	1010	1010	1010	1010	0101	0101	0101	0101	1010	1010	1010	1010
18	0011	0011	0011	0011	1100	1100	1100	1100	0011	0011	0011	0011	1100	1100	1100	1100
19	0110	0110	0110	0110	1001	1001	1001	1001	0110	0110	0110	0110	1001	1001	1001	1001

续表

			11	1111	1111	2222	2222	2233	3333	3333	4444	4444	4455	5555	5555	6666
	0123	4567	8901	2345	6789	0123	4567	8901	2345	6789	0123	4567	8901	2345	6789	0123
20	0000	1111	0000	1111	1111	0000	1111	0000	0000	1111	0000	1111	1111	0000	1111	0000
21	0101	1010	0101	1010	1010	0101	1010	0101	0101	1010	0101	1010	1010	0101	1010	0101
22	0011	1100	0011	1100	1100	0011	1100	0011	0011	1100	0011	1100	1100	0011	1100	0011
23	0110	1001	0110	1001	1001	0110	1001	0110	0110	1001	0110	1001	1001	0110	1001	0110
24	0000	0000	1111	1111	1111	1111	0000	0000	0000	0000	1111	1111	1111	1111	0000	0000
25	0101	0101	1010	1010	1010	1010	0101	0101	0101	0101	1010	1010	1010	1010	0101	0101
26	0011	0011	1100	1100	1100	1100	0011	0011	0011	0011	1100	1100	1100	1100	0011	0011
27	0110	0110	1001	1001	1001	1001	0110	0110	0110	0110	1001	1001	1001	1001	0110	0110
28	0000	1111	1111	0000	1111	0000	0000	1111	0000	1111	1111	0000	1111	0000	0000	1111
29	0101	1010	1010	0101	1010	0101	0101	1010	0101	1010	1010	0101	1010	0101	0101	1010
30	0011	1100	1100	0011	1100	0011	0011	1100	0011	1100	1100	0011	1100	0011	0011	1100
31	0110	1001	1001	0110	1001	0110	0110	1001	0110	1001	1001	0110	1001	0110	0110	1001
32	0000	0000	0000	0000	0000	0000	0000	0000	1111	1111	1111	1111	1111	1111	1111	1111
33	0101	0101	0101	0101	0101	0101	0101	0101	1010	1010	1010	1010	1010	1010	1010	1010
34	0011	0011	0011	0011	0011	0011	0011	0011	1100	1100	1100	1100	1100	1100	1100	1100
35	0110	0110	0110	0110	0110	0110	0110	0110	1001	1001	1001	1001	1001	1001	1001	1001
36	0000	1111	0000	1111	0000	1111	0000	1111	1111	0000	1111	0000	1111	0000	1111	0000
37	0101	1010	0101	1010	0101	1010	0101	1010	1010	0101	1010	0101	1010	0101	1010	0101
38	0011	1100	0011	1100	0011	1100	0011	1100	1100	0011	1100	0011	1100	0011	1100	0011
39	0110	1001	0110	1001	0110	1001	0110	1001	1001	0110	1001	0110	1001	0110	1001	0110
40	0000	0000	1111	1111	0000	0000	1111	1111	1111	1111	0000	0000	1111	1111	0000	0000
41	0101	0101	1010	1010	0101	0101	1010	1010	1010	1010	0101	0101	1010	1010	0101	0101
42	0011	0011	1100	1100	0011	0011	1100	1100	1100	1100	0011	0011	1100	1100	0011	0011
43	0110	0110	1001	1001	0110	0110	1001	1001	1001	1001	0110	0110	1001	1001	0110	0110
44	0000	1111	1111	0000	0000	1111	1111	0000	1111	0000	0000	1111	1111	0000	0000	1111
45	0101	1010	1010	0101	0101	1010	1010	0101	1010	0101	0101	1010	1010	0101	0101	1010
46	0011	1100	1100	0011	0011	1100	1100	0011	1100	0011	0011	1100	1100	0011	0011	1100
47	0110	1001	1001	0110	0110	1001	1001	0110	1001	0110	0110	1001	1001	0110	0110	1001
48	0000	0000	0000	0000	1111	1111	1111	1111	1111	1111	1111	1111	0000	0000	0000	0000
49	0101	0101	0101	0101	1010	1010	1010	1010	1010	1010	1010	1010	0101	0101	0101	0101
50	0011	0011	0011	0011	1100	1100	1100	1100	1100	1100	1100	1100	0011	0011	0011	0011
51	0110	0110	0110	0110	1001	1001	1001	1001	1001	1001	1001	1001	0110	0110	0110	0110
52	0000	1111	0000	1111	1111	0000	1111	0000	1111	0000	1111	0000	0000	1111	0000	1111
53	0101	1010	0101	1010	1010	0101	1010	0101	1010	0101	1010	0101	0101	1010	0101	1010
54	0011	1100	0011	1100	1100	0011	1100	0011	1100	0011	1100	0011	0011	1100	0011	1100
55	0110	1001	0110	1001	1001	0110	1001	0110	1001	0110	1001	0110	0110	1001	0110	1001

续表

			11	1111	1111	2222	2222	2233	3333	3333	4444	4444	4455	5555	5555	6666
	0123	4567	8901	2345	6789	0123	4567	8901	2345	6789	0123	4567	8901	2345	6789	0123
56	0000	0000	1111	1111	1111	1111	0000	0000	1111	1111	0000	0000	0000	0000	1111	1111
57	0101	0101	1010	1010	1010	1010	0101	0101	1010	1010	0101	0101	0101	0101	1010	1010
58	0011	0011	1100	1100	1100	1100	0011	0011	1100	1100	0011	0011	0011	0011	1100	1100
59	0110	0110	1001	1001	1001	1001	0110	0110	1001	1001	0110	0110	0110	0110	1001	1001
60	0000	1111	1111	0000	1111	0000	0000	1111	1111	0000	0000	1111	0000	1111	1111	0000
61	0101	1010	1010	0101	1010	0101	0101	1010	1010	0101	0101	1010	0101	1010	1010	0101
62	0011	1100	1100	0011	1100	0011	0011	1100	1100	0011	0011	1100	0011	1100	1100	0011
63	0110	1001	1001	0110	1001	0110	0110	1001	1001	0110	0110	1001	0110	1001	1001	0110

在表 4.3.4 中，显示了沃尔什码 0 至 63 的编码，如果用“+1”代替“0”，用“−1”代替“1”，任何两行相乘，再相加，结果都完全符合正交原则，即当且仅当 $i=j$ 时，结果为常数，其余情况的结果都为 0。

CDMA 移动通信基站信道电路发射器还有短伪随机序列码，对应特定的基站蜂窝小区和扇区，如图 4.3.32 所示。短伪随机序列码的功能是区分 CDMA 通信中工作的蜂窝和扇区。

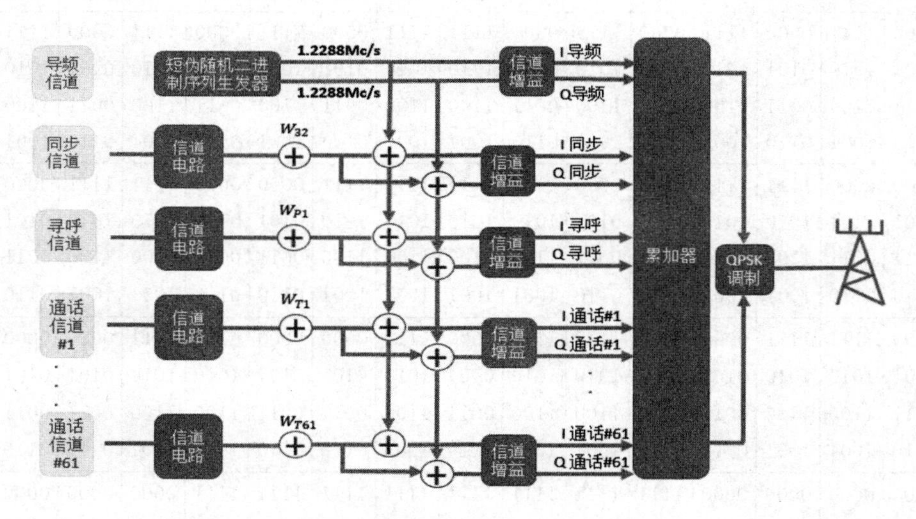

图 4.3.32　CDMA 移动通信基站发射器的短伪随机序列码发生器

在图 4.3.32 中，导频信道具有短伪随机序列发射器，产生 1.2288Mc/s 的 I 导频和 1.2288Mc/s 的 Q 导频信号。

CDMA 移动通信基站发射器的短伪随机序列码发生器产生的短伪随机序列码是相同的，但是在不同蜂窝基站小区的不同扇区，短伪随机序列码具有不同的偏移量，如图 4.3.33所示。

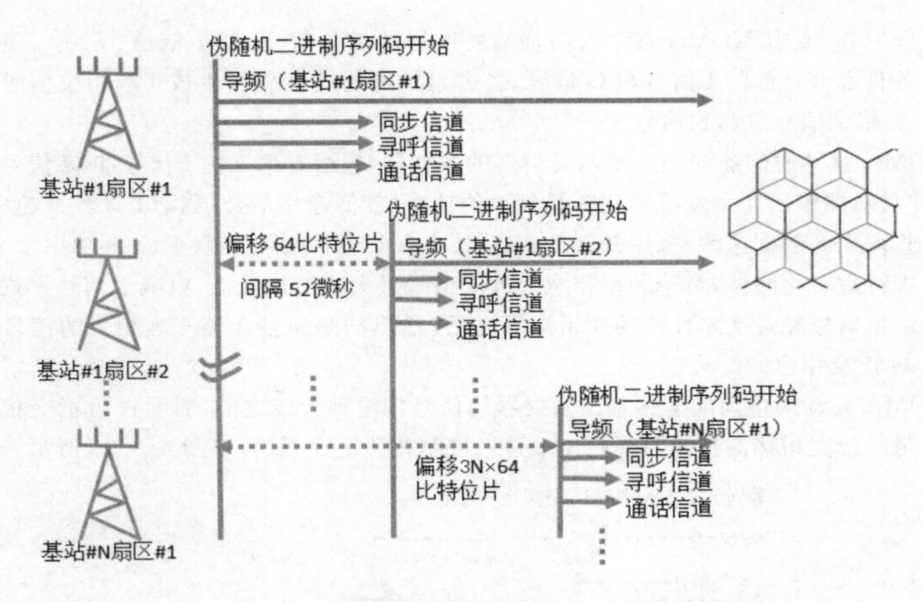

图 4.3.33 CDMA 移动通信基站发射器的短伪随机序列码

在图 4.3.33 中，在特定的蜂窝小区的特定扇区中，所有的前向信道使用相同的短伪随机序列码和指定的偏移量，不同的信道比如导频信道、同步信道、寻呼信道和通话信道，则通过和沃尔什码的逻辑运算进行区别。

在 CDMA 移动通信基站发射器产生的短伪随机序列码，使用 2 路伪随机序列码和正交调制(即正交频相键控调制技术)，传输的 2 路信号是 I 本相位信号和 Q 正交 90°相位信号。这样的信号对于多径传输信号到达早晚造成相位偏移，形成的比特位码对干扰具有稳定性；15 位的移位寄存器使用不同的"节拍"产生这 2 路 I 和 Q 信号比特位码序列。

CDMA 移动通信基站发射器的导频信道、同步信道、寻呼信道和通话信道，在累加器中组合在一起。如图 4.3.34 所示。

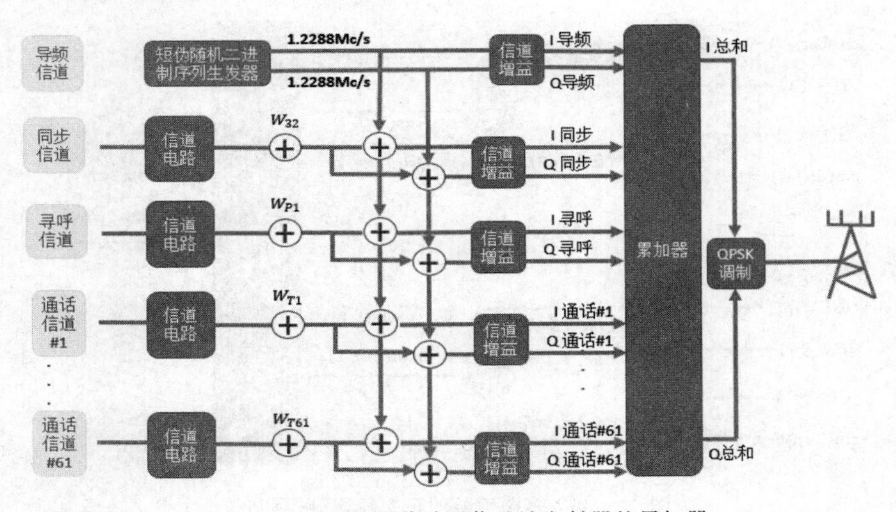

图 4.3.34 CDMA 移动通信基站发射器的累加器

在图 4.3.34 中，CDMA 移动通信基站发射器的导频信道、同步信道、寻呼信道和通话信道各自都有自己的 I 信号和 Q 信号，通过累加器的线性叠加生成 I 本相位信号总和和 Q 正交相位信号总和的信号。

CDMA 移动通信前向链路基站发射器的累加器，把所有信道的 I 信号和 Q 信号线性叠加，并且对照输出功率水平精确衡量信道的功率，较低速率的数据帧(1/2 数据速率、1/4 数据速率、1/8 数据速率)采用较低功率(1/2 功率水平、1/4 功率水平、1/8 功率水平)发射。还进行数字化滤波，对于频率带宽之外的信号最大幅度地降低，以减小信号干扰。信道电路产生信号经过沃尔什码的逻辑运算之后，输出的是单独 1 路 I 本相位的信号和单独 1 路 Q 正交相位的信号。

CDMA 移动通信前向链路基站发射器的信号传输到天线之前，需要进行正交相移键控的调制。正交相移键控调制等同于双路二进制相移键控调制，如图 4.3.35 所示。

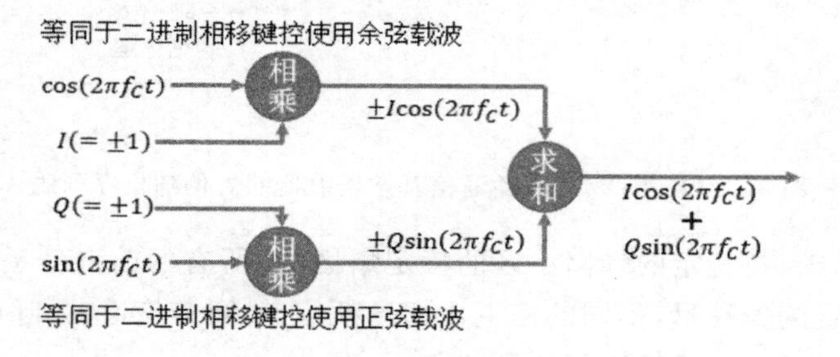

图 4.3.35　正交相移键控原理

在图 4.3.35 中，“+1”代表二进制的“0”，“−1”代表二进制的“1”，I 是本相位的信号，和余弦载波相乘，Q 是正交相位的信号，和正弦载波相乘，2 路信号求和累加输出的就是正交相移键控信号。

CDMA 移动通信前向链路基站发射器的正交相移键控对前向链路中所有的信道信号进行调制，如图 4.3.36 所示。

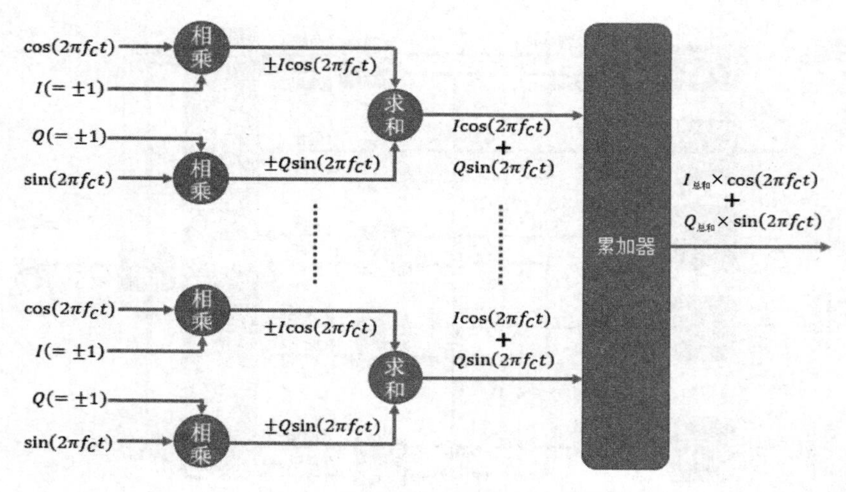

图 4.3.36　多路信号的正交相移键控调制

在图 4.3.36 中，“+1”代表二进制的“0”，“-1”代表二进制的“1”，I 是本相位的信号，和余弦载波相乘，Q 是正交相位的信号，和正弦载波相乘，2 路信号求和累加输出的就是正交相移键控信号。然后，多路正交相移键控信号累加，输出 I 和 Q 总和的正交相移键控信号，传输给天线，发送到自由空间。在空间中传输的多路信道的 CDMA 射频信号如图 4.3.37 所示。

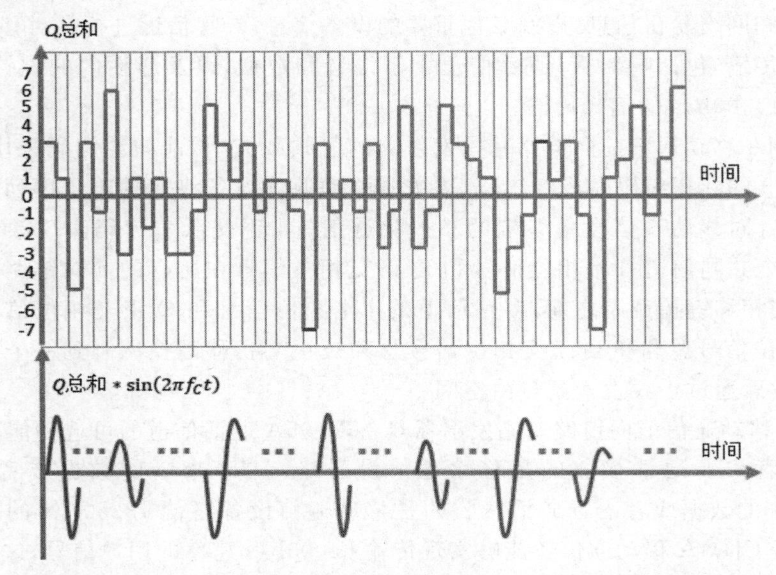

图 4.3.37　多路信道的 CDMA 射频信号示意图

在图 4.3.37 中，多路信道的 CDMA 移动通信基站天线发射出来的信号是射频信号，图中显示了射频信号幅度按照二进制相移键控的数字信号叠加后的幅度变化。

CDMA 移动通信基站发射器把语音信号通过编码、信道处理变成符合通信协议、符合空间传输条件的射频信号，CDMA 移动通信基站发射器的主要功能如图 4.3.38 所示。

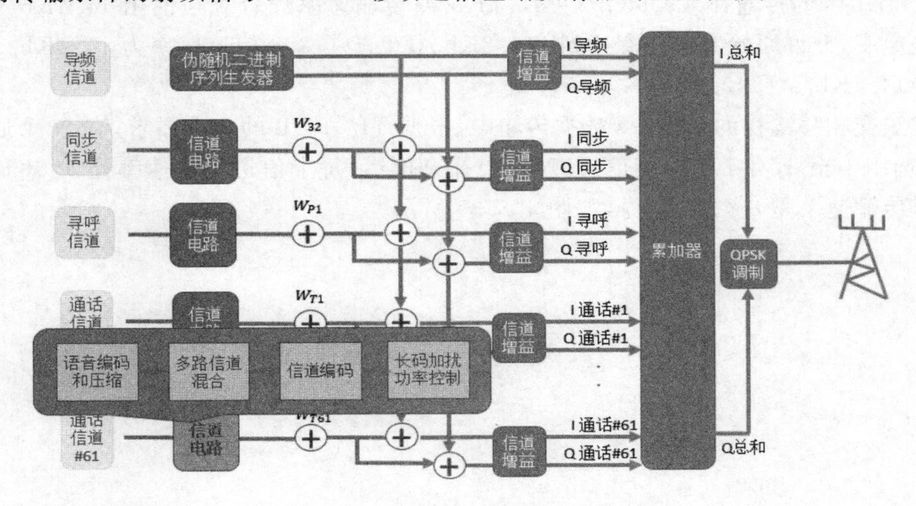

图 4.3.38　CDMA 移动通信基站发射器

在图 4.3.38 中，CDMA 移动通信基站从接收语音信号、连接移动通信设备终端，对语音信号处理、对传输信号处理、对发射信号处理，最后通过天线把 CDMA 移动通信射频信号发射到自由空间。

CDMA 移动通信前向链路基站发射器的射频载波中包括多路信道，具体有导频信道、同步信道、寻呼信道和通话信道。导频信道进行简单的询问和同步；同步信道包含系统身份信息和网络身份信息，以及其他重要的设备信息；寻呼信道进行针对移动通信设备终端的信号传输，包括响铃等；通话信道用于语音和数据，以及通话内的响铃，同时支持 9600b/s 和 14400b/s 的信号传输。

在 CDMA 移动通信前向链路基站发射器的射频载波中，前向纠错码采用 1/2 速率、约束长度为 9 的卷积编码完成纠错；长码按照移动通信设备终端的电子序列号码进行加扰处理实现针对移动通信设备终端的私人化通信；64 正交沃尔什码实现频谱扩展的功能，区分 64 个共同信道；I 本相位信号和 Q 正交相位信号在所有的前向链路信道中都有使用；在正交相移键控调制之前，多路信道的 I 本相位信号和 Q 正交相位信号完成线性累加，I 本相位信号总和和 Q 正交相位信号总和被正交相移键控调制到一个单独的射频载波信号，然后通过天线发送到自由空间。

CDMA 移动通信前向链路基站发射器具备 IS-95A 通话信道的可选功能，9600b/s 速率的数据或者语音通话接收的是移动通信设备终端 8550b/s 的数据或者语音信号，1440b/s 速率的数据或者语音通话接收的是移动通信设备终端 13250b/s 的数据或者语音信号，但是 CDMA 移动通信还能够实现传输 64000b/s 速率的用户信号，这是对 ANSI-95 的发展，使之成为 ANSI-95B 标准。在传输速率为 64Kb/s 的 CDMA 移动通信设备中，需要使用新的移动通信设备终端，设备需要升级；允许 8 个信道的数据服务，其中一个功能信道的传输速率是 9.6Kb/s 或者 14.4Kb/s，另外的一到七信道是补充信道的传输速率是 9.6Kb/s 或者 14.4Kb/s；传输速率设置 1 是使用 9.6Kb/s 的信道传输速率，仅仅支持 64Kb/s 用户数据速率，并且允许原始数据速率达到 76.8Kb/s，也就是 8 个信道速率为 9.6Kb/s 的传输：8×9.6Kb/s＝76.8Kb/s；传输速率设置 2 是使用 14.4Kb/s 的信道传输速率，允许原始数据速率达到 115.2Kb/s，也就是 8 个信道速率为 14.4Kb/s 的传输：8×14.4Kb/s＝115.2Kb/s.

在正交相移键控的 64Kb/s 数据传输中，根据 TIA-95-B 的标准要求，有 *N* 个通话信道，*N* 选用 1 至 8，有 1 个功能信道，*N*-1 个补充信道，每个信道传输速率是 9.6Kb/s，整个信道传输速率是 8×9.6Kb/s，如图 4.3.39 所示。

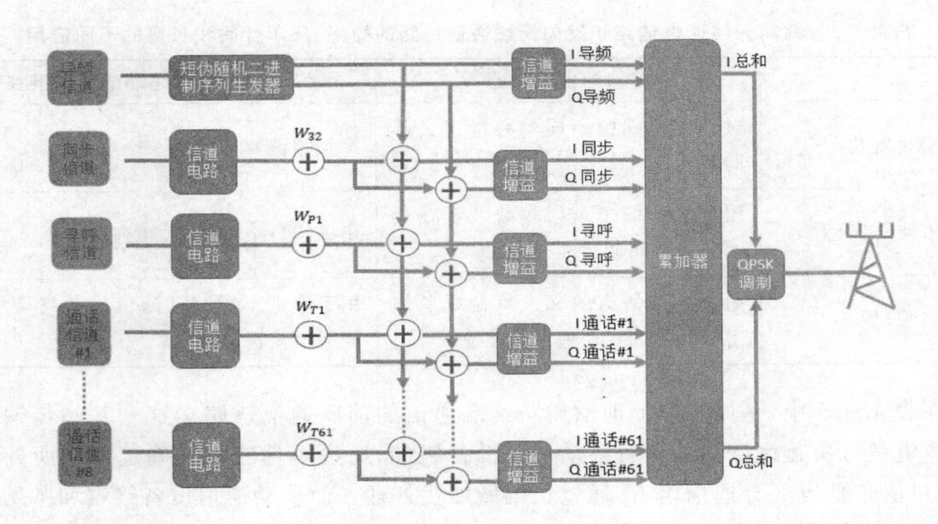

图 4.3.39　正交相移键控的 64Kb/s 数据传输

在图 4.3.39 中，通话信道的传输设定 1 至 8 个传输信道，和导频信道、同步信道和寻呼信道一起进行累加，然后通过正交相移键控调制器，传输给天线，发送到自由空间。

在 IS-2000 A 的标准中 cdma2000，完善 1.25MHz 和 3.75MHz 的射频载波传输速率，支持低成本移动通信终端在 1.25MHz 和 3.75MHz 载波上进行前向链路传输和反向链路传输的不对称服务，韩国最先在商业服务中采用 1.25MHz 带宽载波的信道电路传输数据到 144Kb/s，语音传输容量增加，在 3G 通信中达到 2Mb/s 的信道电路传输速率。在 IS-2000B 的标准中 cdma2000 完善7.5MHz、11.25MHz 和 15MHz 的射频载波传输速率，开展更高速率的数据传输服务。

4.3.2　反向无线通信链路结构

前向无线通信是移动通信系统基站发出信号给移动通信设备终端，反向无线通信是移动通信系统的移动通信设备终端发送信号给移动通信系统基站。移动通信系统的基站需要具备比移动通信设备终端更强大的优势，例如，提供隔离的导频信道；允许移动通信设备终端执行"连贯的"解调功能；能够通过使用沃尔什码组合在所有的信道，同时、同步地维护所有信道都实现真正的"正交"；能够在每一个信道上传输比移动通信设备终端更大功率的信号。反向链路的载波需要特殊的、不同的设计思考，例如，具有能够对更有限的传输功率做比较的能力。

反向无线通信链路结构和前向无线通信链路结构不同，在长码、短码、沃尔什码的使用上都有区别。如表 4.3.5 所示。

表 4.3.5 前向无线通信链路和反向无线通信链路的短码、沃尔什码和长码的不同应用

	基站的前向链路	移动通信设备终端的反向链路
短伪随机码	对系统时间的不同偏移量定义不同基站分区	都是零偏移
沃尔什码(64 位)	用于扇区的每个射频载波都在相同起始时间创建 64 个信道	用于给每个组提供 64 列调制
长码	用于通信信道的私人信号或者加密信号的加扰处理	用于鉴别不同移动通信设备终端的不同通信信道

在表 4.3.5 中,基站和移动通信设备终端通信的前向通信链路在这个基站传输信号给无线电信号覆盖区域内的所有移动通信设备终端,通过短伪随机码确定基站所处的扇区,通过沃尔什码区分通信信道,通过长码做加扰处理。而移动通信设备终端和基站通信的反向通信链路是一个移动通信设备终端传输信号给无线电信号覆盖区域内的基站,移动通信设备终端传输短码的作用是配合基站接收到移动通信设备终端的信号,移动通信设备终端传输沃尔什码的作用是配合信号调制,移动通信设备终端传输长码的作用是使基站能够辨认这个移动通信设备终端,并且知道通信采用的通信信道,从而建立通信。

在反向无线通信链路上的移动通信设备终端在任何时候都仅仅使用一个信道,例如接入信道,或者通信信道;此时在基站接收到的信号是附近所有的移动通信设备终端无线电信号的混合。

反向无线通信链路上的无线电载波包括两种信道类型:一种是接入信道,在空闲时,也就是没有分配通信信道时,移动通信设备终端发送信息给基站所使用的信道,就是接入信道,主要是用于实现注册、登记、回复基站前向无线通信链路的寻呼信道信息、通话初始化等的通话接入功能。另一种是通信信道,在通话时,基站指定分配给移动通信设备终端,进行信号传输的信道,就是通信信道,主要用于实现语音信号传输、数据信号传输、控制信号或响铃信号的传输等的通话功能。

反向无线通信链路中的移动通信设备终端具备发射和接收的功能,移动通信设备终端需要传输无线电信号给基站,也要接收基站发送的无线电信号。移动通信设备终端发射器的结构如图 4.3.40 所示。

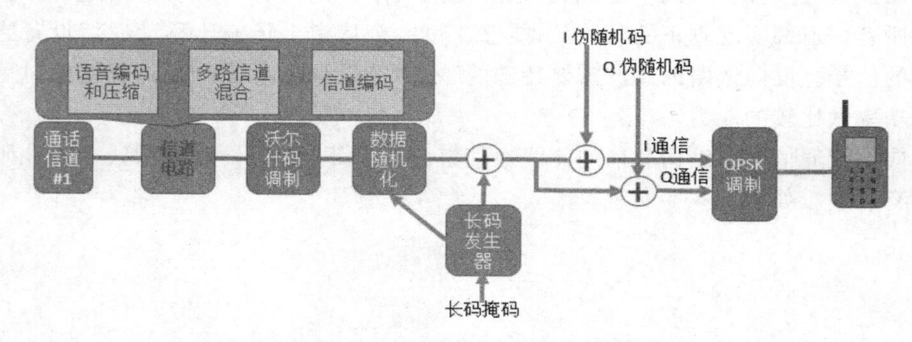

图 4.3.40 移动通信设备终端发射器的结构

在图4.3.40中，反向无线通信链路的移动通信设备终端发射器处理通信信道#1的语音或者数据信号，需要经过信道电路处理、沃尔什码调制、数据触发随机化处理后，和长码发生器生成的长码异或，接着和 *I* 路伪随机码异或成为 *I* 路通信信息，和Q路伪随机码异或成为Q路通信信息，I路和Q路信息经过正交相移键控调制器的调制后，通过手机的射频发射通道发射到自由空间。在反向无线通信链路的移动通信设备终端发射器的信道电路中，进行语音编码和压缩、信道混合、信道编码的功能。

CDMA移动通信技术的线性反馈移位寄存器产生I伪随机二进制序列和Q伪随机二进制序列。15位移位寄存器产生2个“最大长度”的伪随机二进制编码序列，这个序列被重复产生，间隔时间是2^{15}(32768)伪随机二进制序列比特位片的时间。如图4.3.41所示。

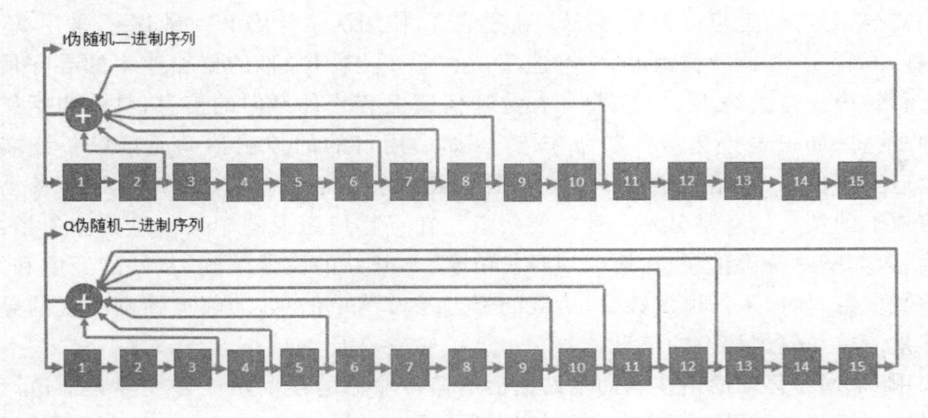

图4.3.41　CDMA移动通信技术的线性反馈移位寄存器

在图4.3.41中，15位移位寄存器的输出信号经过不同的异或电路产生I伪随机二进制序列和Q伪随机二进制序列。一个伪随机二进制序列码的长度32768(=2^{15})比特位，简单地用15位的移位寄存器实现，间隔26.67ms(即32768/1.2288百万比特位片/秒)，被称为短伪随机二进制序列码，是因为“一个长伪随机二进制序列码(长度是大约4.4万亿比特位，41.4天重复一遍)”需要被用在其他地方。采用CDMA移动通信技术的各个基站使用自己的同一个伪随机二进制序列码编码，但是使用独特的时间偏移，时间偏移量是独立的m倍64比特位片允许512/秒(32768/64秒)独特偏移，或者m倍的52微秒(64/1.2288百万比特位片/秒)，m是在2至10之间的典型取值，允许移动通信设备终端使用单独编码的接收机“手指”扫描所有的蜂窝小区和扇区。采用CDMA移动通信技术的基站为给定蜂窝小区和扇区提供的所有通话和控制信道都用自己蜂窝小区或者扇区的伪随机二进制序列码的时间偏移排序。

CDMA移动通信技术的基站的重要信息是同步信道。用导频信道实现同步时，移动通信设备终端很容易“锁定”，而且使用简单的沃尔什码W_{32}，W_{32}是32个“0”和跟随的32个“1”，传输速率是1200比特/秒；持续发送的“同步信道信息”包括的内容有：系统身份信息(移动通信运营服务提供者的身份信息)、网络身份信息(地铁地区的身份信息)、寻呼信道数据速率、“系统时间”和“长伪随机二进制序列编码”的状态。

在CDMA移动通信技术的长伪随机二进制序列码的长度是4.4万亿比特位，移动通信设备终端如何知道长伪随机二进制序列码生成的开始时间呢？此时采用CDMA移动通信技术的基站同步信道提供“一天的时间”，也就是“系统时间”知道“一天的时间”。使用CDMA移动通信技术的所有的基站都参考CDMA系统范围内的时间尺度，利用各个基站内部的全球定位系统接收机使用全球定位系统的时间，全球定位系统和全球协调时间保持同步；系统时间的 $t=0$ 是1980年全球协调时间的零点零分零秒，这也是全球定位系统的 $t=0$ 的时间；使用CDMA移动通信技术的基站同步信道重复传输，并更新当前系统时间和当前长伪随机二进制序列的状态；在使用CDMA移动通信技术的移动通信设备终端使用这个系统时间信息和基站保持同步。

采用CDMA移动通信技术的基站向移动通信设备终端发送寻呼信道信息。根据实际通信需要，寻呼信道可以有最多7个寻呼信道，使用沃尔什码 W_{P1} 到 W_{P7}，采用9600比特位/秒，或者4800比特位/秒的传输速率，在9600比特位/秒的传输速率的寻呼信道可以在一秒钟内支持大约180个信息。在寻呼信道上有4种专门的信息，具体包括领头信息，寻呼信息（如来电传递信息）、命令信息（如通用目的的控制移动通信设备终端的信息），信道安排信息（如给一个通话指定通话信道和相应的沃尔什码）。CDMA移动通信寻呼信道上的领头信息是另外一种重要信息。在寻呼信道上的领头信息具体包括：系统常数信息，如基站身份信息、注册区域身份信息、本基站的注册规则、基站的经度和纬度；接入常数信息，如接入信道的数目；扩展的邻近基站清单信息，如邻近蜂窝小区的导频信道偏移量清单和促进切换的信息。

采用CDMA移动通信技术的基站通话信道传输器的主要功能是在导频信道产生伪随机二进制序列码、形成伪随机二进制序列码的同相分量 I 和伪随机二进制序列码的90°相位分量 Q，然后根据基站分配的增益系数进行增益控制；在同步信道和沃尔什码 W_{32} 异或，产生同步信道的同相分量 I 和同步信道的90°相位分量 Q，然后根据基站分配的增益系数进行增益控制；在寻呼信道和沃尔什码 W_{P1} 异或，产生寻呼信道的同相分量 I 和寻呼信道的90°相位分量 Q，然后根据基站分配的增益系数进行增益控制；在第1通话信道和沃尔什码 W_{T1} 异或、在第2通话信道和沃尔什码 W_{T2} 异或……在第61通话信道和沃尔什码 W_{T61} 异或，产生第1通话信道、第2通话信道……第61通话信道的同相分量 I 和这些通话信道的90°相位分量 Q，然后根据基站分配的增益系数进行增益控制；接着所有信道的同相分量 I 累加，所有信道的90°相位分量 Q 累加；再经过QPSK正交相移键控调制，最后传输给天线发送到自由空间。

CDMA移动通信设备终端和CDMA移动通信基站采用统一的信道电路工作规则，作为通信协议。

在CDMA移动通信基站的信道电路功能中信号是以比特位、比特位片和符号的形式存在的。比特位传输二进制信息；符号是对二进制信息进行编码之后的结果，目的是保护前向纠错信息，或者让信号在载波调制中更适合于传输，通常编码是针对输入的比特位，输出的符号因为增加了信号的冗余位，而比输入的比特位要多一些；比特位片是更小的比特位，一个符号或者一个比特时间有许多比特位片，代表更宽的带宽扩展编码和扩展信号。CDMA移动通信基站的信道电路在语音编码和压缩之后的信号是比特位，经过多路信道混合，到信道编码阶段的信号是符号，在经过信道电路之后与沃尔什码异或的信号是比特位片。

CDMA 移动通信的移动通信设备终端的长码的长度是 4.41 万亿比特位，持续 41.4 天，然后重复，传输速率是 1 秒传输 1.2288 兆比特位片。根据 ANSI-95 的规定，长码发生器如图 4.3.42 所示。（长码部分在前面无线通信链路中也有介绍）

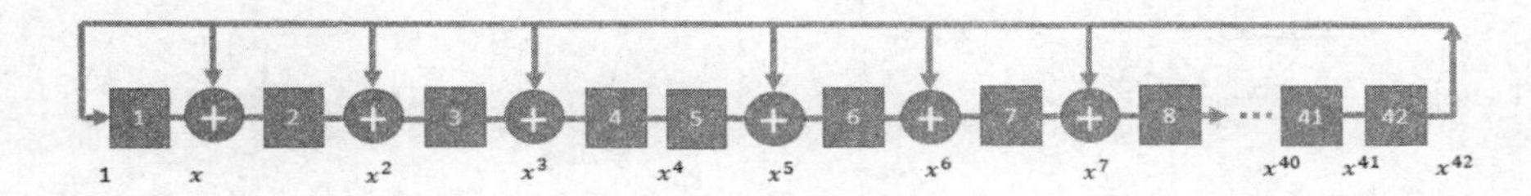

图 4.3.42 CDMA 移动通信基站信道电路的长码发生器

在图 4.3.42 中，42 个触发器在异或运算和反馈信号的共同作用中生成 4.4 万亿个比特位码。

CDMA 移动通信的基站发射器信道电路的通话信道中，通话信道长码的掩码是长码发生器和 42 比特位的模 2 加法运算的结果，如图 4.3.43 所示。

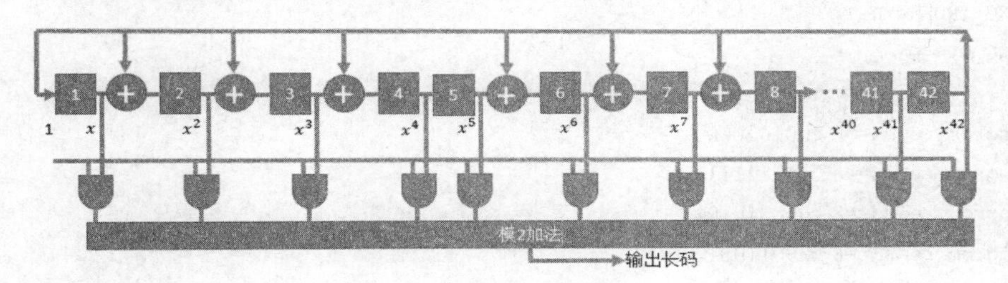

图 4.3.43 通话信道的长码

在图 4.3.43 中，通话信道的长码是基本长码被修改之后的长码掩码，通话信道的长码掩码是独特的“公共”或者“私密”长码掩码，总长度是 42 位。公共长码掩码是移动通信设备终端的 32 位电子序列号码的简单置换，私密长码掩码使用“蜂窝认证和语音加密算法”的加密算法和“共享秘密数据”。

CDMA 移动通信的移动通信设备终端根据基站信号的结构生成相应的信号，在反向移动通信链路中从移动通信设备终端发送给 CDMA 移动通信终端。长码的 FPGA 代码如下：

```
module LONG_generator(RESET,FFT_CLK,LONG_ACK,LONG_RE,LONG_IM,LONG_INDEX,LONG_DV);
    input RESET;
    input FFT_CLK;
    input LONG_ACK;
    output [7 : 0] LONG_RE;
    output [7 : 0] LONG_IM;
    output [7 : 0] LONG_INDEX;
    output LONG_DV;
```

```
    reg [7:0] LONG_RE;
    reg [7:0] LONG_IM;
    reg [7:0] LONG_INDEX;
    reg LONG_DV;
    reg[1:0] i;
    reg[5:0] j;
    reg [7:0] longrom_re [63:0];
    reg [7:0] longrom_im [63:0];

always @ (negedge RESET or posedge FFT_CLK)  //registers initialize
    if (! RESET)
    begin
    i=0;
    j=0;
    LONG_RE=0;
    LONG_IM=0;
    LONG_INDEX=0;
    LONG_DV=0;

    longrom_re[0]=8'b00101000;
    longrom_re[1]=8'b11111111;
    longrom_re[2]=8'b00001010;
    longrom_re[3]=8'b00011001;
    longrom_re[4]=8'b00000101;
    longrom_re[5]=8'b00001111;
    longrom_re[6]=8'b11100011;
    longrom_re[7]=8'b11110110;
    longrom_re[8]=8'b00011001;
    longrom_re[9]=8'b00001110;
    longrom_re[10]=8'b00000000;
    longrom_re[11]=8'b11011101;
    longrom_re[12]=8'b00000110;
    longrom_re[13]=8'b00001111;
    longrom_re[14]=8'b11111010;
    longrom_re[15]=8'b00011111;
    longrom_re[16]=8'b00010000;
    longrom_re[17]=8'b00001001;
    longrom_re[18]=8'b11110001;
    longrom_re[19]=8'b11011110;
    longrom_re[20]=8'b00010101;
    longrom_re[21]=8'b00010010;
    longrom_re[22]=8'b11110001;
```

```
longrom_re[23]＝8'b11110010;
longrom_re[24]＝8'b11110111;
longrom_re[25]＝8'b11100001;
longrom_re[26]＝8'b11011111;
longrom_re[27]＝8'b00010011;
longrom_re[28]＝8'b11111111;
longrom_re[29]＝8'b11101000;
longrom_re[30]＝8'b00010111;
longrom_re[31]＝8'b00000011;
longrom_re[32]＝8'b11011000;
longrom_re[33]＝8'b00000011;
longrom_re[34]＝8'b00010111;
longrom_re[35]＝8'b11101000;
longrom_re[36]＝8'b11111111;
longrom_re[37]＝8'b00010011;
longrom_re[38]＝8'b11011111;
longrom_re[39]＝8'b11100001;
longrom_re[40]＝8'b11110111;
longrom_re[41]＝8'b11110010;
longrom_re[42]＝8'b11110001;
longrom_re[43]＝8'b00010010;
longrom_re[44]＝8'b00010101;
longrom_re[45]＝8'b11011110;
longrom_re[46]＝8'b11110001;
longrom_re[47]＝8'b00001001;
longrom_re[48]＝8'b00010000;
longrom_re[49]＝8'b00011111;
longrom_re[50]＝8'b11111010;
longrom_re[51]＝8'b00001111;
longrom_re[52]＝8'b00000110;
longrom_re[53]＝8'b11011101;
longrom_re[54]＝8'b00000000;
longrom_re[55]＝8'b00001110;
longrom_re[56]＝8'b00011001;
longrom_re[57]＝8'b11110110;
longrom_re[58]＝8'b11100011;
longrom_re[59]＝8'b00001111;
longrom_re[60]＝8'b00000101;
longrom_re[61]＝8'b00011001;
longrom_re[62]＝8'b00001010;
longrom_re[63]＝8'b11111111;
```

```
longrom_im[0]=8'b00000000;
longrom_im[1]=8'b11100001;
longrom_im[2]=8'b11100100;
longrom_im[3]=8'b00010101;
longrom_im[4]=8'b00000111;
longrom_im[5]=8'b11101010;
longrom_im[6]=8'b11110010;
longrom_im[7]=8'b11100101;
longrom_im[8]=8'b11111001;
longrom_im[9]=8'b00000001;
longrom_im[10]=8'b11100011;
longrom_im[11]=8'b11110100;
longrom_im[12]=8'b11110001;
longrom_im[13]=8'b11111100;
longrom_im[14]=8'b00101001;
longrom_im[15]=8'b11111111;
longrom_im[16]=8'b11110000;
longrom_im[17]=8'b00011001;
longrom_im[18]=8'b00001010;
longrom_im[19]=8'b00010001;
longrom_im[20]=8'b00011000;
longrom_im[21]=8'b00000100;
longrom_im[22]=8'b00010101;
longrom_im[23]=8'b11111010;
longrom_im[24]=8'b11011001;
longrom_im[25]=8'b11111100;
longrom_im[26]=8'b11111011;
longrom_im[27]=8'b11101101;
longrom_im[28]=8'b00001110;
longrom_im[29]=8'b00011101;
longrom_im[30]=8'b00011011;
longrom_im[31]=8'b00011001;
longrom_im[32]=8'b00000000;
longrom_im[33]=8'b11100111;
longrom_im[34]=8'b11100101;
longrom_im[35]=8'b11100011;
longrom_im[36]=8'b11110010;
longrom_im[37]=8'b00010011;
longrom_im[38]=8'b00000101;
longrom_im[39]=8'b00000100;
longrom_im[40]=8'b00100111;
longrom_im[41]=8'b00000110;
longrom_im[42]=8'b11101011;
```

```
longrom_im[43]=8'b11111100;
longrom_im[44]=8'b11101000;
longrom_im[45]=8'b11101111;
longrom_im[46]=8'b11110110;
longrom_im[47]=8'b11100111;
longrom_im[48]=8'b00010000;
longrom_im[49]=8'b00000001;
longrom_im[50]=8'b11010111;
longrom_im[51]=8'b00000100;
longrom_im[52]=8'b00001111;
longrom_im[53]=8'b00001100;
longrom_im[54]=8'b00011101;
longrom_im[55]=8'b11111111;
longrom_im[56]=8'b00000111;
longrom_im[57]=8'b00011011;
longrom_im[58]=8'b00001110;
longrom_im[59]=8'b00010110;
longrom_im[60]=8'b11111001;
longrom_im[61]=8'b11101011;
longrom_im[62]=8'b00011100;
longrom_im[63]=8'b00011111;

end
//**************************************
else
begin
if (LONG_ACK)
begin
LONG_INDEX=LONG_INDEX+1;
//Add cyclic guard//
if (i==0)
if (j<31)
  begin
LONG_RE=longrom_re[j+32];
LONG_IM=longrom_im[j+32];
LONG_DV=1;
if (i==0&j==0)
   begin     //multiplied by the window function
   LONG_RE=8'b11101100;
   end
  j=j+1;
end
```

```
else
  begin
  LONG_RE=longrom_re[j+32];
  LONG_IM=longrom_im[j+32];
  LONG_DV=1;
  j=0;
  i=i+1;
  end
else if (i>0&i<=2)
  if (j<63)
  begin
  LONG_RE=longrom_re[j];
  LONG_IM=longrom_im[j];
  LONG_DV=1;
    j=j+1;
  end
else
  begin
  LONG_RE=longrom_re[j];
  LONG_IM=longrom_im[j];
  LONG_DV=1;
  j=0;
  i=i+1;
  end
else
  begin
  i=0;
  LONG_RE=longrom_re[j]>>1;  //multiplied by the window function
  LONG_IM=longrom_im[j]>>1;
  end
  end
else
  begin
  i=0;
  j=0;
  LONG_RE=0;
  LONG_IM=0;
  LONG_INDEX=0;
  LONG_DV=0;
  end
  end
  endmodule
```

在CDMA移动通信的反向无线通信链路的移动通信设备终端发射端，语音信号进入通话信道电路，就开始语音编码和压缩的工作，如图4.3.44所示。

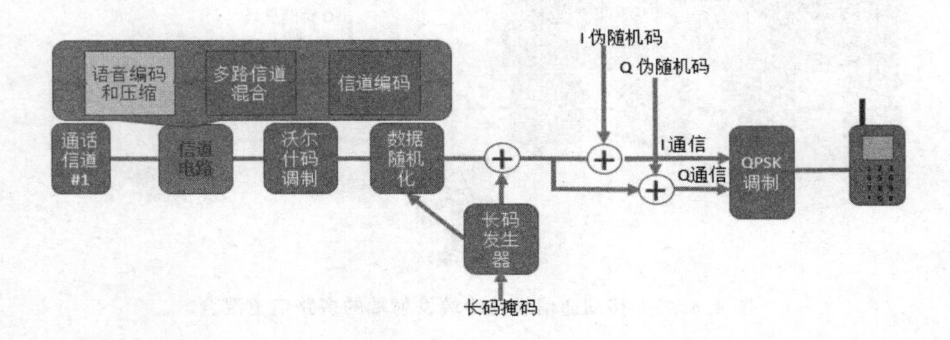

图4.3.44　移动通信设备终端发射端的语音编码和压缩

在图4.3.44中，语音信号从64Kb/s压缩到8Kb/s或者13Kb/s，根据码激励线性预测编码器技术有3种码速：8.55Kb/s可变速率是IS-96-B技术规范的要求；8.55Kb/s加强型可变速率编解码器是IS-127技术规范的要求；13.25Kb/s"纯语音"编解码器是高通、朗讯和摩托罗拉公司执行的IS-733技术规范的"高速率CDMA语音编码器"。

在ANSI-95标准中的CDMA移动通信基站的比特位、符号和比特位片都有典型的取值。通话信道传输信息的比特位速率是9600b/s或者14400b/s；编码之后，前向信道的符号传输速率是19.2Ks/s或者28.8Ks/s，反向信道的符号传输速率是307.2Ks/s，这里的s/s是指符号/秒，这时符号仍然是"比特位"，未编码的比特位被放在不同的位置。

CDMA移动通信基站的通话信道电路需要完成的语音编码和压缩工作主要是把语音信号从64Kb/s压缩到8Kb/s或者13Kb/s，需要完成的多路信道混合主要是原始、次级的多路信号和信号通话的接入，需要完成的信道编码主要是采用卷积编码和交织保护信息在严酷的无线电波环境中的传播，需要完成的加扰和功率控制的工作主要是私人信息保护和加密处理以及移动通信设备终端的功率控制，其中加扰时，采用的是长伪随机二进制序列码完成加扰。CDMA移动通信反向链路的移动通信设备终端的信道电路也遵循一样的功能。

根据ANSI-95的标准规定，在一次通话期间，CDMA移动通信基站的通话信道将被用于通话期间的语音、数据、控制信息的传输。CDMA移动通信基站载波是1.25MHz带宽、频分复用2.5MHz带宽的范围内，在蜂窝小区的每个扇区都可以根据分配的沃尔什码，有最多61路通话，但实际上是12至24路通话，这是因为使用了同步信道、一路或多路的寻呼信道、沃尔什码被用在其他蜂窝小区或者扇区的移动通信设备的软切换、还有可接受的通信质量保证时的干扰限度。在CDMA移动通信基站的通话信道使用20ms的帧结构，采用的传输速率是9.6Kb/s信道速率和14.4Kb/s信道速率，其中9.6Kb/s的信道速率是和领头信息一起用于8Kb/s语音编码器，14.4Kb/s的信道速率是和领头信息一起用于13Kb/s语音编码器。

在反向无线通信链路的移动通信设备终端发射端，语音信号进入通话信道电路，就开始语音编码和压缩的工作，然后进行多路信道混合，如图 4.3.45 所示。

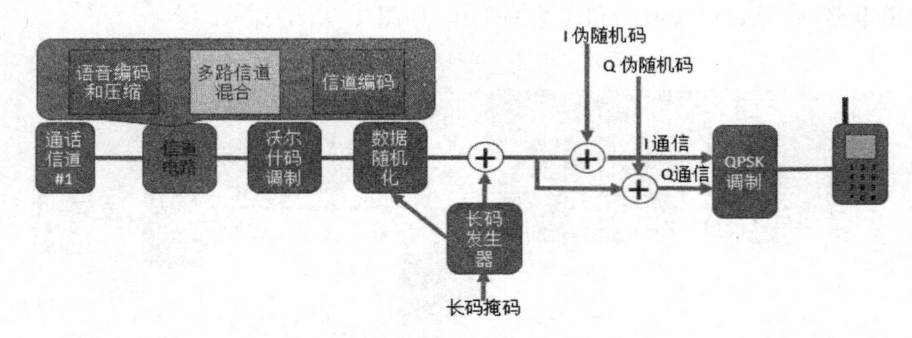

图 4.3.45　移动通信设备终端发射端的多路信道混合

在图 4.3.45 中，反向无线通信链路的移动通信设备终端发射端里的信号，在信道电路中经过语音编码和压缩，开始多路信道混合，和基站发射端的内容相似，多路信道混合传输的是信号帧，在 20ms 的帧可以包含的内容有：原始通话，如语音通话；二级通话，如数据；信号，如控制信息或者用户信息。其中还有帧质量显示的信息。在 CDMA 移动通信技术中，在前向移动通信链路和反向移动通信链路中都需要建立信号帧的结构。这个帧结构如图 4.3.46 所示。

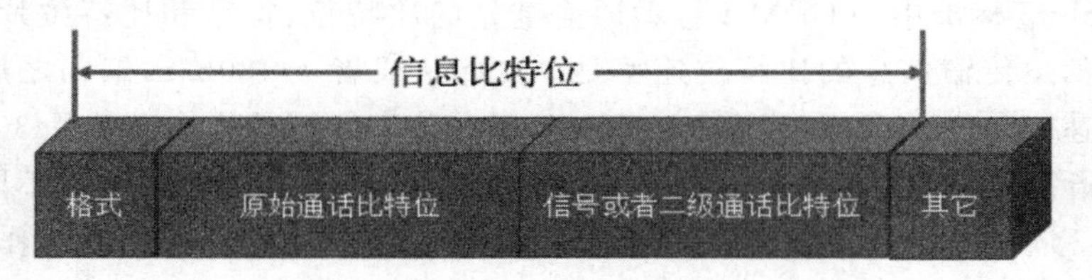

图 4.3.46　CDMA 移动通信技术中多路信道混合的一种帧

在图 4.3.46 中，CDMA 基站发射端多路信道混合的帧包括 267 个信息比特位的传输速率是 14.4Kb/s（总共有 288 个信息比特位），172 个信息比特位的传输速率是 9.6Kb/s（总共有 192 个信息比特位）。这个帧的传输时间是 20ms。在“格式”比特位定义有多少路信息被混合，在“其他”比特位包含循环冗余检验和误差检测。CDMA 基站发射端多路信道混合的另一种帧结构，如图 4.3.47 所示。

图 4.3.47　CDMA 基站发射端多路信道混合的另一种帧

在图 4.3.47 中，CDMA 基站发射端多路信道混合的另一种帧结构也是 20ms 的通话信道帧，其中有“多路通话比特位”。通常，这种“多路通话比特位”是指当所有的信息位都用于支持信号和二级通话时的“空白和突发”；当部分信息比特位用于支持信号和二级通话时的“减弱和突发”；当没有支持信号和二级通话时的信息比特位时，所有的信息比特位都是原始通话信号。

CDMA基站发射端多路信道混合还适用于同时有通话和数据的情况，当通话只有35%在进行，半数以上的信息位都用于通话控制（相对罕见）、通话期间的短信服务、信息等待信息的信号；或者和语音同时传输的数据。但是，通话和数据同时传输的多路信道混合将会提高信道的占用空间，从而降低“通话容量”。ANSI-95中规定的CDMA基站发射端多路混合第二种帧的前向通话信道的信息位如表4.3.6所示。

表4.3.6　多路混合第二种帧的前向通话信道的信息位

传输速率（比特位/秒）	格式比特位的保留位	格式比特位的混合模式	帧模式	原始通话（比特位/帧）	信号通话（比特位/帧）	二级通话（比特位/帧）
14400	1	0	—	265	0	0
	1	1	0000	124	137	0
	1	1	0001	54	207	0
	1	1	0010	20	241	0
	1	1	0011	0	261	0
	1	1	0100	124	0	137
	1	1	0101	54	0	207
	1	1	0110	20	0	241
	1	1	0111	0	0	261
	1	1	1000	20	221	20

在表4.3.6中，ANSI-95中规定的数据传输速率是14.4Kb/s，当只有原始通话和二级通话的多路信道混合时，当二级通话比特位是261的最多情况下，原始通话的比特位为0。同时有原始通话、信号和二级通话的多路信道混合时，二级通话传输的语音信号比特位很少，一帧只有20比特位，而其中的信号比特位数量比较多，一帧有221比特位，原始通话比特位20。当原始通话比特位最多位是265时，信号的比特位为0，二级通话比特位也是0。此时的数据如图4.3.48所示。

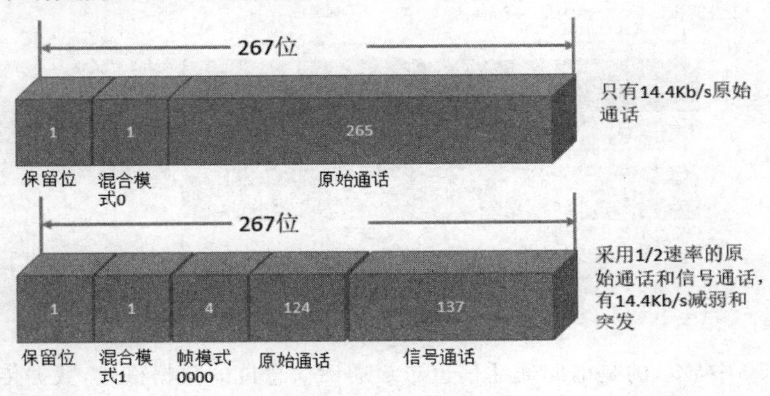

图4.3.48　多路混合第二种帧的前向通话信道的原始通话信息位

图 4.3.48 说明了 ANSI-95 中规定的前向通话信道信息位的原始通话形式，数据传输的速率是 14.4Kb/s。在 CDMA 基站发射端的信道电路的多路混合第二种帧的“空白和突发”“减弱和突发”的信息位如图 4.3.49 所示。

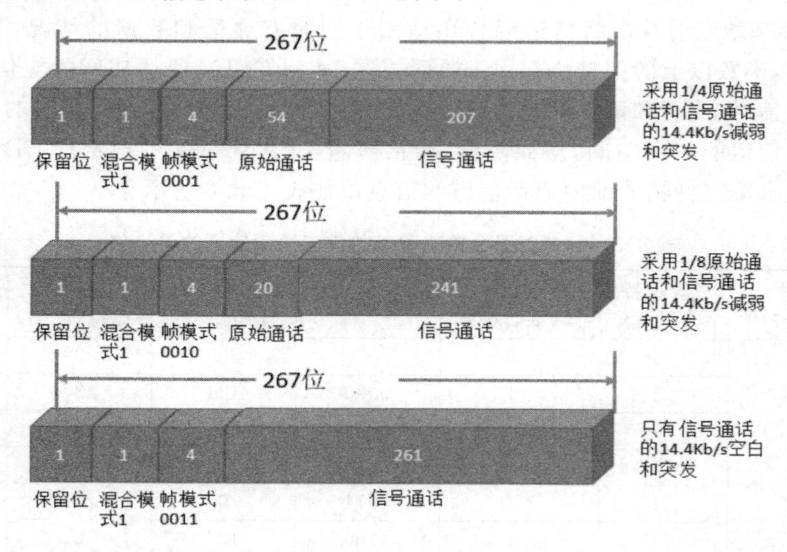

图 4.3.49　多路混合第二种帧的前向通话信道的信号通话信息位

图 4.3.49 中说明了 ANSI-95 中规定的前向通话信道信息位的信号通话的信息位，数据传输的速率是 14.4Kb/s。在 CDMA 基站发射端的信道电路的多路混合第二种帧的“空白和突发”“减弱和突发”的信息位的二级通话信息位数据如图 4.3.50 所示。

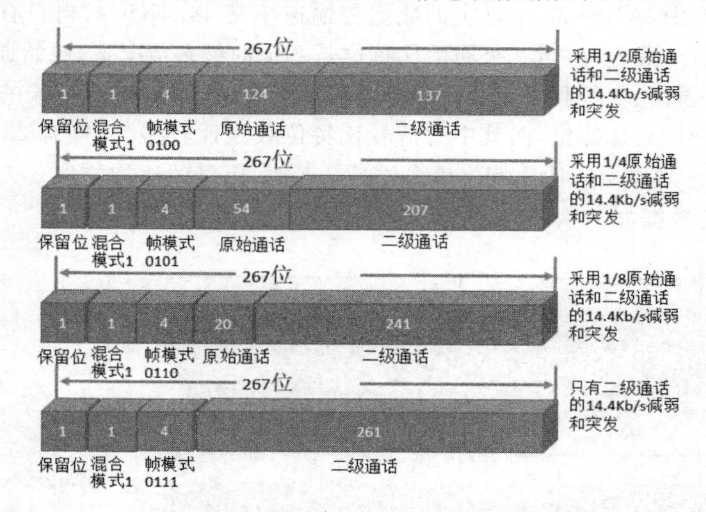

图 4.3.50　多路混合第二种帧的前向通话信道的二级通话信息位

图 4.3.50 中显示的是前向通话信道二级通话信息位的数据格式，数据传输的速率还是 14.4Kb/s。

在 ANSI-95 标准中,CDMA 基站信道电路发射端的多路信道混合传输的第一种信号帧的信息位,如表 4.3.7 所示。

表 4.3.7 多路混合第一种帧的前向通话信道的信息位

传输速率（比特位/秒）	格式比特位的保留位	格式比特位的混合模式	帧模式	原始通话（比特位/帧）	信号通话（比特位/帧）	二级通话（比特位/帧）
9600	0	—	—	171	0	0
	1	0	00	80	88	0
	1	0	01	40	128	0
	1	0	10	16	152	0
	1	0	11	0	168	0
	1	1	00	80	0	88
	1	1	01	40	0	128
	1	1	10	16	0	152
	1	1	11	0	0	168
4800	—	—	—	80	0	0
2400	—	—	—	40	0	0
1200	—	—	—	16	0	0

在表 4.3.7 中,ANSI-95 中规定的数据的传输速率是 9.6Kb/s、4.8Kb/s、2.4Kb/s、1.2Kb/s,在 9.6Kb/s 的数据传输速率时,只有原始通话比特位被传输;在 4.8Kb/s、2.4Kb/s、1.2Kb/s 的数据传输速率时,原始通话和二级通话的多路信道混合,二级通话比特位最多可以是 16 个比特位的情况下,原始通话的比特位为 0;在 4.8Kb/s、2.4Kb/s、1.2Kb/s 的数据传输速率时,原始通话和信号通话的多路信道混合时,当信号通话比特位是 40、80 的最多情况下,原始通话的比特位为 0;在 9.6Kb/s 的数据传输速率时,只有原始通话的多路信道混合时,原始通话的比特位为 172 个,第一种信号帧的数据位最多是 172 位。原始通话数据位的形式如图 4.3.51 所示。

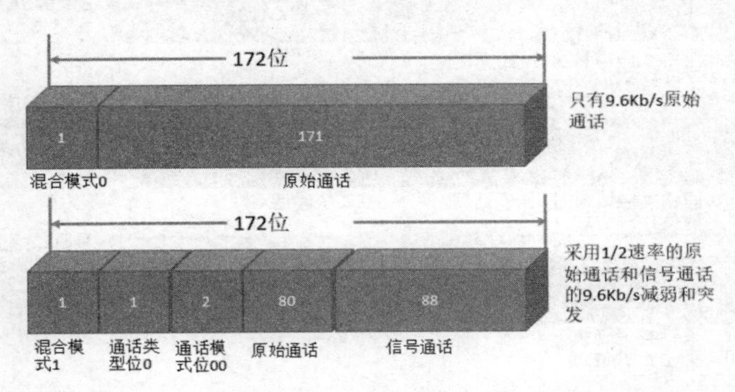

图 4.3.51 多路混合第一种帧的前向通话信道的原始通话信息位

在图 4.3.51 中显示的是 ANSI-95 中规定的前向通话信道信息位第一种帧的原始通话信息位形式，数据传输的速率是 9.6Kb/s。在 CDMA 基站发射端的信道电路的多路混合第一种帧的“空白和突发”“减弱和突发”的信息位如图 4.3.52 所示。

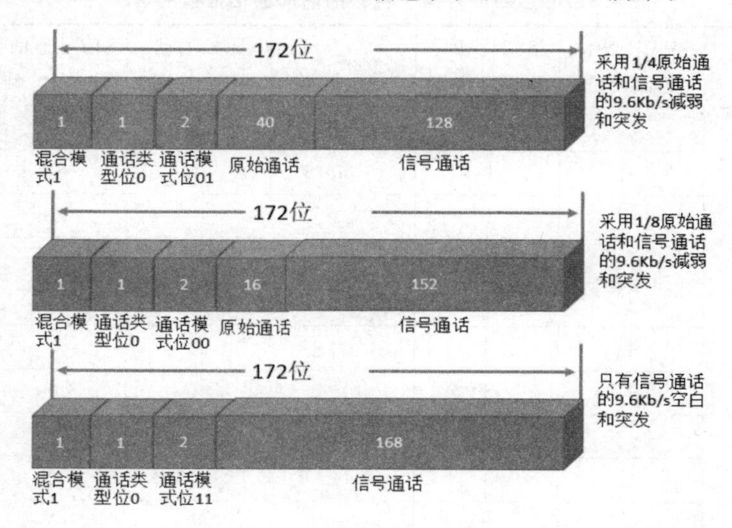

图 4.3.52　多路混合第一种帧的前向通话信道的信号通话信息位

在图 4.3.52 中显示的是 ANSI-95 中规定的前向通话信道第一种帧格式的信号通话的信息位形式，数据传输的速率是 9.6Kb/s。在 CDMA 基站发射端的信道电路的多路混合第二种帧的“空白和突发”“减弱和突发”的信息位的二级通话信息位形式如图 4.3.53 所示。

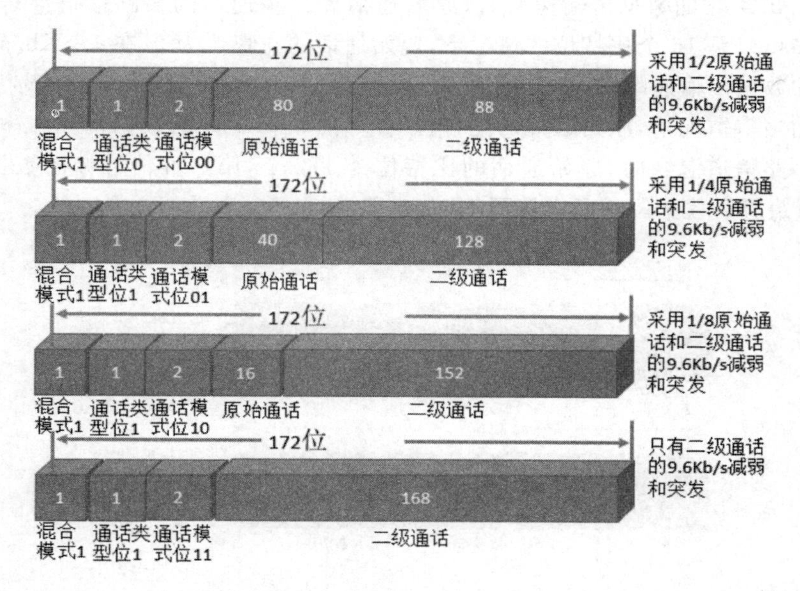

图 4.3.53　第一种帧的前向通话信道的二级通话信息位

在图 4.3.53 中显示的是前向通话信道二级通话信息位的数据格式，数据传输的速率还是 9.6Kb/s。

在 ANSI—95 中规定的多路信道混合还包括完成功能需要的其他比特位，第一种执行帧质量显示器的职责，完成循环冗余校验检测器的功能，包括一在 14.4Kb/s 和 9.6Kb/s的 12 位循环冗余校验，仅仅在较低数据速率的 10、8、6、0 位的循环冗余校验；二决定帧是否为错误帧；三使移动通信设备终端决定帧的数据速率(从而不与重复数据或者符号混淆)。第二种是编码器尾码比特位，具体包括一在通话帧末尾的 8 个 0 比特位；二在信道编码器清除"记忆"；三类似于"刷新寄存器"的功能。

在反向无线通信链路中，移动通信设备终端的信道电路进行多路信道混合之后还要进行信道编码。如图 4.3.54 所示。

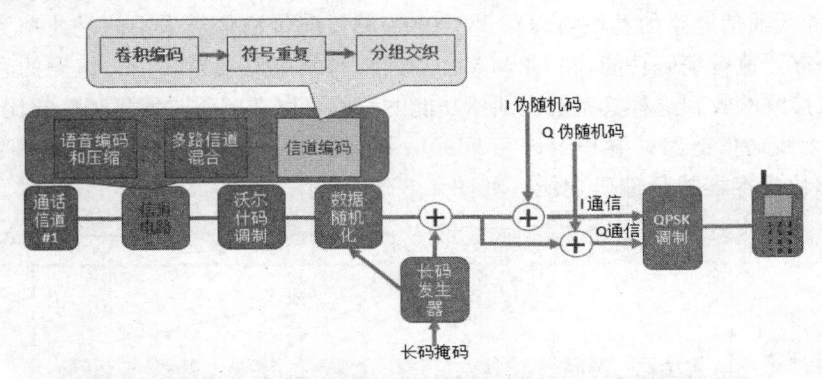

图 4.3.54　移动通信设备终端发射端的信道编码

在图 4.3.54 中，反向无线通信链路的移动通信设备终端发射器需要完成和 CDMA 移动通信基站电路发射端一样的信道编码规则，移动通信设备终端发射器信道电路的信道编码需要完成 3 个功能：卷积编码、符号重复和分组交织。在卷积编码中，为了保护信号加入前向纠错；在符号重复中，为了保持符号速率而不考虑部分速率的影响，重复低数据速率的符号；在分组交织中，为了降低对突发数据的误码造成的数据损坏的敏感度，重新组织 20ms 帧的数据。

反向无线通信链路的卷积编码和前向无线通信链路的卷积编码不同。CDMA 移动通信基站电路发射端的信道编码的卷积编码，采用速率为 1/2 的编码，采用移位寄存器执行编码功能。如图 4.3.55 所示。

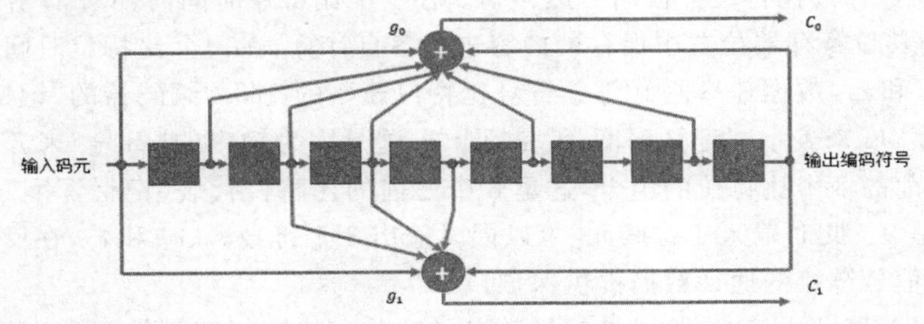

图 4.3.55　CDMA 移动通信中速率 1/2 的卷积编码

在图 4.3.55 中，一个比特位的时间内，一个新的信息位被保存在最左边的存贮器位置，所有之前保存的比特位都被向右边移动。在一个比特位时间内，两个计算式 g_0 和 g_1 让特定的移位寄存器位置中保存的内容进行各自计算，在一个比特位时间内输出两个"符号"c_0 和 c_1，数据速率刚好等于符号比特位速率的 1/2。编码器的"记忆深度"可以用"约束长度"K 来表示，"记忆深度"就是 $K-1$，这是因为输出的"符号"来源于当前输入比特位和之前的 8 个比特位的组合，这里 8 个之前的比特位代表"记忆深度"，此时的"约束长度"K 是 9。CDMA 移动通信基站电路发射端的信道编码具备前向纠错的功能，在卷积编码器输入一个比特位时，输出 2 个比特位的符号，输出的比特位是当前输入比特位和记忆中的之前比特位的组合，从而把冗余和记忆信息加入到输出的比特位当中。移动通信设备接收端的解码器可以根据冗余和记忆信息检测和纠正可能被破坏的比特位符号。

反向无线通信链路的卷积编码在 14400b/s 的反向传输信道采用的是速率为 1/2 的编码，移位寄存器执行编码功能，和 CDMA 移动通信基站电路发射端信道编码的卷积编码一样的格式，接收端收到这种具备前向纠错功能的编码可以在解码时恢复正确的比特位码。

反向无线通信链路的卷积编码在 9600b/s 的反向传输信道采用的是速率为 1/3 的编码，采用移位寄存器执行编码功能。如图 4.3.56 所示。

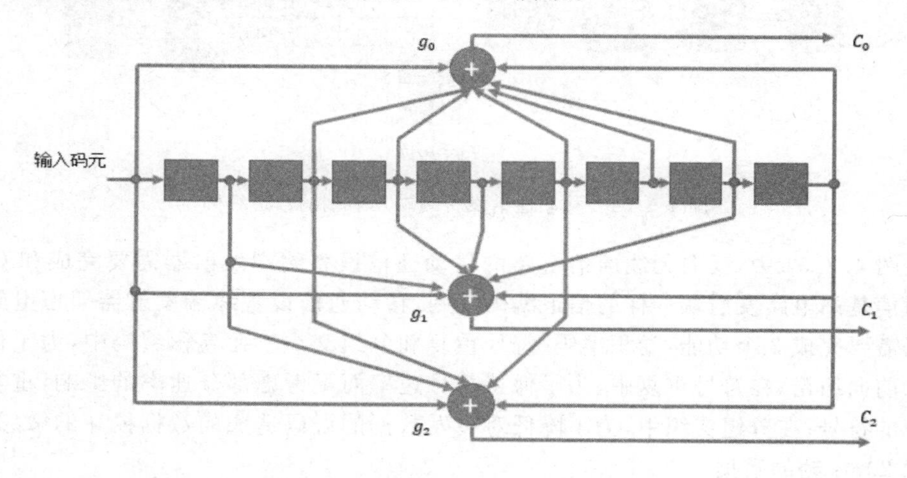

图 4.3.56　CDMA 移动通信中速率 1/3 的卷积编码

在图 4.3.56 中，一个比特位的时间内，一个新的信息位被保存在最左边的存贮器位置，所有之前保存的比特位都被向右边移动。在一个比特位时间内，3 个计算式 g_0、g_1 和 g_2 让特定的移位寄存器位置中保存的内容进行各自计算，在一个比特位时间内输出 3 个"符号"c_0、c_1 和 c_2，数据速率刚好等于符号比特位速率的 1/3。编码器的"记忆深度"可以用"约束长度"K 来表示，"记忆深度"就是 $K-1$，这是因为输出的"符号"来源于当前输入比特位和之前的 8 个比特位的组合，这里 8 个之前的比特位代表"记忆深度"，此时的"约束长度"K 是 9。此时输入 1 位码元，可以同时输出 3 个符号 c_0、c_1 和 c_2，在反向无线通信中对较薄弱信号链接的通话数据提供保护。

在 CDMA 移动通信中，除了导频信道需要简单和快速捕获不使用卷积编码之外，所有的前向通话信道都使用约束长度 $K=9$ 和传输速率 1/2 的卷积编码。CDMA 移动通信基站电路发射端的信道编码采用卷积编码，移动通信设备接收端的解码器要比编码器复杂，既需要保持编码的优势，又需要降低编码的复杂程度，在接收端通常使用以高通公司总裁安德鲁维特比命名的“维特比解码器”进行解码。卷积编码的输入输出过程如图 4.3.57 所示。

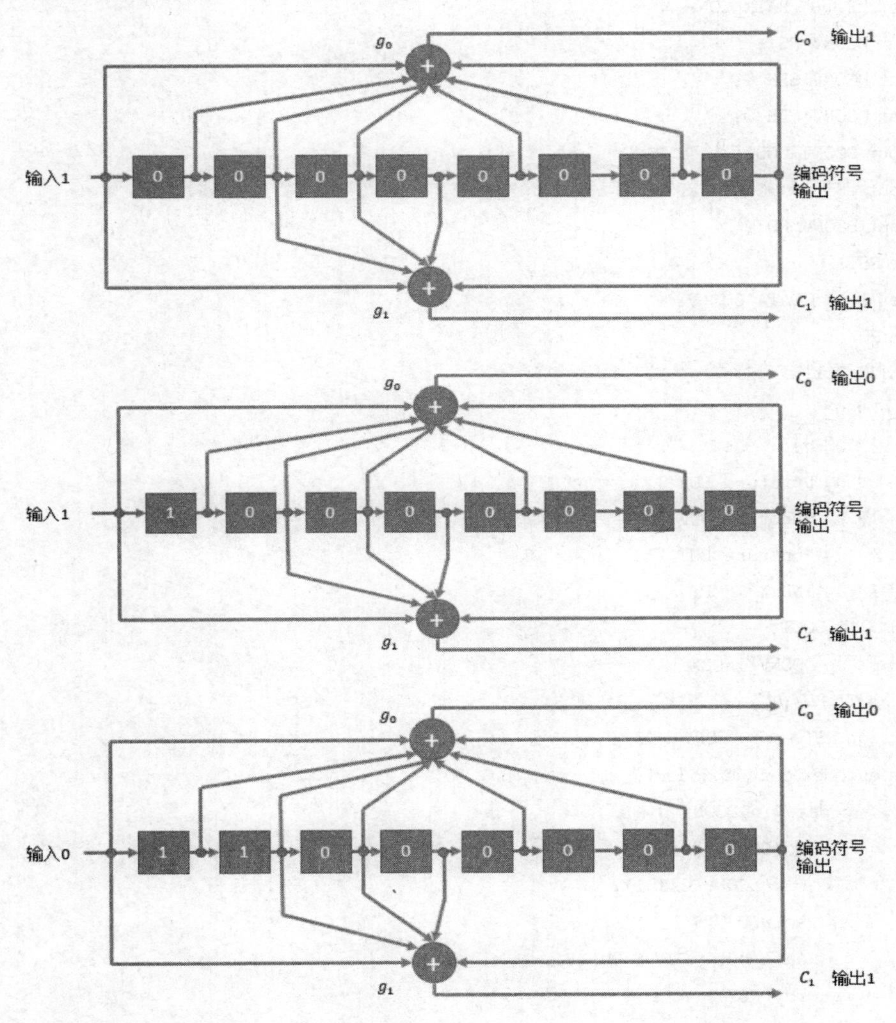

图 4.3.57 卷积编码的过程

在图 4.3.57 中，按照顺序输入 1,1,0，输入 1 时，输出 11，接着再输入 1 时，输出 01，接着输入 0 时，输出 01，于是输入比特位 110，得到的输出比特位是 110101。

CDMA 移动通信的卷积编码在 FPGA 中采用编程方式就可以实现信号以信号 signal 域 1/2 卷积编码，data 域 3/4 编码为例，模块有两个时钟：一个是输入时钟，一个是输出时钟(按照所得速率不同而不同)。在符号域，输入时钟(20M)，输出时钟(40M)，包括 Rate 和 Length 两个主要字段，Rate 传输数据符号用到的调制和码率信息。在数据 data 部分，输入时钟(60M)，输出时钟(80M)。实现这个功能的代码如下：

```
module DATA_conv_encoder(DCONV_DIN,DCONV_ND,RATE_CON,DCONV_RST,DCONV_CLK_I,
            DCONV_CLK_O,DCONV_DOUT,DCONV_INDEX,DCONV_RDY);
    input DCONV_DIN;
    input DCONV_ND;
    input [3 : 0] RATE_CON;
    input DCONV_RST;
    input DCONV_CLK_I;
    input DCONV_CLK_O;
    output DCONV_DOUT;
    output [8 : 0] DCONV_INDEX;
    output DCONV_RDY;
    wire RST;
    wire [1 : 0] DATA_OUT_V;
    wire RDY;
    reg BUF_RDY;
    reg [1 : 0] i;
    reg [2 : 0] j;
    reg [1 : 0] Puncture_BUF_12;
    reg [5 : 0] Puncture_BUF_34;
    reg [3 : 0] Puncture_BUF_23;
    reg [9 : 0] INDEX_TEMP;
    reg DCONV_DOUT;
    reg [8 : 0] DCONV_INDEX;
    reg DCONV_RDY;
    //assign RST = ~DCONV_RST;
    conv_encoder conv_encoder1(
            .data_in(DCONV_DIN),
              .nd(DCONV_ND),
              .clk(DCONV_CLK_I),
              .aclr(DCONV_RST),
              .data_out_v(DATA_OUT_V),
              .rdy(RDY));
    always @(negedge DCONV_RST or posedge DCONV_CLK_I)        // Put data into puncture_buffer.
      begin
         if(! DCONV_RST)
             begin
                 Puncture_BUF_12 <= 0;
                   Puncture_BUF_34 <= 0;
                  Puncture_BUF_23 <= 0;
                  i <= 0;
            end
        else
```

```
    begin
      if(RDY)
        case(RATE_CON)
          4'b1101,4'b0101,4'b1001:          // Rate is 1/2.
            begin
               Puncture_BUF_12 <= DATA_OUT_V;
                BUF_RDY <= 1;
              end
          4'b1111,4'b0111,4'b1011,4'b0011:
// Rateis 3/4.
            begin
               case (i)
                  2'b00:
                     begin
                         Puncture_BUF_34 [1:0] <= DATA_OUT_V;
                         BUF_RDY <= 1;
                         i <= i + 1;
                      end
                   2'b01:
                      begin
                         Puncture_BUF_34 [3:2] <= DATA_OUT_V;
                         BUF_RDY <= 1;
                         i <= i + 1;
                      end
                   2'b10:
                      begin
                         Puncture_BUF_34 [5:4] <= DATA_OUT_V;
                         BUF_RDY <= 1;
                         i <= 2'b00;
                      end
                   default:
                      begin
                         Puncture_BUF_34 <= 0;
                         BUF_RDY <= 0;
                         i <= 0;
                      end
                 endcase
        end
          4'b0001:             // Rate is 2/3.
            begin
               case(i)
                  2'b00:
```

```
                        begin
                            Puncture_BUF_23 [1 : 0] <= DATA_OUT_V;
                            BUF_RDY <= 1;
                            i <= i + 1;
                          end
                2'b01:
                        begin
                            Puncture_BUF_23 [3 : 2] <= DATA_OUT_V;
                            BUF_RDY <= 1;
                            i <= 0;
                          end
                      default:
                        begin
                            Puncture_BUF_23 <= 0;
                            BUF_RDY <= 0;
                            i <= 0;
                          end
              endcase
            end
            endcase
      else
            begin
              BUF_RDY <= 0;
              Puncture_BUF_12 <= 0;
               Puncture_BUF_34 <= 0;
              Puncture_BUF_23 <= 0;
              i <= 0;
          end
            end
end
always @(negedge DCONV_RST or posedge DCONV_CLK_O)        // Puncture and output the data.
begin
    if(! DCONV_RST)
      begin
        DCONV_DOUT <= 0;
          DCONV_RDY <= 0;
          j <= 3'b000;
       end
    else
      if(BUF_RDY)
        case(RATE_CON)
                4'b1101,4'b0101,4'b1001:          // Rate is 1/2.
```

```
    begin
        case(j)
            3'b000:
                begin
                  DCONV_DOUT <= Puncture_BUF_12 [j];
                   DCONV_RDY <= 1;
                   j <= j +1;
                 end
   3'b001:
                begin
                  DCONV_DOUT <= Puncture_BUF_12 [j];
                   DCONV_RDY <= 1;
                   j <= 3'b000;
                 end
   default:
                begin
                   DCONV_DOUT <= 0;
                   DCONV_RDY <= 0;
                   j <= 3'b000;
       end
         endcase
       end
4'b1111,4'b0111,4'b1011,4'b0011:       // Rate is 3/4.
   begin
       case (j)
            3'b000,3'b001,3'b010:
                begin
                     DCONV_DOUT <= Puncture_BUF_34 [j];
                   DCONV_RDY <= 1;
                   j <= j + 1;
                 end
            3'b011:
                 begin
                     DCONV_DOUT <= Puncture_BUF_34 [j+2];
                   DCONV_RDY <= 1;
                    j <= 3'b000;
                 end
            default:
                 begin
                     DCONV_DOUT <= 0;
                     DCONV_RDY <= 0;
                     j <= 0;
```

```
                        end
                      endcase
        end
          4'b0001:            // Rate is 2/3.
             begin
                 case(j)
                    3'b000,3'b001:
                      begin
                          DCONV_DOUT <= Puncture_BUF_23 [j];
                          DCONV_RDY <= 1;
                          j <= j + 1;
                       end
             3'b010:
                      begin
                          DCONV_DOUT <= Puncture_BUF_23 [j];
                          DCONV_RDY <= 1;
                          j <= 3'b000;
                       end
                    default:
                      begin
                          DCONV_DOUT <= 0;
                          DCONV_RDY <= 0;
                          j <= 0;
                       end
           endcase
              end
       endcase
 else
      begin
        DCONV_DOUT <= 0;
         DCONV_RDY <= 0;
   end
 end
always @(negedge DCONV_RST or posedge DCONV_CLK_O)        // Index output.
 begin
   if(! DCONV_RST)
      begin
         DCONV_INDEX <= 0;
           INDEX_TEMP <= 0;
       end
     else
      begin
```

```
if(BUF_RDY)
   case(RATE_CON)
      4'b1101,4'b1111:
           begin
              if(INDEX_TEMP < 47)
                 begin
                    INDEX_TEMP <= INDEX_TEMP + 1;
            DCONV_INDEX <= INDEX_TEMP;
                 end
               else
                 begin
                    INDEX_TEMP <= 0;
            DCONV_INDEX <= INDEX_TEMP;
                 end
        end
      4'b0101,4'b0111:
            begin
              if(INDEX_TEMP < 95)
                 begin
                    INDEX_TEMP <= INDEX_TEMP + 1;
            DCONV_INDEX <= INDEX_TEMP;
                 end
               else
                 begin
                    INDEX_TEMP <= 0;
            DCONV_INDEX <= INDEX_TEMP;
                 end
        end
      4'b1001,4'b1011:
            begin
              if(INDEX_TEMP < 191)
                 begin
                    INDEX_TEMP <= INDEX_TEMP + 1;
            DCONV_INDEX <= INDEX_TEMP;
                 end
               else
                 begin
                    INDEX_TEMP <= 0;
            DCONV_INDEX <= INDEX_TEMP;
                 end
        end
      4'b0001,4'b0011:
```

```
                    begin
                      if(INDEX_TEMP < 287)
                         begin
                           INDEX_TEMP <= INDEX_TEMP + 1;
                    DCONV_INDEX <= INDEX_TEMP;
                         end
                       else
                         begin
                           INDEX_TEMP <= 0;
                    DCONV_INDEX <= INDEX_TEMP;
                         end
              end
             endcase
         else
           DCONV_INDEX <= 0;
     end
   end
endmodule
module conv_encoder(clk,aclr,data_in,nd,data_out_v,rdy);
input aclr;
input clk;
input data_in;
input nd;
output [1:0] data_out_v;
output rdy;
reg [6:1] shift_reg;
reg [1:0] data_out_v;
reg rdy;
always @(negedge aclr or posedge clk)
begin
if(! aclr)
begin
     shift_reg <= 6'b000000;
     data_out_v <= 0;
     rdy <= 0;
   end
else
if(nd)
     begin
        data_out_v[0] <= shift_reg[6] + shift_reg[5] + shift_reg[3] + shift_reg[2] + data_in;
        data_out_v[1] <= shift_reg[6] + shift_reg[3] + shift_reg[2] + shift_reg[1] + data_in;
        rdy<=1;
```

```
            shift_reg <= { shift_reg [5 : 1], data_in };
        end
    else
        rdy <= 0;
    end
endmodule[1]
```

在反向无线通信链路的移动通信设备终端发射端信道电路，完成卷积编码之后，还需进行符号重复，符号重复能够通过减少各路通话之间的干扰，提高系统下行传输的容量；当一个符号被重复 M 次传输，它的发送信号功率可以降低 M 倍，到达CDMA移动通信接收端的符号总功率仍然是原来的功率；为了维护符号传输速率为常数，有必要重复传输卷积编码的符号；特别是数据速率小于最大速率的传输，如数据速率为1200b/s、2400b/s、4800b/s需要在传输速率为9600b/s的信道上传输；或者数据速率为1800b/s、3600b/s、7200b/s需要在传输速率为14400b/s的信道上传输时，必须进行符号重复的工作。

在CDMA移动通信的信道电路中，信道编码的符号重复传输可以是在同一个信道上按照不同速率传输。信道速率是14400b/s，符号重复传输的速率可以是1/2速率的7200b/s、1/8速率的1800b/s或1/4速率的3600b/s帧传输，重复次数 M 可以是2倍、8倍或4倍，同一个帧重复传输，这个帧的传输总功率仍然是原来的功率。同理，信道速率是9600b/s，符号重复传输的速率可以是1/2速率的4800b/s、1/8速率的1200b/s或1/4速率的2400b/s帧传输，重复次数 M 可以是2倍、8倍或4倍，同一个帧重复传输，这个帧的传输总功率仍然是原来的功率。符号重复不仅能够提高CDMA上行链路容量，而且能降低对其他通话的干扰，提高电池的使用寿命。

在反向无线通信链路的移动通信设备终端发射端信道电路，完成卷积编码、符号重复之后，还需进行分组交织。交织能够把信道的突发错误在时间上扩散开，在接收端的译码器把这个突发错误作为白噪声的随机错误处理，当通信系统是在纯粹的白噪声环境中的平稳信道工作，在连续时间内基本没有变化，这时扩散突发错误也无法改变误码的分布状态。进行交织需要系统中增加延时，这时接收端收到的比特顺序和原始比特信息的顺序不同，一般通信系统都有能够允许的最大延时，这个最大延时决定了交织进行的交织深度。交织有分组交织和卷积交织两种。分组交织中比特数量就是交织深度，交织深度越大，扩散越大，抗突发错误能力也越强，需要交织编码的时间也越长。把比特位列在表中，按列写入，按行读出，就可以在RAM中实现分组交织。如表4.3.8所示。

表4.3.8 分组交织处理的比特

A1	A6	A11	A16	A21
A2	A7	A12	A17	A22
A3	A8	A13	A18	A23
A4	A9	A14	A19	A24
A5	A10	A15	A20	A25

在表 4.3.8 中显示的是 5×5 的分组交织，交织深度为 25，反交织需要把接收端收到的比特位恢复到原来的顺序排列，把接收到的比特写入行，然后在列中读出。

卷积交织采用转换器来实现，不需要很大的存储容量，可以减少因交织深度带来的延时。反向无线通信链路的移动通信设备终端信道电路的发射器使用分组交织的方式进行突发错误的扩散化处理。

CDMA 移动通信技术的链路信道编码中，在少量连续符号信息被损坏时，卷积编码能够有效恢复原始符号信息，但如果大量的连续的符号信息在突发错误中被损坏，卷积编码不能够有效恢复原始符号信息，但是突发错误在干扰频繁发生、信号减弱时是常见的情况，因此采用交织来使突发错误随机化，就能够帮助解决这个问题。突发错误在外界干扰的影响下，持续的时间要比一个符号的长度还要长，这时候卷积编码就显得很脆弱，在传输信息之前，先在一个 20ms 帧的区组中进行交织，重新安排符号，将会在移动通信设备接收端解交织时，使突发错误随机化，减小突发错误对整个帧破坏的可能性。如表 4.3.9 所示。

表 4.3.9　分组交织处理的帧

1	2	3	4	5	6	7	8	9	10	11	12	13	14	15	16	17	18	19	20	21	22	23	24	25
1	65	129	193	257	321	33	97	161	225	289	353	17	81	145	209	273	337	49	113	177	241	305	369	9
1	65	129	193	257	321	33	97	E	E	E	E	E	E	E	E	E	337	49	113	177	241	305	369	9
1	2	3	4	5	6	7	8	9	10	11	12	13	14	15	16	E	18	19	20	21	22	23	24	25

在表 4.3.9 中，第一行是在 CDMA 移动通信发射端交织前的帧，第二行是交织后的帧，但是还没有传输到自由空间，第三行是在自由空间传播过程中有突发错误发生，黄色的部分是出错的比特位，其中 1 个"E"表示 1 个出错的比特位，连续的 9 个比特位都出现错误，第四行是在 CDMA 移动通信接收端解交织之后的帧，因为分组交织，把连续出现的突发错误随机分散开，于是在 1 个数据帧中的错误只是 1 个比特位的错误，从而把 9 个符号突发错误转变成为 1 个符号比特位的错误。采用 FPGA 的编程可以实现分组交织和卷积交织，代码如下：

```
module DATA_interleaver(DINT_DIN,DINT_ND,INDEX_IN,DINT_RST,DINT_CLK,MODE_CON,DINT_DOUT,
DINT_RDY);

    input DINT_DIN;
    input DINT_ND;
    input [8:0] INDEX_IN;
    input [1:0] MODE_CON;
    input DINT_RST;
    input DINT_CLK;
    output DINT_DOUT;
    output DINT_RDY;
    reg DIN;                    //register of input
```

```
reg ND;                    //enable of output
reg [8:0] INDEX;           //register of index for output
reg [1:0] MODE;
reg [9:0] WA_1;            //DINT_RAM_1 write address
reg DIN_1;                 //DINT_RAM_1 input register
reg REN_1;                 //DINT_RAM_1 enable read
reg WEN_1;                 //DINT_RAM_1 enable write
reg WAC_1;                 //control write address of 1st interleaver
reg DINT_RDY_1;            //DINT_RAM_1 enable output
reg DIN_2;                 //DINT_RAM_2 input register
reg [4:0] WA_2;            //DINT_RAM_2 write address
reg WEN_2;                 //DINT_RAM_2 enable write
reg REN_2;                 //DINT_RAM_2 enable read
reg WAC_2;                 //control write address of 2ed interleaver
reg DINT_DV;               //enable output
reg DINT_DOUT;             //output register
reg DINT_RDY;              //synchronize with output
wire [9:0] RA_1;           //DINT_RAM_1 read address
wire [9:0] Q_1;            //RCOUNT_1 counter of output
wire DOUT_1;               //DINT_RAM_1 output
wire RST;                  //reset of IP core, enable under high leavel
wire [4:0] Q_2;            //RCOUNT_2 counter of output
wire [4:0] RA_2;           //DINT_RAM_2 read address
wire DOUT_2;               //DINT_RAM_2 output
assign RST=~DINT_RST;
assign RA_1=Q_1;
/*************** register for input ***************/

always @ (negedge DINT_RST or posedge DINT_CLK)
if (! DINT_RST)
begin
  DIN<=1'b0;
ND<=1'b0;
INDEX<=9'b000000000;
MODE<=2'b00;
end
else
begin
if (DINT_ND)
begin
  DIN<=DINT_DIN;
ND<=DINT_ND;
```

```
INDEX<=INDEX_IN;
MODE<=MODE_CON;
end
  else
begin
    DIN<=1'b0;
ND<=1'b0;
INDEX<=9'b000000000;
end
end
/********************DINT_RAM_1*********************/
// BRAM: depth is 384 bits, the 1st interleaver BRAM to store the data which already adjust the
order
dint_ram DINT_RAM_1(
.addra(WA_1),
.addrb(RA_1),
.clka(DINT_CLK),
.clkb(DINT_CLK),
.dina(DIN_1),
.doutb(DOUT_1),
.enb(REN_1),
.sinitb(RST),
.wea(WEN_1));
/*********************RCOUNT_1*********************/
// counter cycle is 384 to generate read address of DINT_RAM_1
rcount_1 RCOUNT_1 (
    .Q(Q_1),
    .CLK(DINT_CLK),
    .CE(REN_1),
.ACLR(RST));
/*******************1st interleaver*****************/
always @ (negedge DINT_RST or posedge DINT_CLK)
if (! DINT_RST)
begin
WAC_1<=1'b0;
WA_1<=10'b0000000000;
WEN_1<=1'b0;
DIN_1<=1'b0;
REN_1<=1'b0;
DINT_RDY_1<=1'b0;
end
else
```

```
begin
  case (MODE)
2'b10:
begin
    if (ND)
begin
    if (! WAC_1)// input data write in the BRAM first half part and the end alternatively, un-
der control of WAC_1.
WA_1<=(INDEX[3:0]<<3)+(INDEX[3:0]<<2)+INDEX[8:4];
    else
WA_1<=(INDEX[3:0]<<3)+(INDEX[3:0]<<2)+INDEX[8:4]+192;
WEN_1<=1'b1;
DIN_1<=DIN;
if (INDEX==191)
begin
WAC_1<=~WAC_1;
REN_1<=1'b1;
end
end

else
begin
WA_1<=10'b0000000000;
WEN_1<=1'b0;

DIN_1<=1'b0;
end
if (Q_1==191 || Q_1==383)                    //finish read of BRAM
REN_1<=1'b0;

end

endcase


if (REN_1)

DINT_RDY_1<=1'b1;

else
```

```
DINT_RDY_1<=1'b0;

end

/*****************************************************************************
/
/****************************** DINT_RAM_2 ********************************/

// BRAM: depth is 32bits, as 2ed interleaver, change the write address too

dint_ram2
DINT_RAM_2 (
.A(WA_2),

.CLK(DINT_CLK),

.D(DIN_2),

.WE(WEN_2),

.DPRA(RA_2),

.QDPO_CLK(DINT_CLK),

.QDPO(DOUT_2),

.QSPO(QSPO),

.QDPO_RST(RST));

/****************************************************************************
/
/****************************** WCOUNT_2 ********************************/

count24 WCOUNT_2 (
.Q(Q_2),
.CLK(DINT_CLK),
```

```
.CE(DINT_RDY_1),
.ACLR(RST));

/* * * * * * * * * * * * * * * * * * * * * * * * * * * * * * * * * * * * * * * * * *
* * * * * * * * * * * * * * * * * * * * * * * * * * * * * * * * * * * * * * * * *
/
/* * * * * * * * * * * * * * * * * * * * * * * * * * * * RCOUNT_2 * * * * * * * * *
* * * * * * * * * * * * * * * * * * * */

count24 RCOUNT_2 (
.Q(RA_2),

.CLK(DINT_CLK),

.CE(REN_2),

.ACLR(RST));

/* * * * * * * * * * * * * * * * * * * * * * * * * * * * * * * * * * * * * * * * * *
* * * * * * * * * * * * * * * * * * * * * * * * * * * * * * * * * * * * * * * * *
/
/* * * * * * * * * * * * * * * * * * * * * * * * * * * * * 2ed interleaver * * * * * *
* * * * * * * * * * * * * * * * * * * * * * * */

always @ (negedge DINT_RST or posedge DINT_CLK)

if (! DINT_RST)

begin
WEN_2<=1'b0;

DIN_2<=1'b0;

WAC_2<=1'b0;

WA_2<=5'b00000;

REN_2<=1'b0;

DINT_DV<=1'b0;

DINT_DOUT<=1'b0;
```

```
DINT_RDY<=1'b0;
end
else
begin
case (MODE)
  2'b10:
begin
if (DINT_RDY_1)                    //input data to the 2ed interleaver after finish the 1st interleaver
begin
  WEN_2<=1'b1;
DIN_2<=DOUT_1;
if (WAC_2)                         //process the input data, change the write address or not with 12bits cycle alternatively, under control of WAC_2
WA_2[4:1]<=Q_2[4:1];
WA_2[0]<=~Q_2[0];
end
else
WA_2<=Q_2;
end
else
begin
  WEN_2<=1'b0;
```

```
DIN_2<=1'b0;

end


if (Q_2==11 || Q_2==23)                                //finish write, begin to read
  begin

WAC_2<=~WAC_2;

REN_2<=1'b1;

end

  if (RA_2==23 && ! DINT_RDY_1)

REN_2<=1'b0;

end

endcase


if (REN_2)

DINT_DV<=1'b1;

else
    DINT_DV<=1'b0;


if (DINT_DV)                                           //data output

begin

DINT_DOUT<=DOUT_2;

DINT_RDY<=1'b1;

end

else
```

```
begin
  DINT_DOUT<=1'b0;

DINT_RDY<=1'b0;

end
  end
endmodule[1]
```

在CDMA移动通信的反向无线通信链路的移动通信设备终端信道电路中，沃尔什码的编码通过正交调制实现，这和CDMA移动通信前向链路的基站信道电路中使用沃尔什码的方式不同。在反向无线通信链路中，移动通信设备终端相互之间不能用沃尔什码来辨别，这是因为沃尔什码 W_0 和 W_1 和 W_2 和 W_3 有相同的起始时间、彼此正交，但是不同移动通信设备终端信号到达基站时有不同的传播延时，相互之间在时间上存在偏移量。当沃尔什码的元素具有偏移量时，接收端收到的偏移后的沃尔什码 W_{0S} 和 W_{1S} 和 W_{2S} 和 W_{3S} 就不再正交，如图4.3.58所示。

$$H_4=\begin{bmatrix}0&0&0&0\\0&1&0&1\\0&0&1&1\\0&1&1&0\end{bmatrix}\rightarrow H_{4S}=\begin{bmatrix}0&0&0&0\\1&0&1&0\\0&0&1&1\\0&0&1&1\end{bmatrix}=\begin{bmatrix}W_{0S}\\W_{1S}\\W_{2S}\\W_{3S}\end{bmatrix}$$

图4.3.58　沃尔什码偏移后不再正交

在图4.3.58中，矩阵 H_4 的元素相互正交，经过传播延时，产生偏移，成为矩阵 H_{4S}，此时的矩阵 H_{4S} 的元素已经偏移，不再正交。此时的验证结果如下：

$$\begin{aligned}&\overline{W_{2S}\times W_{0S}}=\overline{[1\ 1\ -1\ -1]\times[1\ 1\ 1\ 1]}=+1+1-1-1=0\\&\overline{W_{2S}\times W_{1S}}=\overline{[1\ 1\ -1\ -1]\times[-1\ 1\ -1\ 1]}=-1+1+1-1=0\\&\overline{W_{2S}\times W_{2S}}=\overline{[1\ 1\ -1\ -1]\times[1\ 1\ -1\ -1]}=+1+1+1+1=4\\&\overline{W_{2S}\times W_{3S}}=\overline{[1\ 1\ -1\ -1]\times[1\ 1\ -1\ -1]}=+1+1+1+1=4\end{aligned}\tag{4-17}$$

在式(4-17)中，矩阵 H_{4S} 的元素在 $i=j$ 时的结果是不为0的常数在 $i\neq j$ 时的结果也是不为0的常数。根据正交规则的要求，当 W_0 和 W_1 和 W_2 和 W_3 两两之间的乘积求和的结果，在 $i\neq j$ 时都为0，在 $i=j$ 时的结果是不为0的常数时，可以证明 W_0 和 W_1 和 W_2 和 W_3 相互正交。此时式(4-17)的结果表明矩阵 H_{4S} 的元素不符合正交规则，说明矩阵 H_{4S} 的元素不再正交。

沃尔什码在正确对齐、没有延时的时候，一定是正交码。在基站传输信号的发射端，沃尔什码用来帮助辨别不同的前向信道，但是移动通信设备终端相互之间有不同的传播延时，无法用同样的方法利用沃尔什码来辨别移动通信设备终端。伪随机噪声码序列是准正交或者近似正交码的序列，伪随机噪声码序列的元素乘积之和都接近 0，除非在 $i=j$ 时是常数，在反向无线通信链路的移动通信设备终端使用不同的长伪随机噪声码序列，长伪随机噪声码序列的长度大约是 4.4 万亿比特位，与此同时，基站传输信号的发射端使用同一个 32768 比特位的短伪随机噪声码序列在 64 个比特位片上的不同偏移量，辨别不同的蜂窝小区和扇区。

反向无线通信链路的沃尔什正交编码是沃尔什码 64 位的码调制，称为 64 元调制，64 个沃尔什码用于为 6 个交织符号增强编码，6 个交织码符号组成一组，可以作为一个十进制相等的数字 n 用 6 位二进制数字表示 0 至 63，沃尔什码 W_n 可以被传输发送，用于强大的 64 元编码，或者称为“调制”符号。交织码符号位经过沃尔什码调制输出…$W_{27}W_{19}$，扩频如图 4.3.59 所示。

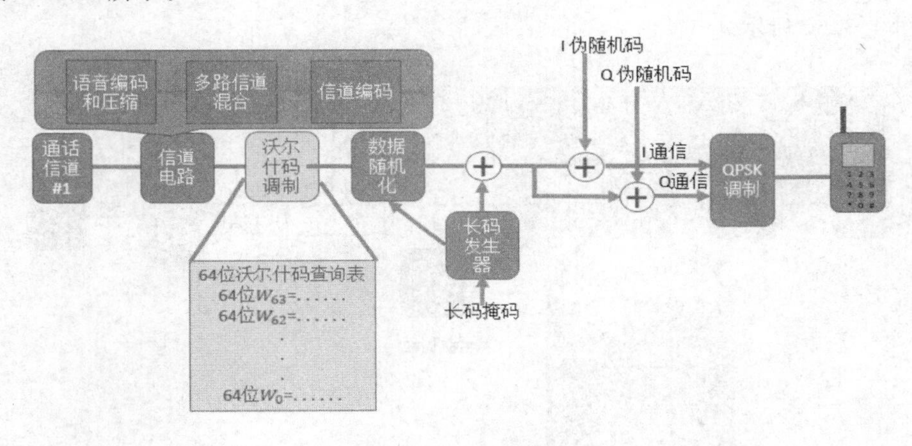

图 4.3.59　反向无线通信链路的沃尔什码调制

在图 4.3.59 中，从信道电路输出的是交织符号，在沃尔什码调制中按照 6 位二进制码组成一组代表一个十进制数字，这个十进制数字就是沃尔什码 W_n 的 n，在 64 位沃尔什码查询表中找到相应 64 位的 W_n，用 64 位的 W_n 代替这个 6 位二进制码。例如，当信道电路输出的是 101100011011000011，按照 6 位二进制码组成一组，右边最后 6 位二进制码是十进制数字 3，右边次 6 位二进制码是十进制数字 27，查找 64 位沃尔什码，找到相应的沃尔什码 W_3 和沃尔什码 W_{27}，用 64 位的沃尔什码 W_3 替换 000011，用 64 位的沃尔什码 W_{27} 替换 011011，以此类推，最后从沃尔什码调制输出的就是…$W_{27}W_3$ 这样调制后的比特位码。

这种 64 个沃尔什码调制信号从移动通信设备终端发送到自由空间，在 CDMA 移动通信基站接收到这样的 64 元沃尔什码调制信号的 W_0 到 W_{63}，根据 64 位沃尔什码查询表，把 64 位码组成一组，查询到相应的沃尔什码，立刻就可以知道十进制数字，转换为 6 位二进制码，就是原来的信道电路输出的交织码。但是经过自由空间传输，传输过程中经过路径延时、反射叠加等，最后在 CDMA 移动通信基站接收端同步接收，这些过程有可能造成误码，如果收到有误码的沃尔什码调制信号，就需要辨别出真正发送的 64 位沃尔什码是哪一个沃尔什码，这时可以采用 64 位沃尔什码来测试，如下：

$$被测试码_j=\overline{W_{接收到的}\times W_j},\ j=0,1,2,\cdots,63 \tag{4-18}$$

在式(4-18)中，把沃尔什码 W_j 作为测试依据，根据沃尔什码的正交性特点，在正交规则中，当 W_0 和 W_1 和 W_2 和 W_3 两两之间的乘积求和的结果，在 $i\neq j$ 时都为 0，在 $i=j$ 时的结果都不为 0 的常数时，可以证明 W_0 和 W_1 和 W_2 和 W_3 相互正交。如果此时 $W_{接收到的}$ 就是 W_j，即使有误码，式(4-18)中 $W_{接收到的}$ 和 W_j 乘积求和得到的结果，将会是最大的常数。与此同时，其他沃尔什码 W_0 和 W_1 和 W_2 和 W_3 等，和 $W_{接收到的}$ 乘积求和得到的结果，将会接近于 0，如果没有误码，这个结果一定是 0，这样 CDMA 移动通信基站就能够根据收到的 64 元沃尔什码调制信号，"解调"出移动通信设备终端的信道电路输出的交织码符号。

在 CDMA 移动通信反向无线通信链路进行沃尔什码调制之后，还需要进行数据随机化，如图 4.3.60 所示。

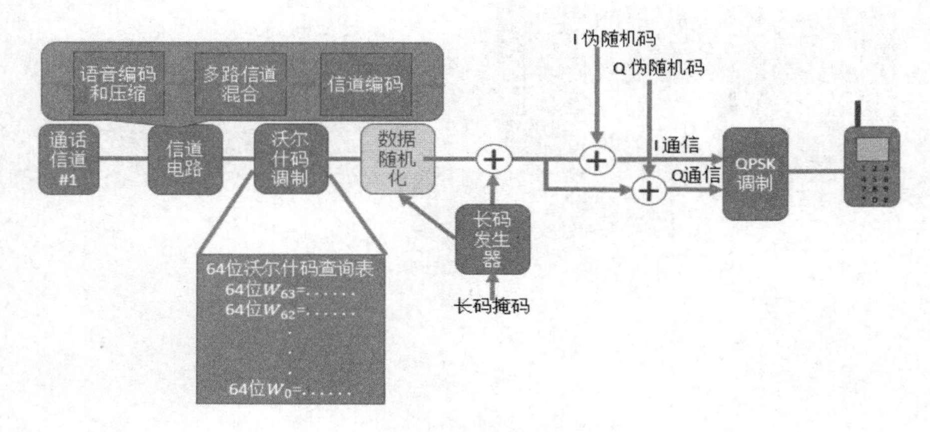

图 4.3.60　反向无线通信链路的数据随机化

在图 4.3.60 中，CDMA 移动通信反向链路的 64 个沃尔什码调制信号需要进行长码参与的数据随机化，然后才能和沃尔什码异或，产生 I 和 Q 信号。这与 CDMA 移动通信前向链路的基站信道电路中的长码加扰和功率控制完全不同。

在 CDMA 移动通信前向链路的信道电路中，在完成长码加扰和功率控制后，才能和沃尔什码异或，产生 I 和 Q 信号。根据 ANSI-95 的要求，加扰是对长码的加扰，私密性和安全性的加强都依靠一个被修改过的独特的加扰长码分配给一个用户来实现，采用的方式有 2 种：一种是移动通信设备终端的电子序列号码置换的公共长码掩码；另一种是利用"蜂窝身份验证和语音加密"的密码学算法的个人长码掩码，这是在美国数字蜂窝和个人通信系统标准中特定使用。"蜂窝身份验证和语音加密"由国际武器管制交通和出口管制共同控制，使用共享秘密数据的 64 位 A 做身份验证、共享秘密数据的 64 位 B 做语音隐私和信息加密处理。长码发生器产生长码的长度是 4.41 万亿比特位，持续 41.4 天，然后重复，传输速率是 1 秒传输 1.2288 兆比特位片。

在 CDMA 移动通信信道电路的通话信道的公共长码掩码来自于移动通信设备终端的电子序列号码，如果移动通信设备终端的 32 位电子序列号码是：

$E_{31}E_{30}E_{29}E_{28}E_{27}E_{26}E_{25}E_{24}E_{23}E_{22}E_{21}E_{20}E_{19}E_{18}E_{17}E_{16}E_{15}E_{14}E_{13}E_{12}E_{11}E_{10}E_{9}E_{8}E_{7}E_{6}E_{5}E_{4}E_{3}E_{2}E_{1}E_{0}$

那么移动通信设备终端的独特的公共长码掩码就是：

$1100011000E_{0}E_{31}E_{22}E_{13}E_{4}E_{26}E_{17}E_{8}E_{30}E_{21}E_{12}E_{3}E_{25}E_{16}E_{7}E_{29}E_{20}E_{11}E_{2}E_{24}E_{15}E_{6}E_{28}E_{19}E_{10}E_{1}E_{23}E_{14}E_{5}E_{27}E_{18}E_{9}$

这种置换确保具有连续或者相似电子序列号码的移动通信设备终端能够使用完全不同的长码。

CDMA 移动通信基站信道电路发射器的子信道功率控制主要是移动通信设备终端的自适应功率控制，根据移动通信设备终端的信号在基站测量得到的信号强度，以及开环功率控制机能的调整，通知移动通信设备终端提高或者降低 1dB，也就是大约 26％的功率。采用以 800b/s 的速率，每隔 1.25 毫秒发送一次功率控制位的 1 个比特位的方式，替换 2 个卷积码的符号，被称为“符号碎片”。使用长码时，哪 2 位比特位的符号被替换是被明确定义为随机进行。

CDMA 移动通信基站信道电路发射器的沃尔什码传输速率是 1.2288Mc/s，沃尔什码扩展产生了 64 个独特的信道。如图 4.3.61 所示。

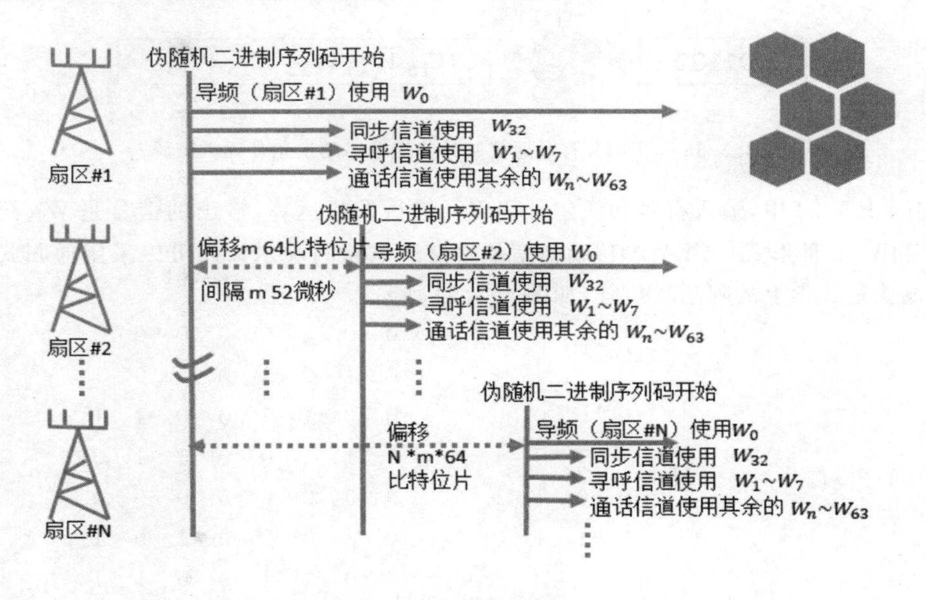

图 4.3.61　64 个沃尔什码产生 64 个信道

在图 4.3.61 中，64 个沃尔什码在蜂窝小区的每个扇区允许 64 个信道工作，扇区的射频载波是 1.25MHz，一个扇区的 64 个信道是由 64 个不同的沃尔什码和扇区的导频短伪随机序列码及其偏移量组合产生。CDMA 移动通信技术中，信道电路的沃尔什扩频和沃尔什信道正交化都是由沃尔什码实现的。卷积编码的符号被沃尔什码替换的同时，64 个沃尔什比特位片实现了因数为 64 的扩频，而且在速率为 1/2 卷积编码的基础上，再实现 2 倍的扩频；CDMA 移动通信基站信道使用 64 个沃尔什码中的 1 个进行沃尔什信道正交，这也允许在一个单独 CDMA 基站射频载波中正交组合 64 个信道。沃尔什码扩频的实现也是通过异或算法，64 比特位长度的沃尔什码 $W_{15}=01101001\cdots0110$ 时，扩频如图 4.3.62 所示。

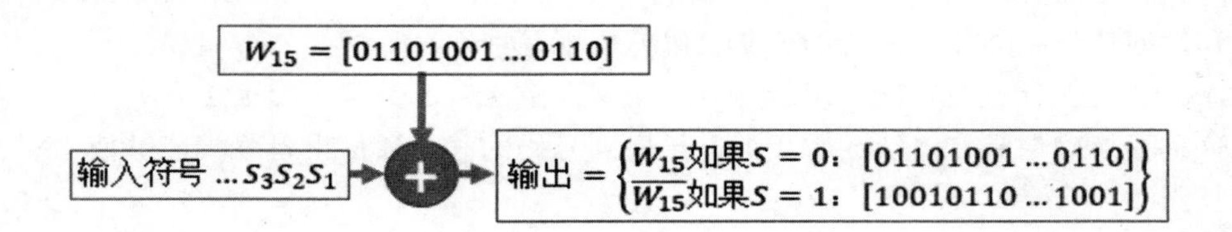

图 4.3.62　CDMA 移动通信基站信道电路的沃尔什码扩频

在图 4.3.62 中，64 个沃尔什码的 W_{15} 对符号进行异或运算，输出正交的信号。扩频的编码如图 4.3.63 所示。

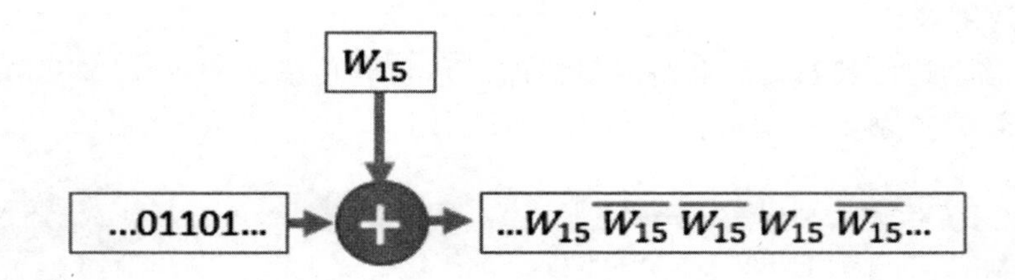

图 4.3.63　CDMA 移动通信基站信道电路的沃尔什码扩频码

在图 4.3.63 中，输入符号和沃尔什码 W_{15} 进行异或运算，输出的信号是 W_{15} 沃尔什码 W_{15} 和 $\overline{W_{15}}$ 2 种形式。CDMA 移动通信基站信道电路的沃尔什码可以采用递归式过程产生，也就是数学上的阿达玛矩阵，如图 4.3.64 所示。

$$H_2=\begin{matrix}0 & 0\\0 & 1\end{matrix}\quad H_4=\begin{matrix}0&0&0&0\\0&1&0&1\\0&0&1&1\\0&1&1&0\end{matrix}\quad H_8=\begin{matrix}0&0&0&0&0&0&0&0\\0&1&0&1&0&1&0&1\\0&0&1&1&0&0&1&1\\0&1&1&0&0&1&1&0\\0&0&0&0&0&0&0&0\\0&1&0&1&0&1&0&1\\0&0&1&1&0&0&1&1\\0&1&1&0&0&1&1&0\end{matrix}$$

图 4.3.64　CDMA 移动通信基站信道电路的沃尔什码矩阵

在图 4.3.64 中，$H_1=0$，递归推导得到 2×2 阶矩阵 H_2、4×4 阶矩阵 H_4 和更多沃尔什码的 H_8。例如，H_4 是由(W_0，W_1，W_2，W_3)组成的 4×4 阶矩阵，如果“0”用“+1”表示，“1”用“−1”表示，任何两行相乘再相加的结果都符合如下正交规则：

$$\sum(W_i \times W_j) = \begin{cases}A\ \text{常数}, & \text{当且仅当}\ i = j\\ 0, & \text{当且仅当}\ i \neq j\end{cases} \tag{4.19}$$

在式(4.19)中,当 $i=j$ 时,累加 2 行的乘积,得到的是常数;当 $i \neq j$ 时,累加 2 行的乘积,得到的是 0。此时,4×4 阶矩阵 H_4 和沃尔什码的关系如图 4.3.65 所示。

$$H_4 = \begin{bmatrix} 0 & 0 & 0 & 0 \\ 0 & 1 & 0 & 1 \\ 0 & 1 & 1 & 0 \end{bmatrix} = \begin{bmatrix} W_0 \\ W_1 \\ W_2 \\ W_3 \end{bmatrix}$$

图 4.3.65　沃尔什码的 4×4 阶矩阵

在图 4.3.65 中,4×4 阶矩阵 H_4 是包含 4 个沃尔什码 W_0,W_1,W_2,W_3 的矩阵。4 列沃尔什码符合正交规则。当且仅当 $i=j$ 时,两行相乘,再相加,结果是常数。同理,H_8,H_{16},H_{32},H_{64}矩阵的沃尔什码也符合正交规则,因此产生沃尔什码 64 个信道的码相互正交。根据 ANSI-95 的规定,64 沃尔什码的排列符合正交规则。如果用“+1”代替“0”,用“-1”代替“1”,任何两行相乘,再相加,结果都完全符合正交原则,即当且仅当 $i=j$ 时,结果为常数,其余情况的结果都为 0。

在 CDMA 移动通信反向无线通信链路中,移动通信设备终端有自己的功率门限。在较低数据速率的帧包含有重复的符号,这些重复的符号在 CDMA 移动通信的前向信道中传输时,基站使用的是较低的功率进行传输,在 CDMA 移动通信的反向信道中传输时,对于移动通信设备终端来说,一种情况是最好能够在重复的符号传输期间,降低移动通信设备终端的传输功率,或者使用简单的移动通信设备终端发射器传输重复的符号;另一种情况是最好能够在重复的符号传输期间,使移动通信设备终端能够随机发送数据触发,对其他移动通信设备终端的干扰能够更加随机。因此,CDMA 移动通信的前向信道和反向信道都能够降低对其他通话的干扰,从而实现同时允许和支持更多的通话数量、增加容量的优势。

在 CDMA 移动通信中符号碎片是一个工作状态,用于删除重复的符号,也用于关闭移动通信设备终端的发射器。运行周期控制是 CDMA 移动通信的另一个工作状态,用于描述移动通信设备终端发射器工作时间的百分比。运行周期为 100%是 14400b/s 或 9600b/s 的全速率信道,50%是 7200b/s 或 4800b/s 的半速率信道,25%是 3600b/s 或 2400b/s 的四分之一速率信道,12.5%是 1800b/s 或 1200b/s 的八分之一速率信道。CDMA 移动通信的反向无线通信链路中,数据触发的随机化主要实现的功能有 2 个:一是对所有的重复符号的传输期间关闭移动通信设备终端的发射器;二是对移动通信设备终端发送的数据触发随机化,具体是把 20ms 帧分成 16 个长度为 1.25ms 的功率控制组,在满足移动通信设备终端的帧需要满足的运行周期控制状态的数据速率时,在 16 个功率控制组中随机分配需要发送的数据触发。如图 4.3.66 所示。

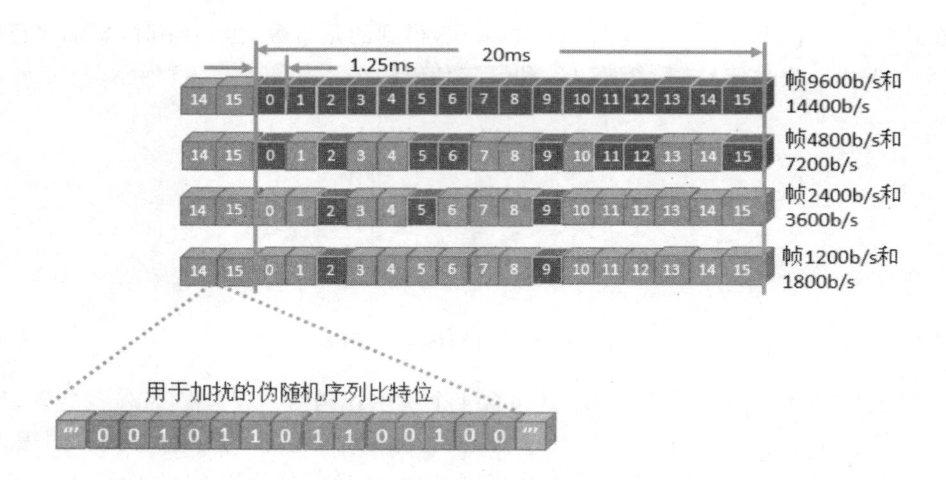

图 4.3.66　反向无线通信链路数据触发的随机化处理

在图 4.3.66 中，一帧数据 20ms 的长度，平均分为 16 个长度为 1.25ms 的功率控制组，按照全速率、半速率、四分之一速率、八分之一速率传输时对应的运行周期控制要求，随机分配数据触发，实现数据随机化处理，降低对其他通话的干扰。

在 CDMA 移动通信的反向无线通信链路中，移动通信设备终端的通话信道经过信道电路、沃尔什码调制和数据触发的随机化处理之后，需要进行移动通信设备终端的长码生成和掩码处理。如图 4.3.67 所示。

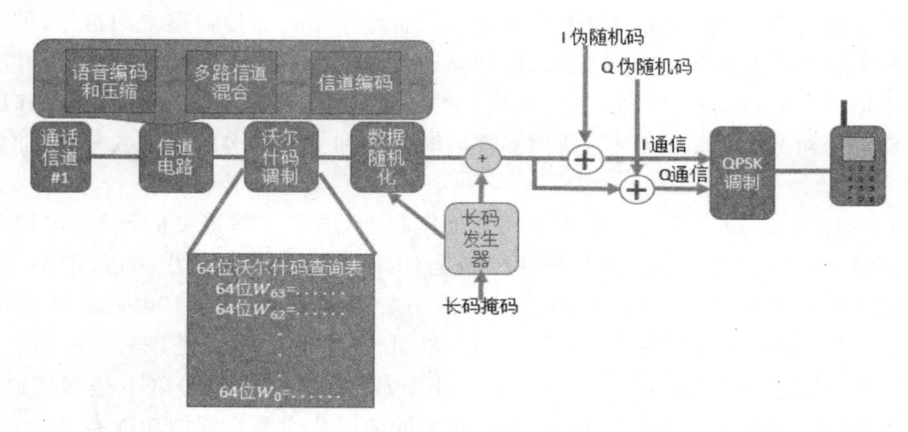

图 4.3.67　反向无线通信链路的长码生成和处理

在图 4.3.67 中，CDMA 移动通信的反向无线通信链路的移动通信设备终端根据长码的掩码产生长码，用于数据触发的随机化处理和对通信数据的异或处理，目的和 CDMA 移动通信的前向无线通信链路基站的长码加扰不同。

CDMA 移动通信的前向无线通信链路基站的长码掩码有 2 种：一种移动通信设备终端的电子序列号码置换的公共长码掩码；另一种是利用“蜂窝身份验证和语音加密”的密码学算法的个人长码掩码，主要实现长码加扰和功率控制，数据速率成为 19.2Ks/s 的信息,然后和一个1.2288兆比特位片的沃尔什码异或,得到I和Q两路通话信息。

CDMA移动通信的反向无线通信链路的移动通信设备终端的长码实现的是频谱扩展的功能。移动通信设备终端输入到数据触发随机化处理的数据是307.2Ks/s,也就是:14.4Kb/s×2交织符号/比特位×64沃尔什调制符号/6信道编码符号=307.2Ks/s,这时长码生成器产生的长码速率是1.2288兆比特位片/s,于是长码实现了数据触发随机化到1.2288兆比特位片/s数据流生成的频谱扩展。

在CDMA移动通信的反向无线通信链路中,移动通信设备终端的信道只有2种:一种是通话信道;另一种是接入信道。通话信道的长码如图4.3.68所示。

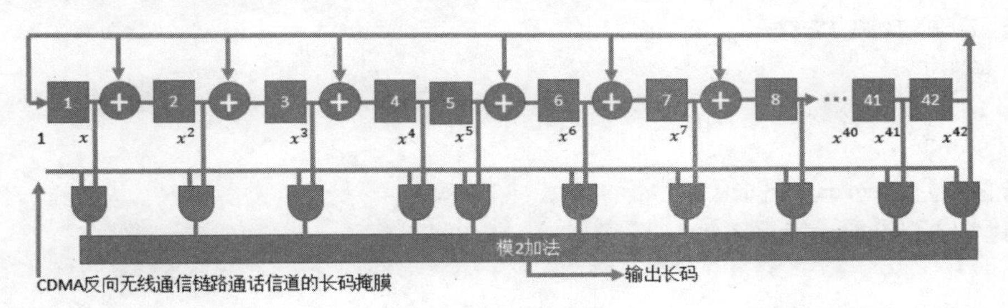

图4.3.68 反向无线通信链路通话信道的长码

在图4.3.68中,通话信道的长码是用长码掩膜修改基本长码产生的长码。通话信道的42位长码既可以是“公共的”长码掩膜,也可以是“私人的”长码掩膜,“公共的”长码掩膜是移动通信设备终端的32位电子序列号码置换的公共长码掩码;“私人的”长码掩膜是利用蜂窝加密算法和共享秘密数据得到的个人长码掩码。

在CDMA移动通信的反向无线通信链路中,移动通信设备终端的接入信道的长码如图4.3.69所示。

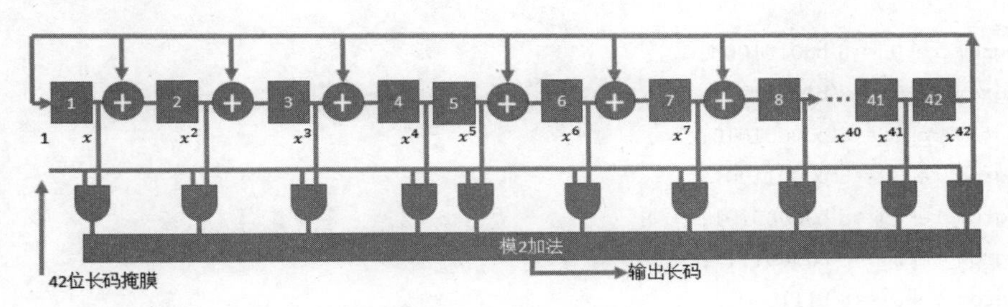

图4.3.69 反向无线通信链路接入信道的长码

在图4.3.69中,接入信道的长码是用长码掩膜修改基本长码产生的长码。接入信道的42位长码掩膜是由参数组合决定的,包括1至7辅助寻呼信道在25至27比特位,还包括接入信道不止一个时,随机选择的接入信道,在28至32比特位,还包括基站身份编号的其他参数。

长码的FPGA代码如下:

```
module LONG_generator(RESET,FFT_CLK,LONG_ACK,LONG_RE,LONG_IM,LONG_INDEX,LONG_DV);
    input RESET;
```

```
input FFT_CLK;
input LONG_ACK;
output [7:0] LONG_RE;
output [7:0] LONG_IM;
output [7:0] LONG_INDEX;
output LONG_DV;

reg [7:0] LONG_RE;
reg [7:0] LONG_IM;
reg [7:0] LONG_INDEX;
reg LONG_DV;
reg[1:0] i;
reg[5:0] j;
reg [7:0] longrom_re [63:0];
reg [7:0] longrom_im [63:0];

always @ (negedge RESET or posedge FFT_CLK)   //registers initialize
if (! RESET)
begin
  i=0;
  j=0;
  LONG_RE=0;
  LONG_IM=0;
  LONG_INDEX=0;
  LONG_DV=0;

longrom_re[0]=8'b00101000;
longrom_re[1]=8'b11111111;
longrom_re[2]=8'b00001010;
longrom_re[3]=8'b00011001;
longrom_re[4]=8'b00000101;
longrom_re[5]=8'b00001111;
longrom_re[6]=8'b11100011;
longrom_re[7]=8'b11110110;
longrom_re[8]=8'b00011001;
longrom_re[9]=8'b00001110;
longrom_re[10]=8'b00000000;
longrom_re[11]=8'b11011101;
longrom_re[12]=8'b00000110;
longrom_re[13]=8'b00001111;
longrom_re[14]=8'b11111010;
longrom_re[15]=8'b00011111;
```

```
longrom_re[16]=8'b00010000;
longrom_re[17]=8'b00001001;
longrom_re[18]=8'b11110001;
longrom_re[19]=8'b11011110;
longrom_re[20]=8'b00010101;
longrom_re[21]=8'b00010010;
longrom_re[22]=8'b11110001;
longrom_re[23]=8'b11110010;
longrom_re[24]=8'b11110111;
longrom_re[25]=8'b11100001;
longrom_re[26]=8'b11011111;
longrom_re[27]=8'b00010011;
longrom_re[28]=8'b11111111;
longrom_re[29]=8'b11101000;
longrom_re[30]=8'b00010111;
longrom_re[31]=8'b00000011;
longrom_re[32]=8'b11011000;
longrom_re[33]=8'b00000011;
longrom_re[34]=8'b00010111;
longrom_re[35]=8'b11101000;
longrom_re[36]=8'b11111111;
longrom_re[37]=8'b00010011;
longrom_re[38]=8'b11011111;
longrom_re[39]=8'b11100001;
longrom_re[40]=8'b11110111;
longrom_re[41]=8'b11110010;
longrom_re[42]=8'b11110001;
longrom_re[43]=8'b00010010;
longrom_re[44]=8'b00010101;
longrom_re[45]=8'b11011110;
longrom_re[46]=8'b11110001;
longrom_re[47]=8'b00001001;
longrom_re[48]=8'b00010000;
longrom_re[49]=8'b00011111;
longrom_re[50]=8'b11111010;
longrom_re[51]=8'b00001111;
longrom_re[52]=8'b00000110;
longrom_re[53]=8'b11011101;
longrom_re[54]=8'b00000000;
longrom_re[55]=8'b00001110;
longrom_re[56]=8'b00011001;
longrom_re[57]=8'b11110110;
```

```
longrom_re[58]=8'b11100011;
longrom_re[59]=8'b00001111;
longrom_re[60]=8'b00000101;
longrom_re[61]=8'b00011001;
longrom_re[62]=8'b00001010;
longrom_re[63]=8'b11111111;

longrom_im[0]=8'b00000000;
longrom_im[1]=8'b11100001;
longrom_im[2]=8'b11100100;
longrom_im[3]=8'b00010101;
longrom_im[4]=8'b00000111;
longrom_im[5]=8'b11101010;
longrom_im[6]=8'b11110010;
longrom_im[7]=8'b11100101;
longrom_im[8]=8'b11111001;
longrom_im[9]=8'b00000001;
longrom_im[10]=8'b11100011;
longrom_im[11]=8'b11110100;
longrom_im[12]=8'b11110001;
longrom_im[13]=8'b11111100;
longrom_im[14]=8'b00101001;
longrom_im[15]=8'b11111111;
longrom_im[16]=8'b11110000;
longrom_im[17]=8'b00011001;
longrom_im[18]=8'b00001010;
longrom_im[19]=8'b00010001;
longrom_im[20]=8'b00011000;
longrom_im[21]=8'b00000100;
longrom_im[22]=8'b00010101;
longrom_im[23]=8'b11111010;
longrom_im[24]=8'b11011001;
longrom_im[25]=8'b11111100;
longrom_im[26]=8'b11111011;
longrom_im[27]=8'b11101101;
longrom_im[28]=8'b00001110;
longrom_im[29]=8'b00011101;
longrom_im[30]=8'b00011011;
longrom_im[31]=8'b00011001;
longrom_im[32]=8'b00000000;
longrom_im[33]=8'b11100111;
longrom_im[34]=8'b11100101;
longrom_im[35]=8'b11100011;
```

```
longrom_im[36]=8'b11110010;
longrom_im[37]=8'b00010011;
longrom_im[38]=8'b00000101;
longrom_im[39]=8'b00000100;
longrom_im[40]=8'b00100111;
longrom_im[41]=8'b00000110;
longrom_im[42]=8'b11101011;
longrom_im[43]=8'b11111100;
longrom_im[44]=8'b11101000;
longrom_im[45]=8'b11101111;
longrom_im[46]=8'b11110110;
longrom_im[47]=8'b11100111;
longrom_im[48]=8'b00010000;
longrom_im[49]=8'b00000001;
longrom_im[50]=8'b11010111;
longrom_im[51]=8'b00000100;
longrom_im[52]=8'b00001111;
longrom_im[53]=8'b00001100;
longrom_im[54]=8'b00011101;
longrom_im[55]=8'b11111111;
longrom_im[56]=8'b00000111;
longrom_im[57]=8'b00011011;
longrom_im[58]=8'b00001110;
longrom_im[59]=8'b00010110;
longrom_im[60]=8'b11111001;
longrom_im[61]=8'b11101011;
longrom_im[62]=8'b00011100;
longrom_im[63]=8'b00011111;

end
//*************************************
else
begin
if (LONG_ACK)
begin
LONG_INDEX=LONG_INDEX+1;
//Add cyclic guard//
if (i==0)
if (j<31)
  begin
LONG_RE=longrom_re[j+32];
LONG_IM=longrom_im[j+32];
LONG_DV=1;
```

```
  if (i==0&j==0)
    begin     //multiplied by the window function
    LONG_RE=8'b11101100;
  end
    j=j+1;
  end
  else
  begin
  LONG_RE=longrom_re[j+32];
  LONG_IM=longrom_im[j+32];
  LONG_DV=1;
  j=0;
  i=i+1;
  end
  else if (i>0&i<=2)
  if (j<63)
  begin
  LONG_RE=longrom_re[j];
  LONG_IM=longrom_im[j];
  LONG_DV=1;
    j=j+1;
  end
else
  begin
  LONG_RE=longrom_re[j];
  LONG_IM=longrom_im[j];
  LONG_DV=1;
  j=0;
  i=i+1;
  end
else
  begin
  i=0;
  LONG_RE=longrom_re[j]>>1;   //multiplied by the window function
  LONG_IM=longrom_im[j]>>1;
  end
  end
  else
    begin
    i=0;
    j=0;
    LONG_RE=0;
    LONG_IM=0;
```

```
    LONG_INDEX=0;
    LONG_DV=0;
    end
  end
endmodule
```

CDMA移动通信的反向无线通信链路在传输速率为9600b/s的比特位和符号速率，如图4.3.70所示。

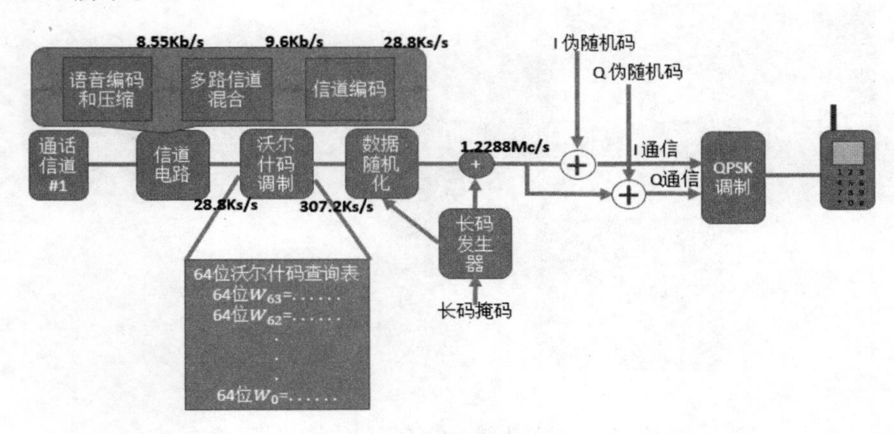

图4.3.70 反向无线通信链路的9600b/s传输速率

在图4.3.70中，CDMA移动通信的反向无线通信链路在语音编码和压缩之后比特位速率是8.55Kb/s，多路信道混合之后比特位速率是9.6Kb/s，信道编码分组交织之后符号速率是28.8Ks/s，沃尔什码调制之后符号速率是307.2Ks/s，长码异或之后实现频谱扩展，数据速率每秒传输是1.2288兆比特位片。

CDMA移动通信的反向无线通信链路在传输速率为14400b/s的比特位和符号速率，如图4.3.71所示。

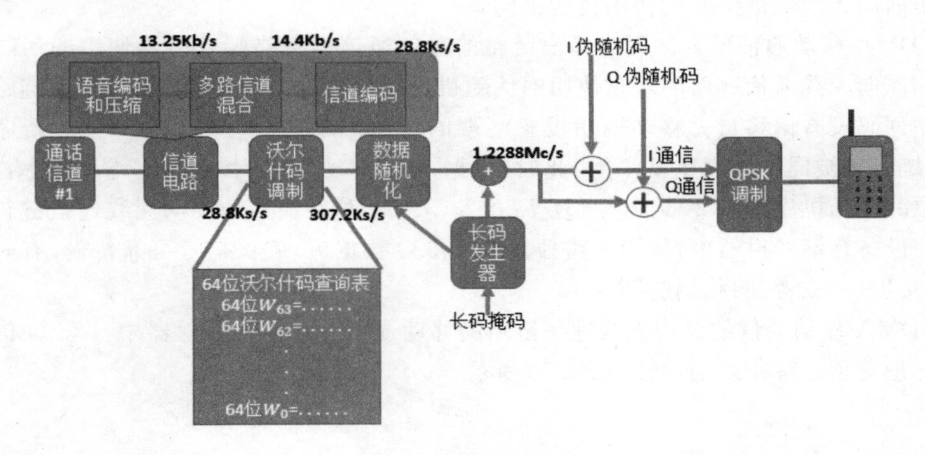

图4.3.71 反向无线通信链路的14400b/s传输速率

在图 4.3.71 中,CDMA 移动通信的反向无线通信链路在语音编码和压缩之后比特位速率是 13.25Kb/s,多路信道混合之后比特位速率是 14.4Kb/s,信道编码分组交织之后符号速率是 28.8Ks/s,沃尔什码调制之后符号速率是 307.2Ks/s,长码异或之后实现频谱扩展,数据速率是 1.2288 兆比特位片/s。

在 CDMA 移动通信的反向无线通信链路中,移动通信设备终端的发射器有 I 伪随机码和 Q 伪随机码与数据异或,如图 4.3.72 所示。

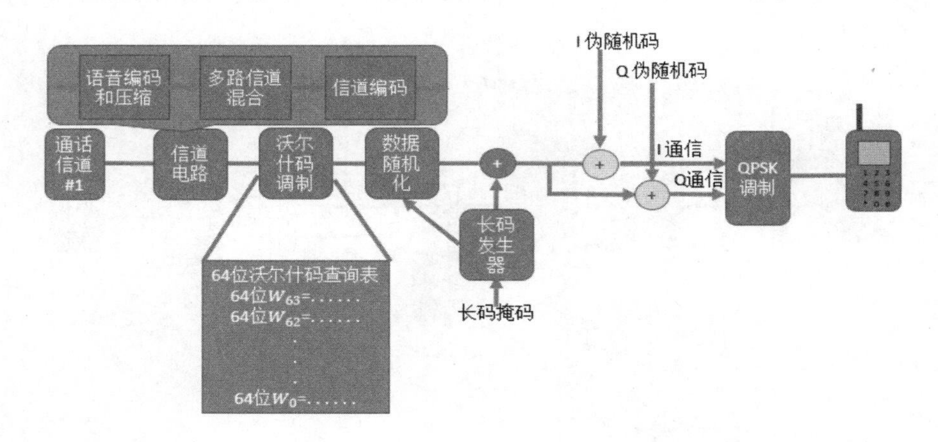

图 4.3.72　反向无线通信链路的伪随机码功能

在图 4.3.72 中,反向无线通信链路的移动通信设备终端用 I 和 Q 伪随机码与数据异或,形成 I 通话信息和 Q 通话信息。

在 CDMA 移动通信前向无线通信链路中,基站传输信号的发射端使用同一个 32768 比特位的短伪随机噪声码序列的在 64 个比特位片上的不同偏移量,辨别不同的蜂窝小区和扇区;长伪随机新科码实现对通话信道和接入信道的频谱扩展。在 CDMA 移动通信的反向无线通信链路中,移动通信设备终端发射器的伪随机序列码的使用目的和 CDMA 移动通信前向无线通信链路的使用目的不同,

CDMA 移动通信的反向无线通信链路的移动通信设备终端发射器使用的伪随机序列码和前向无线通信链路的基站使用的伪随机序列码相同,但是反向无线通信链路的伪随机序列码没有偏移量。移动通信设备终端的伪随机序列是与偶数秒产生的新序列同步,系统时间被同步信道重复广播,此时,根据 1.2288 兆比特片/s 的比特片速率,32768 比特位的伪随机序列在 2 秒钟内重复 75 次。CDMA 移动通信的反向无线通信链路的移动通信设备终端发射器中,使用 2 路独立的 I 和 Q 数据流,确保信号可靠传输,有时被称为“正交扩展”或者“四相调制”。

CDMA 移动通信的反向无线通信链路的移动通信设备终端发射器中,I 和 Q 信号需要进行正交相移键控调制,如图 4.3.73 所示。

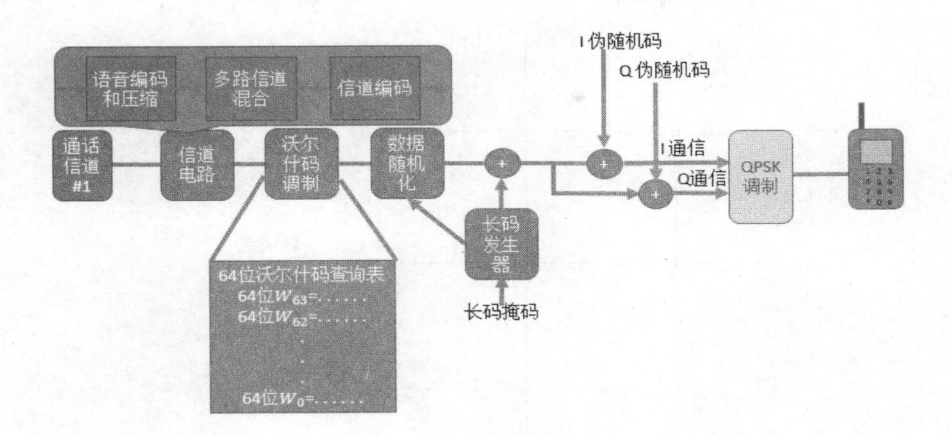

图 4.3.73　反向无线通信链路的正交相移键控调制

在图 4.3.73 中,速率为 1.2288 兆比特片/s 的数据和伪随机序列码异或后,在移动通信设备终端发射器的正交相移键控调制器中调制,然后通过天线发送到自由空间。

正交相移键控的数字电路是由加法器和乘法器对正弦信号和余弦信号进行处理得到的,如图 4.3.74 所示。

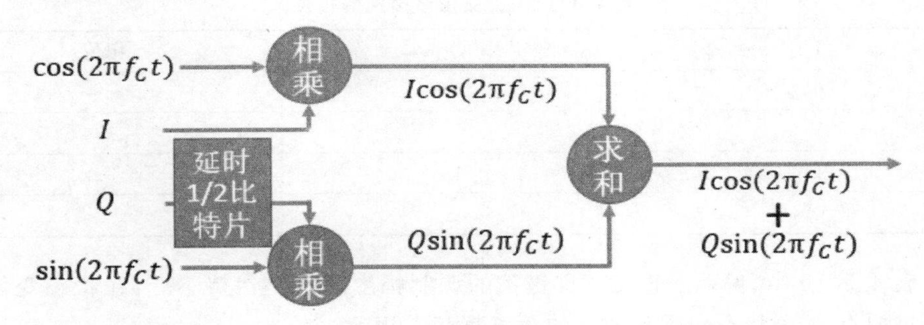

图 4.3.74　反向无线通信链路的正交相移键控调制电路

在图 4.3.74 中,两路基本的无线电信号的载波相位角相差 90°,因而被称为“正交”相移键控。I 和 Q 两路信号代表“+1”和“−1”的二进制码,“+1”代表二进制 0,“−1”代表二进制 1,QPSK 正交相移键控等同于双路二进制相移键控。Q 数据流相对于 I 数据流延时 1/2 比特位片的时间,I 数据流和 Q 数据流永远都不会同时变化,使偏移—正交相移键控调制器更加有效率,避免突发性的相位改变。

在 CDMA 移动通信的反向无线通信链路中,移动通信设备终端发射器使用的是偏移—正交相移键控调制。I 和 Q 信号之间有延时产生的时间偏移,永远都不会同时改变,

正交相移键控的相位为+45°、−45°、+135°和+135°的坐标表示“00”、“01”、“10”“11”,如图 4.3.75 所示。

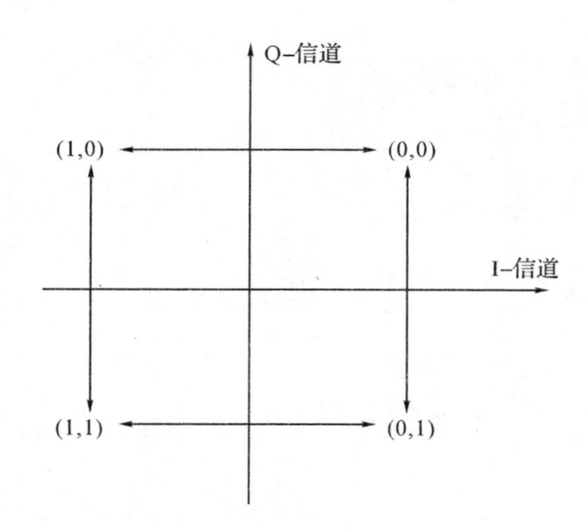

图 4.3.75　反向无线通信链路的偏移—正交相移键控

在图 4.3.75 中,以零度参考轴旋转 4 个不同角度,改变相位,代表 4 种偏移状态,如表 4.3.10 所示。

表 4.3.10　正交相移键控的相位

I	Q	相位
0	0	$\pi/4$
1	0	$3\pi/4$
1	1	$-3\pi/4$
0	1	$-\pi/4$

在表 4.3.10 中,偏移—正交相移键控的调制幅度基本是保持不变,在状态变化时都不会经过原点,4 个状态坐标和原点的距离都基本相等。

综上所述,在 CDMA 移动通信技术中,前向无线通信链路和反向无线通信链路的发射器结构不同,使用的工作信道不同,长码、短码和沃尔什码在前向无线通信链路和反向无线通信链路的用途也不相同。如表 4.3.11 所示。

表 4.3.11

	前向无线通信链路			反向无线通信链路		
	沃尔什码 1.2288Mc/s	短码 1.2288Mc/s	长码 19.2Ks/s	沃尔什码 307.2Ks/s	短码 1.2288Mc/s	长码 1.2288Mc/s
信道鉴别	√					√
基站鉴别		√				
沃尔什码重复使用		√				
私人加扰			√			√

续表

	前向无线通信链路			反向无线通信链路		
	沃尔什码 1.2288Mc/s	短码 1.2288Mc/s	长码 19.2Ks/s	沃尔什码 307.2Ks/s	短码 1.2288Mc/s	长码 1.2288Mc/s
64元编码调制				√		
产生QPSK的I和Q		√			√	
伪随机序列比特片		√			√	√

在表4.3.11中，基站鉴别和沃尔什码重复使用是前向无线通信链路独有的使用功能，64元编码调制和长码伪随机码比特片是反向无线通信链路独有的使用功能。

4.4 CDMA移动通信技术的关键工程参数

4.4.1 CIR载波干扰比

通信系统性能很大程度上依赖于信号有噪声的比值SNR(Signal to Noise)，当信号相对于噪声表现很强时，通信系统的性能最佳；当SNR下降太多时，通信系统性能逐渐降低直到不可接受；可接受的通信系统性能，对应的SNR最小值，这个最小值由通信系统采用的技术决定。

在个人通信系统和蜂窝系统中，干扰比噪声更加麻烦，共信道干扰是最大的问题，在蜂窝系统中频率复用带来很大干扰，例如，同时、多个用户、附近蜂窝小区的共信道或频率重复使用，所以载波干扰比值在个人通信系统、蜂窝系统中有更直接的影响。

在通信系统性能可接受的前提下，各个通信技术对应的最小载波干扰比各不相同。AMPS在7蜂窝小区频率复用时，最小载波干扰比在63或者18dB；TDMA数字个人通信系统在7蜂窝小区频率复用时，最小载波干扰比在40或者16dB；GSM和PCS1900在4蜂窝小区频率复用时，最小载波干扰比在16或者12dB；CDMA数字个人通信系统在所有的蜂窝小区和扇区全部频率都复用时，9.6Kb/s数据速率信道的最小载波干扰比在0.05或者−13dB，14.4Kb/s数据速率信道的最小载波干扰比在0.07或者−11.5dB。

简化计算CDMA移动通信技术的系统容量是1/载波干扰比CIR。在单独一个独立的蜂窝小区内，所有的CDMA信号全部都是“噪声”，是伪随机序列码的噪声；所有的移动通信设备终端信号都是相同的功率被基站接收，一是需要避免太近或太远的问题；二是实现基站1.25ms发送自适应功率控制信息，使移动通信设备终端的功率步进是1dB；在这些条件下，如果蜂窝同时支持N个CDMA通话，基站接收到每一个移动通信设备终端的功率是P_m，那么在基站接收到的理想信号的载波功率是P_m，干扰是其他$(N-1)$个移动通信设备终端发射功率的总和$(N-1)P_m$，因此，噪声干扰比$=P_m/(N-1)P_m=1/(N-1)$

$\approx 1/N$，或者 $N=1/\text{CIR}$。

简化计算的CDMA移动通信技术系统容量的公式，在一个单独CDMA蜂窝小区，CDMA移动通信在14.4Kb/s信道，需要最小载波干扰比CIR在0.07或者−11.5dB，系统容量 $N=1/\text{CIR}\approx 14$ 个通话（一个1.25NHz载波上的数量）；CDMA移动通信在9.6Kb/s信道，需要最小载波干扰比CIR在0.05或者−13dB，系统容量 $N=1/\text{CIR}\approx 20$ 个通话（一个1.25NHz载波上的数量）。

4.4.2 信噪比 E_b/I_0 或者 E_b/N_0

在模拟通信系统中，通常使用特性参数载波干扰比CIR，但是在数字无线通信系统中，E_b/N_0 更适合说明通信系统的性能，E_b 是接收到的一位比特位的信号能量；N_0 是噪声功率密度（或者说是带宽1Hz的噪声功率）。E_b/I_0 是个人通信系统或者蜂窝通信系统更直接相关的参数，I_0 是干扰功率密度，"信噪比"因为发音容易上口，所以在口头语言中经常使用。

E_b/I_0 和载波干扰比CIR之间具有的联系可以用下列公式表示：

$$\frac{E_b}{I_0}=\frac{\text{接收到的 1 比特位移动通信设备终端的能量}}{\text{1 赫兹带宽的干扰功率密度}}$$

$$=\frac{\dfrac{P_m}{R}}{\dfrac{I_{Tot}}{W}}=\left(\frac{P_m}{I_{Tot}}\right)\times\left(\frac{W}{R}\right)=\text{CIR}\times(\text{处理增益}) \tag{4.20}$$

式中：P_m 的单位是能量/秒；R 的单位是比特位/秒；I_{Tot} 是总干扰功率；W 是CDMA载波的带宽。所以有：

$$\text{CIR}=\frac{E_b/I_0}{W/R} \tag{4.21}$$

因为CDMA系统容量 N 为 $1/\text{CIR}$，所以得到：

$$N=1/\text{CIR}=\frac{W/R}{E_b/I_0}=\frac{\text{处理增益}}{E_b/I_0} \tag{4.22}$$

在式(4.22)中，CDMA系统容量 N 越大，要求 E_b/I_0 越小。CDMA通信系统质量的提高依赖于较大的 E_b/I_0 和较高的移动通信设备终端的发射功率（发射功率的增加可以增大单位比特位上的能量），但是 E_b/I_b 的增加会减少系统容量 N。

4.4.3 误帧率(Frame Error Rate，FER)

CDMA通信系统的语音质量的衡量是一个通信系统工作状态的主观判断，语音质量和帧出错的比例有紧密的关联，帧是20ms语音包，在一个或多个出错的比特位出现时，帧会被破坏得很严重，这时候帧可能被"擦除"或"丢弃"。

误帧率和质量有直接的关联，"可接受"的质量要求达到的典型误帧率指标是FER＜2%，较好的质量要求达到的典型误帧率指标是FER＜1%，在硬件上从初始信号来讲，主要取决于语音编码器如何处理误码和擦除帧，如何为用户产生主观感受到的语音声音。

既然用户主观感受到通话的质量，就需要对这个质量进行过程控制，CDMA 通信系统通过 3 种方式实现声音质量控制：一是在 CDMA 移动通信系统的基站监控 FER，同时在 CDMA 移动通信设备终端通过信息报告给基站实现对 FER 的监控；二是调制传输功率，为了理想的质量需要获得足够的 E_b/I_0，保持 FER 在一个期望的门限以内，这个门限可以根据系统控制的需要而改变；三是在系统容量和通话质量之间平衡。

在 CDMA 移动通信系统中，信噪比和载波干扰比的公式如下：

$$10\log\left(\frac{E_b}{I_0}\right)=10\log(CIR)+10\log(\text{处理增益}) \tag{4.23}$$

在式(4.23)中，信噪比、载波干扰比和处理增益都用统一的形式 dB 来表示。

在 CDMA 移动通信系统中 $W=1.2288$MHz，$R=14.4$Kb/s，于是就有处理增益＝$W/R=1228.8/14.4=85.29=19.3$dB，在“可接受”的质量条件有 CIR ＝－11.5dB，于是就有：

信噪比 $E_b/I_0=-11.5\text{dB}+19.3\text{dB}=7.8\text{dB}$，就是“可接受”的质量。

在 CDMA 移动通信系统中 $W=1.2288$MHz，$R=9.6$Kb/s，于是就有处理增益＝$W/R=1228.8/9.6=128=21$dB，“可接受”的质量条件有 CIR ＝－13dB，于是就有：

信噪比 $E_b/I_0=-13\text{dB}+21\text{dB}=8\text{dB}$，就是“可接受”的质量。

典型的信噪比 E_b/I_0 取值范围在 6 至 12dB 之间，信噪比 $E_b/I_0=4$ 时，$10\log4=6$dB，信噪比 $E_b/I_0=16$ 时，$10\log16=12$dB。为满足系统性能，达到所需要的信噪比 E_b/I_0，取决于很多影响因素，具体包括：需要的误码率，需要的误帧率（这里的帧是语音帧、数据帧或语音和数据帧）。

为了达到信噪比 E_b/I_0 的理想值，实现可接受的质量，信噪比 E_b/I_0 需要调整参数，获得理想的取值，例如，在很多通话中提高 I_0 将会提高误码率和误帧率，于是需要提高 E_b。E_b 的提高可通过提高 CDMA 通信系统的移动通信设备终端发射功率和 CDMA 移动通信系统的基站发送功率控制指令来实现。

4.4.4 系统容量

在 CDMA 移动通信系统中，系统容量 N 和信噪比 CIR 有直接关联，一个单独蜂窝小区近似的 CIR 式(4.24)和式(4.25)。

$$\text{CIR}=\frac{P_m}{I_{Tot}}=\frac{E_b/I_0}{W/R} \tag{4.24}$$

$$I_{Tot}=(N-1)P_m\approx N\times P_m \tag{4.25}$$

在改进的公式中，对于总干扰 I_{Tot} 需要更近似的表达，公式如下：

$$I_{Tot}=\frac{[(N-1)P_m]\times F}{G_A\times G_V}+N_0\times W \tag{4.26}$$

在式(4.26)中，$(N-1)P_m$ 是所有蜂窝小区的干扰，F 是大约为 1.6 的因数，来自其他蜂窝小区干扰，G_A 是扇区天线增益因子，对于 3 个扇区的值是 2.4，G_V 语音活动增益为 2.5，W 是 CDMA 射频载波扩展带宽 1.2288MHz，N_0 是 1Hz 的噪声功率。

F 代表的其他蜂窝小区干扰，在单独蜂窝小区的简化公式中被忽略，代表着 CDMA

移动通信系统“全部频率复用”的显著干扰；G_A 是代表的事实就是扇区天线减弱了其他扇区天线的大部分干扰，由于移动通信设备终端“看见”的仅仅是许许多多其他干扰的 1/3；G_V 代表的事实就是通话中“活动”的语音仅仅是 35%～40%，当通话处于安静的时候，CDMA 通信系统的可变速率语音压缩器允许传输的发射功率减少到原来的 1/8，这将会帮助干扰的减少和系统容量的提高；N_0W 代表背景噪声的“温度”，或者可以认为是无关的干扰。因此，改进后的系统容量公式如下：

$$\mathrm{CIR}=\frac{E_b/I_0}{W/R}=\frac{P_m}{I_{Tot}}=\frac{P_m}{\frac{[(N-1)P_m]\times F}{G_A\times G_V}+N_0W} \tag{4.27}$$

在式(4.27)中，如果忽略 N_0W，就有 $\frac{E_b/I_0}{W/R}\approx\frac{1}{\frac{(N-1)\times F}{G_A\times G_V}}$，如果 $(N-1)\approx N$，那么就有 $N\approx\left(\frac{W/R}{E_b/I_0}\right)\times\frac{G_A\times G_V}{F}$，这里 N 为每 1 个射频载波上每 1 个蜂窝小区同时实现 CDMA 通话的最大数目。于是 N 的表达为：

$$N\approx\left(\frac{W/R}{E_b/I_0}\right)\times\frac{G_A\times G_V}{F}$$

$$N\approx\left(\frac{\text{处理增益}}{E_b/I_0}\right)\times\frac{G_A\times G_V}{F} \tag{4.28}$$

$$N\approx\left(1/CIR\right)\times\frac{G_A\times G_V}{F}$$

在式(4.28)中，信噪比 $E_b/I_0=6$(即 7.8dB)，$W=1.2288$MHz，G_A 是扇区天线增益因子，对于 3 个扇区的值是 2.4，G_V 语音活动增益为 2.5，F 是来自其他蜂窝小区干扰，大约为 1.6 的因数，其中在 CDMA 移动通信系统中 $W=1.2288$MHz，$R=14.4$Kb/s，于是就有处理增益 $=W/R=1228.8/14.4=85.29=19.3$dB，在“可接受”的质量条件有 CIR＝－11.5dB，于是就有：信噪比 $E_b/I_0=-11.5\text{dB}+19.3\text{dB}=7.8\text{dB}$，就是“可接受”质量。在 CDMA 移动通信系统中，$W=1.2288$MHz，$R=9.6$Kb/s，于是就有处理增益 $=W/R=$ 1228.8/9.6＝128＝21dB，在“可接受”的质量条件有 CIR＝－13dB，于是就有：信噪比＝－13＋21＝8dB，就是“可接受”的质量。这里统一取信噪比为 6，也就是 7.8dB，可以得到：

在 14.4Kb/s 信道速率时，$N\approx\left(\frac{W/R}{E_b/I_0}\right)\times\frac{G_A\times G_V}{F}=$ 每个蜂窝小区 53 个通话，或者每个扇区 18 个通话；

在 9.6Kb/s 信道速率时，$N\approx\left(\frac{W/R}{E_b/I_0}\right)\times\frac{G_A\times G_V}{F}=$ 每个蜂窝小区 80 个通话，或者每个扇区 27 个通话。

一个 25MHz 频谱的完全独有模拟移动通信系统 AMPS 时，系统容量为 $\frac{12500\text{kHz}}{30\text{kHz}}=$ 416，这里 416 是信道数量，还需要减去 21 个控制信道和 2 个带宽边缘的保护信道，就剩下 416－21－2＝393 个语音信道，可以在 7 蜂窝小区的 21 扇区频率复用集群，或者平均每个扇区大约 18.7 个信道，或者每个扇区最多大约 18.7 个信道。

一个25MHz频谱的完全独有CDMA移动通信系统时，系统容量为$\frac{12500\text{kHz}}{1250\text{kHz}}=10$，这里10是CDMA射频载波的数量，还需要留出625kHz带宽边缘的保护带宽，就剩下9个语音信道，如果每个蜂窝小区支持N个通话，在25MHz带宽全部用于9个射频载波时，可以支持$9N$个通话。

根据CDMA移动通信系统容量和AMPS移动通信系统容量，可以比较在25MHz频谱支持的最大系统容量，在7蜂窝小区的21扇区频率复用集群的每个扇区的AMPS移动通信系统容量是18.7个通话，在14.4Kb/s信道中，假设有9个CDMA射频载波工作，可以支持108个通话(5.8倍的AMPS通话)，最多216个通话(11.6倍的AMPS通话)数量；在9.6Kb/s信道中，假设有9个CDMA射频载波工作，可以支持162个通话(8.7倍的AMPS通话)，最多324个通话(17.3倍的AMPS通话)数量。

在CDMA移动通信系统的理想计算中，考虑一些影响系统容量的因数，现实中的系统容量会有些减少。影响容量的因素有很多，一是非理想的功率控制，例如移动通信设备终端的功率没有被控制，在基站收到的信号功率都相等；二是生产和执行之间的冗余度；三是无关的、多余的背景噪声超出“温度噪声”N_0W，例如从其他无线通信和微波通信中溢出；四是非最优的蜂窝区域工程运行，例如非最优的切换门限等；五是“系统负载”必须严格保持在显著小于100%的状态。

其他影响CDMA移动通信系统容量的因素还有很多，一是13Kb/s和8Kb/s语音信道的混合；二是数据包同时穿插语音包；三是电路交换数据带有不同的“语音活动”因子和不同的G_V语音活动增益；四是基站天线使用不同的“增益因素”，例如全方位的；3扇区，6扇区，等等；“智能”天线具有狭小聚焦梁，例如用“自适应阵列”的天线；五是低温(极低温度)滤波器和低噪声功率放大器的使用。

在CDMA移动通信系统的系统容量方面，不同设备生产商提供的系统容量数据并不相同，原因在于设备生产商的数据比系统服务提供者更加保守，生产商的设备需要从技术指标和设备运行上都保证设备的性能，否则就要承担处罚，同时在不同地形、不同影响条件的环境中，设备的工作性能会有改变。系统服务提供者更喜欢汇报现场测试运行的数据。800MHz蜂窝小区的CDMA移动通信系统和模拟通信系统AMPS共享带宽，从而实践中的系统容量要小，但是个人通信系统2GHz的CDMA移动通信系统系统容量和理想计算一致。射频传播环境影响CDMA移动通信系统容量，例如城市摩天大楼的“峡谷”中和乡村空旷的田野中系统容量也不一样。

4.4.5 移动通信设备终端最大功率

为了达到信号质量足够良好，载波干扰比有个最小值，公式如下：

$$CIR_{\min}=\frac{P_m}{I_{Tot}} \tag{4.29}$$

在式(4.29)中，如果N是蜂窝小区的有效移动通信设备终端的数量，随着N的增加，总干扰I_{Tot}也随之增加，在基站接收到的理想信号的载波功率P_m也会一直增大，直到达到移动通信设备终端的最大发射功率，于是移动通信设备终端的最大输出功率就潜在地限制蜂窝小区 CDMA 移动通信系统的容量。

在 CDMA 移动通信系统中，移动通信设备终端处于最大输出功率时，有效的辐射功率如表 4.4.1 所示。

表 4.4.1　有效辐射功率

移动通信设备终端级别	最大输出功率的有效辐射功率必须超过	最大输出功率的有效辐射功率不能超过
Ⅰ	1dBW(1.25Watts)	8dBW(6.3Watts)
Ⅱ	−3dBW(0.5Watts)	4dBW(2.5Watts)
Ⅲ	−7dBW(0.2Watts)	0dBW(1.0Watts)

在表 4.4.1 中，有效辐射功率是在半波多普勒天线上测量的功率。

4.4.6　蜂窝小区的加载

蜂窝小区的加载是一个分数或者百分数，蜂窝小区的负载的定义是蜂窝小区同时通话的实际数量与蜂窝小区理论上支持的最大通话数量的比值，用 X 表示，也就是说 $X=n/N$，n 是蜂窝小区同时通话的实际数量，N 是蜂窝小区理论上支持的最大通话数量。

蜂窝小区加载 X 需要较大的移动通信设备终端功率。当蜂窝小区加载的 X 增大时，n 蜂窝小区同时通话的实际数量需要增大，这时总干扰 I_{Tot} 也会增加，为了保证 CDMA 移动通信系统性能所需要的载波干扰比，基站接收到的理想信号的载波功率 P_m 也需要增加。实际上，当 n 蜂窝小区同时通话的实际数量趋向于 N 时，基站接收到的理想信号的载波功率 P_m 也趋向于无穷大。

蜂窝小区加载 X 是有限度的，描述为 $P_m\approx\frac{P_0}{1-X}$，其中 P_0 是当 $X=0$ 时的移动通信设备终端的功率，图形化的描述如图 4.4.1 所示。

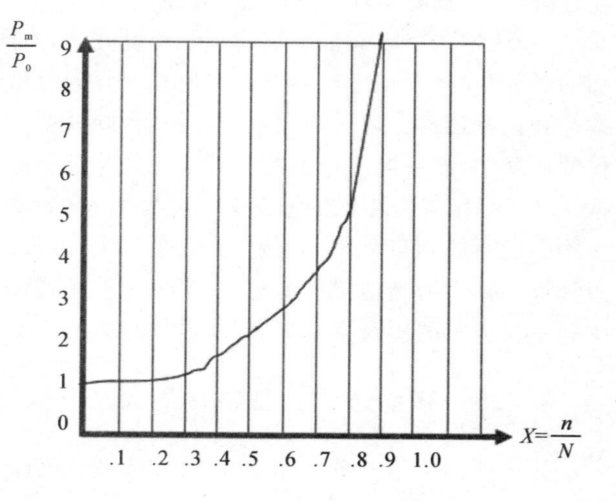

图 4.4.1　蜂窝小区加载要求的功率

在图 4.4.1 中，蜂窝小区加载需要保持在 75%～90% 以内，避免当 CDMA 移动通信系统的蜂窝小区内有效通话数量改变时，对主要功率调整造成敏感的限制。

CDMA 移动通信系统极点容量的定义是一个数值，是当移动通信设备终端的功率趋向于无限大的“极点”时，蜂窝小区有效通话的数量 n 的值，也就是说，极点容量 $=N\approx\left(\frac{1}{CIR}\right)\times\frac{G_A\times G_V}{F}$ 或者 $N\approx\left(\frac{W/R}{E_b/I_0}\right)\times\frac{G_A\times G_V}{F}$，但是在实际情况中，为了保持移动通信设备终端的输出功率不会过度增加，蜂窝小区加载 $X=n/$

N典型值限定在75%～90%，极点容量在CDMA移动通信系统中是达不到的。

对CDMA移动通信系统的蜂窝小区加载时，蜂窝小区会出现收缩。如果有15个移动通信设备终端正在CDMA移动通信系统的蜂窝小区通话，其中移动通信设备终端M#15在蜂窝小区外部边缘的通话，那此时需要的发射功率就达到最大功率200mW，R15是这个移动通信设备终端M#15所在蜂窝小区的半径，如图4.4.2所示。

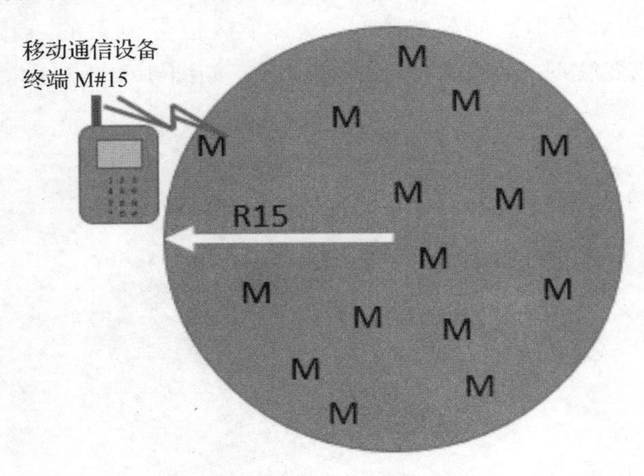

图4.4.2 CDMA移动通信系统蜂窝小区的移动通信设备终端

在图4.4.2中，有15个通话的移动通信设备终端在同一个CDMA移动通信系统蜂窝小区，分布在蜂窝小区不同的位置。移动通信设备终端M#15在蜂窝小区的边缘，距离中心的蜂窝小区基站最远，需要的发射功率最大。这时，如果移动通信设备终端M#16在蜂窝小区里建立通话，那就增加了干扰 I_{Tot}，同时移动通信设备终端M#15为了保持之前的载波干扰比CIR，就需要提高发射功率，但是移动通信设备终端M#15已经到达最大发射功率了，超出蜂窝小区信号可接受的覆盖半径的最大值，所以这个蜂窝小区必须把移动通信设备终端#15切换到相邻的蜂窝小区，此时蜂窝小区的面积收缩。如图4.4.3所示。

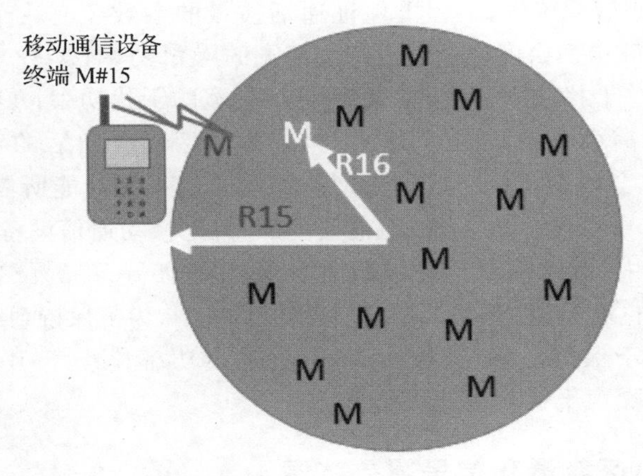

图4.4.3 CDMA移动通信系统蜂窝小区移动通信设备终端被切换

在图 4.4.3 中，由于移动通信设备终端在蜂窝小区的可接受覆盖信号的面积有限，无法增加通信设备终端的最大发射功率时，为了保证载波干扰比 CIR，需要把移动通信设备终端切换到邻近的蜂窝小区，造成实际上蜂窝小区的收缩。

CDMA 移动通信系统的蜂窝小区加载时，蜂窝小区处于“呼吸”状态。为了保持良好的通话质量，需要保证载波干扰比 CIR，当蜂窝小区加载增加时，蜂窝小区信号覆盖的可接受区域半径减小；当蜂窝小区加载减小时，蜂窝小区信号覆盖的可接受区域半径增加。于是蜂窝小区在加载变化时，表现出“呼吸”的状态。如图 4.4.4 所示。

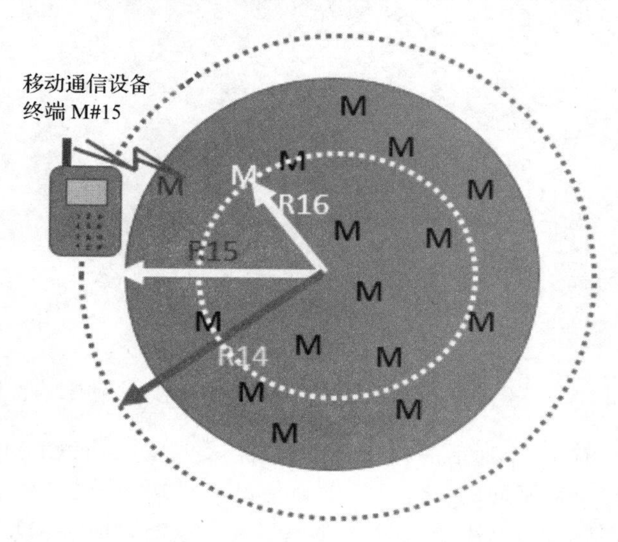

图 4.4.4　CDMA 移动通信系统蜂窝小区的变化

在图 4.4.4 中，CDMA 移动通信系统蜂窝小区为了确保移动通信设备终端的通话质量，保持载波干扰比 CIR，切换移动通信设备终端到相邻蜂窝小区，造成 CDMA 移动通信蜂窝小区的增大和减小。

在 CDMA 移动通信系统中，工程上保证通话质量的参数还有一个指标是 I_0/N_0，这里 N_0 表示环境的噪声功率密度，也就是 1Hz 带宽的噪声功率；N_0W 表示在频带宽上的总噪声功率；I_0 表示总干扰功率密度，也就是 1Hz 带宽的干扰功率；I_0W 表示在频带宽上的总干扰功率。当蜂窝小区加载的 X 增大时，蜂窝小区同时通话的实际数量 n 需要增大，这时总干扰 I_{Tot} 也会增加，为了保证 CDMA 移动通信系统性能所需要的载波干扰比，基站接收到的理想信号的载波功率 P_m 也需要增加，但是移动通信设备终端的最大发射功率被限定在某个范围内，所以蜂窝小区加载需要保持在 75%～90%，也就是 $X<0.9$，同时 $0.1<I_0/N_0<10$，也就是说，在 CDMA 移动通信系统中，为了保持系统稳定工作，需要保持 $X<0.9$，或者等价于保持 $I_0W/N_0W<10$，干扰噪声功率比小于 10，或者等价于保持 $\eta=N_0W/I_0W>0.1$，噪声干扰功率比大于 0.1。

4.4.7　蜂窝小区容量和信号覆盖范围

在 CDMA 移动通信系统中，蜂窝小区容量和信号覆盖范围在前向无线通信链路和反向无线通信链路并不相同。

在频分多路接入FDMA技术中和时分多路接入TDMA技术中，前向无线通信链路(就是基站到移动通信设备终端的通信链路)和反向无线通信链路(就是移动通信设备终端到基站的通信链路)的容量完全一样。在频分多路接入技术中，通话时分配半个信道频率用于前向无线通信链路和反向无线通信链路的两个方向的一组链路；在时分多路接入技术中，通话时分配半个信道频率用于前向无线通信链路和反向无线通信链路的两个方向的一组链路，同时分配时隙用于前向无线通信链路和反向无线通信链路的两个方向的一组链路。所以，频分多路接入技术中和时分多路接入技术中的双向链路的通话容量一样。

CDMA移动通信系统在前向无线通信链路和反向无线通信链路的容量不相同，和频率限制或者时隙限制无关，只是因为CDMA移动通信系统的干扰限制。

4.4.8 软切换参数

在CDMA移动通信系统中，移动通信设备终端搜寻导频信号时，把导频信号划分成不同的设置种类，具体包括：一是有效设置，有效设置是在移动通信设备终端通话时实际使用的导频数量；二是代表设置，代表设置是最多5个导频的能量超出门限T-ADD；三是邻道设置，邻道设置是最多20个导频是可能的代表设置，基站发布“扩展邻道清单信息”给移动通信设备终端；四是保留设置，保留设置是在相同频率上的所有其他导频信号。

在CDMA移动通信蜂窝小区的C1扇区内，邻道设置包括可见的所有的扇区，即使那些面临“错误”方式的扇区，也会因为用户通话时的移动，而成为重要的扇区；邻道设置还包括其他蜂窝小区或者扇区，这些蜂窝小区或者扇区可能具有足够强度的信号覆盖。如图4.4.5所示。

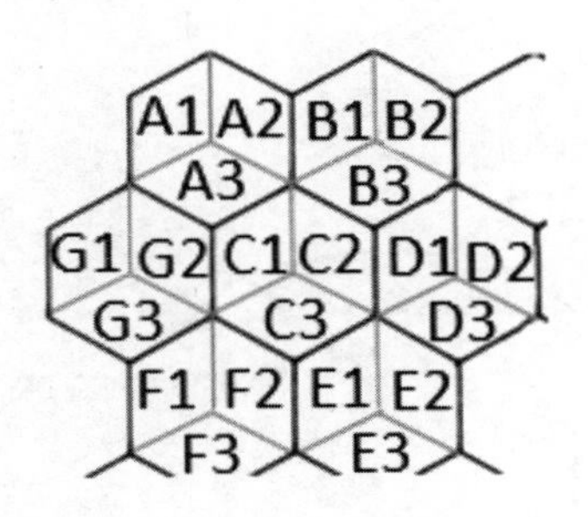

图4.4.5 CDMA移动通信蜂窝小区和扇区

在图4.4.5中，CDMA移动通信蜂窝小区由A,B,C,D,E,F,G显示出来，蜂窝小区都有3个扇区，用字母加上数字1,2,3来表示，用户目前所在的位置是中间C蜂窝小区的C1扇区，但是随着用户的移动，通话的区域可能改变到邻近的扇区或者蜂窝小区。当用户处于A3,B3和C1的交点，靠近C2扇区时，用户的有效通话使用的是有效设置中的3个有效导频：一个是用户在扇区C1的导频和通话信道；一个是扇区B3的导频和通话信道，准备开始软切换；一个是扇区 C2 的导频和通话信道，准备开始更软的切换。如图 4.4.6 所示。

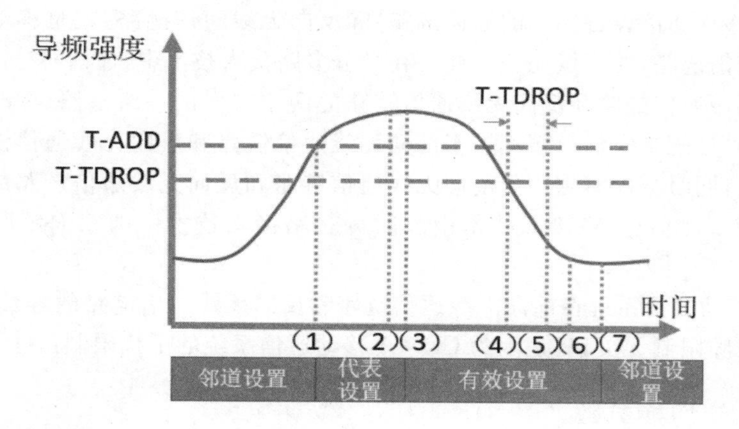

图 4.4.6 CDMA 移动通信系统软切换的门限设定

在图 4.4.6 中，一个特别导频将会随着导频能量的变化而改变设置，其中 T-TDROP 是切换掉话门限的定时器。根据 J-STD-008 的技术规范，软切换事件通过以下一系列的过程实现：①是在导频信号的强度和能量超过了 T-ADD 的限度时，个人站点发出导频强度测量信息，并且把导频转入“代表设置”；②CDMA 移动通信系统基站发送扩展的切换方向信息；③个人站点把导频转入“有效设置”，并且发送切换完成信息；④导频强度降低到 T-TDROP，个人站点启动切换掉话定时器；⑤切换掉话定时器到时间关闭，个人站点发出导频强度测量信息；⑥CDMA 移动通信系统基站发送扩展的切换方向信息；⑦个人站点把导频从“有效设置”转入“邻道设置”，并且发送切换完成信息。软切换的实现过程随时间推移，如图 4.4.7 所示。

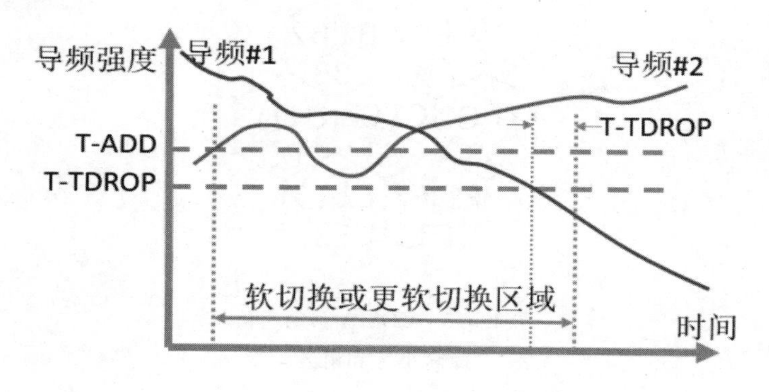

图 4.4.7 CDMA 移动通信系统的导频信号

在图 4.4.7 中，移动通信设备终端同时收到导频＃1 和导频＃2 的信号，导频＃1 的导频强度超过门限 T-ADD，但是随着时间的推移，导频＃1 的信号强度降低了，在软切换或更软切换的时间区域没有发生软切换。导频＃2 的导频强度超过门限 T-ADD，但是随着时间的推移，导频＃2 的信号强度降低，然后导频＃2 的信号又超出门限 T-ADD，并且不断增大，但是在软切换或更软切换的时间区域也没有发生软切换。

根据J-STD-008的技术规范，软切换的过程有7个步骤，发生软切换的导频信号强度在软切换或更软切换的时间区域最强，然后就降低到门限T-ADD以下，导频的设置从"邻道设置"开始到"代表设置"，经过"有效设置"，完成软切换之后，再次恢复"邻道设置"，导频强度降低到门限T-ADD以下。如图4.4.8所示。

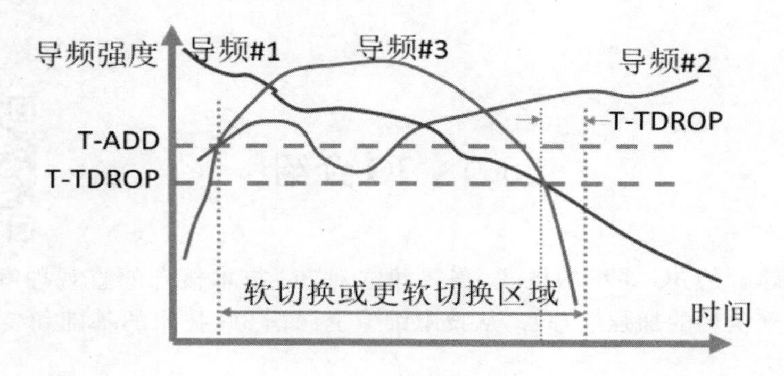

图4.4.8 CDMA移动通信系统的软切换过程

在图4.4.8中，移动通信设备终端同时收到导频＃1、导频＃2和导频＃3的信号，导频＃1、导频＃2和导频＃3都有超过门限T-ADD的导频强度，只有在导频＃3从"邻道设置"开始到"代表设置"，经过"有效设置"，完成软切换之后，再次恢复"邻道设置"，导频强度降低到门限T-ADD以下。其中，发生软切换的导频信号强度在软切换或更软切换的时间区域最强。

综上所述，在CDMA移动通信系统的工程应用中，载波干扰比CIR、信噪比E_b/I_0、误帧率、系统容量计算、移动通信设备终端最大发射功率、CDMA移动通信系统蜂窝小区加载、CDMA移动通信系统蜂窝小区容量和信号覆盖区域、软切换参数是最关键的工程参数。

第5章 无线移动通信3G技术及其实现

5.1 3G介绍

为了提供综合的3G系统的概述，需要建立对3G技术概念的直观理解，对3G技术的各个属性建立全局的加强性理解，从技术细节上深挖3G技术的基础和装备，从而真正掌握3G技术。

5.1.1 3G是什么？

第三代移动通信技术被称为3G技术，第一代移动通信技术是模拟移动通信，例如先进移动电话服务系统AMPS，全部接入蜂窝系统TACS；第二代移动通信技术是数字移动通信，例如全球移动通信系统GSM，码分多址接入系统CDMA(IS-95)和时分多址接入系统TDMA(IS-136)。根据国际电信联盟在IMT-2000中的视界，移动通信设备生产商和移动通信服务运营商计划用3G技术为全球提供广泛的个人通信服务和数字蜂窝系统服务。

3G主要包括宽带码分多址接入W-CDMA技术(通常指普遍的移动电信系统服务的欧洲命名的3G)、码分多址接入cdma-2000技术和通用无线通信UWC-136技术(或者称为高速IS-136)，沿用一个标准，就是全球3G不同模式的IMT-2000协调的标准。

IMT-2000标准有：IMT-DS(直接扩频)，也称为宽带码分多址接入技术W-CDMA的频分双工；IMT-MC(多路载波)，也称为cdma-2000多路载波；IMT-TC(时分码址)，也称为宽带码分多址接入W-CDMA时分双工，与中国时分同步的码分多址接入TD-SCDMA技术不同；IMT-SC(单独载波)，也称为通用无线通信UWC-136时分多址接入技术；INT-FT(频分复用)也称为数字增强型无绳电信(用于小蜂窝小区和行人速度，不是车辆速度)。为什么有这么多种3G标准？在2G基础设施花费几十亿美元的投资建设都希望能够保留，各个2G服务系统的运营商都希望能够从2G技术升级到3G。

2G无线移动通信技术标准的进化和发展，从数据传输速率的角度分析如图5.1.1所示。

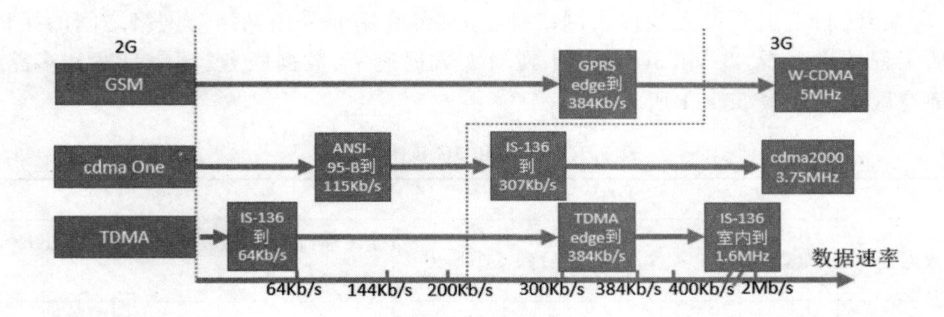

图 5.1.1　2G 增强型无线移动通信标准

在图 5.1.1 中，2G 的 GSM、cdmaOne 和 TDMA 都在技术上接近 3G 无线移动通信技术。GSM 在总包无线电服务 GRPS 的全球进化增强型数据速率 EDGE 中的数据传输速率达到 384Kb/s，然后采用宽带码分多址接入 WCDMA 技术实现 3G；cdmaOne 在 ANSI-95-B 标准中从 64Kb/s 最终达到 115Kb/s，然后在 cdma2000 实现 1.25MHz 带宽的 3G，数据传输速率从 144Kb/s 提高到 307Kb/s，达到 3.75MHz 带宽；时分多址接入 TDMA 技术在 ANSI-136-A 和 ANSI-136-B 标准中的数据传输速率达到 64Kb/s，在时分多址接入 TDMA 的全球进化增强型数据速率 EDGE 中的数据传输速率，采用总包无线电服务 GRPS 的全球进化增强型数据速率 EDGE 达到 384Kb/s，在 IS-136 室内达到时分多址接入 TDMA 技术的 1.6MHz 带宽。

许多的 3G 标准看起来很复杂，对于复杂的互操作性，一是需要建立标准化的服务和特性，实现无线独立传输；二是需要建立不同网络之间的标准化的接口。3G 标准的复杂性还体现在全球漫游只有满足条件，才能真正实现，这些条件包括：一是不同运营商身份模块卡或者用户身份模块卡在移动通信设备终端上，才能访问通信不同的移动系统；二是需要多模式的多频带功能的移动通信设备终端。

多路 3G 设备和服务的实现需要在国际电信联盟的成员之间达成统一意见，定义 IMT-2000"家族概念"，在"家族"内的技术具备基本的互操作性。这实现了有限的"混合和匹配"，例如无线接入网络有 3G 码分多址接入 cdma2000 技术、3G 宽带码分多址接入 WCDMA 技术、3G 通用无线通信 UWC-136 技术，与这些 3G 技术对应的核心网络标准有 ANSI TIA/EIA-41 移动通信应用部分和 GSM 移动通信应用部分。在国际电信联盟的文件 ITU-T 的 Q.1701 中定义了标准的 IMT-2000 性能设置 I，要求"家族成员"支持的服务和功能包括：一是 IMT-2000 家族系统内的互操作性和漫游；二是能够支持电路和数据包的高比特位传输速率：144Kb/s 或更高的高速移动通话；384Kb/s 的行人通话；室内 2Mb/s 通话；三是统一付费，或者账单，或者用户协议，实现在不同运营商之间的使用和数据速率信息共享、通话细节记录的标准化、用户协议的标准化；四是支持地理定位搜寻服务和功能，能够确定移动通信设备终端的地理位置，并且汇报给网络和移动通信设备终端接口；五是支持多媒体服务和功能，具体包括：服务质量规定；固定和可变数据速率比特位的通话；能够获得通信所需要的带宽；不对称的链接；通话或者连接的隔离；多路接入；多媒体商场交易；宽带接入到 2Mb/s；同时在北美、南美开设用户身份认证接口和无线空中接口,在欧洲、美国开设无线接入网络到核心网,在南非采用网络与网络之间的接口。

从工程技术上看,2G 和 3G 的技术在最大数据速率、数据服务、频率带宽和多路模式方面都有区别。如表 5.1.1 所示。

表 5.1.1　2G 和 3G 技术的比较

	2G	3G
最大数据速率	典型小于 14.4Kb/s,进化后到 64Kb/s	第一阶段 144Kb/s,进化到 384Kb/s,可达 2Mb/s
数据服务	信息服务和相对低比特位数据速率的服务	高比特位速率的网络和多媒体服务
频率带宽	没有全球的一致性,有 800、900、1800MHz 等	在陆地和卫星通信中通用国际电信联盟设计的 2GHz 频段
多路模式	数字通信、模拟通信、2 个频率带	具有低或高比特位速率传输的室内、车辆和卫星通信的增强型多路模式

在表 5.1.1 中,2G 技术和 3G 技术从名称上看是无线移动通信的工作频段不同,从数据传输速率到数据服务规范都有明显的差别,从而造成设备生产商和服务运营商工作方式的完全改变。

当全球使用 3G 无线移动通信设备和服务时,3G 全球频谱需要怎样协调,如何实现无缝接入各个地区和国家的 3G 网络,是了解上述 3G 技术后一定会产生的疑惑。早在 1992 年的国际电信联盟的全球行政无线电国际会议确定 2GHz 区域的频谱使用,将来 3GHz 家用和全球漫游。但是各国、各个地区已经优先布置 2GHz 设备和服务,更新 2GHz 设备实现 3GHz 服务,需要优先使用 2GHz 频段的各种设施条件。在 2000 年 6 月的国际电信联盟的全球行政无线电国际会议一致同意在 IMT-2000 使用新的频段,具体包括:1710～1885MHz,2500～2690MHz,另外增加 1885～2025MHz 和 2110～2200MHz;现有的频谱许可证书持有权限需要重新按照 IMT-2000 分配,实现 3G 通信还需要花费很长时间考虑政治因素和经济影响的复杂干扰;全球 3G 频谱协调是一件大事,因为多路频段移动通信设备终端需要能够在不同国家和地区使用 3G 通信,需要考虑全球 2GHz 频谱分布如表 5.1.2 所示。

表 5.1.2　全球 2GHz 频谱分布

国家或地区	使用的频段
国际电信联盟 1992 年	IMT-200 的 1885～1980MHz 和 2110～2160MHz,移动卫星服务的 1980～2025MHz 和 2160～2200MHz
欧洲包含移动卫星服务	数字增强型无绳电信的 1880～1900MHz,IMT-2000 的 1900～1980MHz、2010～2025MHz 和 2110～2170MHz,移动卫星服务的 1980～2010MHz 和 2170～2200MHz
日本	个人手持电话系统的 1885～1918.1MHz,IMT-2000 的 1918.1～1980MHz 和 2110～2170MHz,移动卫星服务的 1980～2025MHz 和 2110～2200MHz

续表

国家或地区	使用的频段
中国	码分多址接入的 1865～1880MHz 和 1945～1960MHz，频分双工无线本地回路的 1880～1900MHz 和 1960～1980MHz，时分双工无线本地回路的 1900～1920MHz，移动卫星服务的 1980～2010MHz 和 2170～2200MHz
美国	保留的 1850～1910MHz 和 1930～1990MHz，个人通信服务的 1910～1930MHz，保留 2110～2150MHz，移动卫星服务的 1990～2025MHz 和 2165～2200MHz

在表 5.1.2 中，各个国家和地区按照本国、本地区的发展需求使用 2GHz 的频谱。

5.1.2　国际电信联盟的国际化视野

按照国际电信联盟无线通信分部 ITU-R 的技术文件中关于 IMT-2000 的时间安排，关键的时间安排是在 1997 年 4 月—1998 年提出建议，1998 年 6 月 30 日作为无线电技术建议提交的截止日期；在 1997 年 8 月—1998 年 9 月 30 日评估，1998 年 9 月 30 日作为无线测试评估报告提交的截止日期；在 1997 年 8 月—1999 年 3 月提交协议，在 1999 年 3 月国际电信联盟无线通信分部确定关键无线电参数；在 1999 年 3 月—1999 年 12 月建设技术指标，在 1999 年 12 月国际电信联盟无线通信分部完成无线电技术指标。

根据国际电信联盟无线通信分部的建设要求，无线移动通信需要达到最小的数据传输速率标准：在室内蜂窝的数据传输速率需要大于等于 2.048Mb/s，当地小区蜂窝的数据传输速率需要大于等于 384Kb/s，本地区蜂窝的数据传输速率需要大于等于 144Kb/s，全球范围的数据传输速率需要大于等于 9.6Kb/s。

在数据速率提高的同时，需要增大信号的发射功率。需要在较低数据速率传输每个比特位的每秒能量，如图 5.1.2 所示。

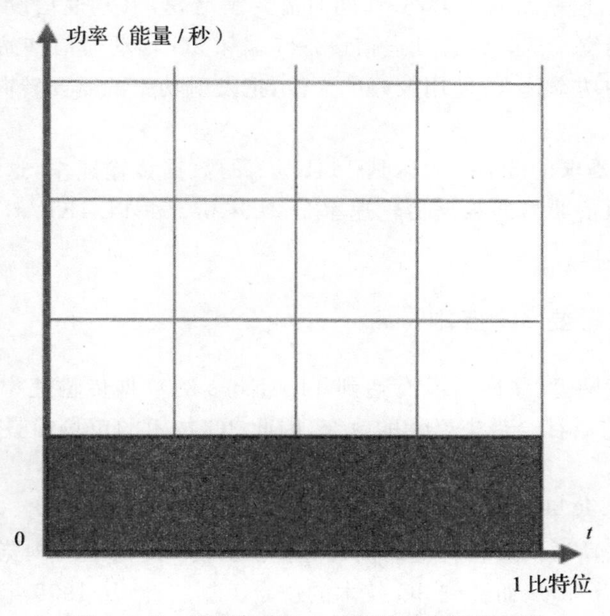

图 5.1.2　低速率传输 1 比特位的需要的能量

在图 5.1.2 中，传输 1 位比特位的信息，需要的能量可以用坐标系中的面积来表示。当传输数据的速率提高到原来的 4 倍，如图 5.1.3 所示。

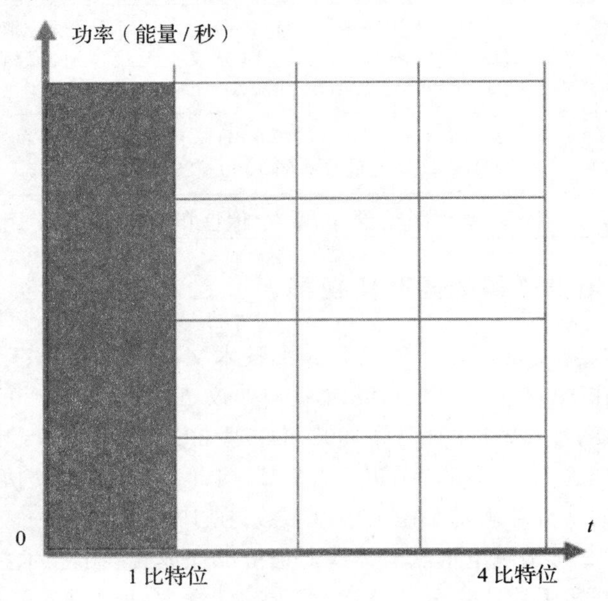

图 5.1.3　高速率传输 1 比特位的需要的能量

在图 5.1.3 中，数据传输速率提高到原来的 4 倍，传输 1 比特位需要的能量需要提高到原来的 4 倍。

在高速率传输数据时，需要发射信号达到高功率，这将会造成在高速率数据传输时，需要提高 3G 移动通信基站的发射功率，同时需要满足 3G 移动通信设备终端的高速率比特位；使用较小的蜂窝小区，3G 移动通信设备终端和 3G 移动通信基站距离越接近，信号衰减越少，接收到的功率越大；使用较好的天线，把发射功率的需要转向接收端，获取更大的接收信号功率。

国际电信联盟要求的 3G 技术达到 144Kb/s 的数据传输速率，这个速率是 2G 技术的 10 倍，2G 移动通信典型的数据传输速率是 9.6Kb/s 和 14.4Kb/s，在 3G 技术中需要 2G 技术做出重大改进。

5.1.3　谁最需要 3G 技术

无线通信、因特网、互联网还没有达到 14.4Kb/s 的数据传输速率，当数据传输速率达到 144Kb/s 时，将给社会带来巨大的改变，因此 3G 技术的市场前景不断地驱动 3G 技术的发展。

在 3G 技术发展较早的日本公司实现 9.6Kb/s 的小包数据网络，还覆盖现有的语音蜂窝结构，应用于移动通信设备终端的语音和数据服务，提供上网浏览的功能，对数据传输速率提高到 384Kb/s，从而达到 3G 技术的规定。据统计，从 1999 年 2 月到 2000 年 10 月已经投入 1.3 亿，信息运营商收入的 9% 支付给 3G 技术公司，移动通信设备终端的用户支付通话费用和数据包流量的费用，数据用户使用 53％的娱乐、14％的字典餐馆等数据服务、21％的银行购物支付服务、13％的新闻信息服务、还有日常的音乐、铃声服务，还有支持网络图片和相片的 3G 技术服务。总之，3G 技术的发展将会实现双倍的语音容量，大幅度提高收入和利润。当时欧洲多媒体数据服务的 2005 年统计数据如表 5.1.3 所示。

在表 5.1.3 中，普遍移动通信设备终端电信系统服务的统计数据说明移动通信设备终端的数据服务需求广泛，利润优厚。

表 5.1.3　欧洲市场统计

	总移动通信设备终端	移动通信设备终端的多媒体	占百分比
用户/个	2 亿人	0.32 亿人	16％
服务收入/美元	1100 亿	250 亿	23％
总通话/(百万兆字节/月)	6320	3800	60％
平均用户通话/(兆字节/用户/月)	32	119	—

欧洲移动多媒体用户的服务类型在 2005 年按照数据速率传输的快慢有 3 种：高速率数据的交互式多媒体的典型应用是视频电话、视频会议和较小延时的 128Kb/s 对称服务的协同工作；高速率数据多媒体的典型应用是接近 2Mb/s 数据速率的因特网、内联网的视频、音频和快速局域网；中等数据速率多媒体的典型应用是接近 384Kb/s 不对称服务的因特网和内联网。

2005 年，3G 技术的市场已经展开在设备制造商和服务运营商的面前。对于 3G 技术服务的需求从全球订阅的数量来看，多媒体信息服务在 2005 年有 6000 万用户，在 2010 年有 1.2 亿用户；内联网、外联网在 2005 年有 4 万用户，在 2010 年有 25 千万用户；信息娱乐 2005 年为 5000 万用户，在 2010 年已有 3 亿万用户。按照地区订阅的 3G 技术在 2010 年的数量，多媒体信息服务在北美有 2070 万用户，在亚太平洋有 4950 万用户，在欧洲有 4390 万用户，在其他地区有 1450 万用户；移动内联网、外联网接入在北美有 8910 万用户，在亚太地区有 7430 万用户，在欧洲有 6970 万用户，在其他地区有 2510 万用户；客户定制的信息娱乐在北美有 2260 万用户，在亚太平洋有 15.50 千万用户，在欧洲有10.02 千万用户，在其他地区有 33.33 千万用户。

3G 技术的移动通信设备终端是世界上商用的可视电话，2″ 色彩的液晶显示屏 LCD 是 5.8 盎司，数据传输速率在 144～384Kb/s 的移动通信电话。在具有蓝牙功能的 3G 宽带码分多址技术的移动通信设备中，蜂窝移动通信手持电话具备的特征有 5MHz 带宽，在 64Kb/s 数据传输速率时，平均传输功率最大可达到 0.3W。无绳电话可视端的压缩格式为 MPEG-4 视频压缩，1/6 英寸 CCD 摄像头，2 英寸彩色 TFT 液晶显示屏。蓝牙无绳连接可以从手持数字辅助设备的蓝牙模块传输信息给移动通信设备终端的蓝牙模块，具有更长距离无线连接的信号覆盖网络。

在 3G 技术中无线多媒体同时包括：可视电话；交互式工作组、协同文件编辑；网上搜索；接入音乐和娱乐网站；还可以进行插图编辑。

5.1.4 3G 技术中的决定性因素

国际电信联盟无线通信分部建立 3G 技术的一系列专业标准，由专业的组织各自完成。国际电信联盟无线通信分部的组织成员包含加拿大、美国、韩国、中国、日本、英国、瑞典、芬兰、德国、法国。各个国家和地区有自己的组织，国际电信联盟无线通信分部包括美国的电信工业解决方案联盟、电信工业协会、800MHz 移动和个人通信电信工业协会委员会、1800MHz 移动和个人通信电信工业协会委员会、电信标准的电信工业解决方案联盟委员会；韩国的电信技术协会；中国的无线电信标准；日本的射频工业和商业协会；欧洲英国、瑞典、芬兰、德国、法国的欧洲电信标准研究所和英国、瑞典、芬兰、德国、法国的欧洲电信标准研究所专业移动 2 组。之所以关心标准的建设，是因为国际标准的建设进程会推进或拖延 3G 技术的广泛应用和接受程度。许许多多重要的政治、国家和战略问题都显著影响 3G 技术的发展进步。

国际电信联盟无线通信分部的组织成员在这些国家和地区组织建议相应的 3G 技术。美国工业和研究组织主要提出码分多址接入 cdma2000 技术、通用无线通信 UWC-136 技术、宽带码分多址接入的北美版本技术，韩国提出宽带码分多址接入的韩国版本技术，中国提出宽带码分多址接入的中国版本技术，日本提出宽带码分多址接入的日本版本技术，欧洲的电信工业界提出宽带码分多址接入的欧洲电信标准研究所版本技术。

国际电信联盟为了促进 3G 协议建设的快速进程，建立了 2 个伙伴项目，为服务运营商和设备生产商完成许多细节的建设提供论坛：一是 3GPP 的带有 4 个技术规范组的宽带码分多址接入项目，这 4 个技术规范组为技术规范组的服务和系统、技术规范组的无线接入网络、技术规范组的核心网络、技术规范组的终端；二是 3GPP2 的带有 6 个技术规范组的 cdma2000 项目，这 6 个技术规范组为技术规范组-A 的接入网络接口、技术规范组-C 的 cdma2000 无线电、技术规范组-N 的无线智能网络、技术规范组-P 的无线数据包网络连接、技术规范组-R 的宽带码分多址到进化的无线智能网络的接口、技术规范组-S 系统和服务。

随着 3G 技术的发展，国际电信公司积极参与 3G 技术的标准和研究设计工作，支持 cdma2000 的公司有朗讯、摩托罗拉、诺泰、高通、爱立信、三星，服务运营商 Sprint、Vodafone 等；支持宽带码分多址 WCDMA 接入的有欧洲电信标准研究所、爱立信、诺基亚、朗讯、摩托罗拉、阿尔卡特、诺泰等；支持通用无线通信 UWC-136 技术的公司有 AT&T、贝尔、朗讯、爱立信、诺泰。

5.1.5 3G 技术最重要的组成

在 3G 技术中，最明显的特点是数据传输速率增大，但是要传输更多的比特位，就需要更多的频带宽度。3G 技术归为宽带码分多址接入 WCDMA 技术、码分多址接入 cdma2000 技术和通用无线通信 UWC-136 技术（也就是高速数据 IS-136 技术）。

欧洲提交给国际电信联盟无线电分部的主要 3G 技术是宽带码分多址接入 WCDMA 技术，欧洲电信标准研究所普遍移动电信系统和服务的陆地无线电接入技术在 1998 年吸收宽带码分多址接入 WCDMA 技术。普遍移动电信系统和服务是欧洲电信标准研究所的 IMT-2000 概念，基于宽带码分多址接入 WCDMA 技术和时分多路接入 TDMA 技术选项的让步组合，与全球移动通信系统 GSM 的核心网络兼容，得到全球移动通信系统 GSM 世界范围内的运营商支持，得到许多亚洲运营商的支持，带宽在 4.8MHz 以上。

亚洲提交给国际电信联盟无线电分部的主要 3G 技术是宽带码分多址接入 WCDMA 技术和码分多址接入 cdma2000 技术，其中宽带码分多址接入 WCDMA 技术和欧洲电信标准研究所普遍移动电信系统和服务的概念相符，同时从韩国、中国和日本的 3G 技术中得到巩固的建议。码分多址接入 cdma2000 技术得到十几个运营商的支持，具有向后的和已经安装过的基于 IS-95 的韩国和日本的 CDMAOne 网络的兼容性。

北美提交给国际电信联盟无线电分部的主要 3G 技术是码分多址接入 cdma2000 技术、宽带码分多址数据包接入的 WPCDMA 技术和通用无线通信 UWC-136 技术（也就是高速数据 IS-136 技术）。其中码分多址接入 cdma2000 技术是基于 IS-95 的 cdmaOne 进化到宽带，由电信工业协会和码分多址研发集团共同领导，得到所有的 cdmaOne 服务运营商和供应商的支持。宽带码分多址数据包接入的 WPCDMA 技术是以全球移动通信 GSM 的个人通信系统 PCS1900 进化到宽带码分多址接入 WCDMA，由美国的电信工业解决方案联盟领导，被称为宽带码分多址数据包接入的 WPCDMA 技术强调和美国电信工业协会的一个无线多媒体信息服务建议合并、形成的数据包增强型功能，得到北美的个人通信系统 PCS1900 运营商、全球移动通信 GSM 联盟（包括“微网”）、加拿大全球移动通信 GSM 服务运营商的支持。通用无线通信 UWC-136 技术也就是高速数据 IS-136 技术是基于 IS-136 的提议，包括高速速率的 IS-136，由普遍无线通信联合体和电信工业协会共同研发，得到 AT&T、南方贝尔等的支持。

综上所述，3G 技术其中最大的用户多码比特速率在最少的内部通话干扰和堵塞、低速传输数据时测量得到，时分多路接入 TDMA 的全球进化增强型数据速率 EDGE 在 IS-136 高速数据室外和车载时测量得到。概述如表 5.1.4 所示。

表 5.1.4 3G 技术概述

	码分多址接入 cdma2000	宽带码分多址接入 WCDMA	通用无线通信 UWC-136		
			IS-136＋TDMA	TDMA EDGE	高速数据 IS-136 室内
主要技术	CDMA	CDMA	TDMA		
起源于哪种无线电	TIA-95	N/A	TIA-136	GSM	GSM
起源于哪种网络基础设施	TIA-41	GSM	TIA-41	GSM(数据)	
起源于哪种服务	TIA-95	GSM	TIA-136	GSM(数据)	
带宽	1.25MHz 或 3.75MHz	5MHz	30kHz	200kHz	1.6MHz

续表

	码分多址接入 cdma2000	宽带码分多址接入 WCDMA	通用无线通信 UWC-136		
			IS-136+ TDMA	TDMA EDGE	高速数据 IS-136 室内
最大用户比特速率(码或信道)	1.0368MHz	~936kHz	~64kHz	~384kHz	~2MHz
最大用户多码比特速率	~4MHz	~4MHz	N/A	N/A	N/A
频率复用	1/1	1/1	1/21	1/3	1/3
其他带宽	7.5MHz,11.25MHz,15MHz	10MHz,20MHz	—	—	—

在表 5.1.4 中,可以看出 3G 技术大多数是从码分多址接入 CDMA 技术、全球移动通信 GSM 技术进化成为码分多址接入的 CDMA、或者时分多址接入的 TDMA。2G 技术进化之后,能够达到 3G 技术需要的带宽和数据传输速率。

影响 3G 技术发展的不仅有技术方面的因素,还有资本运作、市场潜力、知识产权和实际工程方面的因素,具体有 4 个方面:一是需要保留已经部署在 2G 技术的投资,包括对全球移动通信 GSM 技术、码分多址接入 cdmaOne 技术和 IS-54 或 IS-136 技术上投入的基础设施和运营维护。二是利用全球移动通信 GSM 技术广泛市场席位的愿望,超过 100 个国家拥有全球移动通信 GSM 市场,运营商当前提供的全球移动通信 GSM 技术正在打造全球移动通信 GSM 技术,普遍移动电信系统事务陆地无线接入协议打算为全球移动通信 GSM 技术及其网络保留一个单独的进化路径。三是知识产权问题的影响,包括许多生产商希望避免给高通公司的 cdmaOne 专利付费,为推进许多 3G 技术,还有专利许可协议需要解决。四 3G 通信是技术、生产商和市场领先的一个商机,日本的公司在宽带码分多址接入 WCDMA 技术的部署比较早,韩国计划加快码分多址接入 cdma2000 技术的实施,欧洲的生产商计划引领宽带码分多址接入 WCDMA 技术在欧洲的市场,北美的生产商计划引领码分多址接入 cdma2000 技术的市场。

在 3G 技术中,客户的愿望也需要落实,为了通话控制和服务控制,在网络内部和网络之间需要建立标准通信,如图 5.1.4 所示。

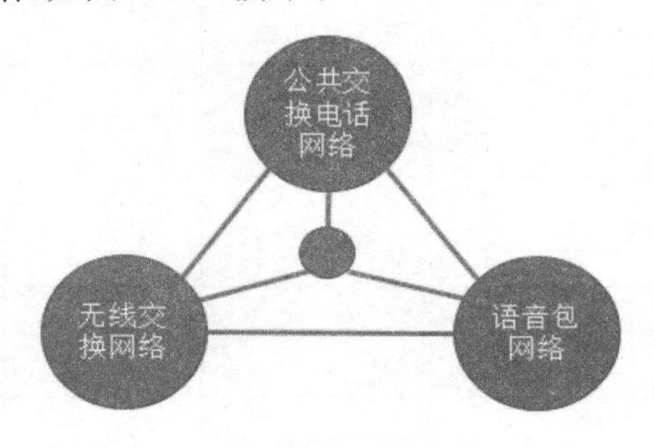

图 5.1.4　3G 技术的网络通信

在图 5.1.4 中，公共交换电话网络和 3G 移动通信设备终端之间需要通信，无线交换网络和 3G 移动通信设备终端之间需要通信，语音包网络和 3G 移动通信设备终端之间需要通信，同时公共交换电话网络、无线交换网络络和语音包网络之间也需要通信，网络内部和网络之间的无缝链接才能实现客户的顺利通话。

为了数据传输服务的需要，移动交换中心的数据包切换或者路由需要进化到 3G 技术层面，如图 5.1.5 所示。

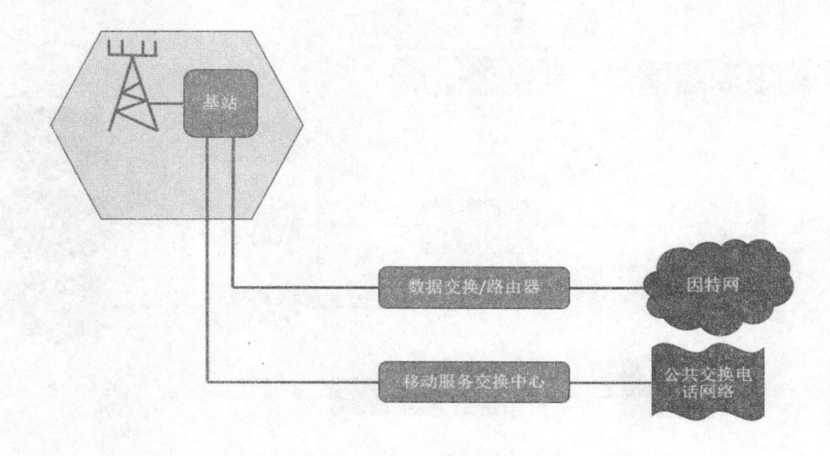

图 5.1.5　移动通信的数据交换

在图 5.1.5 中，移动通信系统的基站具备基站控制的功能，连接天线，发射无线电射频信号，同时连接数据交换/路由器，接通因特网，移动通信系统基站连接移动服务交换中心，接通公共交换电话网络。原来的数据服务覆盖网络的数据交换，接着网络语音协议与数据集成，最终实现多媒体、数据、语音的全面集成。

3G 技术的网络架构由 2G 基础设施进化而成，在 3G 全球移动通信 GSM 技术进化到宽带码分多址接入 WCDMA 技术的伙伴项目 3GPP 中，根据 3G 技术报告采用全 IP 网络的标准提交给欧洲电信标准研究所，把全球移动通信 GSM 技术的总数据包无线服务网络结构进化成为 3G 网络；在 3G 码分多址接入 cdmaOne 技术进化到码分多址接入 cdma2000 技术的伙伴项目 3GPP2 中，根据电信工业协会 IS-835 的无线 IP 网络标准、电信工业协会 TSB-115 的基于国际工程工作协议的无线 IP 结构、电信工业协会 IS-2001 码分多址接入 cdma2000 网络接口的内部操作技术规范、欧洲电信标准研究所与 3GPP 构架的新 IP 网络元素，共同进化网络结构。

对于 3G 技术的 IP 网络结构论坛，工业联盟注重时分多址接入 TDMA 技术、全球进化加强版数据速率 EDGE 技术、全球移动通信 GSM 技术和它们的进化发展，最早是 AT&T 无线通信得到时分多址 TDMA 技术、全球移动通信 GSM 技术服务运营商的支持后，在 1999 年 6 月开始研究。对于移动无线因特网络论坛，工业联盟注重在 3G 全球移动通信 GSM 技术进化到宽带码分多址接入 WCDMA 技术的伙伴项目 3GPP、3G 码分多址接入 cdmaOne 技术进化到码分多址接入 cdma2000 技术的伙伴项目 3GPP2、国际工程工作组和国际电信联盟标准上的统一的方法，主要是移动通信服务运营商和移动通信设备供应商共同在2000年2月建立。

供应商的产品也开始随着3G的网络结构开始进化。朗讯开始了数据交换产品，摩托罗拉开始建立基于IP的结构，诺泰尔在数据交换家族中融合新元素，采用集成数据包和光纤网络，爱立信推出国际协议电话，诺基亚计划IP无线电接入网络。从而建立了汇聚全部IP网络的通用结构，如图5.1.6所示。

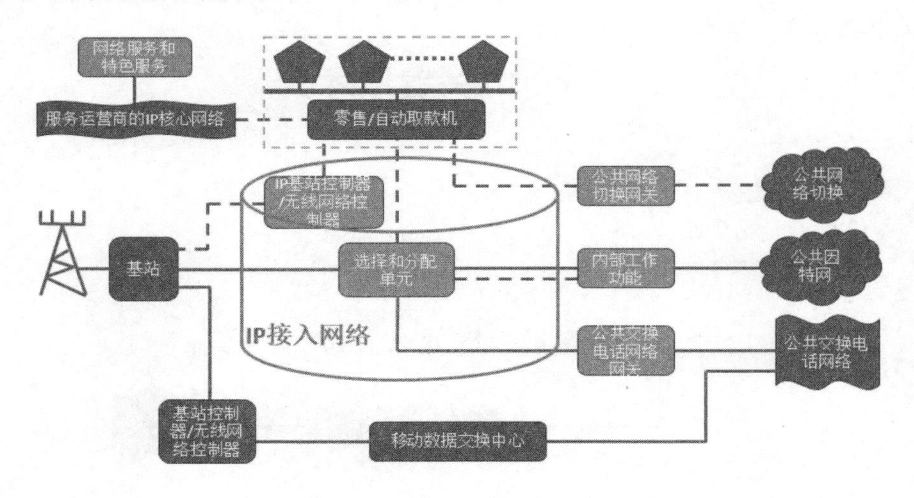

图5.1.6　3G技术的IP网络通用结构

在图5.1.6中，无线移动通信在IP接入网络的通用结构中，和无线网络、服务运营商的核心网络、商业网络等都可以建立无线通信，把生活便利带到移动通信设备终端，实现3G技术的广阔市场前景。

语音通话的通话控制在IP网络中还包括一些选项。例如，国际电信联盟为在局域网实现多媒体会议，起草设计了H.323功能，已经在网络和终端设备中广泛使用。国际工程工作组的评论需求RFC2543提出会话初始协议，建立在目前因特网应用的基础上，得到广泛普及。媒体网关控制协议支持在网络的通话控制，实现对多媒体会议、会话的通话控制，落实在国际电信联盟的H.248和国际工程工作组的媒体网关控制协议中。

5.1.6　3G技术的实现

国际电信联盟在国际移动电信IMT-2000建立了3G技术的最低需求，体现在传输的数据速率。用户在宏单元的1至10公里内移动，或者在具有行驶速度的车辆上，传输数据的速率为144Kb/s；行人用户在微小单元的300m内移动传输数据的速率为384Kb/s；用户在极小单元的室内空间内移动，传输数据的速率为2Mb/s。

国际电信联盟在5个国际移动电信IMT-2000无线电标准达成一致意见：国际移动电信直接扩频IMT-DS被称为宽带码分多址接入的频分双工WCDMA-FDD技术；国际移动电信多路载波IMT-MC被称为宽带码分多址接入cdma2000多路载波技术；国际移动电信时间编码IMT-TC被称为宽带码分多址接入的时分双工WCDMA-TDD技术；国际移动电信单独载波IMT-SC被称为通用无线通信的时分多址接入UWC-136 TDMA

技术；国际移动电信频率时间 IMT-FT 被称为数字增强型无绳电信 DECT 技术。随着 2G 系统的广泛进化，全球通信系统 GSM 技术进化成为宽带码分多址接入 WCDMA 技术，码分多址接入 cdmaOne 技术进化成为码分多址接入 cdma2000 技术，美国国家标准研究所 ANSI 的电信电子工业协会 TIA/EIA-136 技术进化成为通用无线通信 UWC-136 技术。

5.2　3G 的关键技术实现

3G 技术中的关键概念包含频段、数据处理、解调、工程技术参数等内容。接下来将详细说明这些技术概念。

5.2.1　更高的带宽需求

3G 技术和 2G 技术相比，最大的特色就是增加数据传输速率，但是数据传输速率的增加需要技术支持，也就是说比特速率越高的信号，传输时需要越宽的带宽。

$$C=B\log_2\left(1+\frac{E_b}{I_0}\right)$$

式中：B 为带宽；信噪比 E_b/I_0 一定，信道容量随着带宽 B 的增加而增大；反之，信噪比 E_b/I_0 一定，信道容量增加，则带宽 B 必须增加。信息位速率越高，在同等的其他条件下，需要的带宽越宽。如图 5.2.1 所示。

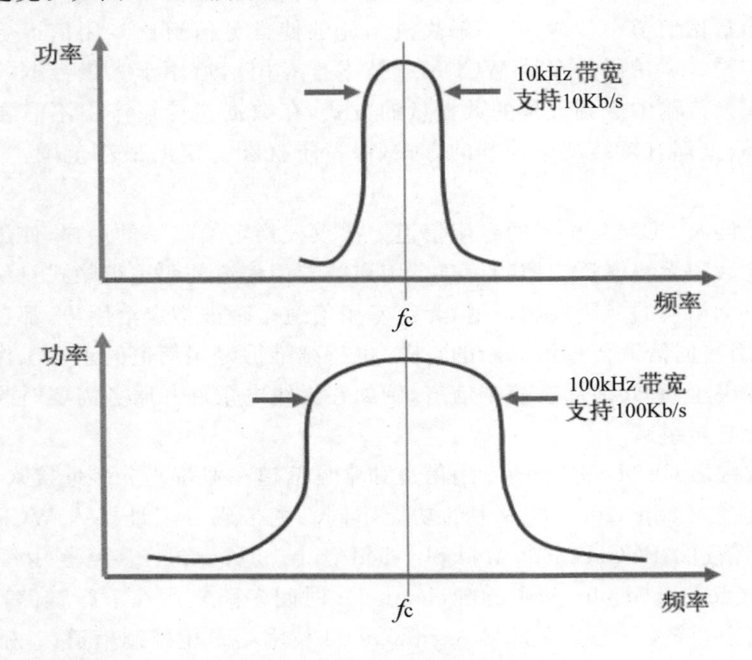

图 5.2.1　带宽和信息传输速率

在图 5.2.1 中，实际信息位速率是由调制和许多其他因素共同决定的，f_c 为中心频率或载波频率，信息传输速率高的信号，传输时的带宽比信息传输速率低的信号带宽大。

5.2.2 数据包和电路切换服务

为了实现 3G 技术服务，需要 3G 移动通信系统具备相应的工作能力，首先需要具备电路切换信道的能力，实现计算机 32Kb/s、56Kb/s、64Kb/s“拨号”接入，实现集成服务数字网络在 2×64Kb/s+16Kb/s 的接入，实现视频会议在 64Kb/s、128Kb/s 和 384Kb/s 传输速率的电路切换。其次需要数据包切换信道的能力，实现在可变峰值速率的多媒体服务，实现数据的峰值速率在 64Kb/s、144Kb/s、384Kb/s 和 2Mb/s 的多媒体服务，其中包括基于数据包的视频会议服务。

为了实现 3G 技术服务，需要码分多址接入 CDMA 技术数据包模式服务，采用码分多址接入 CDMA 技术信道的 2 种类型：一种是专用信道，1 个码给 1 个用户，专用信道一次只能指派给 1 个用户，专用信道指派使用协议中网络层 3 层通话控制和无线电资源控制信息，协议中网络层 3 层处理网络数据的定位、路由、切换，包括应答信号和完整信号被正确接收，有时会把 4 层加入数据包，以此获得适合的传输空间尺寸。另一种是常见的信道在多路用户中共享，在多路用户随机接入常见信道时分享使用，但需要建立争用解决机制。

码分多址接入 CDMA 技术的数据包模式在实现 3G 技术服务中，需要用专用信道和常见信道，常见信道的典型用途是低用量的数据传输，例如协议中网络层 3 层控制通话和无线电资源控制信息要求、协商、控制信息；当专用信道不能使用时，短数据包、不常用的数据包可以在常见信道中传输；争用解决机制能够使常见信道比专用信道更不适用于高用量的数据传输。宽带码分多址 WCDMA 技术把专用信道用于大量数据的传输。专用信道最初是用量传输中级到大量的数据量的方式，在数据包传输流中不需要争用解决机制，专用信道一直都有持续功率控制的方式，保持干扰在一定的最小范围，实现高效的数据传输。

码分多址接入 CDMA 技术的专用信道一次仅仅指定给唯一的用户，使用协议中网络层 3 层控制通话和无线电资源控制信息。用户被专用信道的码进行隐式身份确认。专用信道一直有一个相关的专用控制信道，无论专用信道是否被指定给用户，都在维护专用信道，即使是专用数据信道传输被关断的空隙，也持续维护专用信道的正常工作。专用信道参数能够允许快速、有效地动态控制信道，例如在无线电条件和服务需要时改变比特位传输速率和进行前向纠错。

码分多址接入 CDMA 技术的专用信道和常见信道在宽带码分多址接入 WCDMA 技术和码分多址接入 cdma2000 技术中的功能不同。宽带码分多址接入 WCDMA 技术的每个专用控制信道 DPCCH(dedicated physical control channel)多路复用每个专用数据信道 DPDCH(dedictaed physical data channel)，时间多路复用在下行链路，I 信号、Q 信号多路复用在上行链路；码分多址接入 cdma2000 技术给专用控制信道(基础信道或者专用控制信道)1 个隔离码，和数据传输的 1 个专用补充信道一起使用。

码分多址接入 CDMA 技术的数据包使用专用信道的 1 种方式传输，专用数据信道及其码可以有序共享使用，一种是采用快速再次指派给不同用户的方式，一种是精炼成“快速电路切换”技术；多路专用数据信道可以同时被指派给用户，在任何时候信道都是专门给一个单独用户；信道相互之间存在干扰，但是码区分能够提供足够的干扰抵消能力。如果有需要，还可以按照次序共享1个单独专用信道，如图5.2.2所示。

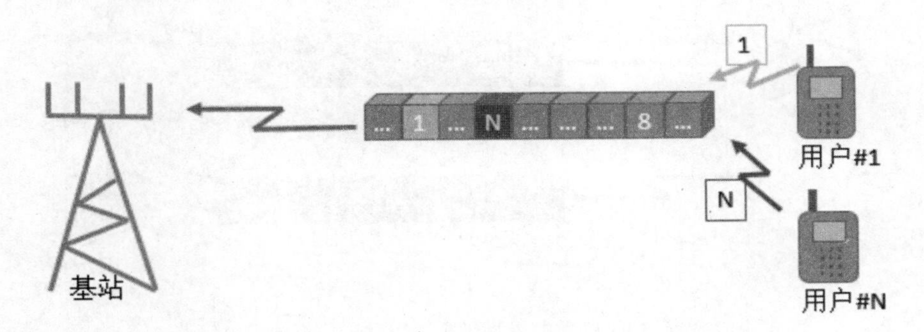

图5.2.2　3G技术共享专用信道的上行链路

在图5.2.2中，用户♯1和用户♯N按照次序共享1个单独的专用信道，这是上行链路的通信。在指令要求时，相同的信道和信道码可以专门给不同的用户使用，使用这个专用信道的“次序安排”由通话控制和无线资源控制信息共同决定。

所有的用户都在相同的频率，使用不同的编码区分身份，可以同时使用专用的数据信道。如图5.2.3所示。

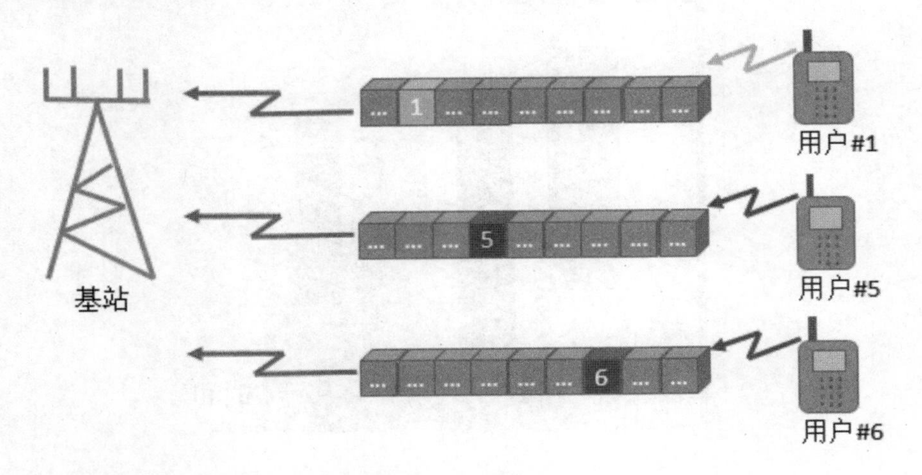

图5.2.3　3G技术中同时使用专用信道的上行链路

在图5.2.3中，多个用户同时使用专用信道和基站通信，这些用户编码是♯1、♯5和♯6的不同编码。

所有的用户都在相同的频率，使用不同的编码区分身份，可以同时按照次序使用同一个专用的数据信道。如图5.2.4所示。

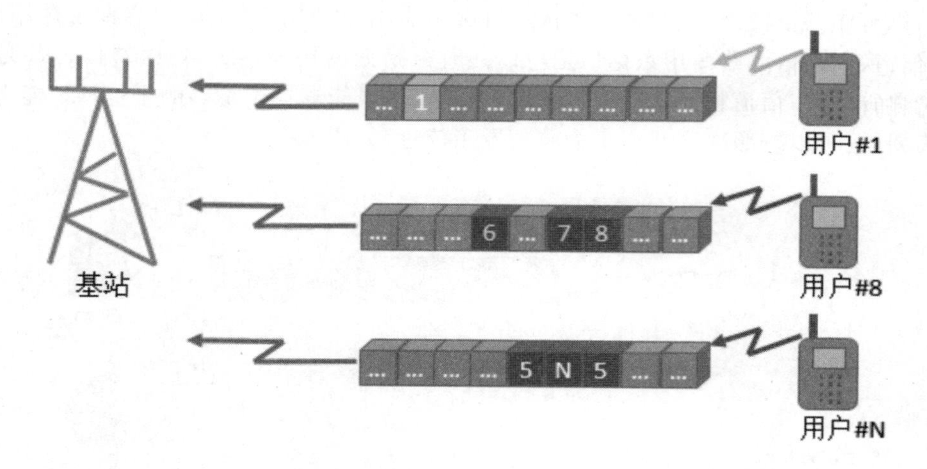

图 5.2.4　3G 技术中按照次序使用专用信道的上行链路

在图 5.2.4 中，多个用户按照次序使用专用信道和基站通信，这些用户是＃1、＃8 和＃N 的不同编码。

码分多址接入 CDMA 技术的用户在相同的信道共同承担干扰对信号的影响，对于信道存在允许干扰的总量，如图 5.2.5 所示。

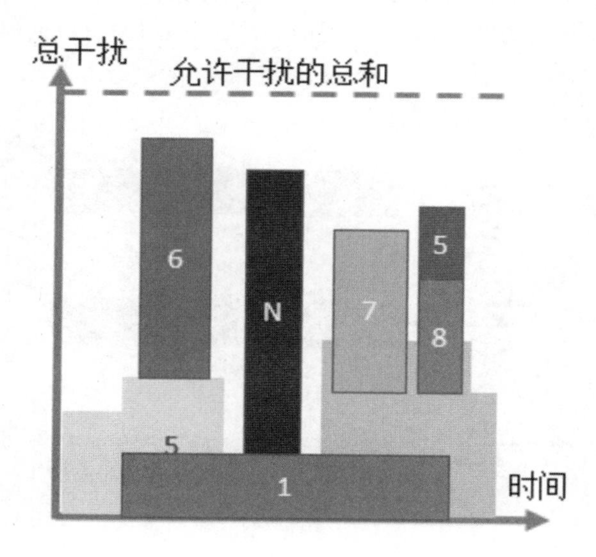

图 5.2.5　信道干扰

在图 5.2.5 中，信道干扰是由信道中各个用户共同承担，并且随着时间的推移和用户通话的切换，可改变信道内的干扰。

码分多址接入 CDMA 技术的数据包容量的共享方式有 3 种：一是个人专用数据信道按照次序再次指派，这种情况适用于中等量到大量数据，指派在通信协议 3 层网络层控制和无线资源控制信息实现。二是多路专用数据信道同时指派给多个用户，这种情况适用于中等量到大量数据，指派在通信协议3层网络层控制和无线资源控制信息实现。三是常见信道，这种情况适用于小量、不常用数据包（和控制信道共享信道），使用的信道有上行链路随机接入信道、码分多址接入cdma2000技术的下行链路呼叫信道、宽带码分多址接入WCDMA技术的下行链路前向接入信道。

5.2.3 连贯的解调

码分多址接入CDMA技术的调制方式是正交相移键控，每个调制波形有两位数字信号的调制方式是正交相移键控，如图5.2.6所示。

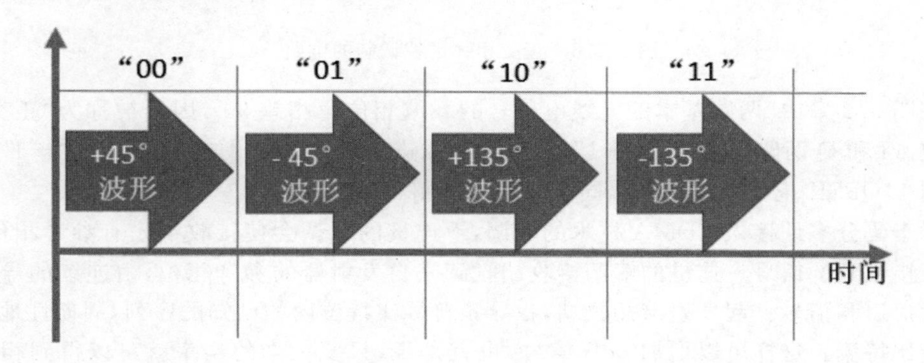

图5.2.6 正交相移键控的调制符号

在图5.2.6中，语音信号的处理是把模拟信号转换为数字信号，并进行压缩后，在调制器中采用正交相移键控的方式，用一种波形表示两位数字信号，用相位为＋45°、－45°、＋135°和＋135°的波形表示"00"、"01"、"10"和"11"。如图5.2.7所示。

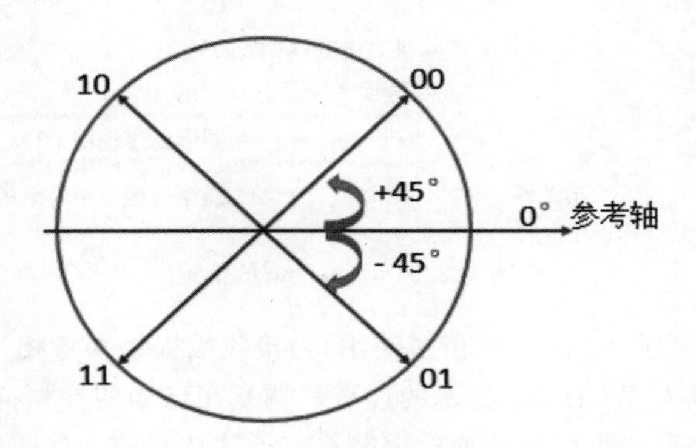

图5.2.7 正交相移键控的矢量图

在图5.2.7中，以零度参考轴旋转4个不同角度，代表在4个极点的4种波形，每1种波形由2位数字信号表示。从极点到原点的距离表示信号幅度，相位和幅度组合被称为"星座图"。

正交相移键控的数字电路是由加法器和乘法器对正弦信号和余弦信号进行处理得到的,如图 5.2.8 所示。

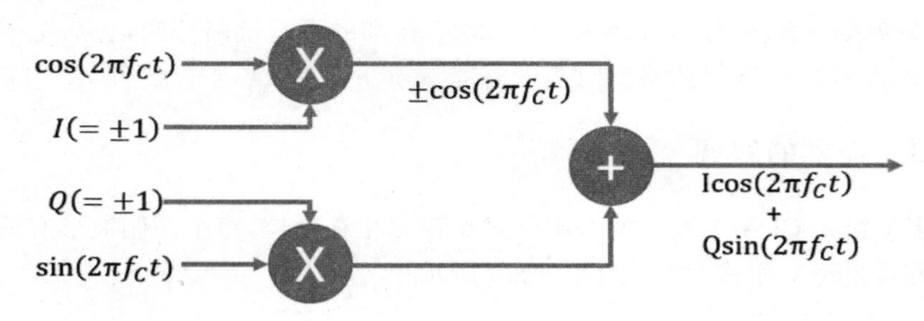

图 5.2.8 正交相移键控调制的电路

在图 5.2.8 中,两路基本的无线电信号的载波相位角相差 90°,因而被称为“正交”相移键控。I 和 Q 两路信号代表“+1”和“−1”的二进制码,“+1”代表二进制 0,“−1”代表二进制 1,QPSK 正交相移键控等同于双路二进制相移键控。

对于码分多址接入 CDMA 技术的解调,不连贯的解调会使接收端没有参考相位,无法比较接收到的信号。连贯的解调接收端收到来自发射器的参考相位,由连续的导频或者参考信道和信号一起发射给接收端,在导频符号比特位内的已知的序列,周期性地出现在信号比特流。这样可以增加 3dB 信号,也就是说,只要一半的功率就可以得到相同质量的信号。

码分多址接入 cdmaOne 的连贯解调,在前向链路一直都有连续的导频信道允许移动通信设备终端实现连贯的解调,在反向链路为了减小 2G 移动通信设备终端的复杂程度和成本,不提供导频信道,但是在 3G 移动通信设备终端的反向链路也有导频信道。如图 5.2.9 所示。

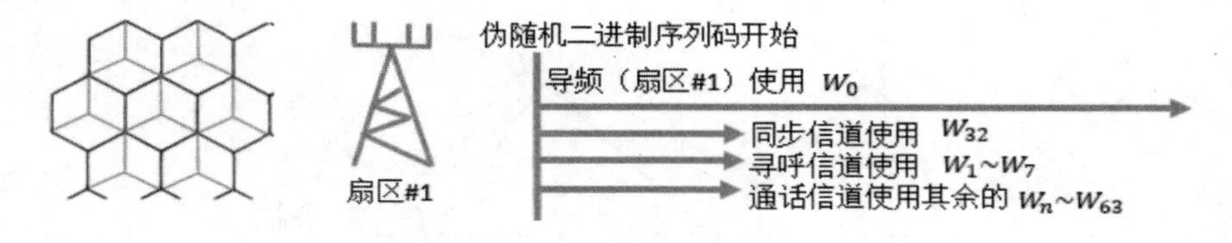

图 5.2.9 cdmaOne 的信道

在图 5.2.9 中,扇区#1 的导频信道使用,为接收端提供参考相位。

宽带码分多址接入 WCDMA 技术的连贯解调是在已知的导频符号比特位当中,前向无线移动通信链路和反向无线移动通信链路都有这些比特位。接收端定期收到这些比特位,并和它们同步,为连贯解调提供参考相位。如图 5.2.10 所示。

图 5.2.10 WCDMA 的信号

在图5.2.10中，宽带码分多址接入WCDMA技术的信号大约0.667ms的长度，后面有个导频信号，一起组成一组信号。

在3G发射端具备导频加入模块，在接收端具备相位跟踪模块，于是就可以实现发射端的16QAM调制和接收端的连贯解调。16QAM的调制可以用FPGA代码实现，代码如下：

```
module DATA_16QAM_mapper(DM_DIN,DM_ND,DM_RST,DM_CLK,DM_RE,DM_IM,DM_INDEX,
                    DM_RDY);
    input DM_DIN;          //输入信号
    input DM_CLK;          //脉冲
    input DM_ND;         //来自上一模块的信号提示
    input DM_RST;          //复位信号
    output[7:0] DM_RE;     //输出16QAM调制的实部,八位,一位符号位,一位整数位,六位小数位
    output[7:0] DM_IM;     //输出16QAM调制的虚部
    output[5:0] DM_INDEX;//输出标号
    output DM_RDY;         //输出信号提示

    reg[7:0] DM_RE;
    reg[7:0] DM_IM;
    reg DM_RDY;
    reg[7:0] RE_TEMP;      //输出实部暂存
    reg[7:0] IM_TEMP;      //输出虚部暂存
    reg[3:0] STOR;           //由于四个输入信号对应一个星座坐标
    reg MAPEN;
    reg[5:0] DM_COUNT;
    reg[5:0] DM_INDEX;
    reg OUTEN;          //使Q_RDY比输入四个信号中最后一个晚一个脉冲的过渡,保证转换完成
    reg[1:0] counter;      //四个输入信号的计数
    reg[1:0] OUT_COUNT;


always @(negedge DM_RST or posedge DM_CLK)      //Q_RST高电平异步清零
  if(! DM_RST)
    begin
    MAPEN<=1'b0;
    DM_RE[7:0]<=8'b00000000;
    DM_IM[7:0]<=8'b00000000;
    DM_COUNT[5:0]<=6'b000000;
    DM_INDEX[5:0]<=6'b000000;
    DM_RDY<=0;
    RE_TEMP[7:0]<=8'b00000000;
    IM_TEMP[7:0]<=8'b00000000;
    STOR[3:0]<=4'b0000;
```

```
OUTEN<=0;
counter[1:0]<=2'b00;
OUT_COUNT<=2'b00;
end

else
begin
if(DM_ND)              //16QAM encoding
  begin
     counter<=counter+1;
    case(counter)
       2'b00:STOR[0]<=DM_DIN;
       2'b01:STOR[1]<=DM_DIN;                //存入输入数值
       2'b10:STOR[2]<=DM_DIN;
       2'b11:STOR[3]<=DM_DIN;
     endcase
   end
else
  begin
        counter[1:0]<=2'b00;
    STOR[3:0]<=4'b0000;
   end

if (counter==2'b11)           // MAPEN 标记四个信号是否已经存入
  MAPEN<=1'b1;
else
  MAPEN<=1'b0;

    if(MAPEN)
      begin
      case(STOR[1:0])
      2'b00:RE_TEMP[7:0]<=8'b11000011;
      2'b10:RE_TEMP[7:0]<=8'b11101100;
      2'b01:RE_TEMP[7:0]<=8'b00111101;
      2'b11:RE_TEMP[7:0]<=8'b00010100;
      endcase
      case(STOR[3:2])
      2'b00:IM_TEMP[7:0]<=8'b11000011;
      2'b10:IM_TEMP[7:0]<=8'b11101100;
      2'b01:IM_TEMP[7:0]<=8'b00111101;
      2'b11:IM_TEMP[7:0]<=8'b00010100;
      endcase
```

```
      OUTEN<=1;
      end
    else
      begin
      OUTEN<=0;
      RE_TEMP[7:0]<=8'b00000000;
      IM_TEMP[7:0]<=8'b00000000;
      end

  if(OUTEN)                              // 输出
    begin
    DM_RE<=RE_TEMP;
    DM_IM<=IM_TEMP;
    DM_COUNT<=DM_COUNT+1;
    DM_INDEX<=DM_COUNT;
    DM_RDY<=1'b1;
  end

   if (DM_INDEX==47)
     OUT_COUNT<=OUT_COUNT+1;
   else
     OUT_COUNT<=0;

  if (OUT_COUNT==2'b11)
    begin
    DM_RE[7:0]<=8'b00000000;
    DM_IM[7:0]<=8'b00000000;
    DM_INDEX[5:0]<=6'b000000;
    DM_COUNT[5:0]<=6'b000000;
    DM_RDY<=0;
  end
end

endmodule
```

虽然利用接收到的短训练序列、长训练序列可以进行信道均衡、频率偏差校正，单符号还会存在一定的剩余频率偏差，而且偏差随着时间的积累而增加，造成所有子载波的相位偏转。因此，需要对参考相位跟踪，在52个非零子载波中插入4个导频符号。

经过符号调制后的signal和data域数据，将两者合并，输入到导频插入模块。每48个分成一组，每一组将对应一个正交频分复用OFDM符号。4个导频对应到−21，−7，7和21这几个子载波上，对应中心频率的0号子载波填充零值。插入的4个导频信号依次为1,1,1,−1,导频信号的极性需要根据规定序列做变化:当规定序列为1时,对应导频1,1,1,−1;当规定序列为−1时,对应导频为−1,−1,−1,1。导频插入模块的FPGA代码如下:

```
module DATA_pilot_insertion(DPI_DIN_RE,DPI_DIN_IM,INDEX_IN,DPI_ND,DPI_START,DPI_RST,
                            DPI_CLK,DPI_RE,DPI_IM,DPI_RDY);
    input [7:0] DPI_DIN_RE;
    input [7:0] DPI_DIN_IM;
    input [5:0] INDEX_IN;
    input DPI_ND;
    input DPI_START;
    input DPI_RST;
    input DPI_CLK;
    output [7:0] DPI_RE;
    output [7:0] DPI_IM;
    output DPI_RDY;
    //*****************************************
*****************************************//

    reg [7:0] DIN_RE;                    //输入数据实部缓存
    reg [7:0] DIN_IM;                    //输入数据虚部缓存
    reg ND;                              //输入使能信号寄存器
    reg [5:0] INDEX;                     //输入数据标号缓存
    reg [6:0] WA;                        //DPI_RAM_RE/IM的写地址缓存
    reg [7:0] RAMR_DIN;                  //DPI_RAM_RE的输入缓存
    reg [7:0] RAMI_DIN;                  //DPI_RAM_IM的输入缓存
    reg REN;                             //DPI_RAM_RE/IM的读使能信号寄存器
    reg WEN;                             //DPI_RAM_RE/IM的写使能信号寄存器
    reg WAC;                             //DPI_RAM_RE/IM的写地址寄存器?
    reg PIEN;                            //导频插入使能信号寄存器
    reg [3:0] STATE;                     //导频插入处理状态机状态寄存器
    reg DOUT_EN;                         //模块输出使能信号寄存器
    reg [7:0] DPI_RE;                    //模块输出数据实部寄存器
    reg [7:0] DPI_IM;                    //模块输出数据虚部寄存器
    reg DPI_RDY;                         //模块输出有效信号寄存器

    wire [6:0] RA;                       //DPI_RAM_RE/IM的读地址信号
    wire [7:0]    RAMR_DOUT;             //DPI_RAM_RE的输入信?
    wire [7:0]    RAMI_DOUT;             //DPI_RAM_IM的输入信?
    wire RST;
    wire PPC_RST;
```

```
assign RST=~DPI_RST;                //IP core 的复位信号,高电平有效
assign PPC_RST=RST|DPI_START;       //DPI_PPC 既由全局复位信号控制,在新帧输入时也需
复位

/*******************************  输入信号缓存
*******************************/
//为保证模块所有输入信号同步,在模块输入端口为所有信号加1级缓存
always @ (negedge DPI_RST or posedge DPI_CLK)
if (! DPI_RST)
begin
DIN_RE<=8'b00000000;
DIN_IM<=8'b00000000;
ND<=1'b0;
INDEX<=6'b000000;
end

else
begin
if (DPI_ND)
begin
    DIN_RE<=DPI_DIN_RE;
DIN_IM<=DPI_DIN_IM;
ND<=DPI_ND;
    INDEX<=INDEX_IN;
end
  else
    begin
    DIN_RE<=8'b00000000;
DIN_IM<=8'b00000000;
    ND<=1'b0;
    INDEX<=6'b000000;
    end
  end

/****************************************
****************************************/
/*******************************  DPI_RAM 实例化
*******************************/
//两块 1024bits(128×8bits)的双口块 RAM,作为模块的存储器(数据实部和虚部各用一块),
//为了实时处理数据的需要,RAM 的存储深度为两个
//symbol 的长度,每两个 symbol 依次写入前一半和后一半的地址空间中,保证前一 symbol 的读出
//与后一 symbol 的写入不发生冲突
```

```
dpi_ram DPI_RAM_RE(
    .addra(WA),
    .addrb(RA),
    .clka(DPI_CLK),
    .clkb(DPI_CLK),
    .dina(RAMR_DIN),
    .doutb(RAMR_DOUT),
    .enb(REN),
    .sinitb(RST),
    .wea(WEN));

dpi_ram DPI_RAM_IM(
    .addra(WA),
    .addrb(RA),
    .clka(DPI_CLK),
    .clkb(DPI_CLK),
  .dina(RAMI_DIN),
    .doutb(RAMI_DOUT),
.enb(REN),
    .sinitb(RST),
    .wea(WEN));

/* * * * * * * * * * *     导频极性控制信号生成模块实例化     * * * * * * * * * * * */
//实际上是一个初始状态为全“1”的扰码器,用来生成导频极性控制信号,如果输出“0”,则
//意味着4个导频信号的极性为“1、1、1、-1”,若输出为“1”,则表明导频信号的极性应为“-1、1、
1、1”

SCRAMBLER DPI_PPC (
.EN(ND),                                   //ND信号作为DPI_PPC的工作触发信号。需要
DPI_PPC每一个symbol
.RST(PPC_RST),                             //输出一个极性控制信号
.OUT(PPC_OUT));                            //(用来控制DPI_PPC母次？晚一个周期拉高。
/* * * * * * * * * * * * * * * * * * * *     数据顺序调整和导频信号插入     * * * *
* * * * * * * * * * * * * * * * * * * */

always @ (negedge DPI_RST or posedge DPI_CLK)
if (! DPI_RST)
begin
WAC<=1'b0;
WA<=7'b0000000;
WEN<=1'b0;
```

```
RAMR_DIN<=8'b00000000;
RAMI_DIN<=8'b00000000;
PIEN<=1'b0;
STATE<=4'b0001;
REN<=1'b0;
DOUT_EN<=1'b0;

end

else
begin
if (ND)
begin
WA[6]<=WAC;                              //将WAC信号作为RAM写地址缓存的最高位以控制
                                         数据写入RAM的不同部分,WAC
case (INDEX)                             //为0时写入RAM的低64bytes,反之,写入RAM的
                                         高64bytes
0,1,2,3,4 :                              //对输入数据标识INDEX进行处理生成相应数据的
                                         写地址,从而将输入数据按照
WA[5:0]<=INDEX+38;                       //所需调整的顺序直接写入RAMs中
5,6,7,8,9,10,11,12,13,14,15,16,17 :
WA[5:0]<=INDEX+39;
18,19,20,21,22,23 :
WA[5:0]<=INDEX+40;
24,25,26,27,28,29 :
WA[5:0]<=INDEX-23;
30,31,32,33,34,35,36,37,38,39,40,41,42 :
WA[5:0]<=INDEX-22;
43,44,45,46,47 :
WA[5:0]<=INDEX-21;
default :
WA[5:0]<=0;
endcase

WEN<=1'b1;                               //生成写地址信号的同时,将写使能信号置高,并
                                         将数据写入RAMs的数据写入寄存器

RAMR_DIN<=DIN_RE;
RAMI_DIN<=DIN_IM;
if (INDEX==47)
PIEN<=1'b1;                              //数据写入操作完成后,将PIEN拉高,模块开始进
                                         行导频插入操作

end
```

```
else if (PIEN)                          //在 PIEN 的控制下,导频信号被写入 RAM 的相应地址空间中
if (! PPC_OUT)                          //具体插入导频的极性由 PPC_OUT 控制,其值为 0 时插入 1、－1、1、1
  case (STATE)                          //插入过程由一个 Moore 有限状态机来实现
4'b0001:                                //STATE 为 4'b0001、4'b0010、4'b0100、4'b1000 时,将各个状态应插入的导频信号及其对应
begin                                   //的地址信号写入 RAM 的写入寄存器和写地址寄存器中,同时将写使能信号拉高,状态也相应转入下一个
WA[5:0]<=7;
RAMR_DIN<=8'b01000000;
  RAMI_DIN<=8'b00000000;
STATE<=4'b0010;
end
4'b0010:
begin
WA[5:0]<=21;
RAMR_DIN<=8'b11000000;
RAMI_DIN<=8'b00000000;
STATE<=4'b0100;
end
4'b0100:
begin
WA[5:0]<=43;
RAMR_DIN<=8'b01000000;
RAMI_DIN<=8'b00000000;
STATE<=4'b1000;
end
4'b1000:
begin
WA[5:0]<=57;
RAMR_DIN<=8'b01000000;
RAMI_DIN<=8'b00000000;
STATE<=4'b0001;
PIEN<=1'b0;                             //第 4 个导频输入完成时,WAC 取反,准备下一 Symbol 数据的输入,同时将导频插入使能信号
REN<=1'b1;                              //拉低,完成这个 symbol 的导频插入操作。并将读使能信号拉高,以开始完成处理的数据的
WAC<=~WAC;                              //输出
end
```

```
  endcase
  else                                    //PPC_OUT为1时插入－1、1、－1、－1
  case (STATE)
  4'b0001:
  begin
  WA[5:0]<=7;
  RAMR_DIN<=8'b11000000;
  RAMI_DIN<=8'b00000000;
  STATE<=4'b0010;
  end
  4'b0010:
  begin
  WA[5:0]<=21;
  RAMR_DIN<=8'b01000000;
 RAMI_DIN<=8'b00000000;
  STATE<=4'b0100;
 end
  4'b0100:
  begin
  WA[5:0]<=43;
  RAMR_DIN<=8'b11000000;
 RAMI_DIN<=8'b00000000;
  STATE<=4'b1000;
 end
  4'b1000:
  begin
  WA[5:0]<=57;
  RAMR_DIN<=8'b11000000;
 RAMI_DIN<=8'b00000000;
  STATE<=4'b0001;
  PIEN<=1'b0;
  REN<=1'b1;
  WAC<=~WAC;
 end
  endcase
  else
  begin
  WA[5:0]<=10'b000000;
  WEN<=1'b0;

  RAMR_DIN<=8'b00000000;
RAMI_DIN<=8'b00000000;
```

```
end

if (RA==63 || RA==127)                    //根据读地址信号判断读操作是否完成,以将读使
                                          能信号拉低。注意,由于每 2 个 symbol
REN<=1'b0;                                //的数据共用一个存储器,所以它们的读操作完成
                                          对应不同的 RA 值


if (REN)                                  //数据读出存储器
DOUT_EN<=1'b1;                            //在读出使能藕诺呢制下 RAM  际出数据,同时将
                                          输出使能信号拉高。因为 IP 核输出
else                                      //数据刚好比读使能信号晚一个时钟,因此与第一
                                          级输出使能信号同步
DOUT_EN<=1'b0;

end

/*******************************************
*****************************************/
/******************************      DPI_COUNT 实例化
*******************************/
//周期为 128 的计数器单元,输出计数信号作为 DPI_RAM 的读地址信号,帮助完成处理的数据依次
读出

counter_128 DPI_RAGEN (
.Q(RA),
.CLK(DPI_CLK),
.CE(REN),                                 //读使能信号作为计数器单  氖敞邮鼓芓藕乓钥
                                          刂破涔ぷ?
.ACLR(RST));

/*******************************************
*****************************************/
/******************************      数据输出控制
*******************************/

always @ (negedge DPI_RST or posedge DPI_CLK)
if (! DPI_RST)
  begin
  DPI_RE<=8'b00000000;
DPI_IM<=8'b00000000;
  DPI_RDY<=1'b0;
  end
```

```
else
  begin
  if (DOUT_EN)                    //数据数出
  begin                           //在输出使能信号的控制下将数据 DINT_RAM_2 输
                                  出的数据写入其
  DPI_RE<=RAMR_DOUT;
  DPI_IM<=RAMI_DOUT;
DPI_RDY<=1'b1;
  end
 else
  begin
  DPI_RE<=8'b00000000;
  DPI_IM<=8'b00000000;
  DPI_RDY<=1'b0;
  end
 end
endmodule
```

基于 IEEE 802.11a 协议的 OFDM 接收机中的同步主要包括定时同步、载波同步和采样时间同步三个部分。定时同步主要包括帧(分组)同步和符号同步两种,其中帧(分组)同步用于确定数据分组的起始位置,而符号同步的目的是正确地定出 OFDM 符号数据部分的开始位置,以进行正确的 FFT 操作。载波频率同步首先是要检测出频率偏移,然后加以补偿。频偏检测按精度要求可分为粗同步和细同步两个部分,此时按照导频信息,进行相位跟踪。然后进行采样时钟同步,目的在于消除接收端 A/D 采样的频率、相位与发送端 A/D 时钟频率、相位的偏差对系统性能造成的影响。

5.2.4　时分双工

时分双工的通信方式是在同一个频率允许双向的信号传输,按照时间划分双向的传输。如图 5.2.11 所示。

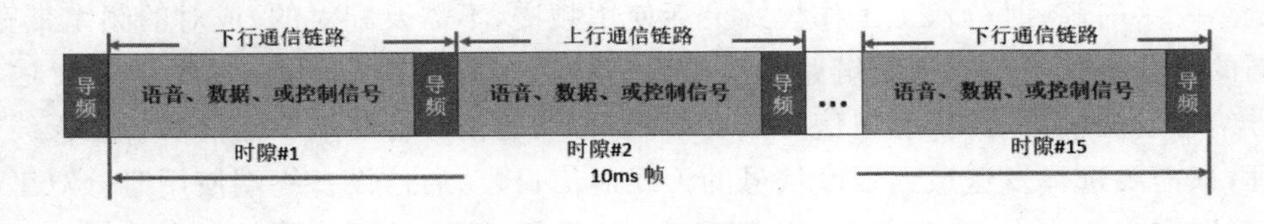

图 5.2.11　时分双工信号传输

在图 5.2.11 中,在相同频率的信道上,按照时隙的划分,同时传输下行通信链路的信号和上行通信链路的信号,在 10ms 帧的时间内,传输 15 个时隙的信号。

统一频分双工和时分双工的组合,可以按照不对称频率带宽的有效使用来实现。如

图 5.2.12 所示。

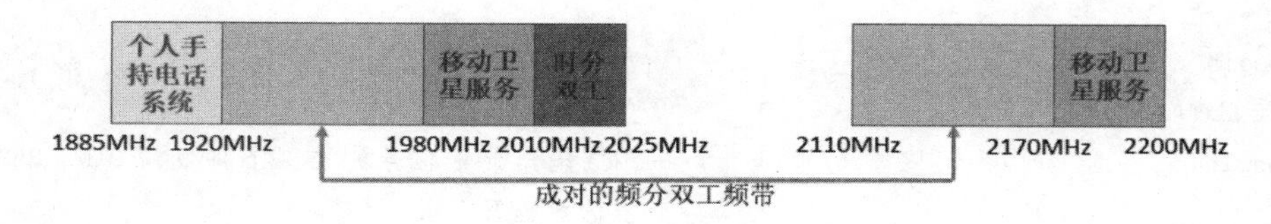

图 5.2.12　频分双工和时分双工的组合

在图 5.2.12 中，频分双工和时分双工可以组合使用在宽带码分多址接入 WCDMA 技术中。

在时分双工的传输方式中，当基站传输信号给移动通信设备终端时，移动通信设备终端将会查看近期接收过的基站信号中，是基站的哪个天线发出的信号最强，然后下次就用这个天线的传输信号，这是时分双工传输的多样性机制。如图 5.2.13 所示。

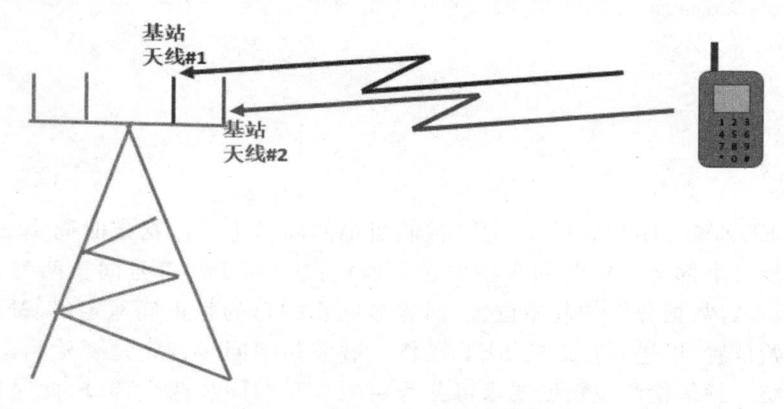

图 5.2.13　时分双工通信的多样性

在图 5.2.13 中，基站天线＃1 和基站天线＃2 发出的信号在移动通信设备终端作比较，基站天线＃1 的信号最强，然后移动通信设备终端选择信号最强的基站天线＃1 作为下次接收基站信号的基站天线。

时分双工工作模式的特点也是时分双工的优点，时分双工工作模式灵活分配下行通信链路和上行通信链路的容量，例如可以多分配给下行通信链路一些时隙，少分配给上行通信链路一些时隙；时分双工工作模式灵活使用频谱，不需要配对的、成对的频率带宽；基站不同的天线提供给前向通信链路和反向通信链路多种选择，不同的基站天线发送相同的信号给移动通信设备终端，但信号强度不同，移动通信设备终端不需要对各个天线信号做处理，只需要选择发送最强强度信号的天线通信；移动通信设备终端使用时分双工工作模式，可以实现低成本、简化电路，不需要双工滤波器，可以使用相同的频率传输前向通信信号和反向通信信号，移动通信设备终端不需要多个天线传输前向通信信号和反向通信信号；但时分双工的工作模式需要在内部单元实现同步，保证前向通信信号和反向通信信号的时隙不会重叠。

5.2.5　对信噪比 E_b/I_0 的架构设计

改进信噪比 E_b/I_0 的服务和技术的目的是增强服务和技术，不增加信噪比 E_b/I_0。如果需要达到其他技术指标，就只控制信号功率 E_b，限制噪声功率 I_0，甚至可以降低信噪比 E_b/I_0。

E_b/I_0 的意义是实现无线通信系统"可接受"性能的最小 E_b/I_0 的值。模拟信号干扰比值，实现无线通信系统"可接受"性能的最小信号干扰比的值。E_b/I_0 的影响因素很多，通信使用的无线电技术、从干扰中抽取有用信号的良好程度、无线电环境的影响，例如多路径的严酷程度、衰减、高速运动等。更高级的无线电技术能够从较低的 E_b/I_0 值的信号中，获得"可接受"的通信性能。较低的 E_b/I_0 值意味着在同等条件下，移动通信设备终端和基站可以用较低的功率传输比特位信息，而且在信号功率 E_b 较弱的长距离或者较强干扰的时候，仍然可以获得"可接受"的通信性能。这些对于无线移动通信的高质量传输信号非常重要。

获得较低的 E_b/I_0 需要具备一定的技术：一是最大化的性频率多样性，1.6MHz 带宽的时分多址接入 TDMA 技术的载波频率在多个子载波上实现频率跳变，5MHz 或者更宽带宽的码分多址 CDMA 技术的载波在整个频段宽度上实现扩频，这些将实现最大化的频率多样性。二是最大化的时间多样性，使用不同延时的多径传输信号，在码分多址多路接入 CDMA 技术中使用瑞克接收机，在时分复用多路接入 TDMA 技术中使用适合的平衡器，还可以做交织处理和前向纠错混合。三是最大化的空间多样性，可以在基站使用多种天线；可以在移动通信设备终端使用多种天线；可以通过不同的大量路径使用多径信号，在码分多址多路接入 CDMA 技术中使用瑞克接收机，在时分复用多路接入 TDMA 技术中使用适合的平衡器；在码分多址多路接入 CDMA 技术中使用软切换功能。四是使用强大的前向纠错技术。

多样性技术能够保护有用的信号中，即使信号都在边缘状态，超出限度的概率是 10%，随着信号增加，超出限度的概率会减小，如图 5.2.14 所示。

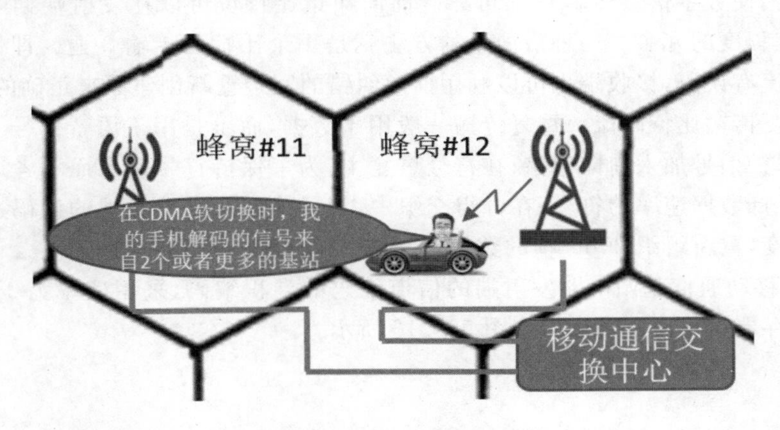

图 5.2.14　码分多址多路接入 CDMA 技术的软切换

在图 5.2.14 中，码分多址多路接入 CDMA 技术的用户在蜂窝小区之间运动时，需要进行软切换，这时用户接收解码的信号来自 2 个或者更多个基站信号，假设此时信号路径独立衰减，如果 1 个基站信号超出限度的概率是 10%，2 个基站信号超出限度的概率是 10%×10%=1%，3 个基站信号超出限度的概率是 10%×10%×10%=0.1%，所以多样性能减小超出限度信号的概率，保护有用的信号。

在码分多址多路接入 CDMA 技术中，多样性实现前向纠错的最大冗余。如图 5.2.15所示。

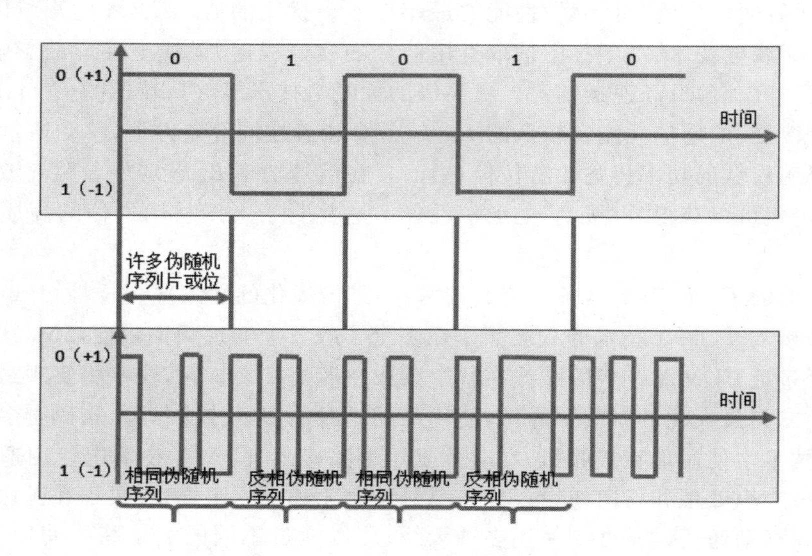

图 5.2.15　CDMA 技术中前向纠错的最大冗余

在图 5.2.15 中，数字信号的“1”或者“0”变成许多伪随机序列片，增加了数据速率，在 3G 系统支持 300%或者更多的冗余，但并没有增加信号传输需要的带宽。其他技术中多余的比特位就提高工作带宽，典型的冗余限度只能是小于 100%。

前向纠错使数字信号传输更加可靠。前向纠错比特位可以在发射端插入到比特流中，增加一定程度的冗余。一种最简单的方法就是 1 个比特位传输 3 遍。即使接收端收到的比特码流有误码，接收端也可以利用前向纠错的冗余重新创建原来正确的比特码流，无需要求重复传输比特码流。重复传输一般用于数据，而不是用于语音信号。在卷积编码中，为了保护信号加入前向纠错；在符号重复中，为了保持符号速率而不考虑部分速率的影响，重复低数据速率的符号；在分组交织中，为了降低对突发数据的误码造成的数据损坏的敏感度，重新组织 20ms 帧的数据。

CDMA 移动通信基站电路发射端的信道编码的卷积编码，采用速率为 1/2 的编码，采用移位寄存器执行编码功能。如图 5.2.16 所示。

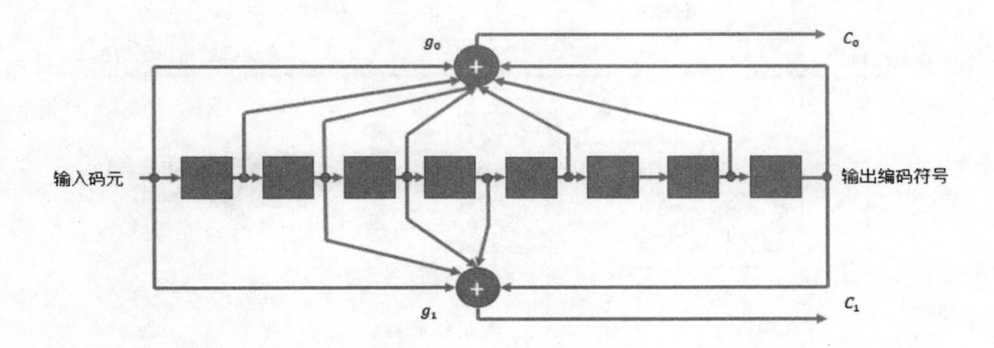

图 5.2.16　CDMA 移动通信基站电路发射端的卷积编码

在图 5.2.16 中，一个比特位的时间内，一个新的信息位被保存在最左边的存贮器位置，所有之前保存的比特位都被向右边移动。在一个比特位时间内，两个计算式 g_0 和 g_1 让特定的移位寄存器位置中保存的内容进行独家计算，在一个比特位时间内输出两个"符号"c_0 和 c_1，数据速率刚好等于符号比特位速率的 1/2。编码器的"记忆深度"可以用"约束长度"K 来表示，"记忆深度"就是 $K-1$，这是因为输出的"符号"来源于当前输入比特位和之前的 8 个比特位的组合，这里 8 个之前的比特位代表"记忆深度"，此时的"约束长度"K 是 9。

CDMA 移动通信基站电路发射端的信道编码具备前向纠错的功能。在卷积编码器输入 1 个比特位时，输出 2 个比特位的符号，输出的比特位是当前输入比特位和记忆中的之前比特位的组合，从而把冗余和记忆信息加入到输出的比特位当中。移动通信设备接收端的解码器可以根据冗余和记忆信息检测与纠正可能被破坏的比特位符号。

在 CDMA 移动通信的前向链路中，除了导频信道需要简单和快速捕获而不使用卷积编码之外，所有的前向通话信道都使用约束长度 $K=9$ 和传输速率 1/2 的卷积编码。在 3G 技术中，码分多址多路接入 CDMA 技术的卷积码实现冗余度，如表 5.2.1 所示。

表 5.2.1　3G 卷积编码的冗余

速率	约束长度	冗余
1/2	9	100%
1/3	9	200%
1/4	9	300%

在表 5.2.1 中，速率 $1/N$ 的 N 是 1 信息比特位输入时产生 N 个编码输出，这里指码分多址多路接入 CDMA 技术的冗余，而时分多址多路接入 TDMA 技术的冗余限度就是 100%。

轮机编码器可以实现卷积编码，如图 5.2.17 所示。

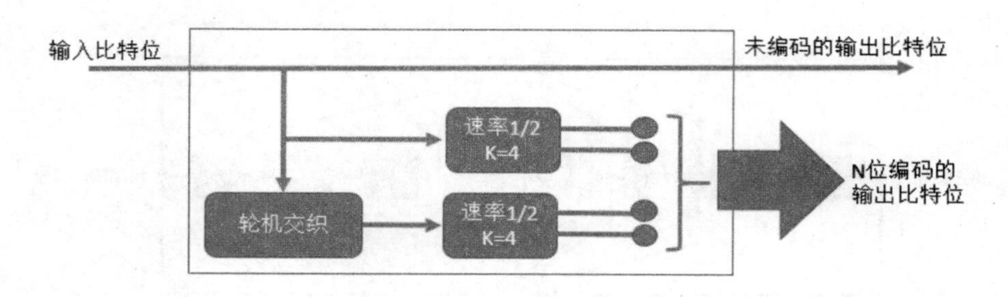

图 5.2.17　轮机编码器

在图 5.2.17 中，N 位编码比特是被根据需要的冗余度，选择或删余之后的值，当 $N=1$时，代表速率 1/2，当 $N=2$ 时，代表速率 1/3，当 $N=3$ 时，代表速率 1/4，当 $N=4$ 时，代表速率 1/5，在 3G 系统中不适用速率 1/5 的编码。轮机编码有好处，也有局限性，好处是提高前向纠错的性能，具有与正常卷积相似的总体复杂性，但是允许更低的信噪比 E_0/I_0，从而具有更大的容量；局限性是需要几千比特位的交织来实现优势，不适用于 20ms 帧只有 288 比特位的低速率语音信号传输，特别适用于 14.4Kb/s 以上的传输速率，交织多个帧的长度到 80ms 帧，误码率小于 10^{-3}。

在轮机编码器中提到删余，无线通信基带信号处理中为了提高传输效率，在卷积编码后一般要进行删余操作，即周期性地删除一些相对不重要的数据比特，引入了删余操作的卷积编码，也称作删余卷积码。在轮机编码进行了删余操作后，需要在译码时进行 depuncture，即在译码之前对删余比特位置加以填充。在 IEEE 802.11a 协议中规定卷积编码使用的生成多项式 $g_0=133$(8 进制)和 $g_1=171$(8 进制)，码率为 1/2，在符号 Signal 域的卷积编码是 1/2 速率，而数据 Data 域的卷积编码可以根据不同的速率需要进行删余，删余规则选用的是 3/4 速率，删余的过程详细说明如下：

源数据：x0，x1，x2，x3，x4，x5，x6，x7，x8

编码后：

A0	A1	A2	A3	A4	A5	A6	A7	A8
B0	B1	B2	B3	B4	B5	B6	B7	B8

其中，A 和 B 对齐，有下划线的是被丢弃的数据。

比特丢弃后的数据是：A0，B0，A1，B2，A3，B3，A4，B5，A6，B6，A7，B8

插入亚元“0”后的数据是：

A0	A1	0	A3	A4	0	A6	A7	0
B0	0	B2	B3	0	B5	B6	0	B8

解码后输出的数据：y0，y1，y2，y3，y4，y5，y6，y7，y8

采用 FPGA 编程生成卷积，完成删余，代码如下：

```
module DATA_conv_encoder(DCONV_DIN,DCONV_ND,RATE_CON,DCONV_RST,DCONV_CLK_I,
```

```
                    DCONV_CLK_O,DCONV_DOUT,DCONV_INDEX,DCONV_RDY);
input DCONV_DIN;
input DCONV_ND;
input [3:0] RATE_CON;
input DCONV_RST;
input DCONV_CLK_I;
input DCONV_CLK_O;
output DCONV_DOUT;
output [8:0] DCONV_INDEX;
output DCONV_RDY;

wire RST;
wire [1:0] DATA_OUT_V;
wire RDY;
reg BUF_RDY;
reg [1:0] i;
reg [2:0] j;
reg [1:0] Puncture_BUF_12;
reg [5:0] Puncture_BUF_34;
reg [3:0] Puncture_BUF_23;
reg [9:0] INDEX_TEMP;
reg DCONV_DOUT;
reg [8:0] DCONV_INDEX;
reg DCONV_RDY;

//assign RST = ~DCONV_RST;

conv_encoder conv_encoder1(
        .data_in(DCONV_DIN),
          .nd(DCONV_ND),
          .clk(DCONV_CLK_I),
          .aclr(DCONV_RST),
          .data_out_v(DATA_OUT_V),
          .rdy(RDY));

always @(negedge DCONV_RST or posedge DCONV_CLK_I)      // Put data into puncture_buffer.
  begin
     if(! DCONV_RST)
        begin
          Puncture_BUF_12 <= 0;
            Puncture_BUF_34 <= 0;
```

```
            Puncture_BUF_23 <= 0;
            i <= 0;
       end

  else
       begin
         if(RDY)
            case(RATE_CON)
              4'b1101,4'b0101,4'b1001:        // Rate is 1/2.
                 begin
                     Puncture_BUF_12 <= DATA_OUT_V;
                      BUF_RDY <= 1;
                   end

              4'b1111,4'b0111,4'b1011,4'b0011:     // Rate is 3/4.
                 begin
                      case (i)
                           2'b00:
                                begin
                                     Puncture_BUF_34 [1:0] <= DATA_OUT_V;
                                     BUF_RDY <= 1;
                                     i <= i + 1;
                                 end
                           2'b01:
                                 begin
                                     Puncture_BUF_34 [3:2] <= DATA_OUT_V;
                                     BUF_RDY <= 1;
                                     i <= i + 1;
                                 end
                           2'b10:
                                 begin
                                     Puncture_BUF_34 [5:4] <= DATA_OUT_V;
                                     BUF_RDY <= 1;
                                     i <= 2'b00;
                                 end
                           default:
                                 begin
                                     Puncture_BUF_34 <= 0;
                                     BUF_RDY <= 0;
                                     i <= 0;
                                 end
```

```
                endcase
        end

         4'b0001:           // Rate is 2/3.
            begin
                case(i)
                    2'b00:
                        begin
                            Puncture_BUF_23 [1 : 0] <= DATA_OUT_V;
                            BUF_RDY <= 1;
                            i <= i + 1;
                        end
            2'b01:
                        begin
                            Puncture_BUF_23 [3 : 2] <= DATA_OUT_V;
                            BUF_RDY <= 1;
                            i <= 0;
                        end
                    default:
                        begin
                            Puncture_BUF_23 <= 0;
                            BUF_RDY <= 0;
                            i <= 0;
                        end
            endcase
        end
        endcase
    else
        begin
            BUF_RDY <= 0;
            Puncture_BUF_12 <= 0;
              Puncture_BUF_34 <= 0;
            Puncture_BUF_23 <= 0;
            i <= 0;
    end
        end
end

always @(negedge DCONV_RST or posedge DCONV_CLK_O)     // Puncture and output the data.
begin
    if(! DCONV_RST)
```

```
begin
   DCONV_DOUT <= 0;
    DCONV_RDY <= 0;
    j <= 3'b000;
 end

else
  if(BUF_RDY)
    case(RATE_CON)
           4'b1101,4'b0101,4'b1001:          // Rate is 1/2.
             begin
               case(j)
                  3'b000:
                        begin
                          DCONV_DOUT <= Puncture_BUF_12 [j];
                            DCONV_RDY <= 1;
                            j <= j +1;
                         end
            3'b001:
                        begin
                          DCONV_DOUT <= Puncture_BUF_12 [j];
                            DCONV_RDY <= 1;
                            j <= 3'b000;
                         end
            default:
                        begin
                            DCONV_DOUT <= 0;
                            DCONV_RDY <= 0;
                            j <= 3'b000;
                end
                  endcase
                end

           4'b1111,4'b0111,4'b1011,4'b0011:      // Rate is 3/4.
             begin
                case (j)
                    3'b000,3'b001,3'b010:
                         begin
                              DCONV_DOUT <= Puncture_BUF_34 [j];
                            DCONV_RDY <= 1;
                            j <= j + 1;
```

```
                end
            3'b011:
                begin
                    DCONV_DOUT <= Puncture_BUF_34 [j+2];
                    DCONV_RDY <= 1;
                    j <= 3'b000;
                end
            default:
                begin
                    DCONV_DOUT <= 0;
                    DCONV_RDY <= 0;
                    j <= 0;
                end
        endcase
    end

    4'b0001:            // Rate is 2/3.
    begin
        case(j)
            3'b000,3'b001:
                begin
                    DCONV_DOUT <= Puncture_BUF_23 [j];
                    DCONV_RDY <= 1;
                    j <= j + 1;
                end
            3'b010:
                begin
                    DCONV_DOUT <= Puncture_BUF_23 [j];
                    DCONV_RDY <= 1;
                    j <= 3'b000;
                end
            default:
                begin
                    DCONV_DOUT <= 0;
                    DCONV_RDY <= 0;
                    j <= 0;
                end
        endcase
    end
endcase
```

```
    else
        begin
          DCONV_DOUT <= 0;
           DCONV_RDY <= 0;
      end
  end

always @(negedge DCONV_RST or posedge DCONV_CLK_0)        // Index output.
  begin
    if(! DCONV_RST)
        begin
          DCONV_INDEX <= 0;
            INDEX_TEMP <= 0;
        end

     else
      begin
        if(BUF_RDY)
          case(RATE_CON)
             4'b1101,4'b1111:
                  begin
                     if(INDEX_TEMP < 47)
                         begin
                           INDEX_TEMP <= INDEX_TEMP + 1;
                  DCONV_INDEX <= INDEX_TEMP;
                         end
                       else
                         begin
                           INDEX_TEMP <= 0;
                  DCONV_INDEX <= INDEX_TEMP;
                         end
             end
             4'b0101,4'b0111:
                  begin
                     if(INDEX_TEMP < 95)
                         begin
                           INDEX_TEMP <= INDEX_TEMP + 1;
                  DCONV_INDEX <= INDEX_TEMP;
                         end
                       else
                         begin
```

```
                    INDEX_TEMP <= 0;
                DCONV_INDEX <= INDEX_TEMP;
                    end
            end
             4'b1001,4'b1011:
                begin
                  if(INDEX_TEMP < 191)
                    begin
                      INDEX_TEMP <= INDEX_TEMP + 1;
                DCONV_INDEX <= INDEX_TEMP;
                    end
                  else
                    begin
                      INDEX_TEMP <= 0;
                DCONV_INDEX <= INDEX_TEMP;
                    end
            end
             4'b0001,4'b0011:
                begin
                  if(INDEX_TEMP < 287)
                    begin
                      INDEX_TEMP <= INDEX_TEMP + 1;
                DCONV_INDEX <= INDEX_TEMP;
                    end
                  else
                    begin
                      INDEX_TEMP <= 0;
                DCONV_INDEX <= INDEX_TEMP;
                    end
            end
           endcase
       else
         DCONV_INDEX <= 0;
   end
  end
endmodule

module conv_encoder(clk,aclr,data_in,nd,data_out_v,rdy);

input aclr;
input clk;
```

```
    input data_in;
    input nd;
    output [1 : 0] data_out_v;
    output rdy;

    reg [6 : 1] shift_reg;
    reg [1 : 0] data_out_v;
    reg rdy;

    always @(negedge aclr or posedge clk)
    begin
    if(! aclr)
    begin
        shift_reg <= 6'b000000;
        data_out_v <= 0;
        rdy <= 0;
      end

    else
    if(nd)
        begin
          data_out_v[0] <= shift_reg[6] + shift_reg[5] + shift_reg[3] + shift_reg[2] +
data_in;
           data_out_v[1] <= shift_reg[6] + shift_reg[3] + shift_reg[2] + shift_reg[1] +
data_in;
           rdy<=1;
           shift_reg <= { shift_reg [5 : 1], data_in };
        end
      else
        rdy <= 0;

    end

endmodule
```

CDMA 移动通信基站电路发射端的信道编码采用卷积编码。移动通信设备接收端的解码器要比编码器复杂,既需要不减少编码的优势,又需要降低复杂程度,通常使用以高通公司总裁安德鲁维特比命名的“维特比解码器”。在解码时,卷积码移位状态寄存器有 64 个状态,RAM 里存储 64 个长度等于译码深度的路径。“维特比解码器”FPGA 的代码如下:

```
    //* * * * * * * * * * * * * * * * * * * * * * * * * * * * * * * * * * * * * * * * * *
```

```
****************************************
********************
    //**************************************
****************************************
********************
    //**************************************
****************************************
********************
    /*****模块名称:(2,1,7) 维特比译码器
                  ******//////
    //*****模块功能:完成卷积编码后的接收机译码工作,共64个状态,回溯深度大于35即可,
可由宏DEPTH设置******//////
    //*****输入:******//////
    //*****reset_n        复位信号******//////
    //*****    clk        时钟信号,60M******//////
    //*****    dataIn     输入数据******//////
    //*****    inEn       输入使能信号******//////
    //*****    inSymCount 输入祯号******//////
    //*****输出:           ******//////
    //*****    dataOut    输出数据******//////
    //*****    outEn      输出使能******//////
    //*****    outSymCount 输出祯号******//////
    //*****模块说明:       ******//////
    //*****    整个维特比译码模块包括以下几个子模块:******//////
    //*****    数据输入处理模块:   主要为保证不同的输入数据在同一时钟上升沿输入*
*****//////
    //*****    加比选模块(ACS):  主要是进行汉明距离的累加、比较及最优路径的选择**
****//////
    //*****    最小值比较模块: ACS计算到一个译码深度以后对64个状态的累积距离值需
要进行比较,以找出最小累积距离对应的状态值作为回溯过程的起始回溯状态******//////
    ******//////
    //*****
    //*****    回溯模块:          根据最小累积距离对应状态,找出对应最佳路径,并得
到幸存值******//////
    //*****     输出模块:          根据幸存值做顺序调整输出译码值****
**//////
    //*****    分布式RAM:         用三块分布式RAM轮流工作的方式完成幸存路径的保
存和读取******//////
    //*****    各种计数器:         输入数据计数器、ACS计数器、距离最小值比较计数器、
回溯模块计数器、数据输出计数器******//////
    //*****变量定义规则:******//////
    //*****    distance:  距离******//////
```

```
//*****     in:         输入******//////
//*****     out:        输出******//////
//*****     group:      组******//////
//*****     counter:    计数器******//////
//*****     acs:        加、比、选******//////
//*****     small:      最小值比较******//////
//*****     tb:         回溯******//////
//*****     pre:        前一时刻******//////
//*****     current:    当前时刻******//////
//*****     next:       下一时刻******//////
//*****     accumulate: 累积******//////

//*****************************************************************************************************

`timescale 1ns/1ps
`define  DEPTH  36                                        /*****译码深度为36******/

module viterbi(reset_n,clk,dataIn,inEn,inSymCount,outSymCount,dataOut,outEn);
input  clk;                                          /*****工作时钟******/
input  inEn;                                         /*****输入数据使能******/
input  reset_n;                                      /*****译码器复位信号******/
input  [1:0] dataIn;                                 /*****两位并行输入信号******/
input  [7:0] inSymCount;                             /*****输入祯序列号******/

output outEn;                                        /*****输出有效信号******/
output dataOut;                                      /*****译码器输出信号******/
output [7:0]  outSymCount;                           /*****输出祯序列号******/

reg    [7:0]  bufSymCount;                           /*****输出祯序列号缓冲******/
reg    [7:0]  outSymCount;                   /*****输出祯序列号******/
reg    dataOut;                   /*****输出数据寄存器    ******/
reg    smallEn;                   /*****距离最小值比较模块使能******/
reg    tbEn;                                  /*****回溯模块使能******/
reg    preoutEn;                                 /*****输出预置使能******/
reg    outEn;                                    /*****输出模块使能******/
reg    [1:0]  dataInCounter;                     /*****输入数据模块计数器******/
reg    [5:0]  acsCounter;                        /*****加比选模块计数器******/
reg    [5:0]  smallCounter0;                     /*****距离最小值比较模块计数器0******/
reg    [5:0]  smallCounter1;                     /*****距离最小值比较模块计数器1***
```

```
***/
    reg    [5:0]  tbCounter;                        /*****回溯模块计数器******/
    reg    [5:0]  dataOutCounter;                   /*****输出模块计数器******/

    reg    [1:0]  distanceTypeIndex;                /*****根据截断形式的距离计算方
法索引******/
    reg    wrRamEnable1,wrRamEnable2,wrRamEnable3;  /*****分布式RAM写使能*
*****/
    reg    [5:0]  ramAddress1,ramAddress2,ramAddress3;  /*****分布式RAM存放地址
******/
    reg    [1:0]  acsRamIndex;                      /*****加比选模块用分布
式RAM编号索引******/
    reg    [1:0]  nexttbRamIndex;                   /*****下一次回溯用分布
式RAM编号索引******/
    reg    [1:0]  tbRamIndex;                       /*****本次回溯用分布式
RAM编号索引******/
    reg    [63:0] dataInRamTemp;                    /*****写入分布式RAM的数
据******/
    wire   [63:0] dataOutRamTemp1;                  /*****从分布式RAM1读出的
数据******/
    wire   [63:0] dataOutRamTemp2;                  /*****从分布式RAM2读出的
数据******/
    wire   [63:0] dataOutRamTemp3;                  /*****从分布式RAM3读出的
数据******/
    reg    [63:0] tbLuckPathTemp;                   /*****某一时刻回溯用
所有状态幸存路径暂存值******/
    wire   [63:0] luckPathTemp;                     /*****某一回溯时刻所有
状态的幸存路径暂存值******/
    wire   luckValue;                               /*****一次回溯取得的
一个幸存值******/
    reg    [`DEPTH-1:0] outTemp;                    /*****整个回溯过程中取得
的译码值******/
    reg    [`DEPTH-1:0] outPut;                     /*****输出值寄存器**
****/
    reg    [5:0] distanceForCompareMem[63:0];       /*****用作最小值比较
的各状态累积距离值,即ACS计算到回溯深度时的距离值******/

    reg    [1:0] dataInTemp1;                       /*****输入数
据暂存器1,用四个是为了减少扇出******/
    reg    [1:0] dataInTemp2;                       /*****输入数
据暂存器2******/
    reg    [1:0] dataInTemp3;                       /*****输入数
```

```
据暂存器 3******/
    reg    [1:0] dataInTemp4;                    /*****输入数据暂存器 4
******/
    reg    dataInFlag;                           /*****数据输入标志**
****/
    reg    [5:0]  tbState;                       /*****回溯起始状态**
****/
    wire   [5:0]  preState;                      /*****回溯时求得的前状
态,即下一回溯状态   ******/
    reg    [5:0]  currentState;                  /*****回溯的当前状态*
*****/
    reg    [5:0]  smallDistanceTemp00;                 /*****最小值比较
模块 0 最小距离暂存器 0******/
    reg    [5:0]  smallDistanceTemp01;                 /*****最小值比较
模块 0 最小距离暂存器 1******/
    reg    [5:0]  smallDistanceTemp10;                 /*****最小值比较
模块 1 最小距离暂存器 0******/
    reg    [5:0]  smallDistanceTemp11;                 /*****最小值比较
模块 1 最小距离暂存器 1******/
    reg    [5:0]  smallStateTemp00;                    /*****最小值比较
模块 0 最小距离对应状态暂存值******/
    reg    [5:0]  smallStateTemp01;                    /*****最小值比较
模块 1 最小距离对应状态暂存值******/
    reg    [5:0]  smallStateTemp10;                    /*****最小值比较
模块 0 最小距离对应状态暂存值******/
    reg    [5:0]  smallStateTemp11;                    /*****最小值比较
模块 1 最小距离对应状态暂存值******/
    wire   [5:0]  smallerState0;                            /*****最小值
比较器 0 的状态比较结果******/
    wire   [5:0]  smallerState1;                            /*****最小值
比较器 1 的状态比较结果******/
    wire   [5:0]  smallerDistance0;                  /*****最小值比较器
0 的距离比较结果******/
    wire   [5:0]  smallerDistance1;                  /*****最小值比较器
1 的距离比较结果******/
    reg    [5:0]  preAccumulateDistance0;            /*****上一时刻的累
积汉明距离值******/
    reg    [5:0]  preAccumulateDistance1;
    reg    [5:0]  preAccumulateDistance2;
    reg    [5:0]  preAccumulateDistance3;
    reg    [5:0]  preAccumulateDistance4;
    reg    [5:0]  preAccumulateDistance5;
```

```
reg    [5:0]  preAccumulateDistance6;
reg    [5:0]  preAccumulateDistance7;
reg    [5:0]  preAccumulateDistance8;
reg    [5:0]  preAccumulateDistance9;
reg    [5:0]  preAccumulateDistance10;
reg    [5:0]  preAccumulateDistance11;
reg    [5:0]  preAccumulateDistance12;
reg    [5:0]  preAccumulateDistance13;
reg    [5:0]  preAccumulateDistance14;
reg    [5:0]  preAccumulateDistance15;
reg    [5:0]  preAccumulateDistance16;
reg    [5:0]  preAccumulateDistance17;
reg    [5:0]  preAccumulateDistance18;
reg    [5:0]  preAccumulateDistance19;
reg    [5:0]  preAccumulateDistance20;
reg    [5:0]  preAccumulateDistance21;
reg    [5:0]  preAccumulateDistance22;
reg    [5:0]  preAccumulateDistance23;
reg    [5:0]  preAccumulateDistance24;
reg    [5:0]  preAccumulateDistance25;
reg    [5:0]  preAccumulateDistance26;
reg    [5:0]  preAccumulateDistance27;
reg    [5:0]  preAccumulateDistance28;
reg    [5:0]  preAccumulateDistance29;
reg    [5:0]  preAccumulateDistance30;
reg    [5:0]  preAccumulateDistance31;
reg    [5:0]  preAccumulateDistance32;
reg    [5:0]  preAccumulateDistance33;
reg    [5:0]  preAccumulateDistance34;
reg    [5:0]  preAccumulateDistance35;
reg    [5:0]  preAccumulateDistance36;
reg    [5:0]  preAccumulateDistance37;
reg    [5:0]  preAccumulateDistance38;
reg    [5:0]  preAccumulateDistance39;
reg    [5:0]  preAccumulateDistance40;
reg    [5:0]  preAccumulateDistance41;
reg    [5:0]  preAccumulateDistance42;
reg    [5:0]  preAccumulateDistance43;
reg    [5:0]  preAccumulateDistance44;
reg    [5:0]  preAccumulateDistance45;
reg    [5:0]  preAccumulateDistance46;
reg    [5:0]  preAccumulateDistance47;
```

```
    reg     [5 : 0]  preAccumulateDistance48;
    reg     [5 : 0]  preAccumulateDistance49;
    reg     [5 : 0]  preAccumulateDistance50;
    reg     [5 : 0]  preAccumulateDistance51;
    reg     [5 : 0]  preAccumulateDistance52;
    reg     [5 : 0]  preAccumulateDistance53;
    reg     [5 : 0]  preAccumulateDistance54;
    reg     [5 : 0]  preAccumulateDistance55;
    reg     [5 : 0]  preAccumulateDistance56;
    reg     [5 : 0]  preAccumulateDistance57;
    reg     [5 : 0]  preAccumulateDistance58;
    reg     [5 : 0]  preAccumulateDistance59;
    reg     [5 : 0]  preAccumulateDistance60;
    reg     [5 : 0]  preAccumulateDistance61;
    reg     [5 : 0]  preAccumulateDistance62;
    reg     [5 : 0]  preAccumulateDistance63;

    //*****************************************
********************************************
*******************
    /*****节点间的四个可能汉明距离,用八组是为了减少扇出,有利于布线******/
    //*****************************************
********************************************
*******************
    wire    [1 : 0] group0PossibleDistance0, group0PossibleDistance1, group0PossibleDistance2,
group0PossibleDistance3;
    wire    [1 : 0] group1PossibleDistance0, group1PossibleDistance1, group1PossibleDistance2,
group1PossibleDistance3;
    wire    [1 : 0] group2PossibleDistance0, group2PossibleDistance1, group2PossibleDistance2,
group2PossibleDistance3;
    wire    [1 : 0] group3PossibleDistance0, group3PossibleDistance1, group3PossibleDistance2,
group3PossibleDistance3;
    wire    [1 : 0] group4PossibleDistance0, group4PossibleDistance1, group4PossibleDistance2,
group4PossibleDistance3;
    wire    [1 : 0] group5PossibleDistance0, group5PossibleDistance1, group5PossibleDistance2,
group5PossibleDistance3;
    wire    [1 : 0] group6PossibleDistance0, group6PossibleDistance1, group6PossibleDistance2,
group6PossibleDistance3;
    wire    [1 : 0] group7PossibleDistance0, group7PossibleDistance1, group7PossibleDistance2,
group7PossibleDistance3;

    //*****************************************
```

```
********************************************
********************
    /*****当前时刻各状态的幸存路径值******/
    //********************************************
********************************************
********************
    wire   luckPath0,luckPath1,luckPath2,luckPath3,luckPath4;
    wire   luckPath5,luckPath6,luckPath7,luckPath8,luckPath9;
    wire   luckPath10,luckPath11,luckPath12,luckPath13,luckPath14;
    wire   luckPath15,luckPath16,luckPath17,luckPath18,luckPath19;
    wire   luckPath20,luckPath21,luckPath22,luckPath23,luckPath24;
    wire   luckPath25,luckPath26,luckPath27,luckPath28,luckPath29;
    wire   luckPath30,luckPath31,luckPath32,luckPath33,luckPath34;
    wire   luckPath35,luckPath36,luckPath37,luckPath38,luckPath39;
    wire   luckPath40,luckPath41,luckPath42,luckPath43,luckPath44;
    wire   luckPath45,luckPath46,luckPath47,luckPath48,luckPath49;
    wire   luckPath50,luckPath51,luckPath52,luckPath53,luckPath54;
    wire   luckPath55,luckPath56,luckPath57,luckPath58,luckPath59;
    wire   luckPath60,luckPath61,luckPath62,luckPath63;

    //********************************************
********************************************
********************
    /*****当前时刻i的累积汉明距离值,共64个状态,因此每一时刻均有64个对应值***
***/
    //********************************************
********************************************
********************
    wire   [5:0] currentAccumulateDistance0;
    wire   [5:0] currentAccumulateDistance1;
    wire   [5:0] currentAccumulateDistance2;
    wire   [5:0] currentAccumulateDistance3;
    wire   [5:0] currentAccumulateDistance4;
    wire   [5:0] currentAccumulateDistance5;
    wire   [5:0] currentAccumulateDistance6;
    wire   [5:0] currentAccumulateDistance7;
    wire   [5:0] currentAccumulateDistance8;
    wire   [5:0] currentAccumulateDistance9;
    wire   [5:0] currentAccumulateDistance10;
    wire   [5:0] currentAccumulateDistance11;
    wire   [5:0] currentAccumulateDistance12;
    wire   [5:0] currentAccumulateDistance13;
```

```
wire  [5:0] currentAccumulateDistance14;
wire  [5:0] currentAccumulateDistance15;
wire  [5:0] currentAccumulateDistance16;
wire  [5:0] currentAccumulateDistance17;
wire  [5:0] currentAccumulateDistance18;
wire  [5:0] currentAccumulateDistance19;
wire  [5:0] currentAccumulateDistance20;
wire  [5:0] currentAccumulateDistance21;
wire  [5:0] currentAccumulateDistance22;
wire  [5:0] currentAccumulateDistance23;
wire  [5:0] currentAccumulateDistance24;
wire  [5:0] currentAccumulateDistance25;
wire  [5:0] currentAccumulateDistance26;
wire  [5:0] currentAccumulateDistance27;
wire  [5:0] currentAccumulateDistance28;
wire  [5:0] currentAccumulateDistance29;
wire  [5:0] currentAccumulateDistance30;
wire  [5:0] currentAccumulateDistance31;
wire  [5:0] currentAccumulateDistance32;
wire  [5:0] currentAccumulateDistance33;
wire  [5:0] currentAccumulateDistance34;
wire  [5:0] currentAccumulateDistance35;
wire  [5:0] currentAccumulateDistance36;
wire  [5:0] currentAccumulateDistance37;
wire  [5:0] currentAccumulateDistance38;
wire  [5:0] currentAccumulateDistance39;
wire  [5:0] currentAccumulateDistance40;
wire  [5:0] currentAccumulateDistance41;
wire  [5:0] currentAccumulateDistance42;
wire  [5:0] currentAccumulateDistance43;
wire  [5:0] currentAccumulateDistance44;
wire  [5:0] currentAccumulateDistance45;
wire  [5:0] currentAccumulateDistance46;
wire  [5:0] currentAccumulateDistance47;
wire  [5:0] currentAccumulateDistance48;
wire  [5:0] currentAccumulateDistance49;
wire  [5:0] currentAccumulateDistance50;
wire  [5:0] currentAccumulateDistance51;
wire  [5:0] currentAccumulateDistance52;
wire  [5:0] currentAccumulateDistance53;
wire  [5:0] currentAccumulateDistance54;
wire  [5:0] currentAccumulateDistance55;
```

```
wire  [5:0] currentAccumulateDistance56;
wire  [5:0] currentAccumulateDistance57;
wire  [5:0] currentAccumulateDistance58;
wire  [5:0] currentAccumulateDistance59;
wire  [5:0] currentAccumulateDistance60;
wire  [5:0] currentAccumulateDistance61;
wire  [5:0] currentAccumulateDistance62;
wire  [5:0] currentAccumulateDistance63;

//*********************************************************************************************
//*********************************************************************************************
/*****模块名称:ACS模块可能汉明距离计算单元******/
/*****模块功能:计算前一时刻和当前时刻之间的可能汉明距离,供计算当前时刻累积距离使用******/
/*****模块输入:clk,dataInFlag,distanceTypeIndex,dataInTemp1,dataInTemp2,dataInTemp3,dataInTemp4******/
/*****                    group0PossibleDistance0, group0PossibleDistance1, group0PossibleDistance2,group0PossibleDistance3******/
/*****                    group1PossibleDistance0, group1PossibleDistance1, group1PossibleDistance2,group1PossibleDistance3******/
/*****                    group2PossibleDistance0, group2PossibleDistance1, group2PossibleDistance2,group2PossibleDistance3******/
/*****                    group3PossibleDistance0, group3PossibleDistance1, group3PossibleDistance2,group3PossibleDistance3******/
/*****                    group4PossibleDistance0, group4PossibleDistance1, group4PossibleDistance2,group4PossibleDistance3******/
/*****                    group5PossibleDistance0, group5PossibleDistance1, group5PossibleDistance2,group5PossibleDistance3******/
/*****                    group6PossibleDistance0, group6PossibleDistance1, group6PossibleDistance2,group6PossibleDistance3******/
/*****                    group7PossibleDistance0, group7PossibleDistance1, group7PossibleDistance2,group7PossibleDistance3******/
/*****模块说明:******/
/*****      1.用以下八个相同模块是为了减少单个模块的扇出******/
/*****      2.由于采用截断方式,所以各输入数据的距离计算方式不一样******/
/*****      3.根据distanceTypeIndex来决定距离的计算方式******/
/*****      对截断位不计算距离,输入数据的另一位距离值应加倍******/
//*********************************************
```

```
* * * * * * * * * * * * * * * * * * * * * * * * * * * * * * * * * * * * * * * * * * * * *
* * * * * * * * * * * * * * * * * * *
    distance group0 (clk, dataInFlag, distanceTypeIndex, dataInTemp1, group0PossibleDistance0,
group0PossibleDistance1,group0PossibleDistance2,group0PossibleDistance3);
    distance group1 (clk, dataInFlag, distanceTypeIndex, dataInTemp1, group1PossibleDistance0,
group1PossibleDistance1,group1PossibleDistance2,group1PossibleDistance3);
    distance group2 (clk, dataInFlag, distanceTypeIndex, dataInTemp2, group2PossibleDistance0,
group2PossibleDistance1,group2PossibleDistance2,group2PossibleDistance3);
    distance group3 (clk, dataInFlag, distanceTypeIndex, dataInTemp2, group3PossibleDistance0,
group3PossibleDistance1,group3PossibleDistance2,group3PossibleDistance3);
    distance group4 (clk, dataInFlag, distanceTypeIndex, dataInTemp3, group4PossibleDistance0,
group4PossibleDistance1,group4PossibleDistance2,group4PossibleDistance3);
    distance group5 (clk, dataInFlag, distanceTypeIndex, dataInTemp3, group5PossibleDistance0,
group5PossibleDistance1,group5PossibleDistance2,group5PossibleDistance3);
    distance group6 (clk, dataInFlag, distanceTypeIndex, dataInTemp4, group6PossibleDistance0,
group6PossibleDistance1,group6PossibleDistance2,group6PossibleDistance3);
    distance group7 (clk, dataInFlag, distanceTypeIndex, dataInTemp4, group7PossibleDistance0,
group7PossibleDistance1,group7PossibleDistance2,group7PossibleDistance3);

    //* * * * * * * * * * * * * * * * * * * * * * * * * * * * * * * * * * * * * * * * * *
* * * * * * * * * * * * * * * * * * * * * * * * * * * * * * * * * * * * * * * * * * * * *
* * * * * * * * * * * * * * * * * * * * * * *
    //* * * * * * * * * * * * * * * * * * * * * * * * * * * * * * * * * * * * * * * * * *
* * * * * * * * * * * * * * * * * * * * * * * * * * * * * * * * * * * * * * * * * * * * *
* * * * * * * * * * * * * * * * * * * * * * *
    /* * * * * *模块名称:ACS模块加比选单元* * * * * */
    /* * * * * *模块功能:* * * * * */
    /* * * * *    加(A):对各状态的前一时刻累积距离和当前时刻与前一时刻之间状态转移可能
产生的两个汉明距离进行相加产生新的累积距离* * * * * */
    * * * * * */
    /* * * * *
    /* * * * *    比(C):对当前时刻任一状态因状态转移产生的两个累积距离进行比较* * * *
* */
    /* * * * *    选(S):选择小的累积距离产生的路径为幸存路径* * * * * */
    /* * * * * *模块输入: preAccumulateDistance0, preAccumulateDistance1, preAccumulateDis-
tance2,preAccumulateDistance3;* * * * * */
    //                ...........................
    /* * * * *        preAccumulateDistance61,preAccumulateDistance62,preAccumulate-
Distance63,preAccumulateDistance64;* * * * * */
    /* * * * *                    group0PossibleDistance0, group0PossibleDistance1,
group0PossibleDistance2,group0PossibleDistance3;* * * * * */
```

```
/*****                    group1PossibleDistance0, group1PossibleDistance1,
group1PossibleDistance2,group1PossibleDistance3;******/
/*****                    group2PossibleDistance0, group2PossibleDistance1,
group2PossibleDistance2,group2PossibleDistance3;******/
/*****                    group3PossibleDistance0, group3PossibleDistance1,
group3PossibleDistance2,group3PossibleDistance3;******/
/*****                    group4PossibleDistance0, group4PossibleDistance1,
group4PossibleDistance2,group4PossibleDistance3;******/
/*****                    group5PossibleDistance0, group5PossibleDistance1,
group5PossibleDistance2,group5PossibleDistance3;******/
/*****                    group6PossibleDistance0, group6PossibleDistance1,
group6PossibleDistance2,group6PossibleDistance3;******/
/*****                    group7PossibleDistance0, group7PossibleDistance1,
group7PossibleDistance2,group7PossibleDistance3;******/
/*****模块输出:luckPath0,luckPath1,luckPath2,luckPath3;******/
/*****        ............................          ******/
/*****             luckPath60,luckPath61,luckPath62,luckPath63;******/
/*****        currentAccumulateDistance0,currentAccumulateDistance1,currentAccu-
mulateDistance2,currentAccumulateDistance3;******/
/*****             ............................******/
/*****        currentAccumulateDistance60,currentAccumulateDistance61,currentAc-
cumulateDistance62,currentAccumulateDistance63;******/
/*****模块说明:******/
/*****   1.为了提高速度,64个ACS模块同时工作******/
/*****   2.根据卷积编码器的特点,每个当前状态仅有两种状态转移方式,因此对特定状
态来说,只有两种可能汉名明距离******/

/*****   3.由于输入数据为两位,所以最大可能汉明距离为4种,即00,01,10和11***
***/
//*********************************************
*********************************************
********************************************
acsunit  computeACS0 (group0PossibleDistance0,group0PossibleDistance1,preAccumulateDis-
tance0,preAccumulateDistance1,luckPath0,currentAccumulateDistance0);
acsunit  computeACS1 (group0PossibleDistance2,group0PossibleDistance3,preAccumulateDis-
tance2,preAccumulateDistance3,luckPath1,currentAccumulateDistance1);
acsunit  computeACS2 (group0PossibleDistance0,group0PossibleDistance1,preAccumulateDis-
tance4,preAccumulateDistance5,luckPath2,currentAccumulateDistance2);
acsunit  computeACS3 (group0PossibleDistance2,group0PossibleDistance3,preAccumulateDis-
tance6,preAccumulateDistance7,luckPath3,currentAccumulateDistance3);
acsunit  computeACS4 (group0PossibleDistance1,group0PossibleDistance0,preAccumulateDis-
```

```
tance8,preAccumulateDistance9,luckPath4,currentAccumulateDistance4);
    acsunit   computeACS5 (group0PossibleDistance3, group0PossibleDistance2, preAccumulateDis-
tance10,preAccumulateDistance11,luckPath5,currentAccumulateDistance5);
    acsunit   computeACS6 (group0PossibleDistance1, group0PossibleDistance0, preAccumulateDis-
tance12,preAccumulateDistance13,luckPath6,currentAccumulateDistance6);
    acsunit   computeACS7 (group0PossibleDistance3, group0PossibleDistance2, preAccumulateDis-
tance14,preAccumulateDistance15,luckPath7,currentAccumulateDistance7);

    acsunit   computeACS8 (group1PossibleDistance1, group1PossibleDistance0, preAccumulateDis-
tance16,preAccumulateDistance17,luckPath8,currentAccumulateDistance8);
    acsunit   computeACS9 (group1PossibleDistance3, group1PossibleDistance2, preAccumulateDis-
tance18,preAccumulateDistance19,luckPath9,currentAccumulateDistance9);
    acsunit   computeACS10 (group1PossibleDistance1,group1PossibleDistance0,preAccumulateDis-
tance20,preAccumulateDistance21,luckPath10,currentAccumulateDistance10);
    acsunit   computeACS11 (group1PossibleDistance3,group1PossibleDistance2,preAccumulateDis-
tance22,preAccumulateDistance23,luckPath11,currentAccumulateDistance11);
    acsunit   computeACS12 (group1PossibleDistance0,group1PossibleDistance1,preAccumulateDis-
tance24,preAccumulateDistance25,luckPath12,currentAccumulateDistance12);
    acsunit   computeACS13 (group1PossibleDistance2,group1PossibleDistance3,preAccumulateDis-
tance26,preAccumulateDistance27,luckPath13,currentAccumulateDistance13);
    acsunit   computeACS14 (group1PossibleDistance0,group1PossibleDistance1,preAccumulateDis-
tance28,preAccumulateDistance29,luckPath14,currentAccumulateDistance14);
    acsunit   computeACS15 (group1PossibleDistance2,group1PossibleDistance3,preAccumulateDis-
tance30,preAccumulateDistance31,luckPath15,currentAccumulateDistance15);

    acsunit   computeACS16 (group2PossibleDistance3,group2PossibleDistance2,preAccumulateDis-
tance32,preAccumulateDistance33,luckPath16,currentAccumulateDistance16);
    acsunit   computeACS17 (group2PossibleDistance1,group2PossibleDistance0,preAccumulateDis-
tance34,preAccumulateDistance35,luckPath17,currentAccumulateDistance17);
    acsunit   computeACS18 (group2PossibleDistance3,group2PossibleDistance2,preAccumulateDis-
tance36,preAccumulateDistance37,luckPath18,currentAccumulateDistance18);
    acsunit   computeACS19 (group2PossibleDistance1,group2PossibleDistance0,preAccumulateDis-
tance38,preAccumulateDistance39,luckPath19,currentAccumulateDistance19);
    acsunit   computeACS20 (group2PossibleDistance2,group2PossibleDistance3,preAccumulateDis-
tance40,preAccumulateDistance41,luckPath20,currentAccumulateDistance20);
    acsunit   computeACS21 (group2PossibleDistance0,group2PossibleDistance1,preAccumulateDis-
tance42,preAccumulateDistance43,luckPath21,currentAccumulateDistance21);
    acsunit   computeACS22 (group2PossibleDistance2,group2PossibleDistance3,preAccumulateDis-
tance44,preAccumulateDistance45,luckPath22,currentAccumulateDistance22);
    acsunit   computeACS23 (group2PossibleDistance0,group2PossibleDistance1,preAccumulateDis-
tance46,preAccumulateDistance47,luckPath23,currentAccumulateDistance23);
```

```
acsunit computeACS24 (group3PossibleDistance2,group3PossibleDistance3,preAccumulateDistance48,preAccumulateDistance49,luckPath24,currentAccumulateDistance24);
acsunit computeACS25 (group3PossibleDistance0,group3PossibleDistance1,preAccumulateDistance50,preAccumulateDistance51,luckPath25,currentAccumulateDistance25);
acsunit computeACS26 (group3PossibleDistance2,group3PossibleDistance3,preAccumulateDistance52,preAccumulateDistance53,luckPath26,currentAccumulateDistance26);
acsunit computeACS27 (group3PossibleDistance0,group3PossibleDistance1,preAccumulateDistance54,preAccumulateDistance55,luckPath27,currentAccumulateDistance27);
acsunit computeACS28 (group3PossibleDistance3,group3PossibleDistance2,preAccumulateDistance56,preAccumulateDistance57,luckPath28,currentAccumulateDistance28);
acsunit computeACS29 (group3PossibleDistance1,group3PossibleDistance0,preAccumulateDistance58,preAccumulateDistance59,luckPath29,currentAccumulateDistance29);
acsunit computeACS30 (group3PossibleDistance3,group3PossibleDistance2,preAccumulateDistance60,preAccumulateDistance61,luckPath30,currentAccumulateDistance30);
acsunit computeACS31 (group3PossibleDistance1,group3PossibleDistance0,preAccumulateDistance62,preAccumulateDistance63,luckPath31,currentAccumulateDistance31);

acsunit computeACS32 (group4PossibleDistance1,group4PossibleDistance0,preAccumulateDistance0,preAccumulateDistance1,luckPath32,currentAccumulateDistance32);
acsunit computeACS33 (group4PossibleDistance3,group4PossibleDistance2,preAccumulateDistance2,preAccumulateDistance3,luckPath33,currentAccumulateDistance33);
acsunit computeACS34 (group4PossibleDistance1,group4PossibleDistance0,preAccumulateDistance4,preAccumulateDistance5,luckPath34,currentAccumulateDistance34);
acsunit computeACS35 (group4PossibleDistance3,group4PossibleDistance2,preAccumulateDistance6,preAccumulateDistance7,luckPath35,currentAccumulateDistance35);
acsunit computeACS36 (group4PossibleDistance0,group4PossibleDistance1,preAccumulateDistance8,preAccumulateDistance9,luckPath36,currentAccumulateDistance36);
acsunit computeACS37 (group4PossibleDistance2,group4PossibleDistance3,preAccumulateDistance10,preAccumulateDistance11,luckPath37,currentAccumulateDistance37);
acsunit computeACS38 (group4PossibleDistance0,group4PossibleDistance1,preAccumulateDistance12,preAccumulateDistance13,luckPath38,currentAccumulateDistance38);
acsunit computeACS39 (group4PossibleDistance2,group4PossibleDistance3,preAccumulateDistance14,preAccumulateDistance15,luckPath39,currentAccumulateDistance39);

acsunit computeACS40 (group5PossibleDistance0,group5PossibleDistance1,preAccumulateDistance16,preAccumulateDistance17,luckPath40,currentAccumulateDistance40);
acsunit computeACS41 (group5PossibleDistance2,group5PossibleDistance3,preAccumulateDistance18,preAccumulateDistance19,luckPath41,currentAccumulateDistance41);
acsunit computeACS42 (group5PossibleDistance0,group5PossibleDistance1,preAccumulateDistance20,preAccumulateDistance21,luckPath42,currentAccumulateDistance42);
acsunit computeACS43 (group5PossibleDistance2,group5PossibleDistance3,preAccumulateDis-
```

```
tance22,preAccumulateDistance23,luckPath43,currentAccumulateDistance43);
    acsunit  computeACS44 (group5PossibleDistance1,group5PossibleDistance0,preAccumulateDistance24,preAccumulateDistance25,luckPath44,currentAccumulateDistance44);
    acsunit  computeACS45 (group5PossibleDistance3,group5PossibleDistance2,preAccumulateDistance26,preAccumulateDistance27,luckPath45,currentAccumulateDistance45);
    acsunit  computeACS46 (group5PossibleDistance1,group5PossibleDistance0,preAccumulateDistance28,preAccumulateDistance29,luckPath46,currentAccumulateDistance46);
    acsunit  computeACS47 (group5PossibleDistance3,group5PossibleDistance2,preAccumulateDistance30,preAccumulateDistance31,luckPath47,currentAccumulateDistance47);

    acsunit  computeACS48 (group6PossibleDistance2,group6PossibleDistance3,preAccumulateDistance32,preAccumulateDistance33,luckPath48,currentAccumulateDistance48);
    acsunit  computeACS49 (group6PossibleDistance0,group6PossibleDistance1,preAccumulateDistance34,preAccumulateDistance35,luckPath49,currentAccumulateDistance49);
    acsunit  computeACS50 (group6PossibleDistance2,group6PossibleDistance3,preAccumulateDistance36,preAccumulateDistance37,luckPath50,currentAccumulateDistance50);
    acsunit  computeACS51 (group6PossibleDistance0,group6PossibleDistance1,preAccumulateDistance38,preAccumulateDistance39,luckPath51,currentAccumulateDistance51);
    acsunit  computeACS52 (group6PossibleDistance3,group6PossibleDistance2,preAccumulateDistance40,preAccumulateDistance41,luckPath52,currentAccumulateDistance52);
    acsunit  computeACS53 (group6PossibleDistance1,group6PossibleDistance0,preAccumulateDistance42,preAccumulateDistance43,luckPath53,currentAccumulateDistance53);
    acsunit  computeACS54 (group6PossibleDistance3,group6PossibleDistance2,preAccumulateDistance44,preAccumulateDistance45,luckPath54,currentAccumulateDistance54);
    acsunit  computeACS55 (group6PossibleDistance1,group6PossibleDistance0,preAccumulateDistance46,preAccumulateDistance47,luckPath55,currentAccumulateDistance55);

    acsunit  computeACS56 (group7PossibleDistance3,group7PossibleDistance2,preAccumulateDistance48,preAccumulateDistance49,luckPath56,currentAccumulateDistance56);
    acsunit  computeACS57 (group7PossibleDistance1,group7PossibleDistance0,preAccumulateDistance50,preAccumulateDistance51,luckPath57,currentAccumulateDistance57);
    acsunit  computeACS58 (group7PossibleDistance3,group7PossibleDistance2,preAccumulateDistance52,preAccumulateDistance53,luckPath58,currentAccumulateDistance58);
    acsunit  computeACS59 (group7PossibleDistance1,group7PossibleDistance0,preAccumulateDistance54,preAccumulateDistance55,luckPath59,currentAccumulateDistance59);
    acsunit  computeACS60 (group7PossibleDistance2,group7PossibleDistance3,preAccumulateDistance56,preAccumulateDistance57,luckPath60,currentAccumulateDistance60);
    acsunit  computeACS61 (group7PossibleDistance0,group7PossibleDistance1,preAccumulateDistance58,preAccumulateDistance59,luckPath61,currentAccumulateDistance61);
    acsunit  computeACS62 (group7PossibleDistance2,group7PossibleDistance3,preAccumulateDistance60,preAccumulateDistance61,luckPath62,currentAccumulateDistance62);
```

```
acsunit  computeACS63 (group7PossibleDistance0,group7PossibleDistance1,preAccumulateDis-
tance62,preAccumulateDistance63,luckPath63,currentAccumulateDistance63);

//************************
***************************
******************
//************************
***************************
******************
/*****模块名称:ACS模块幸存路径合并单元******/
/*****模块功能:对同一时刻各状态产生的幸存路径进行合并******/
/*****模块输入:luckPath0,luckPath1,luckPath2,luckPath3;******/
/*****         ........................******/
/*****         luckPath60,luckPath61,luckPath62,luckPath63;******/
/*****模块输出:luckPathTemp******/
/*****模块说明:******/
/*****    合并是为了存储到RAM方便,只需要一个clk即可完成幸存路径的存储****
**/
//************************
***************************
******************
acsCombine Combine (luckPath0, luckPath1, luckPath2, luckPath3, luckPath4, luckPath5, luck-
Path6,luckPath7,luckPath8,luckPath9,
luckPath10, luckPath11, luckPath12, luckPath13, luckPath14, luckPath15, luckPath16,
luckPath17,luckPath18,luckPath19,
luckPath20, luckPath21, luckPath22, luckPath23, luckPath24, luckPath25, luckPath26,
luckPath27,luckPath28,luckPath29,
luckPath30, luckPath31, luckPath32, luckPath33, luckPath34, luckPath35, luckPath36,
luckPath37,luckPath38,luckPath39,
luckPath40, luckPath41, luckPath42, luckPath43, luckPath44, luckPath45, luckPath46,
luckPath47,luckPath48,luckPath49,
luckPath50, luckPath51, luckPath52, luckPath53, luckPath54, luckPath55, luckPath56,
luckPath57,luckPath58,luckPath59,
luckPath60,luckPath61,luckPath62,luckPath63,luckPathTemp);

//************************
***************************
******************
//************************
***************************
******************
```

```
/*****模块名称:最小值比较模块比较器单元******/
/*****模块功能:逐个完成64个状态累积距离值的比较,得到回溯起始状态******/
/*****模块输入:******/
/*****    smallDistanceTemp00:比较模块0的第一个比较距离******/
/*****    smallDistanceTemp01:比较模块0的第二个比较距离******/
/*****    smallDistanceTemp10:比较模块1的第一个比较距离******/
/*****    smallDistanceTemp11:比较模块1的第二个比较距离******/
/*****    smallStateTemp00:  比较模块0的第一个比较距离对应的状态******/
/*****    smallStateTemp01:  比较模块0的第二个比较距离对应的状态******/
/*****    smallStateTemp10:  比较模块1的第一个比较距离对应的状态******/
/*****    smallStateTemp11:  比较模块1的第一个比较距离对应的状态******/
/*****模块输出:******/
/*****   smallerDistance0:  比较模块0的输出距离******/
/*****    smallerDistance1:  比较模块1的输出距离******/
/*****    smallerState0:      比较模块0的输出距离对应状态******/
/*****    smallerState1:      比较模块1的输出距离对应状态******/
/*****模块说明:******/
/*****    1. 最小值比较器0的比较******/
/*****    2. 最小值比较器1完成后32个状态的比较******/
/*****    3. 最小值比较器1在第32个比较时刻完成两个比较器前31个时刻得出的最小值的比较******/
/*****    4. 第33个时刻取得最终的回溯起始状态******/
//*************************************************************************************************
    smaller smaller0 (. distanceTemp0 ( smallDistanceTemp00 ),. distanceTemp1 (smallDistanceTemp01),. stateTemp0(smallStateTemp00),. stateTemp1(smallStateTemp01),. smallerDistance(smallerDistance0),. smallerState(smallerState0));
    smaller smaller1 (. distanceTemp0 ( smallDistanceTemp10 ),. distanceTemp1 (smallDistanceTemp11),. stateTemp0(smallStateTemp10),. stateTemp1(smallStateTemp11),. smallerDistance(smallerDistance1),. smallerState(smallerState1));

//*************************************************************************************************
//*************************************************************************************************
/*****模块名称:回溯模块******/
/*****模块功能:当一次ACS计算完成后,通过最小值比较模块,得到一条最佳路径******/
```

```
//              根据这条最佳路径的最后状态和对应的各时刻幸存路径值向前回溯******/
//              可以得到一个译码深度的幸存值,也就是译码值******/
/*****模块输入:******/
/*****          currentState:  当前状态;******/
/*****          tbLuckPathTemp:回溯用幸存路径值******/
/*****模块输出:******/
/*****          preState:      前一状态;******/
/*****          luckValue:     幸存值;******/
/*****模块说明:
/*****        1.根据当前状态和幸存路径来推出回溯的前一状态和当前时刻译码值******/
/*****        2.每次回溯得到一个一位译码值******/
/*****        3.总共需要DEPTH个CLK完成一次循环的回溯******/
/*****        4.整个回溯过程得到数据的顺序与实际发送时的顺序相反******/
//**************************************************************************
tb_trace trace (preState,luckValue,currentState,tbLuckPathTemp);
//**************************************************************************
//**************************************************************************
/*****模块名称:分布式RAM模块
/*****模块功能:存放ACS模块产生的幸存路径值******/
/*****模块输入:******/
/*****        clk:             分布式RAM读写时钟******/
/*****        wrRamEnable1:分布式RAM1写使能,高电平有效******/
/*****        wrRamEnable2:分布式RAM2写使能,高电平有效******/
/*****        wrRamEnable3:分布式RAM3写使能,高电平有效******/
/*****        ramAddress1:  分布式RAM1操作地址******/
/*****        ramAddress2:  分布式RAM2操作地址******/
/*****        ramAddress3:  分布式RAM3操作地址******/
/*****        dataInRamTemp:当前写入分布緎AM的数据******/
/*****模块输出:******/
/*****        dataOutRamTemp1:从分布式RAM1读出的数据******/
/*****        dataOutRamTemp2:从分布式RAM2读出的数据******/
/*****        dataOutRamTemp3:从分布式RAM3读出的数据******/
/*****模块说明:******/
```

```
/*****    1.分布式RAM读写模块,三块分布式RAM乒乓工作******/
/*****    2.分布式RAM由分布式RAM控制模块控制******/
//*************************************************************************************
dRam dRam1 (.clk(clk),.we(wrRamEnable1),.a(ramAddress1),.di(dataInRamTemp),.do(dataOutRamTemp1));
dRam dRam2 (.clk(clk),.we(wrRamEnable2),.a(ramAddress2),.di(dataInRamTemp),.do(dataOutRamTemp2));
dRam dRam3 (.clk(clk),.we(wrRamEnable3),.a(ramAddress3),.di(dataInRamTemp),.do(dataOutRamTemp3));
//*************************************************************************************
//*************************************************************************************
/*****模块名称:输入数据处理模块******/
/*****模块功能:对输入数据进行处理******/
/*****模块输入:******/
/*****    clk:              模块工作时钟******/
/*****    reset_n:          模块复位信号******/
/*****    inEn:             模块输入使能******/
/*****    dataIn:           输入数据******/
/*****    acsCounter:       acs计算计数器******/
/*****模块输出:******/
/*****    dataInFlag:       数据输入标志******/
/*****    dataInTemp1:      输入数据暂存器1******/
/*****    dataInTemp2:      输入数据暂存器2******/
/*****    dataInTemp3:      输入数据暂存器3******/
/*****    dataInTemp4:      输入数据暂存器4******/
/*****    distanceTypeIndex:距离计算方式索引******/
/*****模块说明:******/
/*****   1.输入数据处理模块主要是为了保证不同的输入数据的同步******/
/*****   2.输入数据处理模块使输入数据在CLK的上升沿有效******/
/*****   3.输入数据计数器的循环为3,主要是为了得到截断后距离计算方式索引******/
//*************************************************************************************
always @(posedge clk or negedge reset_n)          /*****模块按CLK时钟工作,60M**
```

```
****/
  begin
  if (! reset_n)                              /*****复位信号为低电平时进
行相关寄存器清零处理******/
  begin
  dataInCounter <= 0;              /*****输入数据寄存器清零******/
  dataInTemp1 <= 0;                      /*****输入数据暂存器1清零****
**/
  dataInTemp2 <= 0;                            /*****输入数据暂存器2清
零******/
  dataInTemp3 <= 0;                         /*****输入数据暂存器3清零*
*****/
  dataInTemp4 <= 0;                            /*****输入数据暂存器4清
零******/
  dataInFlag <= 0;                             /*****数据输入标志清零*
*****/
  distanceTypeIndex <= 0;                   /*****距离计算方式索引清零*
*****/
  end
  else                                      /*****当复位信号有效时****
**/
  begin
  if (inEn)                                      /*****当输入使能有效时**
****/
  begin
    dataInTemp1 <= dataIn;                /*****将输入数据保存到输入数据
暂存器1******/
    dataInTemp2 <= dataIn;                /*****将输入数据保存到输入数据
暂存器2******/
    dataInTemp3 <= dataIn;                /*****将输入数据保存到输入数据
暂存器3******/
    dataInTemp4 <= dataIn;                /*****将输入数据保存到输入数据
暂存器4******/
    dataInFlag <= 1;                             /*****输入数据标志置1**
****/
    case(dataInCounter)                   /*****根据输入数据计数器的值决定
距离计算方式******/
        2 : begin                                /*****当输入数据计数器为2
时******/
            dataInCounter<= 0;              /*****输入数据计数器的下一个值
为0******/
```

```
            distanceTypeIndex <=0;                     /*****距离计算索引值为0*****/
        end
        default : begin
                        /*****当输入数据计数器为其他值时******/
            dataInCounter<=dataInCounter+1;   /*****输入数据计数器的下一个值增1******/
            distanceTypeIndex <= distanceTypeIndex + 1;//距离计算索引值增1*****/
                end
    endcase
  end
  else                                             /*****当输入使能无效时*****/
    begin
      dataInCounter <= 0;                          /*****输入数据寄存器清零*****/
      distanceTypeIndex <=0;                       /*****距离计算方式索引清零******/
      dataInTemp1 <= 0;                            /*****输入数据暂存器1清零******/
      dataInTemp2 <= 0;                            /*****输入数据暂存器2清零******/
      dataInTemp3 <= 0;                            /*****输入数据暂存器3清零******/
      dataInTemp4 <= 0;                            /*****输入数据暂存器4清零******/
      if (acsCounter==1)                           /*****当ACS计数器为1时*****/
        dataInFlag <= 0;                           /*****数据输入标志清零******/
  end
  end
  end

//**********************************************************************************************
//**********************************************************************************************
```

```
/******模块名称:ACS计数器******/
/******模块功能:对加比选模块的工作过程的时钟进行计数******/
/******模块输入:******/
/*****    clk:       模块工作时钟******/
/*****    reset_n:   模块复位信号******/
/*****    dataInFlag:数据输入标志******/
/*****    DEPTH:     译码深度******/
/******模块输出:******/
/*****    acsCounter:ACS计算时刻******/
/******模块说明:******/
/*****    1.ACS计数器以译码深度为循环******/
//*******************************************************************************************
always @(posedge clk or negedge reset_n)    /*****按时钟clk工作,60M******/
begin
if (! reset_n)                              /*****复位信号为低电平时进行计数器清零处理******/
begin
acsCounter <= 0;                            /*****ACS计数器清零******/
end
else                                        /*****当复位信号有效时******/
begin
if (dataInFlag)                             /*****当输入数据标志为1时******/
begin
case(acsCounter)                            /*****根据输入数据的当前值决定下一值******/
`DEPTH : acsCounter<= 1;                    /*****当计数到达译码深度时计数器置1******/
default : acsCounter<=acsCounter+1;         /*****计数器值加1******/
endcase
end
else                                        /*****当输入数据标志为0时******/
acsCounter <= 0;                            /*****ACS计数器清零******/
end
end
//*******************************************************************************************
```

```
//**************************************************************************************************
/*****模块名称:总体控制模块******/
/*****模块功能:根据ACS时刻对最小值比较模块,RAM操作模块及祯序号传递进行控制******/
/*****模块输入:******/
/*****    clk:           模块工作时钟******/
/*****    reset_n:       模块复位信号******/
/*****    dataInFlag:    数据输入标志******/
/*****    acsCounter:    ACS计数器******/
/*****    inSymCount:    输入祯序列号******/
/*****    smallCounter1:最小值比较计数器1******/
/*****模块输出:******/
/*****    smallEn:        最小值比较模块使能******/
/*****    acsRamIndex:ACS计算分布式RAM索引******/
/*****    nexttbRamIndex:下一回溯过程分布式RAM索引******/
/*****    bufSymCount:祯序列号缓寄存器******/
/*****模块说明:******/
/*****    1.主要是对使用哪一个RAM进行控制,因为使用的是分布式RAM,ACS计算时和回溯时不能使用同一RAM******/
/*****    2.用ACS计数器来控制最小值比较模块的工作******/
/*****    3.用ACS计数器来控制在ACS过程和回溯过程中使用哪一个RAM******/
/*****    4.最小值比较为两个比较模块同时工作,共用33个时钟周期,而比较模块1完成最后一次比较******/
/*****    5.祯序列号在一个译码深度内不可能变化******/
//**************************************************************************************************
always @ (posedge clk or negedge reset_n)  /*****按时钟clk工作,60M******/
begin
if (! reset_n)                             /*****复位信号为低电平时进行相关寄存器清零处理******/
begin
smallEn  <= 0;                             /*****最小值比较使能置0******/
acsRamIndex <= 2'b01;                      /*****起始ACS计算循环的幸存路径存放在第1块分布式RAM内******/
bufSymCount <=0;                           /*****祯序列号缓冲寄存器清零******/
end
```

```
    else                                        /*****当复位信号有效时
******/
    begin
        if (dataInFlag)                  /*****系统有数据输入时的处理******/
          begin
          case (acsCounter)                     /*****根据ACS计数器值进行工作*
*****/
          `DEPTH : begin                         /*****在ACS计算到达译码深度
时应完成以下设置 ******/
              smallEn <= 1;                     /*****在译码深度时刻置比较使能,即
下一时刻可以开始求最小距离状态******/
              case (acsRamIndex)                /*****根据ACS计算循环次数来判断
使用哪一块分布式RAM******/
              2'b11 : begin                     /*****当前ACS计算循环将数据放在
第3个分布式RAM,则******/
                  acsRamIndex <= 2'b01;      /*****下一ACS计算循环将数据放入第1
个分布式RAM******/
                  nexttbRamIndex <= 2'b11;  /*****下一回溯循环使用的是第3个分布
式RAM中的数据******/
                  end
              2'b10 : begin                      /*****当前ACS计算循环将数据放
在第2个分布式RAM,则******/
                  acsRamIndex <= 2'b11;      /*****下一ACS计算循环将数据放入第3
个分布式RAM******/
                  nexttbRamIndex <= 2'b10;  /*****下一回溯循环使用的是第2个分布
式RAM中的数据******/
                  end
              default : begin                      /*****当前ACS计算循环将数
据放在第1个分布式RAM,则******/
                  acsRamIndex <= 2'b10;      /*****下一ACS计算循环将数据放入第2
个分布式RAM******/
                  nexttbRamIndex <= 2'b01;  /*****下一回溯循环使用的是第1个分布
式RAM中的数据******/
                  end
              endcase
              end
          2 : begin
              bufSymCount <= inSymCount;      /*****进行祯序列号传递******/
              end
        33 : begin                             /*****在ACS计数器值为33时****
**/
```

```
                smallEn <= 0;                     /*****下一时刻开始结束本次最小
距离值比较******/
              end
          endcase
        end
        else                                      /*****当没有输入数据时******/
        begin
          if (smallCounter0==33)                  /*****若最小值比较到达第 33 个时刻**
****/
            smallEn <= 0;                         /*****说明上一次比较已经完
成,最小值比较使能置 0******/
        end
      end
    end

    //******************************************************************************
    *****************************************************************************
    ******************
    //******************************************************************************
    *****************************************************************************
    ******************
    /*****模块名称:RAM 模块控制单元******/
    /*****模块功能:根据 RAM 索引对 RAM 读写进行控制******/
    /*****模块输入:******/
    /*****    clk:           模块工作时钟******/
    /*****    acsRamIndex:ACS 计算用分布式 RAM 索引******/
    /*****    tbRamIndex:    回溯用分布式 RAM 索引******/
    /*****    luckPathTemp:幸存路径暂存器******/
    /*****    tbCounter:     回溯计数器******/
    /*****模块输出:******/
    /*****    wrRamEnable1:分布式 RAM1 写使能******/
    /*****    wrRamEnable2:分布式 RAM2 写使能******/
    /*****    wrRamEnable3:分布式 RAM3 写使能******/
    /*****    ramAddress1:  分布式 RAM1 操作地址******/
    /*****    ramAddress2:  分布式 RAM2 操作地址******/
    /*****    ramAddress3:  分布式 RAM3 操作地址******/
    /*****    dataInRamTemp:写入分布式 RAM 的数据寄存器******/
    /*****模块说明:******/
    /*****    1.该模块使用阻塞语句的原因是为了省去一个时钟周期******/
    /*****    2.在ACS 计算到回溯深度的时候决定下一循环操作的 RAM 索引******/
    //******************************************************************************
```

```
***********************************************************
********************
    always @(posedge clk)                        /*****按时钟 clk 工作,60M******/
    begin
    if (acsRamIndex == 1)                          /*****当 ACS 计算幸存路径值存放位置为
1 时******/
    begin
      wrRamEnable1 = 1;                            /*****置第一块分布式 RAM 的写使能为
1******/
       wrRamEnable2 = 0;                            /*****置第二块分布式 RAM 的写使能
为 0******/
       wrRamEnable3 = 0;                            /*****置第三块分布式 RAM 的写使能
为 0******/
       ramAddress1 = acsCounter-1;                  /*****置第一块分布式 RAM 的写地址
******/
       dataInRamTemp = luckPathTemp;              /*****该时刻将写入数据赋予 dataInRam-
Temp******/
       if (tbRamIndex == 3)                          /*****如果回溯循环使用的分布式
RAM 为第 3 块******/
        ramAddress3 = `DEPTH-1-tbCounter;      /*****得到回溯数据存放地址******/
        else if (tbRamIndex == 2)               /*****如果回溯循环使用的分布式 RAM 为第 2
块******/
        ramAddress2 = `DEPTH-1-tbCounter;      /*****得到回溯数据存放地址******/
    end
    else if (acsRamIndex == 2)                     /*****当 ACS 计算幸存路径值存放位
置为 2 时******/
    begin
       wrRamEnable1 = 0;                            /*****置第一块分布式 RAM 的写使能
为 0******/
       wrRamEnable2 = 1;                            /*****置第二块分布式 RAM 的写使能
为 1******/
       wrRamEnable3 = 0;                            /*****置第三块分布式 RAM 的写使能
为 0******/
       ramAddress2 = acsCounter-1;                  /*****置第二块分布式 RAM 的写地址
******/
       dataInRamTemp = luckPathTemp;              /*****该时刻将写入数据赋予 dataInRam-
Temp******/
        if (tbRamIndex == 1)                          /*****如果回溯循环使用的分布式
RAM 为第 1 块******/
        ramAddress1 = `DEPTH-1-tbCounter;      /*****得到回溯数据存放地址******/
        else if (tbRamIndex == 3)          /*****如果回溯循环使用的分布式 RAM 为第 3 块*
```

```
*****/
        ramAddress3 = `DEPTH-1-tbCounter;       /*****得到回溯数据存放地址******/
      end
    else                                        /*****当 ACS 计算幸存路径值
存放位置为 3 时******/
    begin
      wrRamEnable1 = 0;                         /*****置第一块分布式 RAM 的写使能
为 0******/
      wrRamEnable2 = 0;                         /*****置第二块分布式 RAM 的写使能
为 0******/
      wrRamEnable3 = 1;                         /*****置第三块分布式 RAM 的写使能
为 1******/
      ramAddress3 = acsCounter-1;               /*****置第二块分布式 RAM 的写地址
******/
      dataInRamTemp = luckPathTemp;             /*****该时刻将写入数据赋予 dataInRam-
Temp******/
      if (tbRamIndex == 2)                      /*****如果回溯循环使用的分布式
RAM 为第 2 块******/
        ramAddress2 = `DEPTH-1-tbCounter;       /*****得到回溯数据存放地址******/
        else if (tbRamIndex == 1)               /*****如果回溯循环使用的分布式 RAM 为
第 1 块******/
        ramAddress1 = `DEPTH-1-tbCounter;       /*****得到回溯数据存放地址******/
    end
    end

    //*********************************************
*********************************************
*****************
    //*********************************************
*********************************************
*****************
    /*****模块名称:ACS 模块汉明距离处理单元******/
    /*****模块功能:输入有效时对汉明距离寄存器的处理******/
    /*****模块输入:******/
    /*****      clk:        工作时钟******/
    /*****      dataInFlag:数据输入标志******/
    /*****      acsCounter:ACS 计数器******/
    /*****      DEPTH:      译码深度宏******/
    /*****      64 个当前状态的累积距离******/
    /*****        currentAccumulateDistance0, currentAccumulateDistance1, currentAccumu-
lateDistance2;******/
```

```
/*****    ..........................
/*****      currentAccumulateDistance61,currentAccumulateDistance62,currentAccumu-
lateDistance63;******/
/*****模块输出:******/
/*****      64个状态对应的下次ACS计算用前时刻累计距离值******/
/*****      preAccumulateDistance0,preAccumulateDistance1,preAccumulateDistance2,
preAccumulateDistance3;******/
/*****    ..........................
/*****      preAccumulateDistance60, preAccumulateDistance61, preAccumulateDis-
tance62,preAccumulateDistance63;******/
/*****      64个状态对应的最小值比较用累积距离值******/
/*****      distanceForCompareMem[0],distanceForCompareMem[1],distanceForCompare-
Mem[2],distanceForCompareMem[3];******/
/*****      ..........................******/
/*****      distanceForCompareMem[60],distanceForCompareMem[61],distanceForCom-
pareMem[62],distanceForCompareMem[63];******/
/*****模块说明:******/
/*****    1.为防止累积距离值溢出,当ACS计数器到达译码深度时,下一ACS循环的初始
值为本次循环累积值的一半;******/
/*****    2.ACS计数器值未到译码深度时,将本次累积值做下一次计算的前累积值***
***/
/*****    3.在第一个ACS循环的第1时刻将0状态的前累积初值置为0,其他63个状态置
一个较大值******/
//*************************************************************************
***************************************
always @(posedge clk)
/*****按时钟clk工作,60M******/
begin
if (dataInFlag)                                                          /*****数
据输入有效时******/
begin
    if (acsCounter == `DEPTH)                                               /*
****当ACS计数器为译码深度时******/
      begin
    preAccumulateDistance0 <= currentAccumulateDistance0 >> 1;         /*****
在该时刻结束时将累积距离值左移一位后设置为下一时刻的前时刻累计值******/
    preAccumulateDistance1 <= currentAccumulateDistance1 >> 1;
    preAccumulateDistance2 <= currentAccumulateDistance2 >> 1;
    preAccumulateDistance3 <= currentAccumulateDistance3 >> 1;
    preAccumulateDistance4 <= currentAccumulateDistance4 >> 1;
```

```
preAccumulateDistance5 <= currentAccumulateDistance5 >> 1;
preAccumulateDistance6 <= currentAccumulateDistance6 >> 1;
preAccumulateDistance7 <= currentAccumulateDistance7 >> 1;
preAccumulateDistance8 <= currentAccumulateDistance8 >> 1;
preAccumulateDistance9 <= currentAccumulateDistance9 >> 1;
preAccumulateDistance10 <= currentAccumulateDistance10 >> 1;
preAccumulateDistance11 <= currentAccumulateDistance11 >> 1;
preAccumulateDistance12 <= currentAccumulateDistance12 >> 1;
preAccumulateDistance13 <= currentAccumulateDistance13 >> 1;
preAccumulateDistance14 <= currentAccumulateDistance14 >> 1;
preAccumulateDistance15 <= currentAccumulateDistance15 >> 1;
preAccumulateDistance16 <= currentAccumulateDistance16 >> 1;
preAccumulateDistance17 <= currentAccumulateDistance17 >> 1;
preAccumulateDistance18 <= currentAccumulateDistance18 >> 1;
preAccumulateDistance19 <= currentAccumulateDistance19 >> 1;
preAccumulateDistance20 <= currentAccumulateDistance20 >> 1;
preAccumulateDistance21 <= currentAccumulateDistance21 >> 1;
preAccumulateDistance22 <= currentAccumulateDistance22 >> 1;
preAccumulateDistance23 <= currentAccumulateDistance23 >> 1;
preAccumulateDistance24 <= currentAccumulateDistance24 >> 1;
preAccumulateDistance25 <= currentAccumulateDistance25 >> 1;
preAccumulateDistance26 <= currentAccumulateDistance26 >> 1;
preAccumulateDistance27 <= currentAccumulateDistance27 >> 1;
preAccumulateDistance28 <= currentAccumulateDistance28 >> 1;
preAccumulateDistance29 <= currentAccumulateDistance29 >> 1;
preAccumulateDistance30 <= currentAccumulateDistance30 >> 1;
preAccumulateDistance31 <= currentAccumulateDistance31 >> 1;
preAccumulateDistance32 <= currentAccumulateDistance32 >> 1;
preAccumulateDistance33 <= currentAccumulateDistance33 >> 1;
preAccumulateDistance34 <= currentAccumulateDistance34 >> 1;
preAccumulateDistance35 <= currentAccumulateDistance35 >> 1;
preAccumulateDistance36 <= currentAccumulateDistance36 >> 1;
preAccumulateDistance37 <= currentAccumulateDistance37 >> 1;
preAccumulateDistance38 <= currentAccumulateDistance38 >> 1;
preAccumulateDistance39 <= currentAccumulateDistance39 >> 1;
preAccumulateDistance40 <= currentAccumulateDistance40 >> 1;
preAccumulateDistance41 <= currentAccumulateDistance41 >> 1;
preAccumulateDistance42 <= currentAccumulateDistance42 >> 1;
preAccumulateDistance43 <= currentAccumulateDistance43 >> 1;
preAccumulateDistance44 <= currentAccumulateDistance44 >> 1;
preAccumulateDistance45 <= currentAccumulateDistance45 >> 1;
```

```
preAccumulateDistance46 <= currentAccumulateDistance46 >> 1;
preAccumulateDistance47 <= currentAccumulateDistance47 >> 1;
preAccumulateDistance48 <= currentAccumulateDistance48 >> 1;
preAccumulateDistance49 <= currentAccumulateDistance49 >> 1;
preAccumulateDistance50 <= currentAccumulateDistance50 >> 1;
preAccumulateDistance51 <= currentAccumulateDistance51 >> 1;
preAccumulateDistance52 <= currentAccumulateDistance52 >> 1;
preAccumulateDistance53 <= currentAccumulateDistance53 >> 1;
preAccumulateDistance54 <= currentAccumulateDistance54 >> 1;
preAccumulateDistance55 <= currentAccumulateDistance55 >> 1;
preAccumulateDistance56 <= currentAccumulateDistance56 >> 1;
preAccumulateDistance57 <= currentAccumulateDistance57 >> 1;
preAccumulateDistance58 <= currentAccumulateDistance58 >> 1;
preAccumulateDistance59 <= currentAccumulateDistance59 >> 1;
preAccumulateDistance60 <= currentAccumulateDistance60 >> 1;
preAccumulateDistance61 <= currentAccumulateDistance61 >> 1;
preAccumulateDistance62 <= currentAccumulateDistance62 >> 1;
preAccumulateDistance63 <= currentAccumulateDistance63 >> 1;

  distanceForCompareMem[0]  <= currentAccumulateDistance0;          /*****
将回溯深度时刻的路径累计距离值作为最小值比较******/
  distanceForCompareMem[1]  <= currentAccumulateDistance1;          /******使用
的距离值******/
  distanceForCompareMem[2]  <= currentAccumulateDistance2;
  distanceForCompareMem[3]  <= currentAccumulateDistance3;
  distanceForCompareMem[4]  <= currentAccumulateDistance4;
  distanceForCompareMem[5]  <= currentAccumulateDistance5;
  distanceForCompareMem[6]  <= currentAccumulateDistance6;
  distanceForCompareMem[7]  <= currentAccumulateDistance7;
  distanceForCompareMem[8]  <= currentAccumulateDistance8;
  distanceForCompareMem[9]  <= currentAccumulateDistance9;
  distanceForCompareMem[10] <= currentAccumulateDistance10;
  distanceForCompareMem[11] <= currentAccumulateDistance11;
  distanceForCompareMem[12] <= currentAccumulateDistance12;
  distanceForCompareMem[13] <= currentAccumulateDistance13;
  distanceForCompareMem[14] <= currentAccumulateDistance14;
  distanceForCompareMem[15] <= currentAccumulateDistance15;
  distanceForCompareMem[16] <= currentAccumulateDistance16;
  distanceForCompareMem[17] <= currentAccumulateDistance17;
  distanceForCompareMem[18] <= currentAccumulateDistance18;
  distanceForCompareMem[19] <= currentAccumulateDistance19;
```

```
distanceForCompareMem[20] <= currentAccumulateDistance20;
distanceForCompareMem[21] <= currentAccumulateDistance21;
distanceForCompareMem[22] <= currentAccumulateDistance22;
distanceForCompareMem[23] <= currentAccumulateDistance23;
distanceForCompareMem[24] <= currentAccumulateDistance24;
distanceForCompareMem[25] <= currentAccumulateDistance25;
distanceForCompareMem[26] <= currentAccumulateDistance26;
distanceForCompareMem[27] <= currentAccumulateDistance27;
distanceForCompareMem[28] <= currentAccumulateDistance28;
distanceForCompareMem[29] <= currentAccumulateDistance29;
distanceForCompareMem[30] <= currentAccumulateDistance30;
distanceForCompareMem[31] <= currentAccumulateDistance31;
distanceForCompareMem[32] <= currentAccumulateDistance32;
distanceForCompareMem[33] <= currentAccumulateDistance33;
distanceForCompareMem[34] <= currentAccumulateDistance34;
distanceForCompareMem[35] <= currentAccumulateDistance35;
distanceForCompareMem[36] <= currentAccumulateDistance36;
distanceForCompareMem[37] <= currentAccumulateDistance37;
distanceForCompareMem[38] <= currentAccumulateDistance38;
distanceForCompareMem[39] <= currentAccumulateDistance39;
distanceForCompareMem[40] <= currentAccumulateDistance40;
distanceForCompareMem[41] <= currentAccumulateDistance41;
distanceForCompareMem[42] <= currentAccumulateDistance42;
distanceForCompareMem[43] <= currentAccumulateDistance43;
distanceForCompareMem[44] <= currentAccumulateDistance44;
distanceForCompareMem[45] <= currentAccumulateDistance45;
distanceForCompareMem[46] <= currentAccumulateDistance46;
distanceForCompareMem[47] <= currentAccumulateDistance47;
distanceForCompareMem[48] <= currentAccumulateDistance48;
distanceForCompareMem[49] <= currentAccumulateDistance49;
distanceForCompareMem[50] <= currentAccumulateDistance50;
distanceForCompareMem[51] <= currentAccumulateDistance51;
distanceForCompareMem[52] <= currentAccumulateDistance52;
distanceForCompareMem[53] <= currentAccumulateDistance53;
distanceForCompareMem[54] <= currentAccumulateDistance54;
distanceForCompareMem[55] <= currentAccumulateDistance55;
distanceForCompareMem[56] <= currentAccumulateDistance56;
distanceForCompareMem[57] <= currentAccumulateDistance57;
distanceForCompareMem[58] <= currentAccumulateDistance58;
distanceForCompareMem[59] <= currentAccumulateDistance59;
distanceForCompareMem[60] <= currentAccumulateDistance60;
```

```
distanceForCompareMem[61] <= currentAccumulateDistance61;
distanceForCompareMem[62] <= currentAccumulateDistance62;
distanceForCompareMem[63] <= currentAccumulateDistance63;
end
 else                    /*****当ACS计算不在回溯深度时刻******/
 begin
 /*****在该时刻结束时将计算数据设置为下一时刻的前时刻累计值******/
preAccumulateDistance0 <= currentAccumulateDistance0;
preAccumulateDistance1 <= currentAccumulateDistance1;
preAccumulateDistance2 <= currentAccumulateDistance2;
preAccumulateDistance3 <= currentAccumulateDistance3;
preAccumulateDistance4 <= currentAccumulateDistance4;
preAccumulateDistance5 <= currentAccumulateDistance5;
preAccumulateDistance6 <= currentAccumulateDistance6;
preAccumulateDistance7 <= currentAccumulateDistance7;
preAccumulateDistance8 <= currentAccumulateDistance8;
preAccumulateDistance9 <= currentAccumulateDistance9;
preAccumulateDistance10 <= currentAccumulateDistance10;
preAccumulateDistance11 <= currentAccumulateDistance11;
preAccumulateDistance12 <= currentAccumulateDistance12;
preAccumulateDistance13 <= currentAccumulateDistance13;
preAccumulateDistance14 <= currentAccumulateDistance14;
preAccumulateDistance15 <= currentAccumulateDistance15;
preAccumulateDistance16 <= currentAccumulateDistance16;
preAccumulateDistance17 <= currentAccumulateDistance17;
preAccumulateDistance18 <= currentAccumulateDistance18;
preAccumulateDistance19 <= currentAccumulateDistance19;
preAccumulateDistance20 <= currentAccumulateDistance20;
preAccumulateDistance21 <= currentAccumulateDistance21;
preAccumulateDistance22 <= currentAccumulateDistance22;
preAccumulateDistance23 <= currentAccumulateDistance23;
preAccumulateDistance24 <= currentAccumulateDistance24;
preAccumulateDistance25 <= currentAccumulateDistance25;
preAccumulateDistance26 <= currentAccumulateDistance26;
preAccumulateDistance27 <= currentAccumulateDistance27;
preAccumulateDistance28 <= currentAccumulateDistance28;
preAccumulateDistance29 <= currentAccumulateDistance29;
preAccumulateDistance30 <= currentAccumulateDistance30;
preAccumulateDistance31 <= currentAccumulateDistance31;
preAccumulateDistance32 <= currentAccumulateDistance32;
preAccumulateDistance33 <= currentAccumulateDistance33;
```

```
        preAccumulateDistance34 <= currentAccumulateDistance34;
        preAccumulateDistance35 <= currentAccumulateDistance35;
        preAccumulateDistance36 <= currentAccumulateDistance36;
        preAccumulateDistance37 <= currentAccumulateDistance37;
        preAccumulateDistance38 <= currentAccumulateDistance38;
        preAccumulateDistance39 <= currentAccumulateDistance39;
        preAccumulateDistance40 <= currentAccumulateDistance40;
        preAccumulateDistance41 <= currentAccumulateDistance41;
        preAccumulateDistance42 <= currentAccumulateDistance42;
        preAccumulateDistance43 <= currentAccumulateDistance43;
        preAccumulateDistance44 <= currentAccumulateDistance44;
        preAccumulateDistance45 <= currentAccumulateDistance45;
        preAccumulateDistance46 <= currentAccumulateDistance46;
        preAccumulateDistance47 <= currentAccumulateDistance47;
        preAccumulateDistance48 <= currentAccumulateDistance48;
        preAccumulateDistance49 <= currentAccumulateDistance49;
        preAccumulateDistance50 <= currentAccumulateDistance50;
        preAccumulateDistance51 <= currentAccumulateDistance51;
        preAccumulateDistance52 <= currentAccumulateDistance52;
        preAccumulateDistance53 <= currentAccumulateDistance53;
        preAccumulateDistance54 <= currentAccumulateDistance54;
        preAccumulateDistance55 <= currentAccumulateDistance55;
        preAccumulateDistance56 <= currentAccumulateDistance56;
        preAccumulateDistance57 <= currentAccumulateDistance57;
        preAccumulateDistance58 <= currentAccumulateDistance58;
        preAccumulateDistance59 <= currentAccumulateDistance59;
        preAccumulateDistance60 <= currentAccumulateDistance60;
        preAccumulateDistance61 <= currentAccumulateDistance61;
        preAccumulateDistance62 <= currentAccumulateDistance62;
        preAccumulateDistance63 <= currentAccumulateDistance63;
         end
    end
    else                                    /*****当距离计算使能无效即dataInFlag为0时将******/
    begin                                   /*****状态0的汉明距离寄存器清零,其他状态汉明距离寄存器置一个较大值******/
    /***** preAccumulateDistance0 <= 0;
    preAccumulateDistance1 <= 8;
    preAccumulateDistance2 <= 8;
    preAccumulateDistance3 <= 8;
    preAccumulateDistance4 <= 8;
```

```
preAccumulateDistance5 <= 8;
preAccumulateDistance6 <= 8;
preAccumulateDistance7 <= 8;
preAccumulateDistance8 <= 8;
preAccumulateDistance9 <= 8;
preAccumulateDistance10 <= 8;
preAccumulateDistance11 <= 8;
preAccumulateDistance12 <= 8;
preAccumulateDistance13 <= 8;
preAccumulateDistance14 <= 8;
preAccumulateDistance15 <= 8;
preAccumulateDistance16 <= 8;
preAccumulateDistance17 <= 8;
preAccumulateDistance18 <= 8;
preAccumulateDistance19 <= 8;
preAccumulateDistance20 <= 8;
preAccumulateDistance21 <= 8;
preAccumulateDistance22 <= 8;
preAccumulateDistance23 <= 8;
preAccumulateDistance24 <= 8;
preAccumulateDistance25 <= 8;
preAccumulateDistance26 <= 8;
preAccumulateDistance27 <= 8;
preAccumulateDistance28 <= 8;
preAccumulateDistance29 <= 8;
preAccumulateDistance30 <= 8;
preAccumulateDistance31 <= 8;
preAccumulateDistance32 <= 8;
preAccumulateDistance33 <= 8;
preAccumulateDistance34 <= 8;
preAccumulateDistance35 <= 8;
preAccumulateDistance36 <= 8;
preAccumulateDistance37 <= 8;
preAccumulateDistance38 <= 8;
preAccumulateDistance39 <= 8;
preAccumulateDistance40 <= 8;
preAccumulateDistance41 <= 8;
preAccumulateDistance42 <= 8;
preAccumulateDistance43 <= 8;
preAccumulateDistance44 <= 8;
preAccumulateDistance45 <= 8;
```

```
    preAccumulateDistance46 <= 8;
    preAccumulateDistance47 <= 8;
    preAccumulateDistance48 <= 8;
    preAccumulateDistance49 <= 8;
    preAccumulateDistance50 <= 8;
    preAccumulateDistance51 <= 8;
    preAccumulateDistance52 <= 8;
    preAccumulateDistance53 <= 8;
    preAccumulateDistance54 <= 8;
    preAccumulateDistance55 <= 8;
    preAccumulateDistance56 <= 8;
    preAccumulateDistance57 <= 8;
    preAccumulateDistance58 <= 8;
    preAccumulateDistance59 <= 8;
    preAccumulateDistance60 <= 8;
    preAccumulateDistance61 <= 8;
    preAccumulateDistance62 <= 8;
    preAccumulateDistance63 <= 8;*/
        preAccumulateDistance0 <= currentAccumulateDistance0 >> 1;      /*****
在该时刻结束时将累积距离值左移一位后设置为下一时刻的前时刻累计值******/
       preAccumulateDistance1 <= currentAccumulateDistance1 >> 1;
       preAccumulateDistance2 <= currentAccumulateDistance2 >> 1;
       preAccumulateDistance3 <= currentAccumulateDistance3 >> 1;
       preAccumulateDistance4 <= currentAccumulateDistance4 >> 1;
       preAccumulateDistance5 <= currentAccumulateDistance5 >> 1;
       preAccumulateDistance6 <= currentAccumulateDistance6 >> 1;
       preAccumulateDistance7 <= currentAccumulateDistance7 >> 1;
       preAccumulateDistance8 <= currentAccumulateDistance8 >> 1;
       preAccumulateDistance9 <= currentAccumulateDistance9 >> 1;
       preAccumulateDistance10 <= currentAccumulateDistance10 >> 1;
       preAccumulateDistance11 <= currentAccumulateDistance11 >> 1;
       preAccumulateDistance12 <= currentAccumulateDistance12 >> 1;
       preAccumulateDistance13 <= currentAccumulateDistance13 >> 1;
       preAccumulateDistance14 <= currentAccumulateDistance14 >> 1;
       preAccumulateDistance15 <= currentAccumulateDistance15 >> 1;
       preAccumulateDistance16 <= currentAccumulateDistance16 >> 1;
       preAccumulateDistance17 <= currentAccumulateDistance17 >> 1;
       preAccumulateDistance18 <= currentAccumulateDistance18 >> 1;
       preAccumulateDistance19 <= currentAccumulateDistance19 >> 1;
       preAccumulateDistance20 <= currentAccumulateDistance20 >> 1;
       preAccumulateDistance21 <= currentAccumulateDistance21 >> 1;
```

```
preAccumulateDistance22 <= currentAccumulateDistance22 >> 1;
preAccumulateDistance23 <= currentAccumulateDistance23 >> 1;
preAccumulateDistance24 <= currentAccumulateDistance24 >> 1;
preAccumulateDistance25 <= currentAccumulateDistance25 >> 1;
preAccumulateDistance26 <= currentAccumulateDistance26 >> 1;
preAccumulateDistance27 <= currentAccumulateDistance27 >> 1;
preAccumulateDistance28 <= currentAccumulateDistance28 >> 1;
preAccumulateDistance29 <= currentAccumulateDistance29 >> 1;
preAccumulateDistance30 <= currentAccumulateDistance30 >> 1;
preAccumulateDistance31 <= currentAccumulateDistance31 >> 1;
preAccumulateDistance32 <= currentAccumulateDistance32 >> 1;
preAccumulateDistance33 <= currentAccumulateDistance33 >> 1;
preAccumulateDistance34 <= currentAccumulateDistance34 >> 1;
preAccumulateDistance35 <= currentAccumulateDistance35 >> 1;
preAccumulateDistance36 <= currentAccumulateDistance36 >> 1;
preAccumulateDistance37 <= currentAccumulateDistance37 >> 1;
preAccumulateDistance38 <= currentAccumulateDistance38 >> 1;
preAccumulateDistance39 <= currentAccumulateDistance39 >> 1;
preAccumulateDistance40 <= currentAccumulateDistance40 >> 1;
preAccumulateDistance41 <= currentAccumulateDistance41 >> 1;
preAccumulateDistance42 <= currentAccumulateDistance42 >> 1;
preAccumulateDistance43 <= currentAccumulateDistance43 >> 1;
preAccumulateDistance44 <= currentAccumulateDistance44 >> 1;
preAccumulateDistance45 <= currentAccumulateDistance45 >> 1;
preAccumulateDistance46 <= currentAccumulateDistance46 >> 1;
preAccumulateDistance47 <= currentAccumulateDistance47 >> 1;
preAccumulateDistance48 <= currentAccumulateDistance48 >> 1;
preAccumulateDistance49 <= currentAccumulateDistance49 >> 1;
preAccumulateDistance50 <= currentAccumulateDistance50 >> 1;
preAccumulateDistance51 <= currentAccumulateDistance51 >> 1;
preAccumulateDistance52 <= currentAccumulateDistance52 >> 1;
preAccumulateDistance53 <= currentAccumulateDistance53 >> 1;
preAccumulateDistance54 <= currentAccumulateDistance54 >> 1;
preAccumulateDistance55 <= currentAccumulateDistance55 >> 1;
preAccumulateDistance56 <= currentAccumulateDistance56 >> 1;
preAccumulateDistance57 <= currentAccumulateDistance57 >> 1;
preAccumulateDistance58 <= currentAccumulateDistance58 >> 1;
preAccumulateDistance59 <= currentAccumulateDistance59 >> 1;
preAccumulateDistance60 <= currentAccumulateDistance60 >> 1;
preAccumulateDistance61 <= currentAccumulateDistance61 >> 1;
preAccumulateDistance62 <= currentAccumulateDistance62 >> 1;
```

```
        preAccumulateDistance63 <= currentAccumulateDistance63 >> 1;
    end
    end

    //*****************************************
********************************************
******************

    //*****************************************
********************************************
******************

    /*****模块名称:最小值比较模块0处理单元******/
    /*****模块功能:到达译码深度后对前32个状态汉明累计距离值进行比较,找出最小距离值
对应的状态******/
    /*****模块输入:******/
    /*****     clk:                     工作时钟******/
    /*****     smallEn:                 最小值比较使能******/
    /*****     smallCounter0:           最小值比较计数器0******/
    /*****     distanceForCompareMem:比较用累积距离值数组******/
    /*****     smallerState0:           上次最小值比较得到的状态值******/
    /*****     smallerDistance0:        上次最小值比较得到的距离值******/
    /*****模块输出:******/
    /*****     smallStateTemp00:   最小距离对应状态暂存值0******/
    /*****    smallStateTemp01:    最小距离对应状态暂存值1******/
    /*****    smallDistanceTemp00: 最小距离暂存值0******/
    /*****    smallDistanceTemp01: 最小距离暂存值1******/
    /*****模块说明:******/
    /*****     1.最小值比较用时钟周期必须小于回溯深度******/
    /*****     2.由于回溯深度小于状态数,所以分两个最小值比较模块完成最小值比较***
***/
    /*****     3.完成32个状态比较所需时钟周期为31个,加上第一个时钟周期置初值,实际
消耗32个******/
    /*****     4.为使两个最小值比较模块协调工作,加上在模块1中进行的前32个状态和后
32个状态的一次比较******/
    /*****       因此完成一次循环的最小累积距离比较两个模块各需33个时钟****
**/
    /*****     5.最小值比较的方式为从状态0开始逐个进行,这样做的原因是为了节省资源*
*****/
    //******************************************
********************************************
******************
    always @(posedge clk)                                          /*****按
```

```
CLK工作,60M******/
    begin
    if (smallEn)                                         /*****当最小值比较使能为
1时******/
    begin
      case(smallCounter0)                                /*****根据比较计数器
0进行判断******/
        1:begin                                          /*****
当比较计数器0为1时******/
          smallStateTemp00    <= 0;                       /*****模块0最
小状态暂存器0设为状态0******/
          smallStateTemp01    <= 1;                       /*****模块0最
小状态暂存器1设为状态0******/
          smallDistanceTemp00  <= distanceForCompareMem[0];  /*****最小状态累积距
离为数组第0个值******/
          smallDistanceTemp01  <= distanceForCompareMem[1];  /*****最小状态累积距
离为数组第1个值******/
          smallCounter0 <= 2;                             /*****下一时刻比较计
数器0的值为2******/
        end
        32:begin                                         /*****当比较计数器
0为33时******/
          smallCounter0 <= 33;                            /*****最小
值比较计数器置1******/
        end
        33:begin                                         /*****当比较计数器
0为33时******/
          smallCounter0 <= 1;                             /*****最小
值比较计数器置1******/
        end
      default:begin                                      /*****当比较计
数器0为其他值时******/
          smallStateTemp00 <= smallerState0;              /*****将上次比
较输出的状态值作为下次比较的第0个状态******/
          smallStateTemp01 <= smallCounter0;              /*****将当前状态置
为下次比较的第1个状态******/
          smallDistanceTemp00<=smallerDistance0;          /*****将上次比
较输出的距离值作为下次比较的第0个距离******/
          smallDistanceTemp01 <= distanceForCompareMem[smallCounter0];//当前状态对应的
距离为最小距离******/
          smallCounter0 <= smallCounter0 +1;              /*****最小值比
```

```
较计数器 0 加 1******/
                    end
        endcase
        end
      else                                                    /*****当最小值比较使能
为 0 时******/
      begin
         smallCounter0 <= 1;                                         /*****最小值比
较计数器 0 置 1******/
      end
      end



   //***************************************************************************************
*********************************************
   //***************************************************************************************
*********************************************
   /*****模块名称:最小值比较模块 1******/
   /*****模块功能:到达译码深度后对后 32 个状态汉明累计距离值进行比较,******/
   /*****          并与最小值比较模块 0 得出的最小值进行比较,找出 64 个状态的最小距
离值******/
   /*****          及其对应的状态******/
   /*****模块输入:******/
   /*****    clk:                    工作时钟******/
   /*****    DEPTH:                  译码深度宏******/
   /*****    nexttbRamIndex:         下一回溯循环 RAM 索引******/
   /*****    smallEn:                最小值比较使能******/
   /*****    smallCounter1:          最小值比较计数器 1******/
   /*****    distanceForCompareMem:比较用累积距离值数组******/
   /*****    smallerState1:          上次最小值比较得到的状态值******/
   /*****    smallerDistance1:       上次最小值比较得到的距离值******/
   /*****模块输出:******/
   /*****    tbState:                回溯起始状态******/
   /*****    tbRamIndex:             回溯分布式 RAM 索引******/
   /*****    tbEn :                  回溯使能******/
   /*****    smallStateTemp10:       最小距离对应状态暂存值 0******/
   /*****  smallStateTemp11:         最小距离对应状态暂存值 1******/
   /*****  smallDistanceTemp10:      最小距离暂存值 0******/
   /*****  smallDistanceTemp11:      最小距离暂存值 1******/
```

```
/******模块说明:******/
/******    1.最小值比较用时钟周期必须小于回溯深度******/
/******    2.于回溯深度小于状态数,所以分两个最小值比较模块完成最小值比较******/
/******    3.完成32个状态比较所需时钟周期为31个,加上第一个时钟周期置初值,实际消耗32个******/
/******    4.为使两个最小值比较模块协调工作,加上在模块1中进行的前32个状态和后32个状态的一次比较,******/
/******      因此完成一次循环的最小累积距离比较两个模块各需33个时钟******/
/******    5.最小值比较的方式为从状态32开始逐个进行,这样做的原因是为了节省资源******/
//*************************************************************************************
always @(posedge clk)                                          /*****按CLK工作,60M******/
begin
if (smallEn)                                                   /******当最小值比较使能为1时******/
begin
  case(smallCounter1)                                          /******根据比较计数器1进行判断******/
    1 : begin                                                  /*****当比较计数器1为1时******/
        smallStateTemp10     <= 32;                            /******最小状态暂存器0设为状态32******/
        smallStateTemp11     <= 33;                            /*****最小状态暂存器1设为状态32******/
        smallDistanceTemp10  <= distanceForCompareMem[32];     /******最小状态累积距离为数组第32个值******/
        smallDistanceTemp11  <= distanceForCompareMem[33];     /******最小状态累积距离为数组第33个值******/
        smallCounter1 <= 2;                                    /******下一时刻比较计数器1的值为2******/
      end
    32 : begin                                                 /*****比较计数器1为32时******/
        smallStateTemp10     <= smallerState0;                 /******比较器0得出的前32个最小状态为最后一次比较的状态0******/
        smallStateTemp11     <= smallerState1;                 /******比
```

```
较器1得出的后32个最小状态为最后一次比较的状态1******/
           smallDistanceTemp10  <= smallerDistance0;                /******比较器
0得出的前32个最小距离为最后一次比较的距离0******/
           smallDistanceTemp11  <= smallerDistance1;                /******比较器
1得出的后32个最小距离为最后一次比较的距离1******/
           smallCounter1 <= 33;
         end
      33 : begin                                                        /**
***当比较计数器1为33时******/
             tbState <= smallerState1;                              /****
*最小值状态暂存器0对应的状态为回溯初始状态******/
             tbRamIndex <= nexttbRamIndex;                          /******回
溯用RAM索引传递******/
             tbEn <= 1;                                               /*
****回溯使能有效******/
             smallCounter1 <= 1;                                     /**
***比较计数器1置1******/
           end
      default : begin                                                  /***
**当比较计数器1为其他值时******/
           smallStateTemp10     <= smallerState1;                  /******最小状
态暂存器0设为上次比较得到的最小状态******/
             smallStateTemp11     <= 32+smallCounter1;             /******最小状
态暂存器1设为状态当前比较状态******/
             smallDistanceTemp10  <= smallerDistance1;             /******将上次
比较输出的距离值作为下次比较的第0个距离******/
             smallDistanceTemp11  <= distanceForCompareMem[32+smallCounter1];  /***
**当前状态对应的距离为距离暂存器1的值******/
            smallCounter1 <= smallCounter1+1;                     /******最小值比
较计数器1加1******/
             end
        endcase
      end
    else                                                        /******当最小值比较
使能为0时******/
    begin
      smallCounter1 <= 1;                                        /******比较
计数器1置1    ******/
        tbState <=0;                                             /******默认起
始回溯状态设置为0******/
        if((tbEn==1) & (tbCounter==`DEPTH))                      /******当回溯
```

```
使能有效并且回溯计数器为回溯深度时＊＊＊＊＊＊/
        tbEn <= 0;                                                          /＊＊
＊＊＊回溯使能置0＊＊＊＊＊＊/
    end
    end

    //＊＊＊＊＊＊＊＊＊＊＊＊＊＊＊＊＊＊＊＊＊＊＊＊＊＊＊＊＊＊＊＊＊＊＊＊＊＊＊＊＊＊＊＊
＊＊＊＊＊＊＊＊＊＊＊＊＊＊＊＊＊＊＊＊＊＊＊＊＊＊＊＊＊＊＊＊＊＊＊＊＊＊＊＊＊＊＊＊＊＊＊
＊＊＊＊＊＊＊＊＊＊＊＊＊＊＊＊＊＊
    //＊＊＊＊＊＊＊＊＊＊＊＊＊＊＊＊＊＊＊＊＊＊＊＊＊＊＊＊＊＊＊＊＊＊＊＊＊＊＊＊＊＊＊＊
＊＊＊＊＊＊＊＊＊＊＊＊＊＊＊＊＊＊＊＊＊＊＊＊＊＊＊＊＊＊＊＊＊＊＊＊＊＊＊＊＊＊＊＊＊＊＊
＊＊＊＊＊＊＊＊＊＊＊＊＊＊＊＊＊＊
    /＊＊＊＊＊模块名称:回溯模块控制单元＊＊＊＊＊＊/
    /＊＊＊＊＊模块功能:对回溯过程中使用到的幸存路径值进行提取,对回溯状态进行 ？＊＊＊
＊＊＊/
    /＊＊＊＊＊模块输入:＊＊＊＊＊＊/
    /＊＊＊＊＊   clk:               模块工作时钟＊＊＊＊＊＊/
    /＊＊＊＊＊   tbEn:              回溯模块使能信号,高电平有效＊＊＊＊＊＊/
    /＊＊＊＊＊   tbCounter:         回溯计数器＊＊＊＊＊＊/
    /＊＊＊＊＊   tbState:           回溯状态＊＊＊＊＊＊/
    /＊＊＊＊＊   tbRamIndex:        回溯用分布式RAM索引＊＊＊＊＊＊/
    /＊＊＊＊＊   dataOutRamTemp1:   第1块分布式RAM的输出数据＊＊＊＊＊＊/
    /＊＊＊＊＊   dataOutRamTemp2:   第2块分布式RAM的输出数据＊＊＊＊＊＊/
    /＊＊＊＊＊   dataOutRamTemp3:   第3块分布式RAM的输出数据＊＊＊＊＊＊/
    /＊＊＊＊＊模块输出:＊＊＊＊＊＊/
    /＊＊＊＊＊   tbLuckPathTemp:    当前回溯用幸存路径＊＊＊＊＊＊/
    /＊＊＊＊＊   preoutEn:          预输出使能＊＊＊＊＊＊/
    /＊＊＊＊＊   outTemp:           输出值暂存器＊＊＊＊＊＊/
    /＊＊＊＊＊模块说明:＊＊＊＊＊＊/
    /＊＊＊＊＊   1.输出模块有一个译码＊＊＊＊＊＊/
    /＊＊＊＊＊   2.设置预输出的原因是回溯过程得到译码值的顺序与实际应输出的顺序相反＊
＊＊＊＊＊/
    //＊＊＊＊＊＊＊＊＊＊＊＊＊＊＊＊＊＊＊＊＊＊＊＊＊＊＊＊＊＊＊＊＊＊＊＊＊＊＊＊＊＊＊＊
＊＊＊＊＊＊＊＊＊＊＊＊＊＊＊＊＊＊＊＊＊＊＊＊＊＊＊＊＊＊＊＊＊＊＊＊＊＊＊＊＊＊＊＊＊＊＊
＊＊＊＊＊＊＊＊＊＊＊＊＊＊＊＊＊＊
    always @(posedge clk)                                           /＊＊＊＊＊CLK
上升沿模块工作,60M＊＊＊＊＊＊/
    begin
      if (tbEn == 1)                                                /＊＊＊＊＊当回溯
使能信号有效时＊＊＊＊＊＊/
        begin
```

```
        case (tbCounter)                                                    /*****根据回
溯计数器的值进行工作******/
        1 : begin                                                           /*****
当回溯计数器为1时******/
          tbCounter<= tbCounter+1;                                          /*****下一
时刻回溯计数器增1******/
          currentState <= tbState;                                          /*****将回溯
状态置为回溯用的当前状态******/
          case (tbRamIndex)                                                 /*****根据回溯
用RAM索引选择下一时刻回溯用幸存路径值******/
               2'b01 :  tbLuckPathTemp <= dataOutRamTemp1;     /*****RAM索引为1时从分
布式RAM1中读取该回溯时刻的幸存路径数据******/
               2'b10 :  tbLuckPathTemp <= dataOutRamTemp2;     /*****RAM索引为2时从分
布式RAM2中读取该回溯时刻的幸存路径数据******/
               default: tbLuckPathTemp <= dataOutRamTemp3;  /*****RAM索引为3时从分布
式RAM3中读取该回溯时刻的幸存路径数据******/
          endcase
          end
        `DEPTH : begin                                                      /*****当
回溯到达译码深度时******/
          tbCounter<= 1;                                                    /*****设置初次
回溯时刻为1******/
          preoutEn <= 1;                                                    /*****预置输出使能
置1******/
          currentState <= preState;                                         /*****将前状
态设置为最后一次回溯的当前状态******/
          outTemp[1]   <= luckValue;                                        /*****保存前一回
溯时刻得到的译码值******/
          outTemp[0]   <= luckValue;                                        /*****因为最后一
个译码值是直接输出,为防止报错使用一下outTemp[0]******/
          outPut[1]    <= luckValue;                               /*****将幸存值保存到输
出暂存器******/
          outPut[`DEPTH-1 : 2]  <= outTemp[`DEPTH-1 : 2];            /*****将相应的数据从
回溯暂存器放入输出寄存器******/
             case (tbRamIndex)                                              /*****根据回
溯用RAM索引选择下一时刻回溯用幸存路径值******/
               2'b01 : tbLuckPathTemp  <= dataOutRamTemp1;    /*****RAM索引为1时从分
布式RAM1中读取该回溯时刻的幸存路径数据******/
                 2'b10 : tbLuckPathTemp  <= dataOutRamTemp2;    /*****RAM索引为2时从
分布式RAM1中读取该回溯时刻的幸存路径数据******/
               default: tbLuckPathTemp <= dataOutRamTemp3;  /*****RAM索引为3时从分布
```

```
式 RAM1 中读取该回溯时刻的幸存路径数据******/
            endcase
        end
        default : begin                                          /******在其他回溯时刻
******/
        tbCounter     <= tbCounter+1;                                       /******下一
时刻回溯计数器增1******/
        currentState <= preState;                                       /******将上一
回溯时刻产生的回溯前状态设为当前回溯状态******/
      outTemp[`DEPTH+1-tbCounter] <= luckValue;               /******从回溯模块操作
单元读取译码值******/
          case (tbRamIndex)                                          /******根据回溯
用 RAM 索引选择下一时刻回溯用幸存路径值******/
            2'b01 : tbLuckPathTemp  <= dataOutRamTemp1;          /******RAM 索引为 1 时从
分际紩 AM1 中读取该回溯时刻的幸存路径数据******/
            2'b10 : tbLuckPathTemp  <= dataOutRamTemp2;          /******RAM 索引为 2 时从
分布式 RAM2 中读取该回溯时刻的幸存路径数据******/
            default: tbLuckPathTemp <= dataOutRamTemp3;          /******RAM 索引为 3 时从
分布式 RAM3 中读取该回溯时刻的幸存路径数据******/
          endcase
         end
       endcase
   end
   else                                                    /******当 tbEn 为 0 时***
***/
   begin
         tbCounter<=1;                                          /******回溯计数器置1
******/
         tbLuckPathTemp  <= 0;                                         /******将上一
回溯时刻产生的回溯前状态设为当前回溯状态******/
           currentState <= 0;                                              /******回
溯当前状态设为0状态******/
         outTemp <= 0;                                                /******输出暂
存器清零******/
           if (preoutEn)                                            /******当预输出
使能有效时******/
           begin
             if (dataOutCounter== `DEPTH-1)                    /******一个译码深度的
输出完成时 ******/
             begin
                 preoutEn <= 0;                                  /******预输出使能置
```

```
为无效******/
                outPut <= 0;                                      /*****
输出信号置为0******/
                outTemp[1] <= outTemp[0];                         /*****为防止
报错的伪码******/
              end
            end
        else                                                      /*****预输出使能仍为
有效时******/
            begin
              outPut <= 0;                                        /*****输出信号置为0
******/
          outTemp[0] <= outTemp[1];                               /*****为防止报错
的伪码******/
            end
      end
    end
    //************************************************************
    ***********************************
    ******************
    //************************************************************
    ***********************************
    ******************
    /*****模块名称:输出模块******/
    /*****模块功能:按编码器的编码顺序输出译码值******/
    /*****模块输入:******/
    /*****    clk:         模块工作时钟******/
    /*****    preoutEn:    预输出使能******/
    /*****    bufSymCount:祯序列号缓冲寄存器******/
    /*****    luckValue:   幸存值******/
    /*****    outPut:      输出译码值寄存器******/
    /*****模块输出:******/
    /*****    outEn:       输出使能******/
    /*****    dataOut:     输出数据******/
    /*****    outSymCount:输出祯序列号******/
    /*****模块说明:******/
    /*****    1.译码值的输出顺序与回溯顺序正好相反******/
    /*****    2.回溯到的最后一个幸存值实际为第一个输出译码值,所以直接输出****
**/
    //************************************************************
    ***********************************
```

```
* * * * * * * * * * * * * * * * * * * *
    always @(posedge clk)                        /* * * * * * 按 CLK 时钟工作，
60M  * * * * * * /
    begin
    if (preoutEn == 1)                           /* * * * * * 当预输出使能有
效时开始工作 * * * * * * /
    begin
        case(dataOutCounter)                     /* * * * * * 根据输出计数器进行
工作 * * * * * * /
          0 : begin                              /* * * * * * 当
输出计数器为0时 * * * * * * /
            dataOutCounter <= 1;                 /* * * * * * 下一时
刻输出计数器为1 * * * * * * /
            dataOut <= luckValue;                /* * * * * * 将最后
一次回溯达到的幸存值作为第一个输出值 * * * * * * /
            outEn <= 1;                          /* * * * * * 输
出使能有效 * * * * * * /
            outSymCount <= bufSymCount;          /* * * * * * 完成祯
传递 * * * * * * /
            end
        `DEPTH-1 : begin                         /* * * * * * 当
回溯计数器值为 DEPTH-1 * * * * * * /
           dataOutCounter <= 0;                  /* * * * * * 数据输
出计数器清零 * * * * * * /
           dataOut <= outPut[`DEPTH-1];          /* * * * * * 置本次回溯的
最后一个译码值 * * * * * * /
          end
       default : begin                           /* * * * * * 当计数
器为其他值时 * * * * * * /
           dataOutCounter <= dataOutCounter+1;   /* * * * * * 数据输出计
数器值增1 * * * * * * /
            dataOut <= outPut[dataOutCounter];   /* * * * * * 输出当前时
刻译码值 * * * * * * /
            end
       endcase
     end
     else                                        /* * * * * * 当预输出使能无效时
 * * * * * * /
    begin
          outEn <= 0;                            /* * * * * * 输出使能无效 * *
 * * * * /
```

```
        dataOut <= 0;                                          /*****输
出数据为0******/
        dataOutCounter <= 0;                                   /*****输出计
数器清零******/
        outSymCount <= 0;                                      /*****输出祯
序列号为0******/
      end
    end

endmodule
```

5.2.6 对信号功率 E_b 的控制

在3G通信中为了获得高性能的数据传输，需要对信号功率实现高性能的控制。一方面宽带3G系统可以支持许多用户在同一个蜂窝小区和扇区通话；可以支持很多种类的从低到高的比特速率服务；可以根据用户距离基站的远近和信号数据速率的不同，支持不同用户各种不同的信号发射功率。另一方面快速高性能的功率控制确保无线通信质量在通话期间得到维护，能够获取最小信噪比 E_b/I_0，能够使信号功率 E_b 从标称值快速调整到需要的值，实际通信需要的信号功率不同于标称值的原因在于：额外增加或者减少的用户会造成干扰功率的改变，用户在城市中摩天大楼的"峡谷"中移动改变用户信号发射和接收的环境，从而影响需要的信号功率大小。第三个方面高性能的功率控制还可以帮助补偿"阴影衰落"。总之快速功率控制需要持续优化各个信道的功率传输、并且需要在毫秒内完成功率控制。"阴影衰落"如图5.2.1.18所示。

图5.2.18 "阴影衰落"影响移动通信设备终端的通话质量

在图5.2.18中，用户在摩天大楼的背面就会影响移动通信设备终端接收基站天线的信号。

为了减小"阴影衰落"对无线移动通信质量的影响，需要提高3G无线移动通信基站的发射功率，而智能天线可以提供更高的功率。蜂窝小区最常用的3扇区天线采用120°扇区的信号覆盖，如图5.2.19所示。

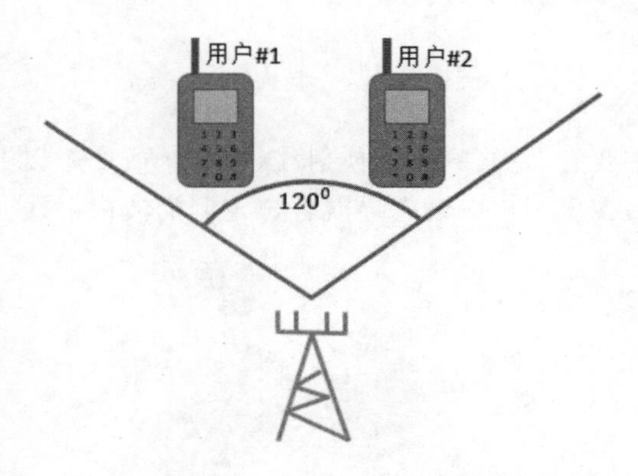

图 5.2.19 蜂窝小区3扇区天线的信号覆盖

在图5.2.19中，聚焦天线在把信号投射到扇区以内，如果扇区内没有用户，就会造成信号功率的浪费。聚焦天线比智能天线的射程要小。智能天线实际上是自适应阵列天线，如图5.2.20所示。

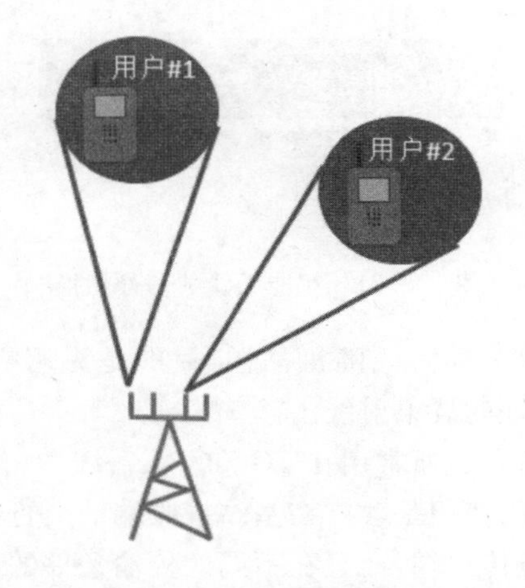

图 5.2.20 自适应阵列天线的信号覆盖

在图5.2.20中，自适应阵列天线属于智能天线，可以聚焦独特个体用户的个体，可以在需要时传输更大部分的无线电功率给特定的地区用户。

5.2.7 限制噪声功率 I_0

为了提高信噪比 E_b/I_0，需要限制噪声功率 I_0，主要采取的措施：一是使用性能更好的天线，例如每个在蜂窝小区建立更多的扇区，或者使用智能天线；二是使干扰平均化，平均干扰并不会和最差情况的干扰一样，如果系统支持，就使用时分多址多路接入TDMA技术的跳频，在码分多址多路接入CDMA技术中可以自动实现干扰的平均化，方法是通过伪随机序列码的扩频、在相同载波频率的信号求和和累加；三是取消干扰，用实际接收到的单独个体信号减去所有的总信号中的期望信号，也可以采用多路检测，或者合作检测的方式实现干扰的取消。

5.2.8 智能天线

智能天线的种类主要有2类：一是切换射线，在2个或2个以上的固定波束射线之间切换；二是自适应阵列，在多用户中动态导航客户定制的波束射线。如图5.2.21所示。

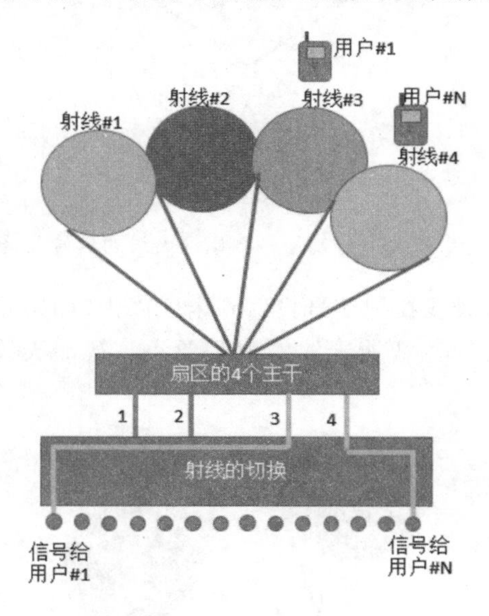

图5.2.21 智能天线的信号切换

在图5.2.21中，在4个波束射线随机抽样，目的是为用户选择信号最好的射线，在10ms内完成切换到信号最好的波束射线。

切换波束射线的天线一方面通常用在1G和2G系统中，作为备用功能，对基站做最小的修正；另一方面最典型的使用是改进在基站接收端的上行链路，因为在发射信号时很难决定哪一路射线作为信号传输端，而且在不同的传输条件的频分多路接入双工通信，接收和发射在不同频率上，就不是必须使用和发射信号相同的波束射线接收信号；第三方面不适用于码分多址多路接入CDMA技术，因为切换波束射线的天线导致比特位片的误码，而且切换波束射线的天线会影响CDMA通信的同步和解调，切换波束射线选择单独一个波速射线，可以减少多径信号，这对于CDMA通信的瑞克接收机来说是个的优点。

自适应阵列的智能天线能够动态导向波速射线。前向天线辐射式样自适应阵列的智能天线120°～180°覆盖范围的元素，一个天线元素可以是一个简单的垂直偶极子天线，或者"鞭形"天线，或者多路内部连接的天线元素的复杂天线结构组成的平面的面板，如图5.2.22所示。

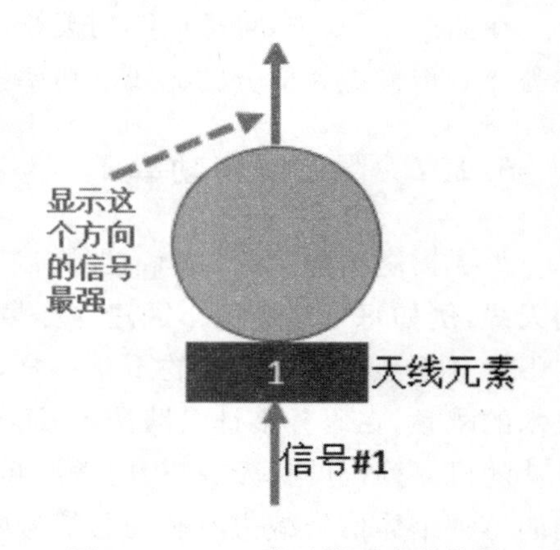

图5.2.22 一个天线元素的信号

在图 5.2.22 中，天线元素在图示的方向辐射出最强的信号强度，只关注考虑波束射线或者波瓣，忽略后方辐射或者旁瓣辐射的影响。

两个天线元素的前向天线辐射式样自适应陈列的智能天线可以是同相信号的垂直偶极子天线，如图 5.2.23 所示。

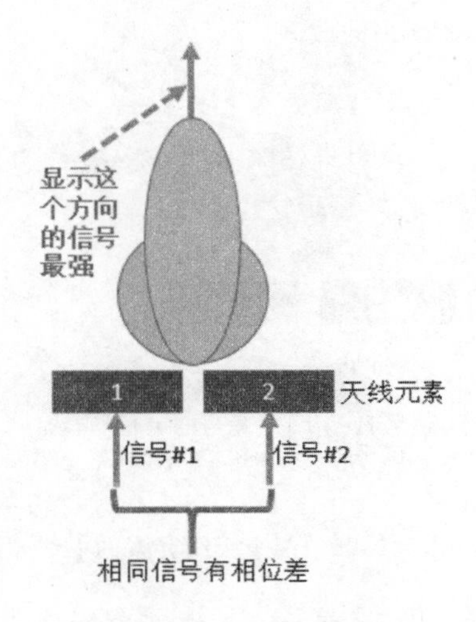

图 5.2.23　两个天线元素的同相信号

在图 5.2.23 中，两个天线元素在图示的方向辐射出最强的信号强度，两个天线元素的信号相同，加强主瓣辐射，削弱一部分其他方向的信号辐射，产生更长、更细的主瓣信号。

一个天线元素的波束射线构成和射线操纵，可以是一个信号 ♯2 被信号 ♯2 延时 180°的信号驱动，如图 5.2.24 所示。

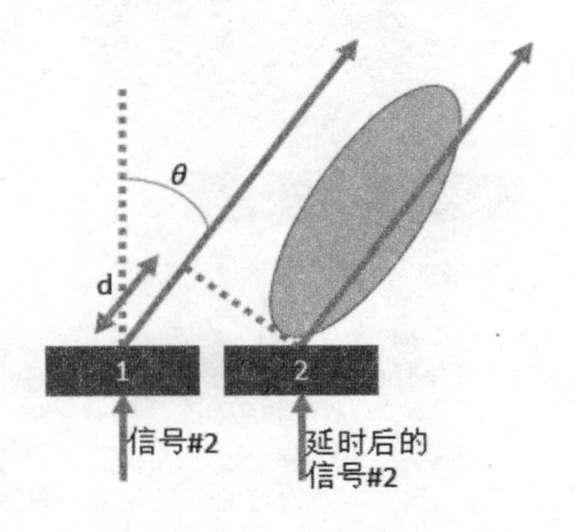

图 5.2.24　一个天线元素的射线

在图 5.2.24 中，这样辐射的两个信号加强了在任何角度在 θ 的 d＝λ/2，3λ/2，5λ/2……的信号，这里的 λ 是波长，也是信号相位改变 360°时的距离。角度 θ＝0°，并且 d＝0，λ，2λ……的射线信号是被削弱，成为零。

两个天线元素的射线构成和射线操纵的简单方式，可以是两个信号或者多个信号驱动天线元素，多个信号有延时，如图 5.2.25 所示。

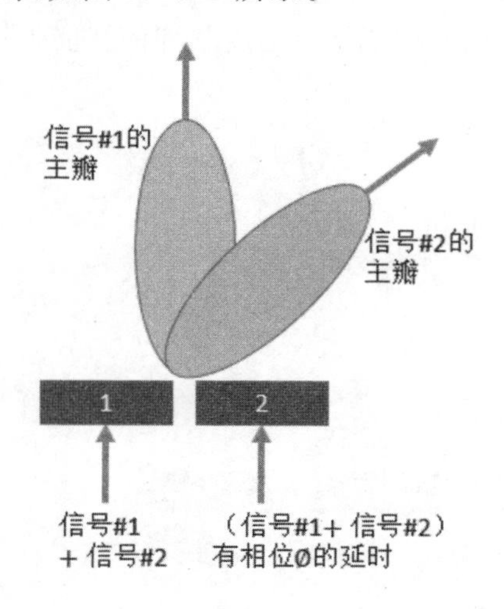

图 5.2.25　两个天线元素的射线

在图 5.2.25 中，两个天线元素或者多个天线元素在适当的延时后，相位的改变提供多个易改变位置的射线。

天线元素的射线具有不同的增益和相位时，对发射功率有影响，如图 5.2.26 所示。

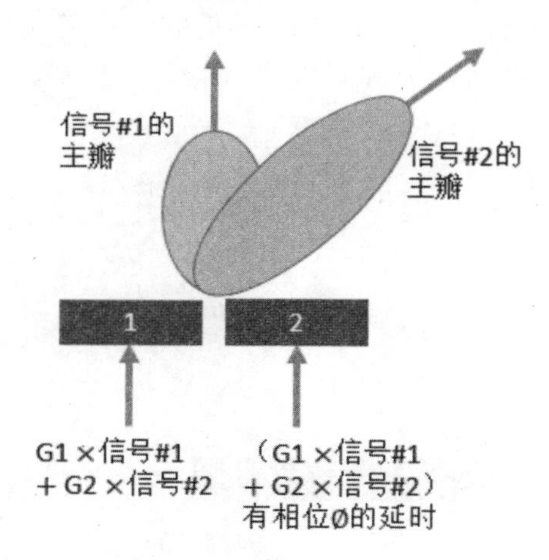

图 5.2.26　具有不同增益的天线元素的射线

在图 5.2.26 中，具有不同增益 G1 和 G2 的波束射线从天线发射给用户，可以提供给额外的功率较远处的用户信号 ♯2，减小对其他用户的干扰；可以提供最小的功率给附近的用户信号 ♯1。

自适应阵列智能天线的工作内容和信号的增益、相位都有关系。如图 5.2.27 所示。

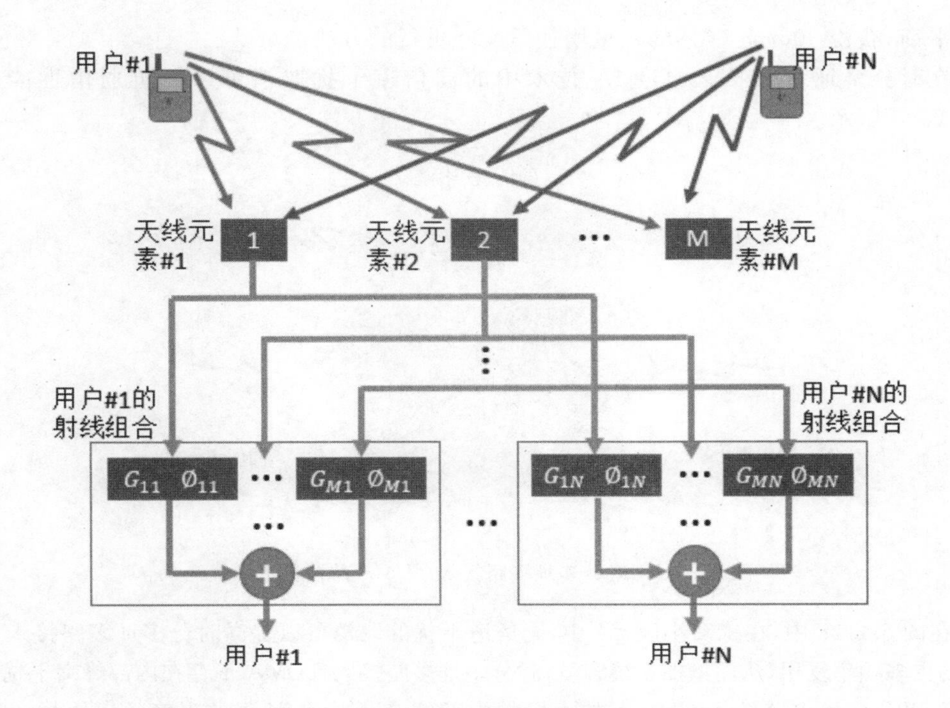

图 5.2.27　M个天线元素的自适应天线阵列

在图 5.2.27 中，天线元素有♯1 至♯M 个，用户有♯1 至♯N 个，用户射线组合有♯1 至♯N 个，增益 G_1 和相位 Φ_1 组合，…，增益 G_{11} 和 Φ_{11} 相位组合，…，持续调整为用户♯1 提供最优的信号干扰比值，同理其他用户♯N 也获得最优的信号干扰比值。目的是持续导向波束射线导航到单独用户获得期望的信号，同时使主要的干扰信号为零。但是自适应阵列天线的实现还有一些问题，例如成本高、设备复杂、需要和基站电路集成化、硬件升级，等等。

为了实现开环功率控制，需要给无线电信号波束射线导频。在码分多址多路接入 CDMA 技术中，移动通信设备终端利用收到的导频信号的强度和闭环功率控制一起帮助决定传输发送信号的功率，于是在 cdma2000 中使用“辅助的”导频信道指派给各个信号射线；在宽带码分多址多路接入 WCDMA 的导频比特位安置在各个信号当中。

5.2.9　干扰取消

典型的“干扰取消”所指的方法有 3 种，一是在接收端多路信号同时用户信号时，尽最大努力取消干扰；二是从总的接收信号中减去除了期望信号之外的其他所有的信号的方法；三是大部分干扰信号被削弱时，检测期望接收到的信号。一般采用多路用户检测、合作检测描述“干扰取消”的条件。这些技术都比较复杂，价格昂贵，因为一方面每一个信道都必须接收多路信号，而不是仅仅接收期望的信号；另一方面还需要处理多路其他信道的信号；第三方面会广延地交叉耦合其他信道；第四方面在移动通信设备终端比基站更难处理这些技术。在有限条件下，最接近理想的“干扰取消”方法就是使实际成本和获得技术优势平衡，获得 30%至 60%的容量增加是实际可行的方法。

在时分多址多路接入 TDMA 技术中的同信道干扰取消可以改善通信性能。如图 5.2.28 所示。

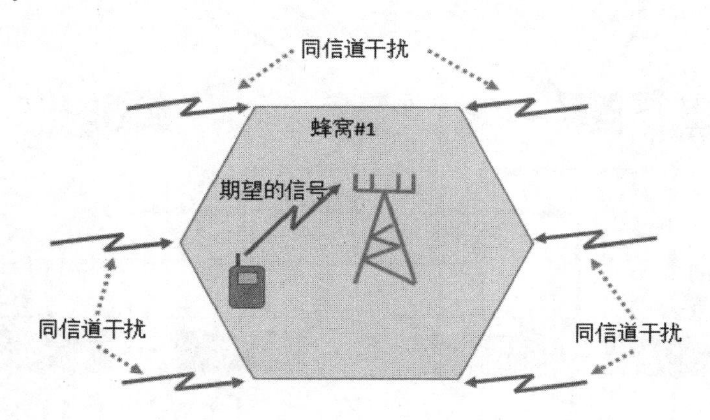

图 5.2.28　时分多址多路接入 TDMA 的同信道干扰

在图 5.2.28 中，在蜂窝小区 #1 中，同信道干扰的取消可以提高时分多址多路接入 TDMA 的更多频率复用，从而增加系统容量；时分多址多路接入 TDMA 不存在内部蜂窝干扰。

在码分多址多路接入 CDMA 技术中的内部蜂窝干扰取消可以改善通信性能。如图 5.2.1.29 所示。

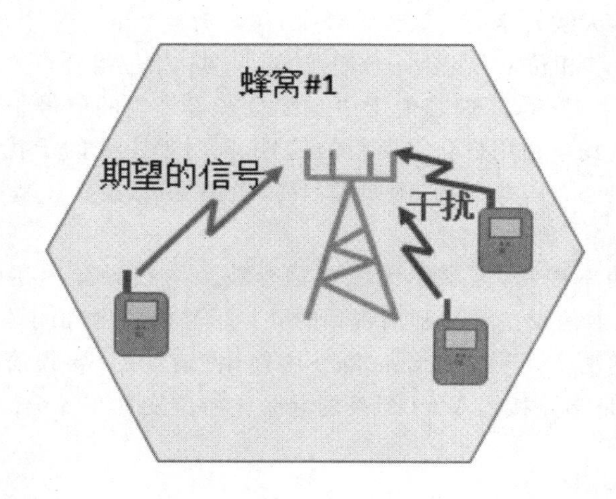

图 5.2.29　码分多址多路接入 CDMA 的同信道干扰

在图 5.2.29 中，在蜂窝小区 #1 中，内部蜂窝干扰限制了码分多址多路接入 CDMA 通信系统的容量，基站的干扰取消就是试图接收全部信号，然后减去干扰信号。

码分多址多路接入 CDMA 系统的蜂窝内部干扰常常被"其他蜂窝"干扰因素所替代，"其他蜂窝"干扰增加大约 60%的干扰给内部干扰，总干扰是 1.6 倍的内部干扰，而蜂窝内部干扰仅仅占用总干扰的 0.6/1.6=0.375。理想的码分多址多路接入 CDMA 系统的内部蜂窝干扰取消需要减少到因素为 1/0.375=2.7 的干扰，最大码分多址多路接入 CD-

MA 系统的容量在理想的内部干扰取消是 2.7 倍,实际上最接近理想状态的低成本干扰取消是获得 50%以上的增益。

在智能天线处理干扰可以改善通信性能。3 扇区的天线如图 5.2.30 所示。

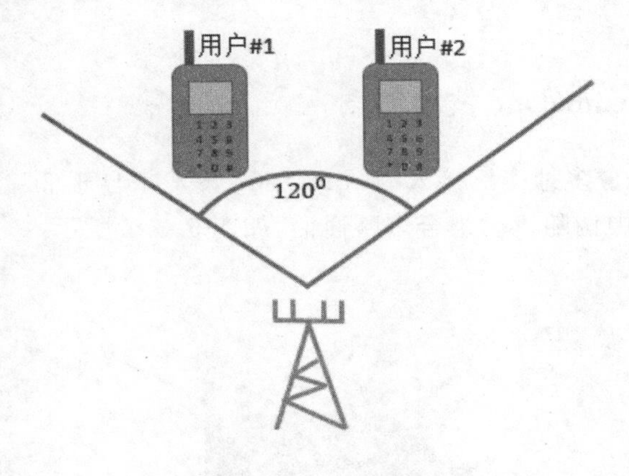

图 5.2.30　3 扇区天线

在图 5.2.30 中,在 3 扇区天线的覆盖范围内的用户＃1 和用户＃2 通话,用户＃1 是否可以收到用户＃1 期望的信号增益相等的用户＃2 的带干扰的信号,这由智能天线的自适应削弱干扰功能来实现,在自适应阵列天线的干扰取消可以改善通信性能。自适应阵列的智能天线削弱干扰如图 5.2.31 所示。

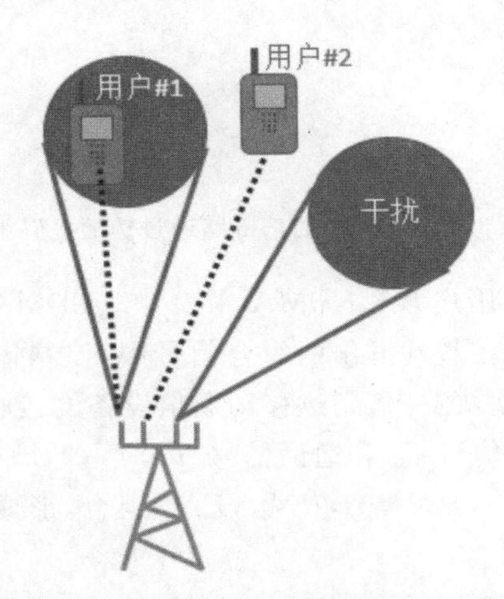

图 5.2.31　自适应阵列天线的干扰

在图 5.2.31 中,自适应阵列天线可以导航天线增益在干扰方向为零,同时导航主要波束射线到期望的信号上。用户＃1 和用户＃2 的信号是期望收到的信号,把用户＃1 和用户＃2 之外的干扰区域的天线增益调整为零,直接把主要波束射线导航到需要的信号。

5.3 3G cdma2000

5.3.1 2G 的 cdmaOne 技术特点

在 3G 技术中,码分多址多路接入的 cdma2000 技术来自于 2G 技术的 cdmaOne。在 2G 技术的 cdmaOne 中伪随机码组合多路通话,如图 5.3.1 所示。

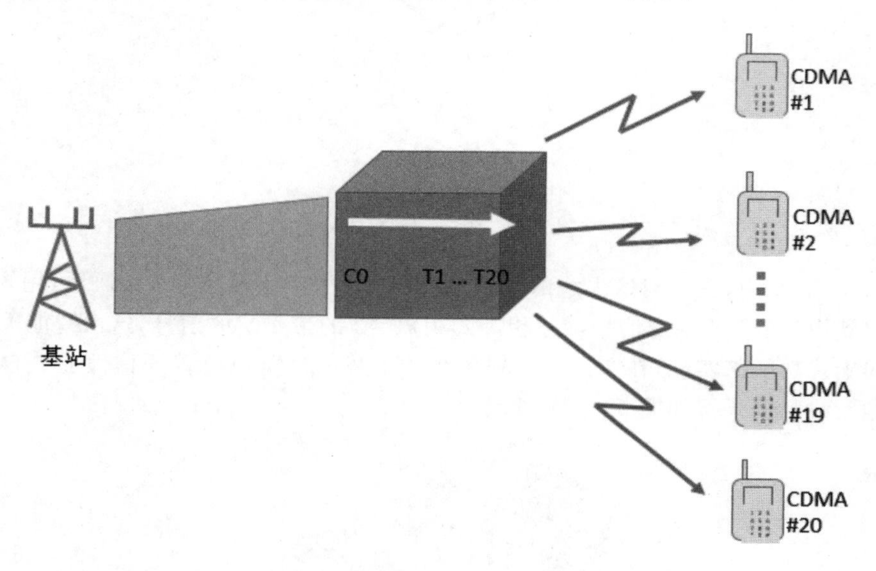

图 5.3.1 CDMA 通信链路通过伪随机码组合

在图 5.3.1 中, CDMA 用户 #1、CDMA 用户 #2、CDMA 用户 #3,……,CDMA 用户 #19,CDMA 用户 #20 都在基站发出的组合信号中,控制信号 C_0 和 20 路通话信号同时传输,伪随机码的组合从基站发出,到达移动通信设备的接收端。

在 CDMA 通话中,控制信号 C_0 和通话信号 $T_1, T_2, T_3, \cdots, T_{19}, T_{20}$ 被一个独特的伪随机噪声信号编码 $PN_1, PN_2, PN_3, \cdots, PN_{19}, PN_{20}$ 组合,形成基站传输的组合信号为式(5.2)所示:

$$信号 = C_0 \times PN_0 + T_1 \times PN_1 + T_2 \times PN_2 + \cdots + T_{20} \times PN_{20} \tag{5.2}$$

式中:控制信号 C_0 和伪噪声的 PN_0 组合,通话信号,$T_1, T_2, T_3, \cdots, T_{19}, T_{20}$ 和伪噪声信号编码 PN_1, PN_2, $PN_3, \cdots$, PN_{19}, PN_{20} 组合。

在同一个上行或者下行链路中,整个频率范围只有上行链路和下行链路两种。在接收端,CDMA 用户的移动通信设备收到基站发来的组合信号,以 CDMA 用户 #1 为例,CDMA 用户 #1 在基站发出的组合信号中,伪噪声系数 PN_1 被分配给 CDMA 用户 #1,于是 CDMA 用户 #1 先同步信号,然后乘以 PN_1,然后相加,从而提取出自己的信号。公式如下:

$$
\begin{aligned}
\overline{\text{信号}\times PN_1} &= \overline{(C_0\times PN_0+T_1\times PN_1+T_2\times PN_2+\cdots+T_{20}\times PN_{20})\times PN_1}\\
&= \overline{C_0\times PN_0\times PN_1}+\overline{T_1\times PN_1\times PN_1}+\overline{T_2\times PN_2\times PN_1}+\cdots\\
&\quad+\overline{T_{19}\times PN_{19}\times PN_1}+\overline{T_{20}\times PN_{20}\times PN_1}\\
&= \overline{T_1\times PN_1\times PN_1}
\end{aligned}
\tag{5.3}
$$

式中：伪噪声序列编码 PN_1，PN_2，PN_3，…，PN_{19}，PN_{20} 相互正交，所以 $\overline{PN_0\times PN_1}$，$\overline{PN_2\times PN_1}$，$\overline{PN_{19}\times PN_1}$，$\overline{PN_{20}\times PN_1}$ 都为0，只有 $\overline{PN_1\times PN_1}$ 被保留，因为 $\overline{PN_1\times PN_1}$ 是已知的数值，所以只有 T_1 被保留，实现了CDMA用户＃1只能听见自己这一路的通话，屏蔽了其余的19路通话的机制。这是码分多址多路接入CDMA技术的通信特点。

2G技术的码分多址多路接入CDMA技术是基于ANSI-95的cdmaOne，采用短码、长码和沃尔什码的不同组合应用在前向无线通信链路和反向无线通信链路。短码是32768比特位片的伪随机序列码，长码是4.4万亿比特位片的伪随机序列码，沃尔什码是64比特位片的码。在CDMA无线移动通信中，一个通话的随机编码是有一个由短伪随机二进制序列码、长伪随机二进制序列码和沃尔什伪随机二进制序列码三种码组合的独特的伪随机二进制序列码，具体如下：

$$(\text{短码})\oplus(\text{沃尔什码})\oplus(\text{长码})=\text{独特码} \tag{5.4}$$

式中：短伪随机二进制序列码和长伪随机二进制序列码进行数字电路的异或运算，然后再和沃尔什伪随机二进制序列码进行数字电路的异或运算，就得到这路通话的独特码。

短码在CDMA前向无线通信链路的功能主要在导频信道。如图5.3.2所示。

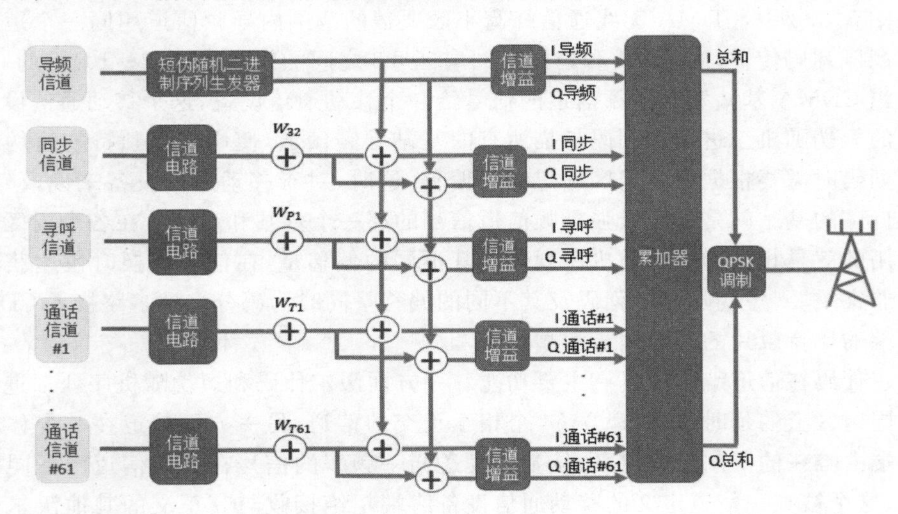

图5.3.2 CDMA移动通信基站发射端的结构

在图5.3.2中，CDMA基站传输站接收和发射1路导频信道、1路同步信道、1路寻呼信道、61路通话信道。导频信道传输由伪随机二进制序列发生器产生的I导频和Q导频信号，W_{32}、W_{P1}、W_{T1} 和 W_{T61} 是ANSI-95标准中使用的沃尔什码，同步信道、寻呼信道和通话信道＃1、……、通话信道＃61的信息需要和沃尔什码异或、和伪随机二进制序列码异或，经过信道增益得到I同步和Q同步、I寻呼和Q寻呼、I通话＃1和Q通话＃1、……、I 通话 # 61 和 Q 通话 # 61。然后经过累加器，在正交相移键控 QPSK 调制器调制之后，传输到天线，从天线把信道的信号传输到自由空间。

在 CDMA 基站传输的导频信道，使用同样的短序列码(伪随机二进制序列)，但是各个扇区短序列伪随机二进制码之间的间隔依次是 64 比特位的倍数关系，倍数的范围是 2～10，间隔 64 比特位也就是间隔 52μs。如图 5.3.3 所示。

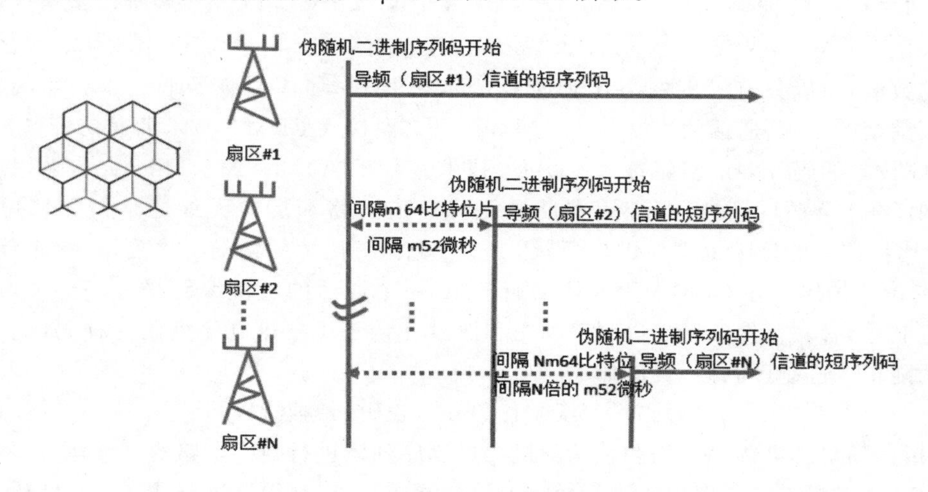

图 5.3.3　CDMA 基站导频信道

在图 5.3.3 中，CDMA 无线通信蜂窝小区覆盖的范围内导频信道用同一个短码伪随机二进制序列码传输，扇区 # 1 和扇区 # 2、扇区 # 3 之间的间隔是 m(2～10)倍的 64 比特位片。当 CDMA 基站发送导频信道的信号给一个移动通信设备，这个移动通信设备用自己独特的短伪随机二进制序列码扫描所有的基站导频信道，使用自己独特的短伪随机二进制序列码时需要根据所在扇区确定时间偏移，这时，对于移动通信设备来说，移动通信设备“自己”的基站就是发送最强导频信道信号的那一个基站和扇区。在各个扇区的导频信道使用的就是相同的短伪随机序列码及其不同的偏移量，在信号切换时快速获取导频信道码非常重要，短伪随机序列码及其不同的偏移量同时为码分多址多路接入 CDMA 系统接收端的比特位片的时间同步和相位参考。

沃尔什码在信道编码中具有主要功能。一方面沃尔什码和短伪随机序列二进制码及其在不同扇区上的延时组合，建立 64 个相互正交的信道，另一方面信道在一个移动通信设备终端由唯一的沃尔什码定义，从基站发送同一频率的信号在不同信道由不同沃尔什码定义，这个被唯一信道定义的移动通信设备终端拒绝接收与其正交的其他沃尔什码编码的信道的信号。于是通过沃尔什码编码实现用户信道的区分。信道 CDMA 前向无线通信载波上行链路和下行链路都是多路信道。“前向”意味着基站传输到个人移动通信设备，有 64 个信道，用 64 个沃尔什码区别；控制信道包括导频信道、同步信道、寻呼信道 1 至 7 个；通话信道用于语音或数据通话，是除了控制信道之外的其余信道。64 个沃尔什码在蜂窝小区的每一个扇区都允许 64 个信道的传输，在扇区的 1.25MH 射频载波上，这 64 个信道是由 64 个不同的沃尔什码和扇区的导频信道的短伪随机二进制序列码及其时间偏移组合而成。如图 5.3.4 所示。

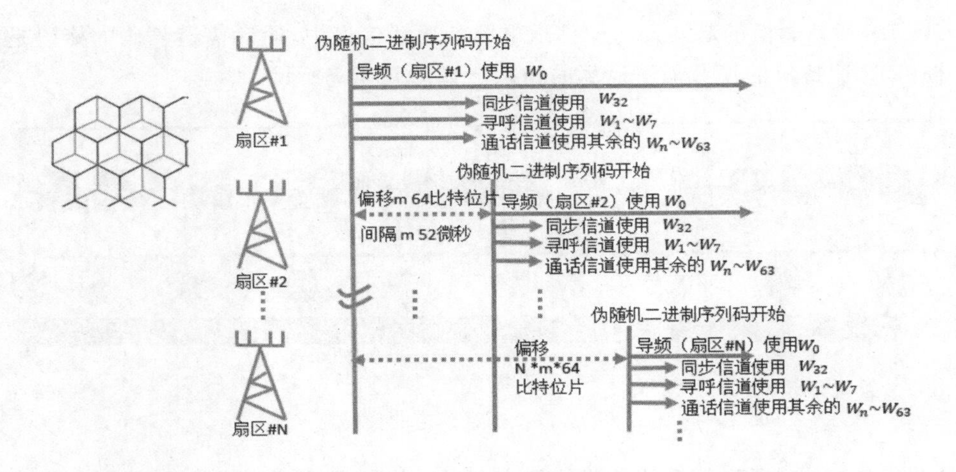

图 5.3.4　扇区里 64 个沃尔什码编码的 64 个信道

在图 5.3.4 中，蜂窝小区的各个扇区的基站传输的信号都有 64 个信道，各个扇区的导频的短伪随机二进制序列码和 64 个沃尔什码组合成为自己独特的 64 个信道，在整个蜂窝小区的扇区内，有 N 个扇区，就有 64N 个信道。对于各个扇区自己的 64 个信道通过 64 个不同沃尔什码和扇区自己的导频信号的短伪随机序列码及其偏移量来创建。

根据 ANSI-95 标准的要求，长码在 CDMA 移动通信基站发射端的信道电路进行前向链路的加扰和功率控制，加扰使用长码加密，一个用户有一个被修改过的独特的加扰长码，长码的长度是 $2^{42}-1$；功率控制是调整移动通信设备终端的信号功率，采用自适应功率控制，减轻因为距离远近造成的信号功率不均匀问题。加扰是对长码的加扰，私密性和安全性的加强都依靠一个被修改过的独特的加扰长码分配给一个用户来实现，采用的方式有 2 种：一种是移动通信设备终端的电子序列号码置换的公共长码掩码；另一种是利用“蜂窝身份验证和语音加密”的密码学算法的个人长码掩码，这是在美国数字蜂窝和个人通信系统标准中特定使用，“蜂窝身份验证和语音加密”由国际武器管制交通和出口管制共同控制，使用共享秘密数据的 64 位 A 做身份验证、共享秘密数据的 64 位 B 做语音隐私和信息加密处理。

在 CDMA 移动通信的基站发射器信道电路中，长码发生器产生长码。长码的长度是 4.41 万亿比特位，持续 41.4 天，然后重复，传输速率是 1 秒传输 1.2288 兆比特位片。根据 ANSI-95 的规定，长码发生器如图 5.3.5 所示。

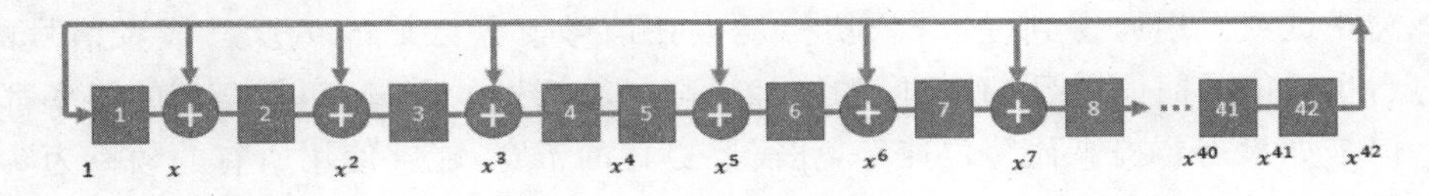

图 5.3.5　CDMA 移动通信基站信道电路的长码发生器

在图 5.3.5 中，42 个触发器在异或运算和反馈信号的共同作用中生成 4.4 万亿个比特位码。

CDMA 移动通信的基站发射器信道电路的通话信道中，通话信道长码的掩码是长码发生器和 42 比特位的模 2 加法运算的结果。如图 5.3.6 所示。

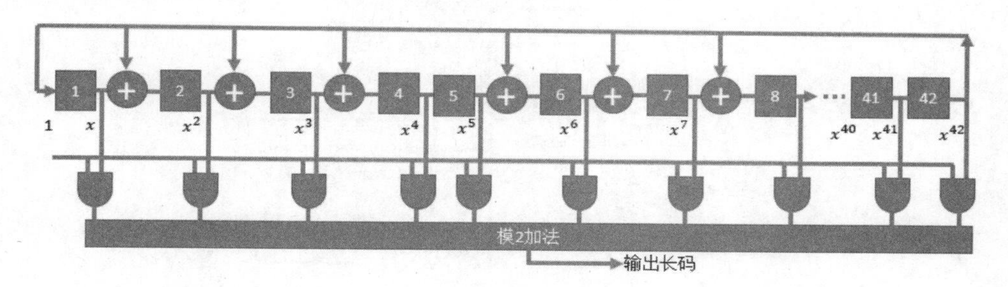

图 5.3.6　通话信道的长码

在图 5.3.6 中，通话信道的长码是基本长码被修改之后的长码掩码，通话信道的长码掩码是独特的“公共”或“私密”长码掩码，总长度是 42 位。公共长码掩码是移动通信设备终端的 32 位电子序列号码的简单置换，私密长码掩码使用“蜂窝认证和语音加密算法”的加密算法和“共享秘密数据”。生成犬码的 FPGA 代码参考 4.3 节。

CDMA 移动通信基站信道电路发射器的子信道功率控制主要是移动通信设备终端的自适应功率控制，根据移动通信设备终端的信号在基站测量得到的信号强度，以及开环功率控制机能的调整，通知移动通信设备终端提高或者降低 1dB，也就是大约 26%的功率。采用以 800b/s 的速率，每隔 1.25ms 发送一次功率控制位的 1 个比特位的方式，替换 2 个卷积码的符号，被称为“符号碎片”。使用长码时，哪 2 位比特位的符号被替换是被明确定义为随机进行。

5.3.2　介绍 3G 的 cdma2000

码分多址多路接入 cdma2000 属于宽带通信。码分多址多路接入 CDMA 技术既然具备较宽的带宽，就可以实现一些特殊功能，一是灵活的比特位高速率传输服务，并且动态地支持大范围的、小步进的比特位从低到高的传输速率；同时支持多路不同比特位速率传输的、同时接入的用户的服务；支持接近最优容量的带宽分享，这是由于容量仅仅在每个用户都产生干扰时被消耗，这些干扰可以在随机、扩频后平均分布、并被严格地控制功率；二是对多路的移动通信设备终端通信的传统优势能够被瑞克接收机实现，瑞克接收机可以从 3 路或 3 路以上更多路径获得多样性的信号；三是软切换的功能通过增加额外的多个蜂窝小区或者扇区得到提高，软切换发生在信号覆盖区域的“边缘”或者信号的“漏洞”盲点，也可能是时间的延期，扇区的增加提高了软切换的质量；四是全部的频率都实现复用。但是如果需要提高比特位速率，就需要更宽的带宽，能够使用所有的频率为实现高速通信提供条件。

码分多址多路接入 cdma2000 技术的宽带选择是 1.25MHz 的多路接入，如图 5.3.7 所示。

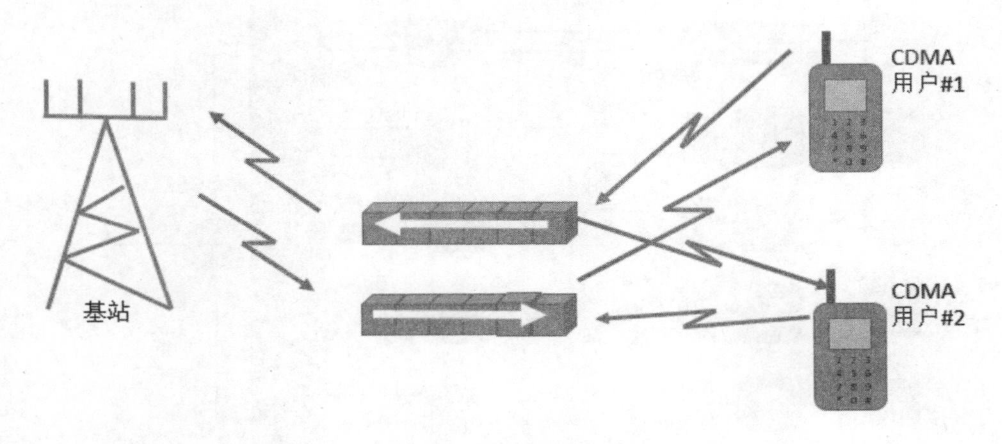

图5.3.7 3G服务的通信链路

在图5.3.7中，用户＃1、用户＃2、用户＃3、……、用户＃N的通话都可以同时在给定的带宽内实现。带宽的选择可以有1.25MHz、3.75MHz、7.5MHz、11.25MHz、15MHz，最小带宽包含指派频谱的每个边缘的1.25/2MHz的保护带宽，所以最小带宽需要2.5MHz、5MHz、8.75MHz、12.5MHz、16.25MHz。

全球3G不同模式的标准是IMT-2000标准。IMT-2000标准有：IMT-DS(直接扩频)，也称为宽带码分多址接入技术W-CDMA的频分双工；IMT-MC(多路载波)，也称为cdma2000多路载波；IMT-TC(时分码址)，也称为宽带码分多址接入W-CDMA时分双工，与中国时分同步的码分多址接入TD-SCDMA技术不同；IMT-SC(单独载波)，也称为通用无线通信UWC-136时分多址接入技术；INT-FT(频分复用)，也称为数字增强型无绳电信(用于小蜂窝小区和行人速度，不是车辆速度)。

5.3.3 前向无线通信链路载波

3G码分多址多路接入cdma2000的前向无线通信链路载波包括：一是导频信道、同步信道、寻呼信道、基础通话信道。二是补充信道，包含数据包模式信道、结构和数据速率选项。三是多路载波和直接扩频选项。

1. 导频信道、同步信道、寻呼信道、基础信道

码分多址多路接入cdma2000的“前向”无线通信链路和“反向”无线通信链路支持许多信道。其中，导频信道、同步信道、寻呼信道、基础通话信道与cdmaOne的功能相同，补充信道是更高传输速率的信道，用于传输数据和多媒体等。码分多址多路接入cdma2000的基站传输器的结构，如图5.3.8所示。

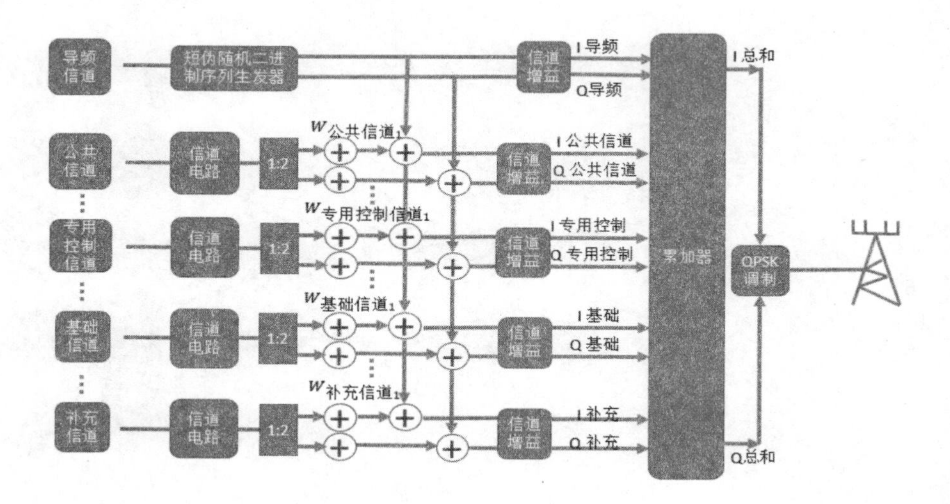

图 5.3.8　码分多址多路接入 cdma2000 基站传输器的结构

在图 5.3.8 中，码分多址多路接入 cdma2000 基站传输器包括导频信道、公共信道、基础信道和补充信道。其中用到 256 个或者 256 个以上沃尔什码，支持 256 个或者 256 个以上信道。在蜂窝小区的一个扇区内，沃尔什码使用短伪随机序列码及其偏移创建多个“正交”信道，正交信道在接收端很容易挑选出来。一个扇区内的信道分布如图 5.3.9 所示。

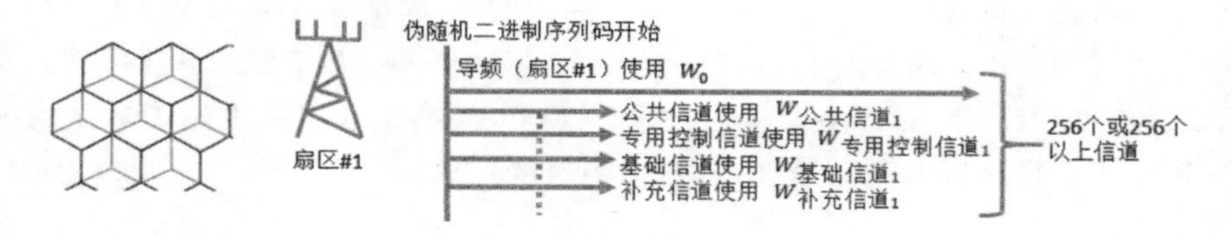

图 5.3.9　码分多址多路接入 cdma2000 蜂窝小区的信道

在图 5.3.9 中，码分多址多路接入 cdma2000 蜂窝小区的一个扇区包含 256 个或者 256 个以上信道。码分多址多路接入 CDMA 移动通信基站信道电路的沃尔什码可以采用递归式过程产生，也就是数学上的阿达玛矩阵，如图 5.3.10 所示。

$$H_2 = \begin{matrix} 0 & 0 \\ 0 & 1 \end{matrix} \qquad H_4 = \begin{matrix} 0 & 0 & 0 & 0 \\ 0 & 1 & 0 & 1 \\ 0 & 0 & 1 & 1 \\ 0 & 1 & 1 & 0 \end{matrix}$$

图 5.3.10　CDMA 移动通信基站信道电路的沃尔什码矩阵

在图 5.3.10 中，$H_1=0$，递归推导得到 2×2 阶矩阵 H_2、4×4 阶矩阵 H_4 和更多沃尔什码的 H_8。例如，H_4 是由(W_0，W_1，W_2，W_3)组成的 4×4 阶矩阵，如果“0”用“+1”表示，“1”用“−1”表示，任何两行相乘再相加的结果都符合下列正交规则。

$$\sum(W_i \times W_j) = \begin{cases} A\ 常数, & 当且仅当\ i=j, \\ 0, & 当且仅当\ i \neq j \end{cases} \tag{5.5}$$

式中：当 $i=j$ 时，累加2行的乘积，得到的是常数，当 $i\neq j$ 时，累加2行的乘积，得到的是0。此时，4×4阶矩阵 H_4 和沃尔什码的关系如图5.3.11所示。

$$H_4 = \begin{bmatrix} 0 & 0 & 0 & 0 \\ 0 & 1 & 0 & 1 \\ 0 & 0 & 1 & 1 \\ 0 & 1 & 1 & 0 \end{bmatrix} = \begin{bmatrix} W_0 \\ W_1 \\ W_2 \\ W_3 \end{bmatrix}$$

图5.3.11　沃尔什码的4×4阶矩阵

在图5.3.11中，4×4阶矩阵 H_4 是包含4个沃尔什码 W_0，W_1，W_2，W_3 的矩阵。4列沃尔什码符合正交规则。当且仅当i=j时，两行相乘，再相加，结果是常数，符合正交规则。同理 H_8，H_{16}，H_{32}，H_{64} 矩阵的沃尔什码也符合正交规则，因此产生沃尔什码64个信道的码相互正交。根据ANSI-95的规定，64沃尔什码的排列符合正交规则。如果用"+1"代替"0"，用"−1"代替"1"，任何两行相乘，再相加，结果都完全符合正交原则，即当且仅当 $i=j$ 时，结果为常数，其余情况的结果都为0。于是，在码分多址cdma2000接收端就可以根据这个正交原则，找出需要的信道。

码分多址cdma2000的3.75MHz射频载波使用256个信道，更宽带宽的射频载波使用更多沃尔什码建立更多的信道。

2. 补充信道

码分多址多路接入cdma2000的"前向"无线通信链路和"反向"无线通信链路支持许多信道。其中，补充信道是更高传输速率的信道，用于传输数据和多媒体等。在通信过程中，补充信道需要辅助信道，补充信道的作用和基础信道不同，如图5.3.12所示。

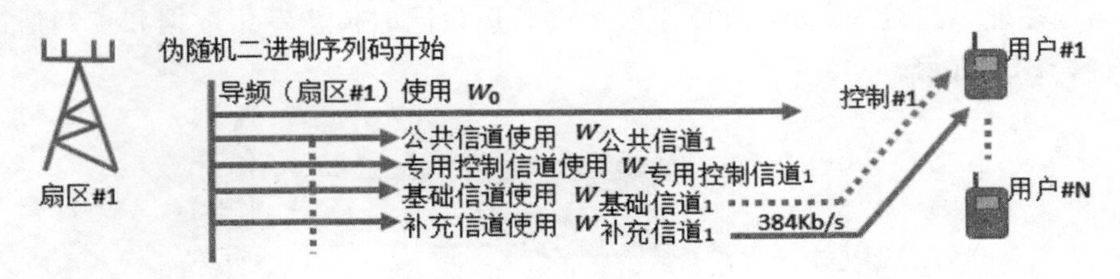

图5.3.12　补充信道的功能

在图5.3.12中，用户#1通信时需要基础信道，也需要补充信道传输384Kb/s的信息。专用控制信道有时代替、或者同时和基础信道一起用于改进的数据包媒体接入控制。基础信道和专用控制信道总是需要存在，用于在基站维护持续的信号；保证进行精确的功率测量；用于快速地移动通信设备终端的功率控制；用做突发数据的补充信道。

码分多址多路接入CDMA数据包容量可以通过3种方式共享：一是个人专用数据信道重新按次序分配的方式，在中等容量和大量数据中，使用协议中网络层3层通话控制和无线电资源控制信息重新分配；二是多路专用数据信道同时分配给多个用户，在中等容量和大量数据中，使用协议中网络层3层通话控制和无线电资源控制信息重新分配；三是公共信道在小量或不经常使用的数据包和控制信息共享信道，使用上行无线通信链路的随机接入信道、下行无线通信链路的码分多址多路接入 cdma2000 寻呼信道、下行无线通信链路的宽带码分多址多路接入 W-CDMA 寻呼信道。

专用数据和控制信道在码分多址多路接入 cdma2000 系统中的连续数据传输，如图 5.3.13所示。

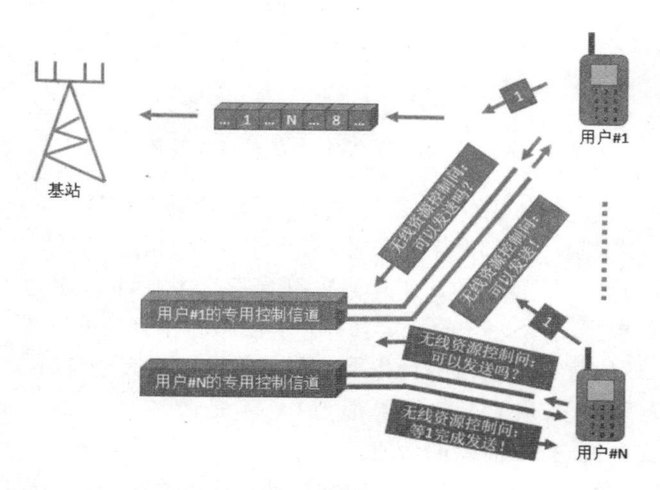

图 5.3.13　专用数据和控制信道的连续传输

在图 5.3.13 中，专用数据和控制信道在上行无线通信链路中的信号传输，按照用户＃1 传输、用户＃N 等待，用户＃1 完成后、用户＃N 传输的顺序连续传输数据。上行随机接入信道和下行码分多址多路接入 cdma2000 的寻呼信道作为这些专业数据和控制信道的指派信道。

在码分多址多路接入 cdma2000 系统中多路用户同时传输专用数据和控制信道的链路，如图 5.3.14 所示。

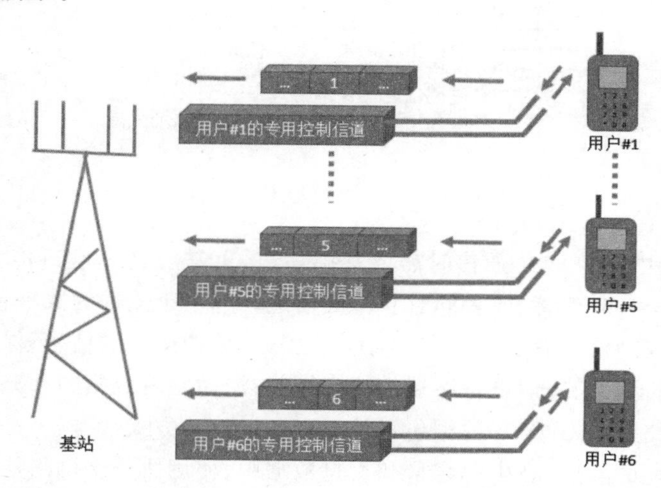

图 5.3.14　码分多址多路接入 cdma2000 系统同时传输数据

在图5.3.14中，专用数据和控制信道在上行无线通信链路中的信号传输，用户＃1、用户＃2、……、同时传输数据。上行随机接入信道和下行码分多址多路接入cdma2000的寻呼信道作为这些专业数据和控制信道的指派信道。

码分多址多路接入cdma2000系统中多个用户共同承担总干扰，如图5.3.15所示。

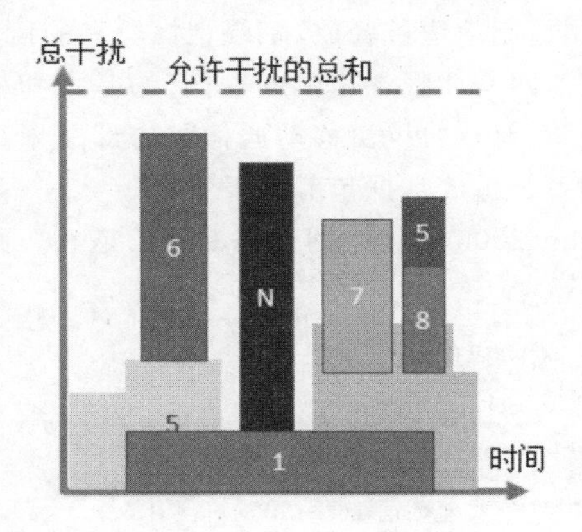

图5.3.15 频带上的总干扰

在图5.3.15中，干扰在用户通话时就开始存在，随着时间的推移，通话用户的增减，总干扰在变化，但是一直都是通话用户在分担总干扰。

码分多址多路接入cdma2000系统中的信道和干扰都是多路用户共同承担的，如图5.3.16所示。

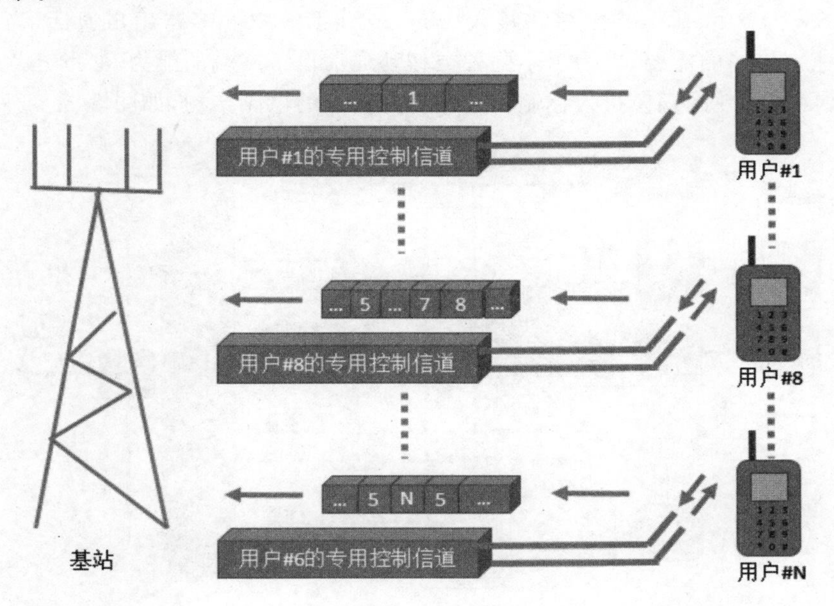

图5.3.16 码分多址多路接入cdma2000系统的信道和干扰

在图5.3.16中，多路用户的信号在信道中传输，相互之间的干扰在多路用户中分担。

根据电信工业协会/电子工业协会的标准 TIA/EIA IS-2000 的规定，码分多址多路接入 cdma2000 系统中的专用无线信道在数据包有不同的工作模式：一是有效工作模式，高速数据传输信道开通，专用控制信道开通，无线资源控制开通；二是控制保持工作模式，高速数据传输信道关闭，专用控制信道开通，无线资源控制开通；三是中止工作模式，高速数据传输信道被释放，专用控制信道被释放，系统记忆所有的信息准备重新进入有效工作模式，维护智能有效的状态；四是休眠工作模式，所有的基站和移动通信切换中心资源及其记忆存贮单元都被释放，点对点协议由移动通信和内部往来功能或者数据包服务节点维护；五是空闲工作模式，系统释放数据包节点服务。

码分多址多路接入 cdma2000 系统中的多路专用信道在多路用户通话时需要建立补充信道。如图 5.3.17 所示。

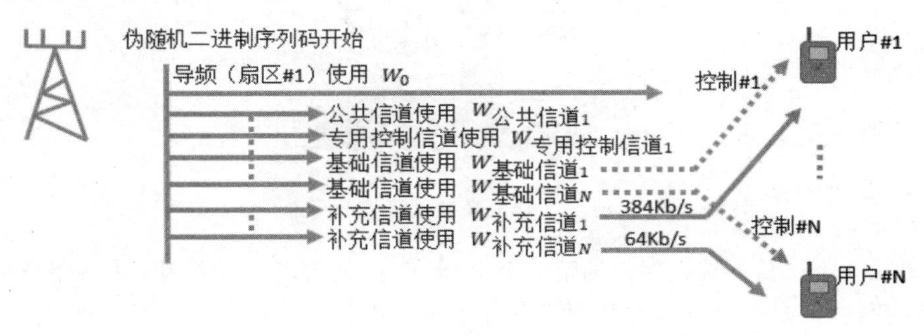

图 5.3.17　多路专用信道的补充信道

在图 5.3.17 中，码分多址多路接入 cdma2000 系统中的多路用户通话，为了实现不同比特位速率传输的需要，也为了不同种类移动通信设备终端的能力，必须建立专用补充信道，实现更加有效的媒体接入控制。这些补充信道的电路结构，如图 5.3.18 所示。

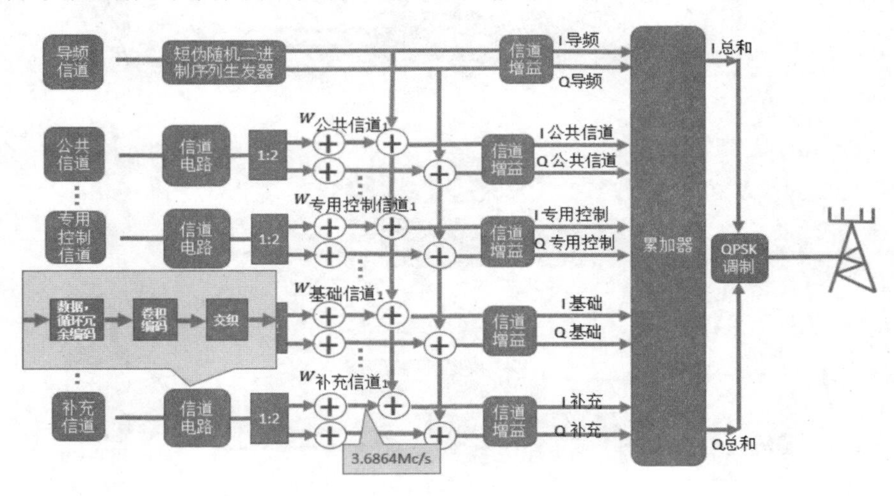

图 5.3.18　cdma2000 系统中补充信道的结构

在图 5.3.18 中，码分多址多路接入 cdma2000 系统中补充信道的信道电路需要完成数据的循环冗余编码、卷积编码和交织，然后分成两路信号和沃尔什码的补充信道编码异或,成为速率是 3.684Mc/s 的数据,进入信道增益电路,然后经过累加器和正交相移键控调制器,从天线发射到自由空间。在实际应用中,单独的信道电路板或者模块可以支持多路信道。

多路用户的多路信道传输数据速率有不同选择,不同用户数据速率是可以实现的,首先是在卷积编码时具备可变的冗余数量,如果冗余数量减小,在给定信道带宽的情况中,各个信道都可以支持更多的用户比特位,但是此时信道允许的误码减少,造成工作的信道数量会减少;其次比特位片的数量是可以变化的,如果比特位片数量减小,在给定信道带宽的情况中,各个信道都可以传输更多用户的信号,但是因为处理增益减少了,信道允许的干扰减少,造成同时工作的信道数量会减少。

当数据速率为 9.6Kb/s 进入补充信道的信道电路,经过循环冗余编码,20ms 传输 192 位比特位,在卷积编码使用 1/3 编码速率,成为 20ms 传输 576 位比特位的信号,如图 5.3.19 所示。

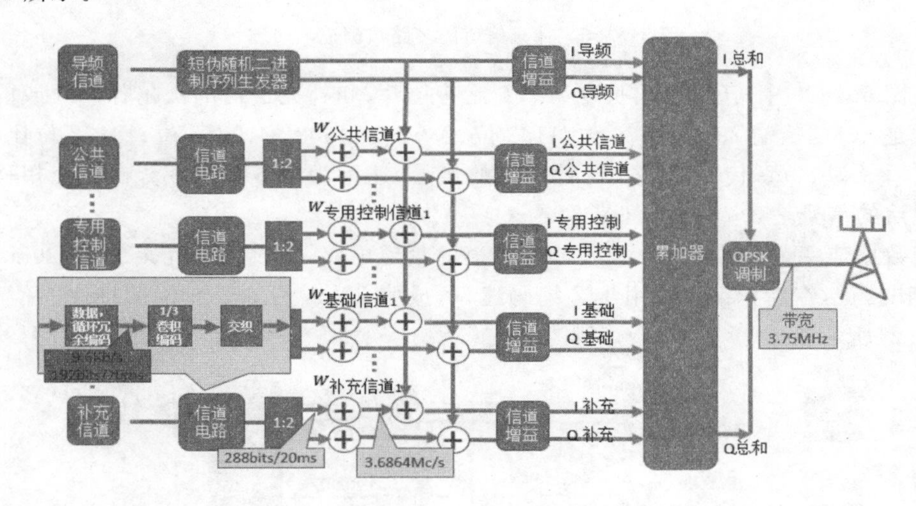

图 5.3.19　补充信道速率开始为 9.6Kb/s

在图 5.3.19 中,沃尔什码长度为 256 比特位片,和补充信道的沃尔什码异或的信号比特位是 20ms 传输 288 位比特位,异或之后成为 20ms 传输 73728 比特位片的信号,速率为 3.6864Mc/s,在正交相移键控调制之后的信号是 3.75MHz 的带宽。

当数据速率为 9.6Kb/s、19.2Kb/s、38.4Kb/s、76.8Kb/s、153.6Kb/s、307.2Kb/s、614.4Kb/s 的多路数据进入补充信道的信道电路,经过循环冗余编码,20ms 传输 192 位比特位,在卷积编码使用 1/3 编码速率,成为 20ms 传输 576 位、1152 位、2304 位、4608 位、9216 位、18432 位、36864 位比特位的信号,如图 5.3.20 所示。

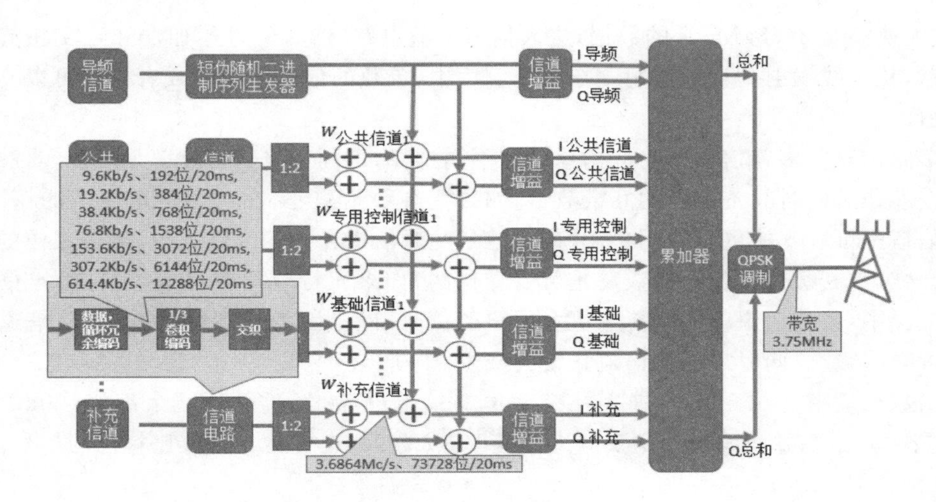

图 5.3.20　补充信道的多路数据速率传输

在图 5.3.20 中,沃尔什码长度为 256 比特位片,和补充信道的沃尔什码异或的信号比特位是 20ms 传输 288 位、576 位、1152 位、2304 位、4608 位、9216 位、18432 位比特位,异或之后成为 20ms 传输 73728 比特位片的信号,速率为 3.6864Mc/s,在正交相移键控调制之后的信号是 3.75MHz 的带宽。

当数据速率为 14.4Kb/s 进入补充信道的信道电路,经过循环冗余编码,20ms 传输 288 位比特位,在卷积编码使用 1/2 编码速率,成为 20ms 传输 576 位比特位的信号,如图 5.3.21所示。

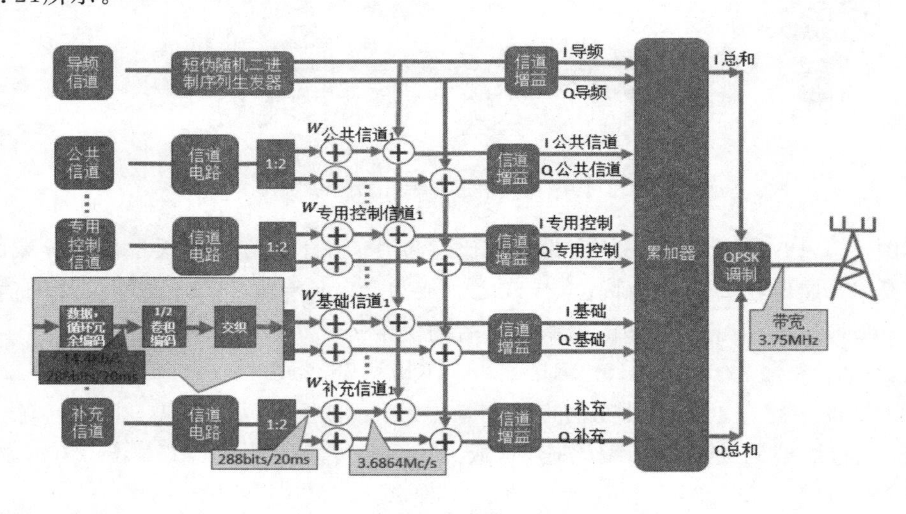

图 5.3.21　补充信道速率开始为 14.4Kb/s

在图 5.3.21 中,沃尔什码长度为 256 比特位片,和补充信道的沃尔什码异或的信号比特位是 20ms 传输 576 位比特位,异或之后成为 20ms 传输 73728 比特位片的信号,速率为 3.6864Mc/s,在正交相移键控调制之后的信号是 3.75MHz 的带宽。

当数据速率为 14.4Kb/s、28.8Kb/s、57.6Kb/s、115.2Kb/s、230.4Kb/s、460.8Kb/s、912.6Kb/s、1036.8Kb/s 的多路数据进入补充信道的信道电路，经过循环冗余编码，20ms 传输 288 位、576 位、1152 位、2304 位、4608 位、9216 位、18432 位、20736 位比特位，在卷积编码使用 1/2 编码速率，成为 20ms 传输 576 位、1152 位、2304 位、4608 位、9216 位、18432 位、36864 位比特位的信号，如图 5.3.22 所示。

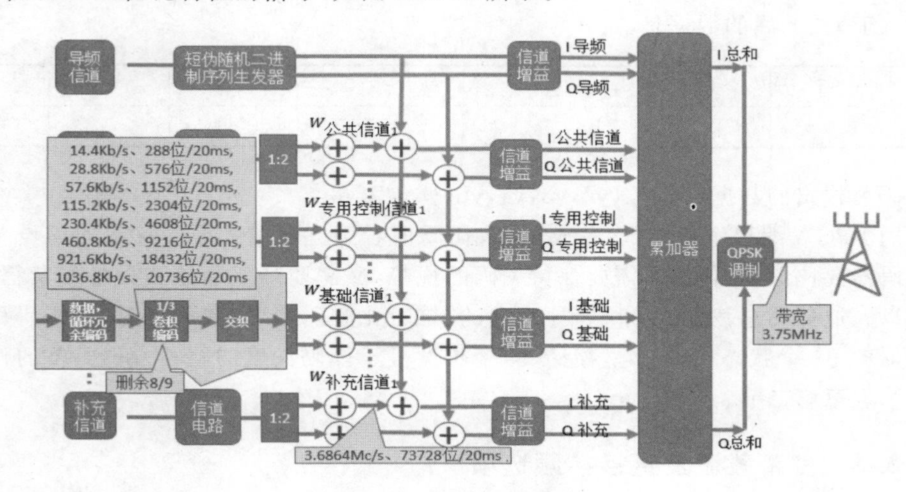

图 5.3.22　补充信道的多路数据速率传输

在图 5.3.22 中，对于速率为 1036.8Kb/s 的数据传输，在 1/2 卷积编码需要采用删余 8/9 的操作，在和沃尔什码异或时成为 20ms 传输 18432 位比特位的信号。沃尔什码长度为 256 比特位片、128 比特位片、64 比特位片、32 比特位片、16 比特位片、8 比特位片、4 比特位片、4 比特位片，和补充信道的沃尔什码异或的信号比特位是 20ms 传输 288 位、576 位、1152 位、2304 位、4608 位、9216 位、18432 位、18432 位比特位，异或之后成为 20ms 传输 73728 比特位片的信号，速率为 3.6864Mc/s，在正交相移键控调制之后的信号是 3.75MHz 的带宽。

无线通信基带信号处理中，为了提高传输效率，在卷积编码后一般要进行删余操作，即周期性地删除一些相对不重要的数据比特，因而引入了删余操作的卷积编码也称作删余卷积码。在编码进行了删余操作后，需要在译码时进行 depuncture，即在译码之前删余比特位置加以填充。在 IEEE 802.11a 协议中规定卷积编码使用的生成多项式 $g_0 = 133$(8 进制)和 $g_1 = 171$(8 进制)，码率为 1/2，在符号 Signal 域的卷积编码是 1/2 速率，而数据 Data 域的卷积编码可以根据不同的速率需要进行删余，删余规则选用的是 3/4 速率，输入 9 个编码比特位的数据，删去其中 3 个，删余后的数据被发送和接收，删余的过程详细说明如下：

源数据：x0，x1，x2，x3，x4，x5，x6，x7，x8

编码后：

A0	A1	A2	A3	A4	A5	A6	A7	A8
B0	B1	B2	B3	B4	B5	B6	B7	B8

其中,A 和 B 对齐,有下划线的是被丢弃的数据。

比特丢弃后的数据是:A0,B0,A1,B2,A3,B3,A4,B5,A6,B6,A7,B8

插入亚元“0”后的数据是:

A0	A1	0	A3	A4	0	A6	A7	0
B0	0	B2	B3	0	B5	B6	0	B8

解码后输出的数据:y0,y1,y2,y3,y4,y5,y6,y7,y8

采用 FPGA 编程生成卷积,完成删余,代码请看第五章第二节。移动通信设备接收端的解码器要比编码器复杂,需要保持编码的优势,又需要降低电路和设备复杂程度,通常使用以高通公司总裁安德鲁维特比命名的“维特比解码器”。在解码时,卷积码移位状态寄存器有 64 个状态,RAM 里存储 64 个长度等于译码深度的路径。FPGA 的代码代码请看第五章第二节。

5.3.3 多路载波及直接扩频选项

码分多址多路接入 cdma2000 系统的语音、数据速率输入是 9.6Kb/s 或者 14.4Kb/s,在无线通信基站天线发射的信号是 3.75MHz,占用频谱是 5MHz,如图 5.3.23 所示。

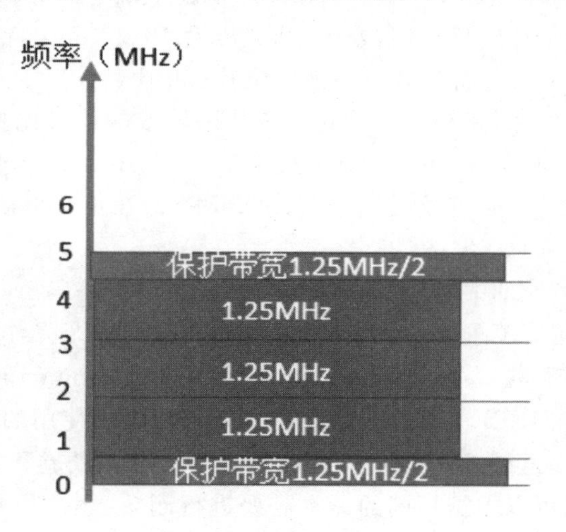

图 5.3.23 多路载波的直接扩频

在图 5.3.23 中,载波最小频谱是 5MHz,允许 2 个保护带宽的存在。在前向无线通信链路的基站发射器中可以看出信号频率的变化。如图 5.3.24 所示。

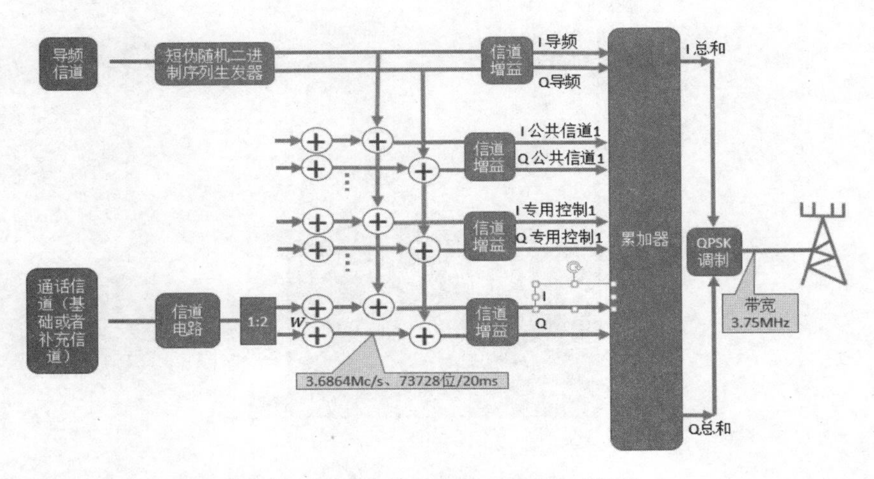

图 5.3.24　直接扩频的 3.75MHz 带宽

在图 5.3.24 中，通话信道包括基础信道和补充信道，经过沃尔什码异或的信道编码，成为 3.6864Mc/s 比特位片，需要 3.75MHz 的带宽。多路载波的 3.75MHz 带宽，如图 5.3.25 所示。

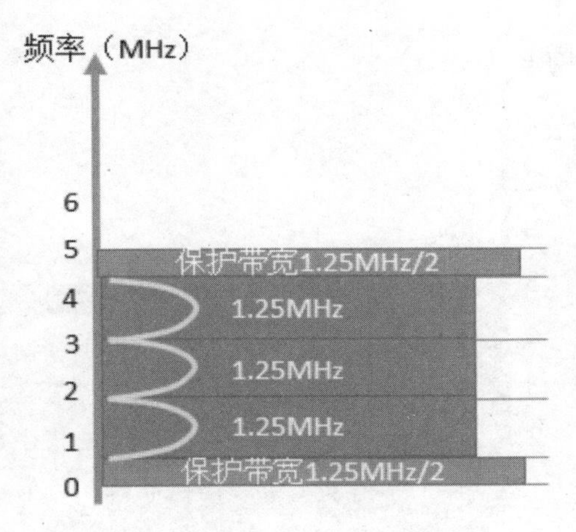

图 5.3.25　多路载波的频谱

在图 5.3.25 中，聚集 3 个 1.25MHz 射频载波成为 3.75MHz 带宽，相当于 3 个直接扩频的载波经过正交相移键控之后累加，然后从基站天线发送到自由空间。

多路载波非常重要，多路载波允许 3G 移动通信设备终端的频谱或者频率覆盖和 2G 移动通信设备终端在相同频率上同时存在，服务运营商利用有限的频谱获得进化的功能，因此多路载波是 cdma2000 在全球 3G 标准的工作模式。在仅仅 5MHz 的指定频谱只有 1 个射频载波 1.25MHz 的 2G 设备 cdmaOne 技术，无法提供空间给 3 倍的射频载波，如图 5.3.26 所示。

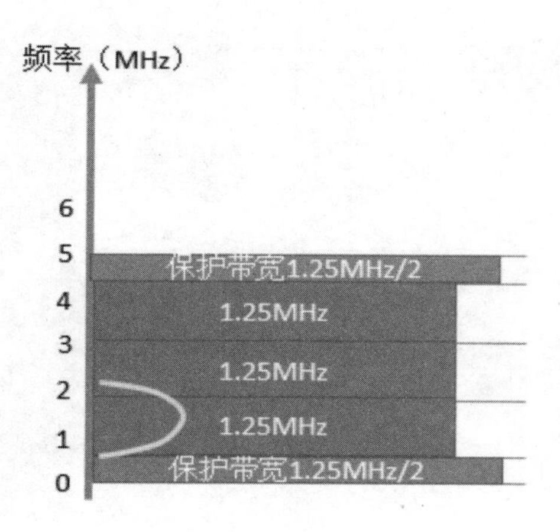

图 5.3.26　2G 技术的载波频谱

在图 5.3.26 中，黄色的是 2G 技术的码分多址多路接入 cdmaOne 技术的 1 个射频载波分布，如果想把 3 个 1.25MHz 的射频载波指定在 5MHz 带宽的频带内，只有一个办法，就是使用多路载波。多路载波在频谱中的功率分布，如图 5.3.27 所示。

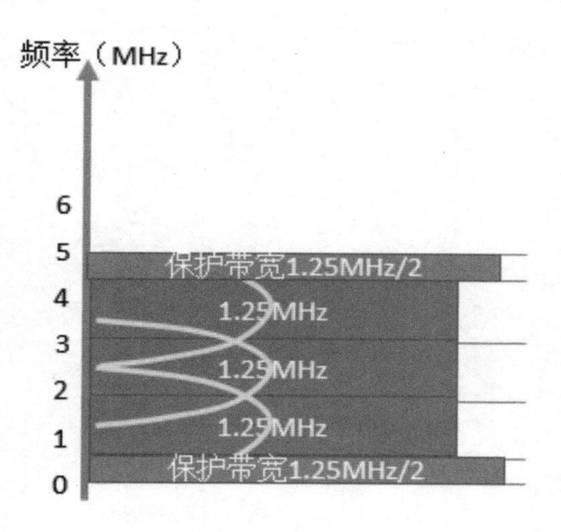

图 5.3.27　多路载波 3G 技术的功率分布

在图 5.3.27 中，使用 3G 技术把 3 个 1.25MHz 的射频载波指定在 5MHz 带宽的频带内，功率分布可以扩展。

5.3.4　反向无线通信链路载波

使用 3G 技术的码分多址多路接入 cdma2000 的反向无线通信链路是上行通信链路的射频载波，共有 4 个信道，用来实现前向功率控制。

1. 码分多址多路接入 cdma2000 的反向无线通信链路的4个信道

在码分多址多路接入 cdma2000 的反向无线通信链路的1个射频载波是1.25MHz，一次通话只有使用1个信道。如图5.3.28所示。

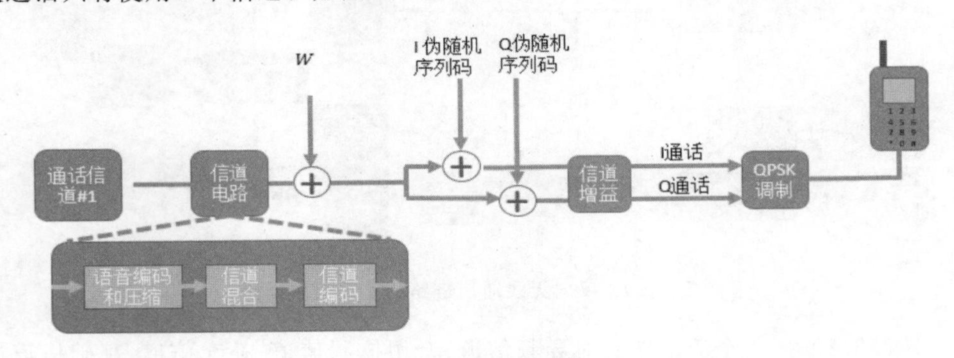

图5.3.28 反向无线通信链路的载波

在图5.3.28中，在通话期间是通话信道工作，在响铃和信息传输期间是接入信道工作。

码分多址多路接入 cdma2000 的反向无线通信链路在数据传输时，共有4个信道同时工作。如图5.3.29所示。

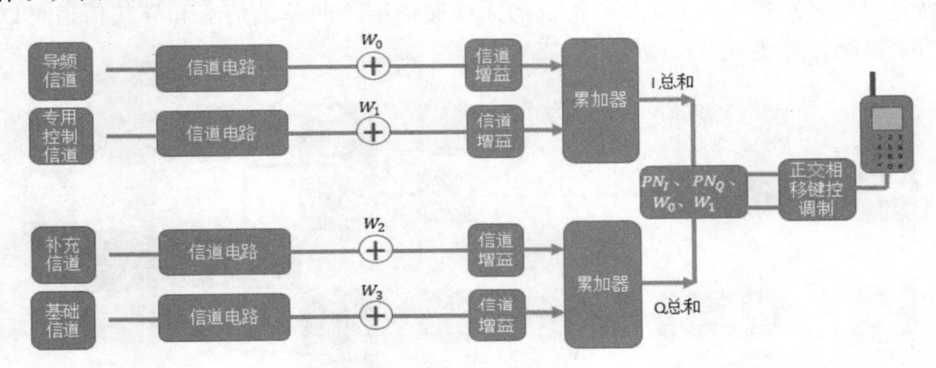

图5.3.29 cdma2000的反向无线通信链路的信道

在5.3.29中，码分多址多路接入 cdma2000 的反向无线通信链路有导频信道、专用控制信道、补充信道和基础信道，信道信号和沃尔什码异或后，经过信道增益电路，再把导频信道和专用控制信道累加成I总和，把补充信道和基础信道累加成Q总和，经过 PN_I、PN_Q、W_0、W_1 加扰后，汇合成为两路正交相移键控调制器的输入信号，接着把正交相移键控的调制输出信号通过移动通信设备终端的天线发送到自由空间。

在码分多址多路接入 cdma2000 的反向无线通信链路中有4个沃尔什码进行异或，为各个用户各自创建4个相互正交的信道。如图5.3.30所示。

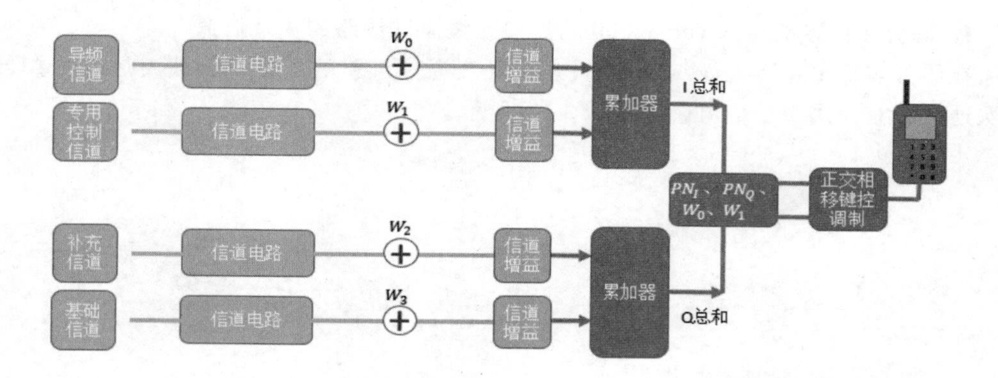

图 5.3.30　反向无线通信链路的 4 个沃尔什码

在图 5.3.30 中，4 个沃尔什码对导频信道、专用控制信道、补充信道、基础信道进行异或运算，形成正交信道。

码分多址多路接入 cdma2000 的反向无线通信链路的导频信道提供相对于码分多址多路接入 cdma2000 基站的参考相位，允许基站连贯性的解调，提高 3dB 的传输性能；导频信道的常数信号功率可以给基站提供精确的移动通信设备终端发射功率控制。

2. 反向无线通信链路的前向功率控制

码分多址多路接入 cdma2000 的反向无线通信链路的基础信道和导频信道可以实现前向功率控制。如图 5.3.31 所示。

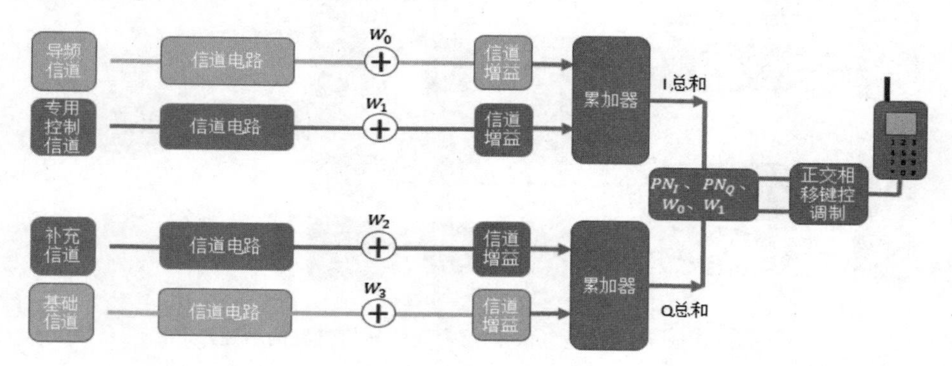

图 5.3.31　反向无线通信链路的导频信道和基础信道

在图 5.3.31 中，反向无线通信链路的导频信道包括时分复用功率控制比特位，允许移动通信设备终端控制基站信道的功率，1 秒钟内可进行 800 次控制；反向无线通信链路的基础信道本质上和码分多址多路接入 cdmaOne 技术一样，9.6Kb/s 和 14.4Kb/s 的数据传输速率，用于语音、低比特速率的数据和信号响铃。

前向功率控制可以补偿“阴影衰落”如图 5.3.32 所示。

图 5.3.32　阴影衰落对移动通信设备终端的影响

在图 5.3.32 中，用户在摩天大楼的背面就会影响移动通信设备终端接收基站天线的信号，此时移动通信设备终端可以要求基站提高发射功率。

反向无线通信链路的补充信道用于高比特位速率数据、多媒体等信息的传输，补充信道的工作必须有基础信道和 1 个专用控制信道用于大部分的控制和响铃；补充信道的工作还必须有导频信道，能够进行前向功率控制和连贯性解调。

反向无线通信链路的 PN_I、PN_Q、W_0、W_1 加扰，如图 5.3.33 所示。

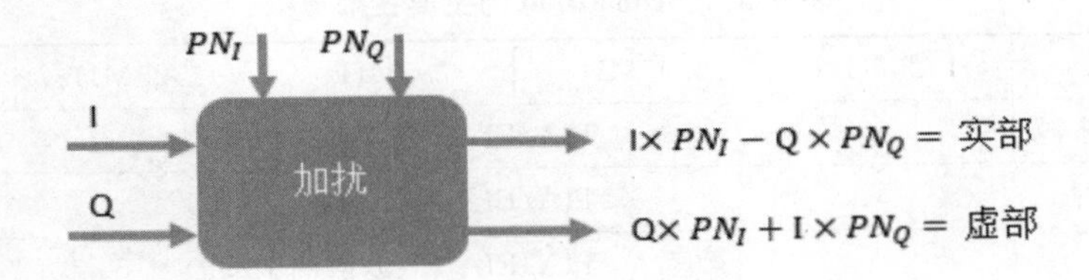

图 5.3.33　反向无线通信链路的加扰过程

在图 5.3.33 中，复杂的加扰过程在运算公式的作用下，实现复数的实部和虚部计算。公式如下：

$$(I+\mathrm{j}Q)\times(PN_I+\mathrm{j}PN_Q)=\text{实部}+\mathrm{j}\,\text{虚部} \tag{5.6}$$

在式(5.6)中，计算出来的实部和虚部正好就是加扰输出的两路信号。在扩频时，I 和 Q 信号因为数据发射功率改变，成为不平衡的输入信号，在输出端需要抚平 I 和 Q，使之成为更加平衡的信号。

经过加扰之后的信号，进行正交相移键控调制，如图 5.3.34 所示。

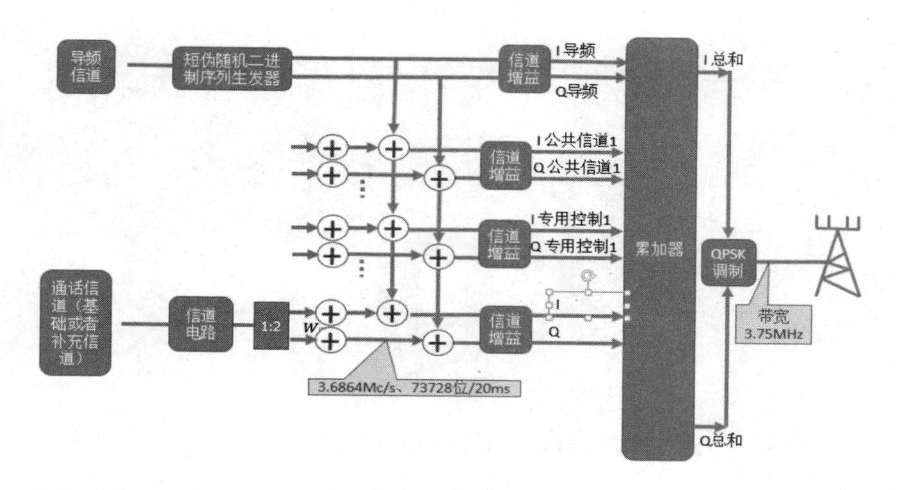

图 5.3.34　反向无线通信链路的正交相移键控调制

在图 5.3.34 中，正交相移键控对扩频进行改进，不仅使用伪随机序列码，还使用正交沃尔什码，能够显示减小频段外部的射频散射；正交相移键控被称为“和谐的相移键控”，是在美国、欧洲电信标准研究所、日本和韩国在国际电信联盟会议中提出的技术。

码分多址多路接入 cdma2000 的主要技术参数，如表 5.3.1 所示。

表 5.3.1　cdma2000 的主要技术指标

标称带宽	1.25MHz	3.75MHz	7.5MHz	11.25MHz	15MHz
无线通信技术来源	TIA/EIA-95(以前的 IS-95)				
网络设备来源	TIA/EIA-41(以前的 IS-41)				
服务来源	TIA/EIA-95(以前的 IS-95)				
比特位片/(c/s)	1.2288M	3.6864M	7.3728M	11.0592M	14.7456M
最大用户速率/(b/s)(单独码或信道)	307.2K	1.0368M	2.0736M	2.4576M	2.4576M
最大用户速率/(b/s)(多码)	~1M	~4M	~8M	~12M	~16M
频率复用	全部(1/1)				
前向和反向链路都是连贯性解调?	是，使用连续导频信道				
是否需要蜂窝内部同步	是				
帧时间/ms	典型的 20ms，也可以是 5ms				

在表 5.6 中，cdma2000 的 TIA 名称是 IS-2000，假设 100%冗余的前向纠错码时，最大用户比特位速率在单独编码或信道达到的指标，要求最大用户比特位速率在多路编码

是接近理想条件下,要求最小的内部蜂窝干扰和低速率。

3G 的码分多址多路接入 cdma2000 来源于码分多址多路接入 CDMAOne,带宽名单包括 1.25MHz 的 1 倍、3 倍、6 倍、9 倍、12 倍,使用多路 1.25MHz 载波、允许 3G 系统工作在和现有的 2G 系统相同的频率,需要内部蜂窝同步,特别是全球定位系统 GPS,主要技术资源来自美国、日本和韩国。

5.4　3G W-CDMA

全球 3G 有不同模式的 IMT-2000 协调的标准,下面详细介绍。

5.4.1　概述

1. 和全球移动通信 GSM 网络服务的和谐统一

宽带码分多址多路接入 W-CDMA 技术有些独有的特点:首先和全球移动系统 GSM 和谐;其次使用导频比特位,而不是使用导频信道,允许前向无线通信链路和反向无线通信链路都连续接收,非常适用于智能天线的应用;还有内部蜂窝的异步工作模式,不需要全球定位系统 GPS 同步。

码分多址多路接入 W-CDMA 技术和全球移动通信 GSM 的和谐应用发生在 2 个层次:一是宽带码分多址多路接入 W-CDMA 技术和全球移动通信 GSM 网络与服务的和谐,建立在全球移动通信 GSM 网络结构和功能元素及其工作能力、全球移动通信 GSM 信息和协议、支持所有的 2G 全球移动通信 GSM 服务以确保用相同的方式提供给电话用户相同的服务;二是宽带码分多址多路接入 W-CDMA 技术和全球移动通信 GSM 的基于 200kHz 时分多址多路接入 TDMA 的无线接口的和谐,可能存在一些局限性,但是仍然能够实现支持全球移动通信 GSM 的用户身份模块卡片、广泛的频带载波被设计工作在通用的多路 200kHz 的频率间隔、时钟频率被选择已经产生的全球移动通信 GSM 的时钟频率、支持 2G 全球移动通信 GSM 语音编码器、推出宽带码分多址多路接入 W-CDMA 和全球移动通信 GSM 双模式的移动通信设备终端。

2. 导频比特位和 10ms 数据帧

在所有的宽带码分多址多路接入 W-CDMA 的信道都有导频比特位。如图 5.4.1 所示。

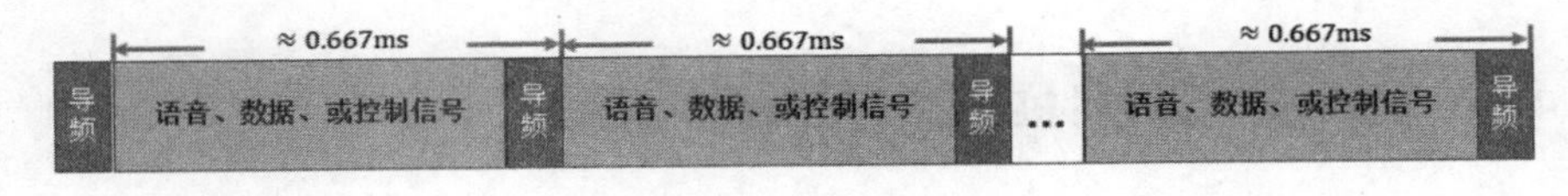

图 5.4.1　宽带码分多址多路接入 W-CDMA 的比特位码流的结构

在图 5.4.1 中,所有的宽带码分多址多路接入 W-CDMA 的信道的比特位码流都以 0.667ms 为时隙单位,包含导频比特位和语音、数据或控制信号。宽带码分多址 W-CDMA 在 0.677ms 时的时隙帧长度是 10ms,如图 5.4.2 所示。

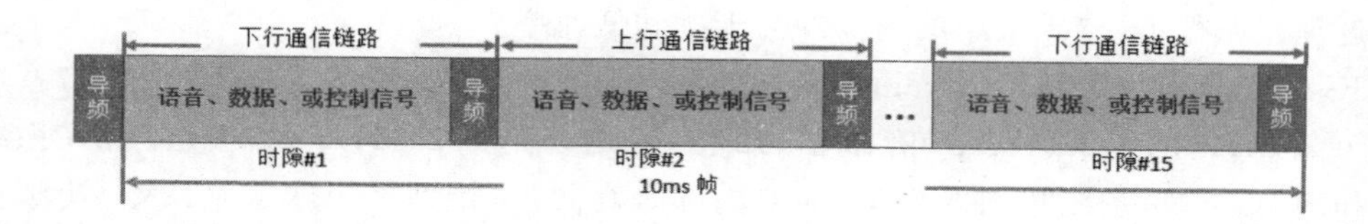

图 5.4.2　宽带码分多址多路接入 W-CDMA 的帧

在图 5.4.2 中，0.667ms 维护同步功能，使用导频比特位给实现连贯性的解调服务；0.667ms 还有其他时间信息，例如 10ms 速度帧、传输功率控制更新；0.667ms 不能在时分多址多路接入 TDMA 中使用。

宽带码分多址多路接入 W-CDMA 在导频比特位的帮助下实现连贯性的接收和解调。连贯性的接收，或检测，或解调能够实现一些功能，包括使接收端了解信号的相位和频率、减小因为接收端的相位误差引起的性能退化、提高信号接收强度大约 3dB、需要相位参照。相位参照可以由单独的导频信道根据 IS-95 要求的前向无线通信载波提供，也可以在导频比特位中获得，类似时分多址多路接入 TDMA 技术的均衡器中的训练序列。

3. 内部蜂窝和扇区的异步工作模式

在宽带码分多址多路接入 W-CDMA 内部蜂窝的同步和异步工作模式各有特点，码分多址多路接入 cdmaOne 要求各个蜂窝小区在 10μs 内实现相互同步，允许在不同扇区使用相同的具有不同的微小偏移量的短伪随机序列码，偏移量是 64 比特位片，大约 52μs；码分多址多路接入 cdmaOne 要求全球定位系统接收器在各个蜂窝的附近，全球定位系统接收器在各个蜂窝的附近给一些区域的通信造成负担，如地下商场或室内蜂窝。异步通信在蜂窝内部更好一些，但需要各个扇区都有不同的伪随机序列码，在切换时快速获取这些不同扇区各自的伪随机序列码。

宽带码分多址多路接入 W-CDMA 和谐性造成显著的变化：一是支持 TIA/EIA-41 网络设备，还有全球移动通信 GSM 基站设施；二是比特位片速率从 4.096Mc/s 变为 3.84Mc/s，减小需要限制 5MHz 带宽滤波器的复杂程度，即使某些国家具备最严格的带宽限制的规定，也可以符合要求；更高比特位片的速率可以改成多路 3.84Mc/s，例如 7.68Mc/s 来自 8.192Mc/s 的 10MHz、15.36Mc/s 来自 16.384Mc/s 的 20MHz；三是支持比特位片在 1.25MHz 的 0.96Mc/s，适合于服务运营商在频谱限制时使用；四是支持内部蜂窝同步工作，同时也可以在内部蜂窝异步工作，在全球定位系统 GPS 同步可以实现时改进性能；五是支持通用的导频信道，也支持时间多路导频比特位，能够提高信号获取能力，并在某些条件下实现跟踪。

5.4.2　前向无线通信链路(下行无线通信链路)

1. 同步信道实现快速编码获取

宽带码分多址多路接入 W-CDMA 的前向无线通信链路也就是下行无线通信链路，通过基站发射器实现功能。根据 ETSI 3G TS 25.213 文件规定，宽带码分多址多路接入 W-CDMA 的前向无线通信链路的基站发射器的结构包括信道、信道电路、信道增益、累加器和正交相移键控调制器，如图 5.4.3 所示。

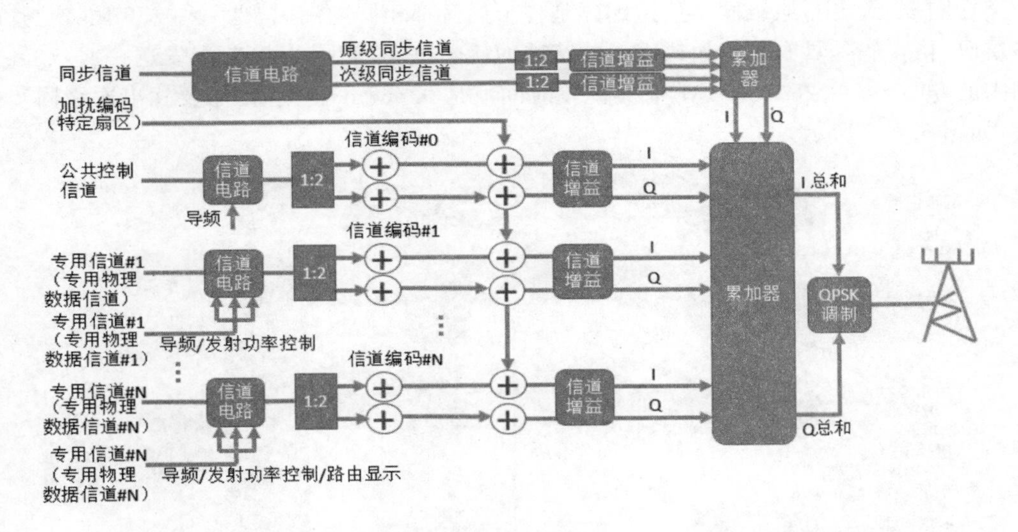

图 5.4.3　宽带码分多址多路接入 W-CDMA 基站发射器

在图 5.4.3 中,同步信道在宽带码分多址多路接入 W-CDMA 基站发射器是单独把原级同步信道的信道增益和次级同步信道的信道增益累加得到原相位的信号 I 和原相位的正交信号 Q,然后再和公共控制信道、专用信道的原相位的信号 I 和原相位的正交信号 Q 累加。累加器的输出终端在正交相移键控调制器中实现调制,然后通过天线发送到自由空间。

宽带码分多址多路接入 W-CDMA 基站发射器实现加扰编码是通过多个步骤完成的:先找到最强的原级同步信道的信号,然后找出 64 个同步信道序列中的哪个次级同步信道被使用,最后找到 8 个加扰码中的哪个加扰码被使用。寻找最强的原级同步信道,如图 5.4.4所示。

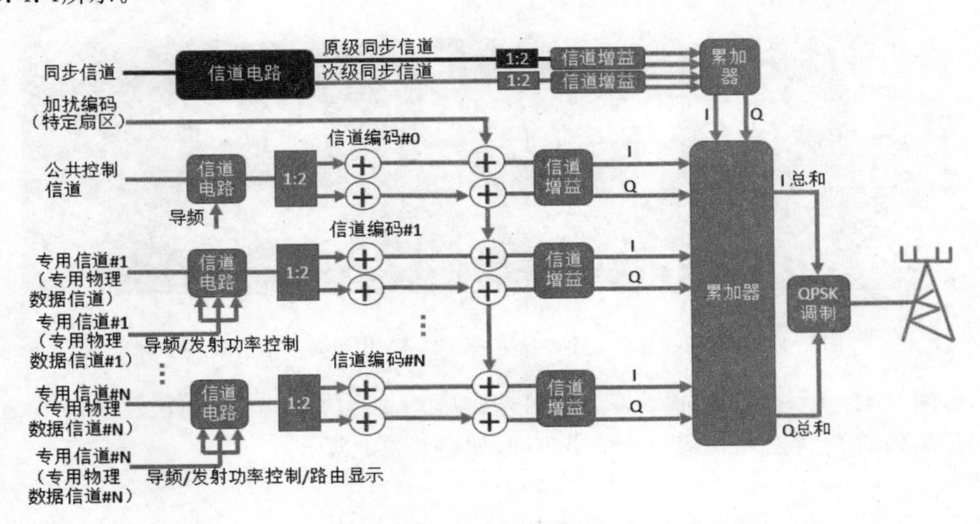

图 5.4.4　同步信道的原级同步信道

在图 5.4.4 中，原级同步信道编码是各个扇区都相同的编码，是一种 256 比特位片的格雷码，格雷码是具有良好纠错能力的特殊的伪随机码，间隔 0.667ms 发送一次，10% 周期内的 $66.7\mu s = 256/3.84M$，于是间隔时间就是 0.667ms。接着，需要找出次级同步信道，如图 5.4.5 所示。

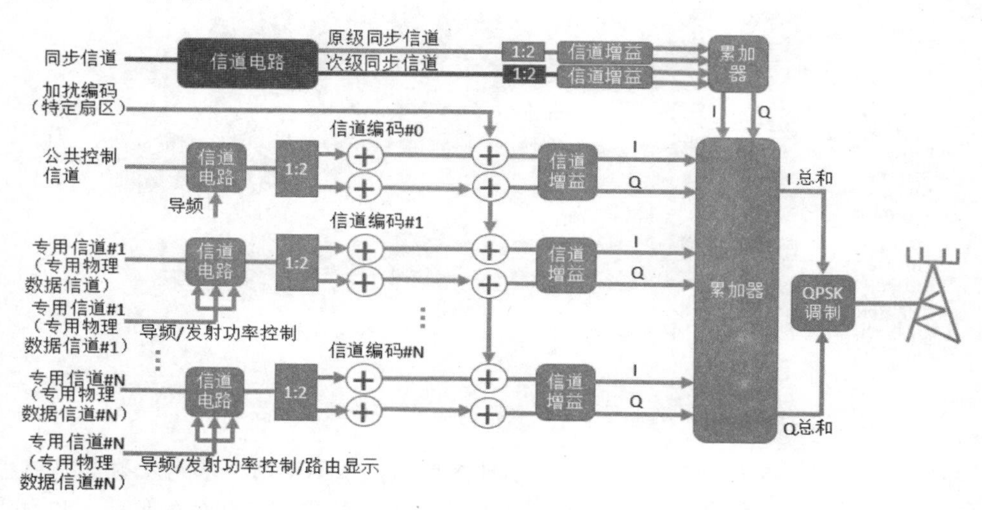

图 5.4.5　宽带码分多址多路接入 W-CDMA 基站的次级同步信道

在图 5.4.5 中，次级同步信道使用 64 个次级同步信道编码序列中的 1 个，在 10ms 帧的 15 个时隙组成的独特的序列码，确定 8 个加扰编码相关的 64 组中的 1 个编码序列，和原级同步信道编码同步脉动产生。如图 5.4.6 所示。

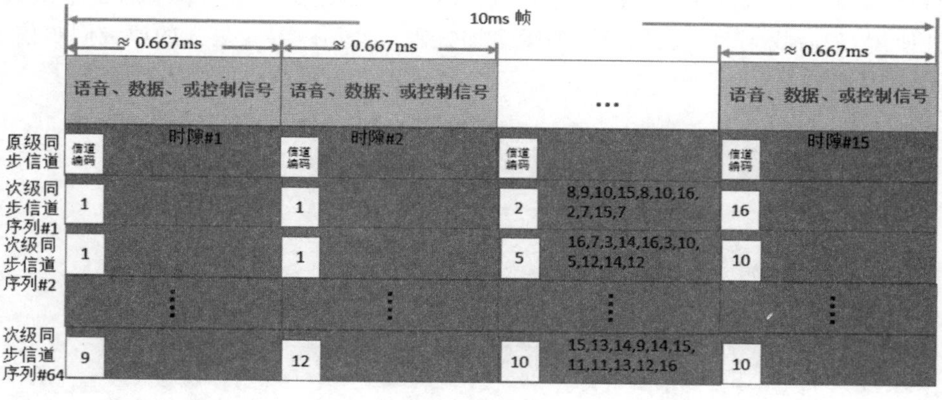

10ms 帧

	≈0.667ms	≈0.667ms		≈0.667ms
	语音、数据、或控制信号	语音、数据、或控制信号	…	语音、数据、或控制信号
原级同步信道	信道编码　时隙#1	信道编码　时隙#2	信道编码	信道编码　时隙#15
次级同步信道序列#1	1	1	2　8,9,10,15,8,10,16,2,7,15,7	16
次级同步信道序列#2	1	1	5　16,7,3,14,16,3,10,5,12,14,12	10
	⋮	⋮	⋮	⋮
次级同步信道序列#64	9	12	10　15,13,14,9,14,15,11,11,13,12,16	10

图 5.4.6　宽带码分多址多路接入 W-CDMA 次级同步信道编码序列

在图 5.4.6 中，编码序列有 64 个，长度都是 10ms，包含有 15 个时隙。使用 16 个次级同步编码的 64 个独特次级同步信道序列，如表 5.4.1 所示。

表 5.4.1 前向无线通信链路 64 个独特次级同步信道编码序列

次级同步信道编码序列号	加扰编码组号	时隙号码														
		#0	#1	#2	#3	#4	#5	#6	#7	#8	#9	#10	#11	#12	#13	#14
1	1	1	1	2	8	9	10	15	8	10	16	2	7	15	7	16
2	2	1	1	5	16	7	3	14	16	3	10	5	12	14	12	10
3	3	1	2	1	15	5	5	12	16	6	11	2	16	11	15	12
4	4	1	2	3	1	8	6	5	2	5	8	4	4	6	3	7
…																
47	47	3	7	8	8	16	11	12	4	15	11	4	7	16	3	15
48	48	3	7	16	11	4	15	3	15	11	12	12	4	7	8	16
49	49	3	8	7	15	4	8	15	12	3	6	4	16	12	11	11
…																
62	62	9	10	13	10	11	15	15	9	16	12	14	13	16	14	11
63	63	9	11	12	15	12	9	13	13	11	14	10	16	15	14	16
64	64	9	12	10	15	13	14	9	14	15	11	11	13	12	16	10

在表 5.4.1 中，根据 ETSI 3G TS 25.213 的规定，计算任意旋转，这些码也是独特的编码。由此可以得到特定蜂窝小区的加扰编码，如图 5.4.7 所示。

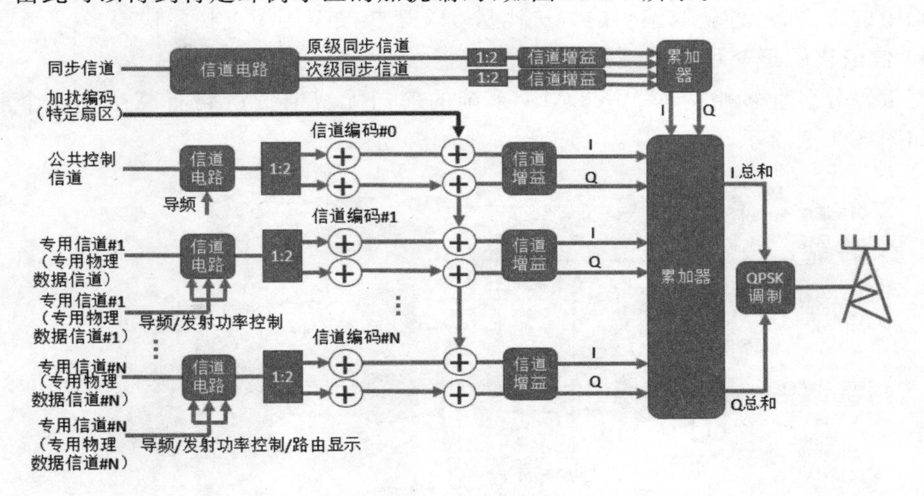

图 5.4.7 加扰编码确定特定蜂窝小区

在图 5.4.7 中，特定蜂窝小区的加扰编码是属于次级同步信道编码序列的身份确认的组的 8 个编码中的 1 个，这个编码有 38400 比特位片，也就是 1 个长度为的 $2^{18}-1$ 的金编码的 10ms 段，移动通信设备站必须试用所有的 8 个编码，才能找到这个正确的编码，原级的公共控制物理信道就是使用这个特定的蜂窝小区加扰编码。

2. 蜂窝扇区规则的加扰编码

根据 ETSI 3G TS 25.213 的规定，在宽带码分多址多路接入 W-CDMA 系统使用 512 个特定的蜂窝小区加扰编码。如图 5.4.8 所示。

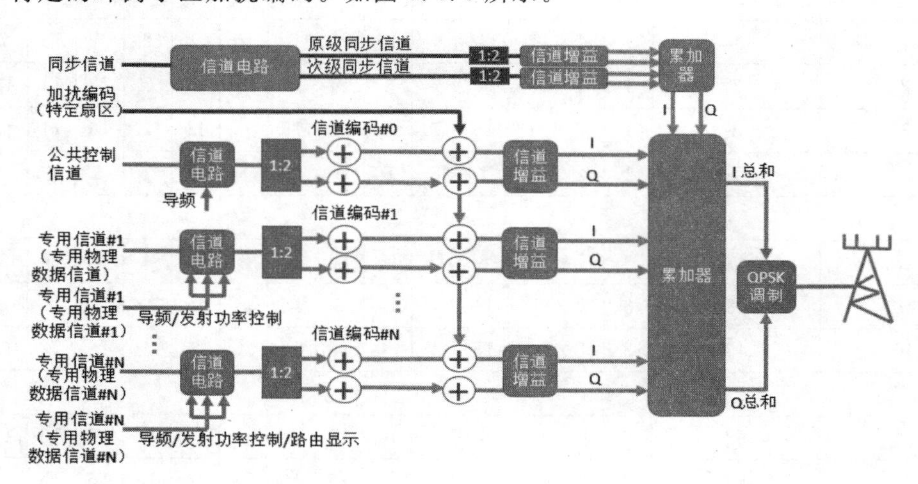

图 5.4.8　特定蜂窝小区加扰编码

在图 5.4.8 中，512 个加扰编码在 64 组里，这个组是由次级同步信道确认身份，加扰编码有 8 个编码；快速编码获取就是查找短的时隙编码，然后查找 8 个 10ms 帧时间长度的编码中的 1 个；这种获取编码的方法比从 512 个长的编码中查找要快得多。

3. 信道化的正交可变扩频因素

宽带码分多址多路接入 W-CDMA 系统的前向无线通信链路有高达 256 个前向信道。如图 5.4.9 所示。

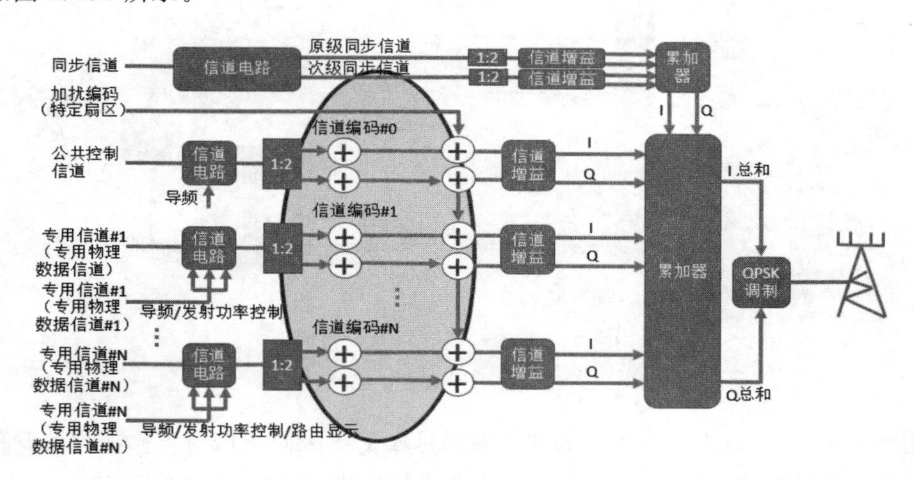

图 5.4.9　前向无线通信链路的 256 个前向信道

在图 5.4.9 中，256 个前向信道在前向无线通信链路中通过信道编码来实现，这 256 个信道编码是正交可变扩频因数编码。

多种传输速率的信道中使用可变长度的编码，如图 5.4.10 所示。

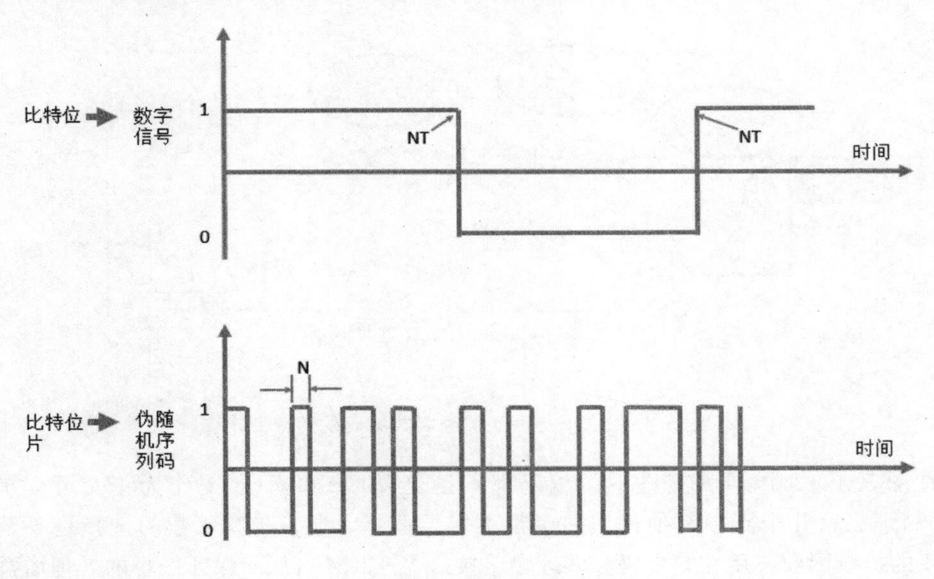

图 5.4.10 可变长度的编码

在图 5.4.10 中，较高传输速率的信道需要较短的编码，因为这时比特位片/比特位数量较少；较低传输速率的信道需要较长的编码，因为这时比特位片/比特位数量较多；在 3G 技术中需要混合速率信道传输数据。产生正交可变长度编码的方式如图 5.4.11 所示。

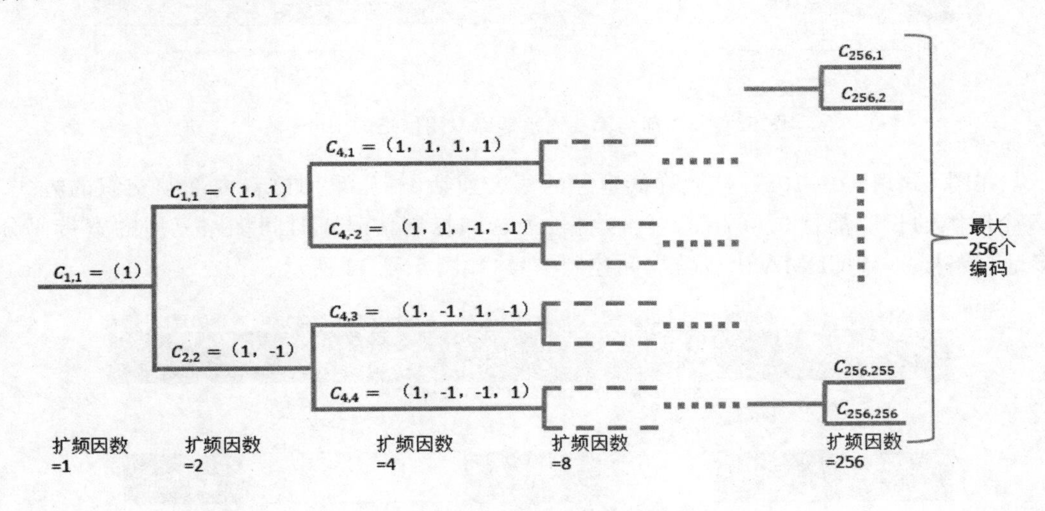

图 5.4.11 正交可变长度编码

在图 5.4.11 中，扩频因数不同，编码的长度就不同，最多可以有 256 个编码的长度。正交可变扩频因数编码维持正交性的约束具备特定的要求，如图 5.4.12 所示。

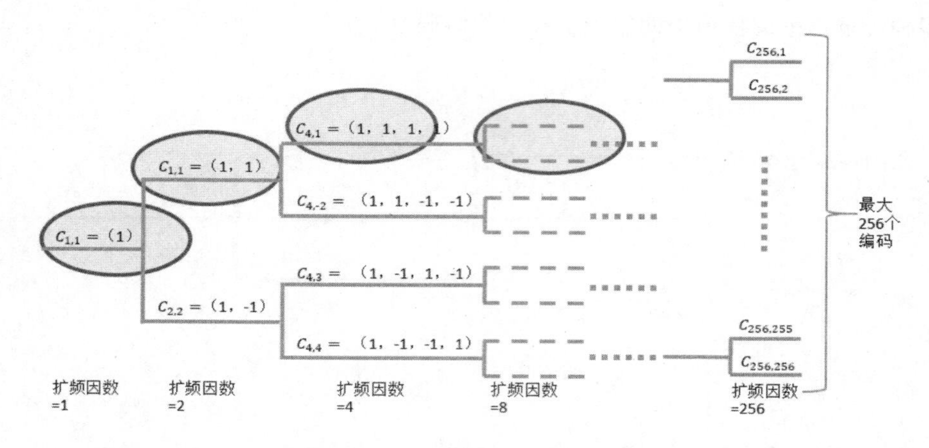

图 5.4.12 正交可变扩频因数编码的约束要求

在图 5.4.12 中，在每个图下的编码都不正交，如果选择 C4,1 作为正交可变扩频因数编码，那么这几个圈中其他任何一个都不能再选择。通常扩频因数的选择是 4 至 256，小于 4 的扩频因数不用在宽带码分多址多路接入 W-CDMA，从而保证最小的处理增益是 4。

4. 时间多路的数据和控制

前向无线通信链路的 10ms 帧结构包含 15 个时隙，以专用信道为例，如图 5.4.13 所示。

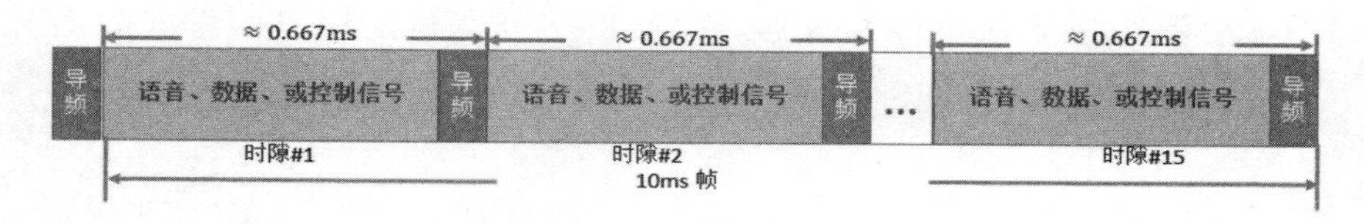

图 5.4.13 前向无线通信链路专用信道的 10ms 帧

在图 5.4.13 中，10ms 帧允许低延迟的语音通话编码，采用语音内部帧交织的方式，15 个时隙的长度都是 0.667ms，包含数据、语音和控制信号。时间多路复用的宽带码分多址多路接入 W-CDMA 语音数据和控制信号，如图 5.4.14 所示。

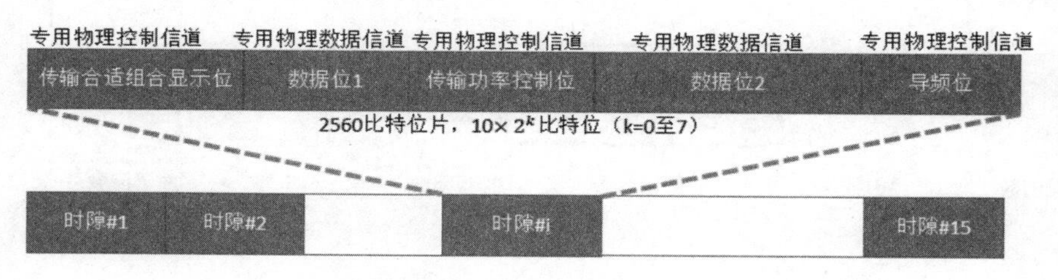

图 5.4.14 时间多路复用的帧结构

在图 5.4.14 中，语音数据在专用物理数据信道传输，控制信号在专用物理控制信道传输，都是在前向无线通信链路的每个 0.667ms 时隙里时间多路复用。在反向无线通信链路中，专用物理数据信道由原相位 I 路子信道承载，专用物理控制信道由原相位的正交相位 Q 路子信道承载。

5. 数据包模式工作

码分多址多路接入 CDMA 数据包容量可以通过 3 种方式共享：一是个人专用数据信道重新按次序分配的方式，在中等容量和大量数据中，使用协议中网络层 3 层通话控制和无线电资源控制信息重新分配；二是多路专用数据信道同时分配给多个用户，在中等容量和大量数据中，使用协议中网络层 3 层通话控制和无线电资源控制信息重新分配；三是公共信道在小量或不经常使用的数据包和控制信息共享信道，使用上行无线通信链路的随机接入信道、下行无线通信链路的码分多址多路接入 cdma2000 寻呼信道、下行无线通信链路的宽带码分多址多路接入 W-CDMA 寻呼信道。

同步通信按顺序共享信道的情况如图 5.4.15 所示。

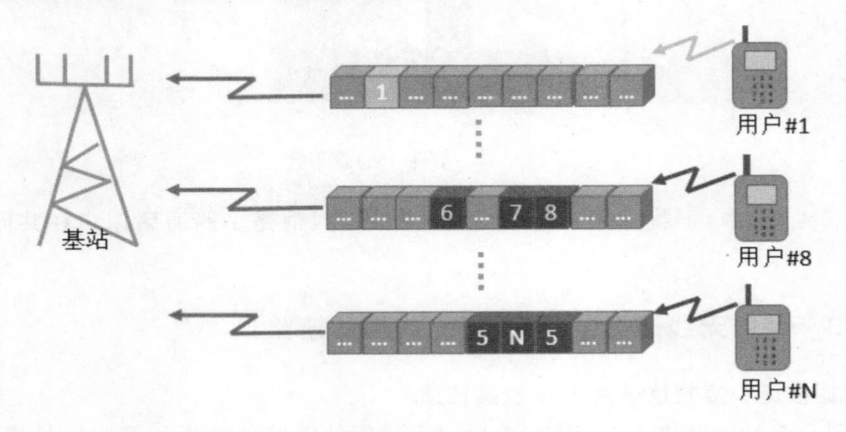

图 5.4.15　码分多址多路接入 W-CDMA 的共用信道

在图 5.4.15 中，上行无线通信链路的共用信道是多个用户按顺序、同时共用。在宽带码分多址多路接入 W-CDMA 的专业数据和控制信道通信时，上行无线通信链路和下行无线通信链路的数据格式不同，如图 5.4.16 所示。

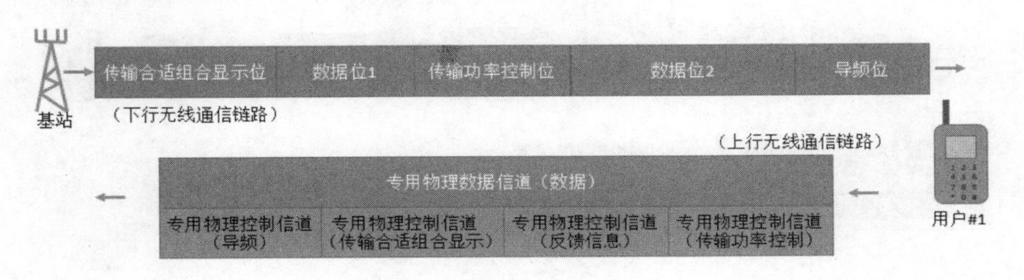

图 5.4.16　W-CDMA 的专业数据和控制信道通信格式

在图 5.4.16 中，在下行无线通信链路的专用物理数据信道和专用物理控制信道按照时间复用的方式传输，在上行无线通信链路的专用物理数据信道和专用物理控制信道按照原相位 I 路和原相位的正交相位 Q 路复用和其他编码一起传输。这些专业信道的工作任务由随机接入信道和前向接入信道指派。

宽带码分多址多路接入 W-CDMA 系统中多个用户共同承担总干扰，如图 5.4.17 所示。

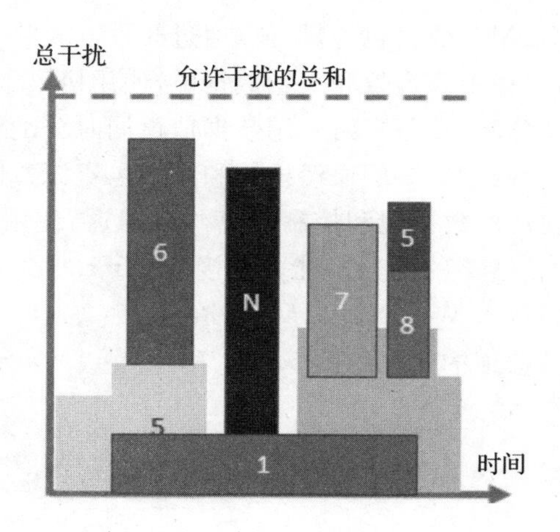

图 5.4.17 频带上的总干扰

在图 5.4.17 中，干扰在用户通话时就开始存在，都是多路通话用户在共同承担总干扰。

5.4.3 反向无线通信链路(上行无线通信链路)

1. 数据信道和控制信道的 I、Q 双路信道

宽带码分多址多路接入 W-CDMA 反向无线通信链路的数据和控制信号传输，是通过信道电路的信号异或特定移动通信设备站加扰编码，然后经过正交相移键控调制器传输到移动通信设备站的天线，发送到自由空间，如图 5.4.18 所示。

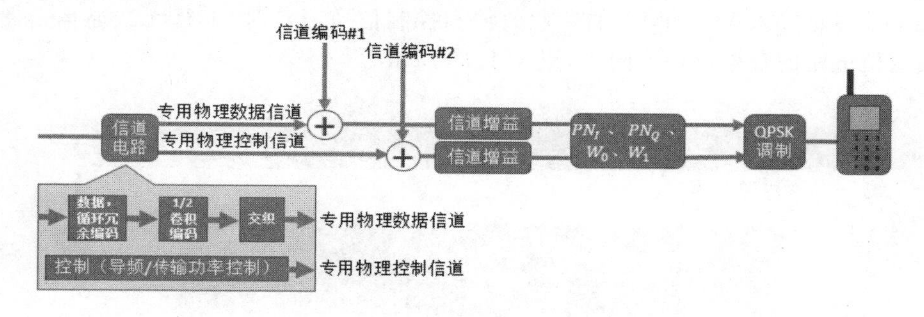

图 5.4.18 反向无线通信链路的发射器结构

在图 5.4.18 中，信道电路包括专用物理数据信道和专用物理控制信道，其中专业物理数据信道的数据需要完成数据循环冗余编码、卷积编码和交织，专用物理控制信道的数据需要传输控制信息，包括导频和传输功率控制信息。专用物理数据信道和专用物理控制信道的传输是同时在原相位 I 路、原相位的正交相位 Q 路上传输，不是前向无线通信链路的时分复用方式。

反向无线通信链路的数据格式如图 5.4.19 所示。

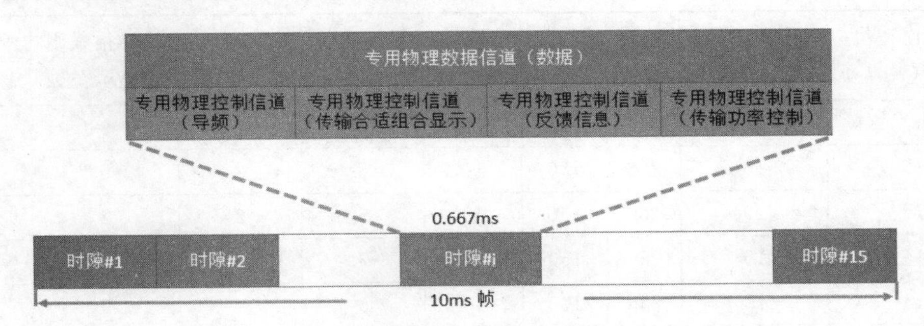

图 5.4.19　反向无线通信链路的信息格式

在图 5.4.19 中，在 0.667ms 的时间内，数据比特位为 10×2^{k_D}，其中 k_D 取值是 0～6 的整数，控制比特位为 10×2^{k_C}，其中 k_C 取值是 0～6 的整数，这里的 k_D 和 k_C 取值都是由移动通信服务项目和射频条件决定。

宽带码分多址多路接入 W-CDMA 反向无线通信链路的导频位在 1 个时隙有 5～8 比特位，提供连贯性解调所需要的相位参考；传输功率控制位在 1 个时隙有 1～2 位比特位，提供各个信道的功率控制信息，1 秒钟给基站提供 1500 次；传输格式组合显示位在 1 个时隙有 0 或 2 位比特位，在 1 个 10ms 帧内翻译成 30 比特位，其中 6 或 10 比特位编码代表 64 或者 1024 个传输组合；反馈信息位在 1 个时隙有 0～2 个比特位，提供在优化传输信号时给基站快速反馈的选项。

根据欧洲电信标准研究所的技术规范 ETSI TS 25.211 的规定，宽带码分多址多路接入 W-CDMA 反向无线通信链路的专用物理数据信道比特位的现场参数如表 5.4.2 所示。

表 5.4.2　W-CDMA 专用物理数据信道比特位的现场参数

信道比特位速率/(Kb/s)	信道符号速率/(Ks/s)	扩频因数	比特位/帧	比特位/时隙	数据比特位数
15	15	256	150	10	10
30	30	128	300	20	20
60	60	64	600	40	40
120	120	32	1200	80	80
240	240	16	2400	160	160
480	480	8	4800	320	320
960	960	4	9600	640	640

在表 5.4.2 中，信道符号速率和信道比特位速率相同，由同样的信道电路编码实现。

根据欧洲电信标准研究所的技术规范 ETSI TS 25.211 的规定，宽带码分多址多路接入 W-CDMA 反向无线通信链路的专用物理控制信道比特位的现场参数，如表 5.4.3 所示。

表 5.4.3　W-CDMA 专用物理控制信道比特位的现场参数

信道比特位速率/(Kb/s)	信道符号速率/(Ks/s)	扩频因数	比特位/帧	比特位/时隙	导频比特位数	传输功率比特位数	传输格式组合显示位数	反馈信息位数
15	15	256	150	10	6	2	2	0
15	15	256	150	10	8	2	0	0
15	15	256	150	10	5	2	2	1
15	15	256	150	10	7	2	0	1
15	15	256	150	10	6	2	0	2
15	15	256	150	10	5	1	2	2

在表 5.4.3 中，专用物理控制信道的控制信息位数随着导频比特位数的改变，传输功率比特位、传输格式组合显示位、反馈信息位都有不同的变化。

宽带码分多址多路接入 W-CDMA 反向无线通信链路的专用物理控制信道和专用物理数据信道的传输是双通道的传输，专用物理数据信道在原相位 I 路上传输，专用物理控制信道在原相位的正交相位 Q 路上传输。在传输时，即使没有数据，控制信号也在 Q 路连续传输，这就避免时分复用时没有数据传输的 1500Hz 脉动控制比特位的情况，也会避免助听器、起搏器 1500Hz 脉动产生的干扰。

宽带码分多址多路接入 W-CDMA 反向无线通信链路的专用物理控制信道和专用物理数据信道的双通道的传输使用正交可变扩频因数编码，专用物理控制信道和专用物理数据信道使用 2 种不同的正交可变扩频因数编码。宽带码分多址多路接入 W-CDMA 系统中的用户比特位速率可以从 0 到 1.92Mb/s 以 100b/s 的增量变化，这由“速率匹配”技术实现：起始值是期望的用户比特位速率；使用 1/3 速率卷积编码(除了在最高点的比特位速率使用 1/2 速率卷积编码)；使用扩频因数延展到 3.84Mc/s 的附近；使用组合方式，包括用“删余”使速率减小，例如删除编码比特的一小部分，形成有小一些冗余的编码速率，还有用“不相等重复”重复一些比特位使速率增加。

宽带码分多址多路接入 W-CDMA 反向无线通信链路的额外服务是支持增加的专用物理数据信道及其信道电路，增加 1 个专用物理数据信道及其信道电路需要增加 1 个正交可变扩频因数编码，也需要增加子载波的原相位 I 路、原相位的正交相位 Q 路传输。

2. 移动参数加扰编码：初级和次级编码

宽带码分多址多路接入 W-CDMA 反向无线通信链路的加扰编码是由网络在通话发起时响铃来指定的特定移动通信设备终端加扰编码，原级编码是 256 比特位的短码，次级编码是 38400 比特位的长码。实现加扰编码可以是：原级加扰编码的 256 比特位 KASAMI 短码，允许基站快速获取，在多路干扰源需要被获取而且已经减去各个期望的信号，基站会有干扰取消时使用；次级加扰编码的 38400 比特位片的长 Gold 码段，和短一些的码相比可以提供更好的随机性、干扰平均，除非基站有干扰取消才使用长码。加扰的 FPGA代码参看 4.2 节的内容。

宽带码分多址多路接入 W-CDMA 反向无线通信链路的加扰编码包括 KASAMI 和

Gold码。256比特位片KASAMI编码作为特定移动通信设备终端的原级加扰编码，从长度256到1600万的编码中指定。38400比特位片的Gold编码段作为特定移动通信设备终端选项的次级加扰编码，特定移动通信设备终端的10ms段从长度为($2^{24}-1$)的、包含16百万编码个不同10ms段的Gold编码中指定。这样巨大的编码允许网络指派这些码在扇区和蜂窝小区的最小的码计划中触发移动通信。最大长度的伪随机码序列可以用N阶的移位寄存器产生长度为2^N-1的比特位片。

无线通信链路的PN_I、PN_Q、W_0、W_1加扰，如图5.4.20所示。

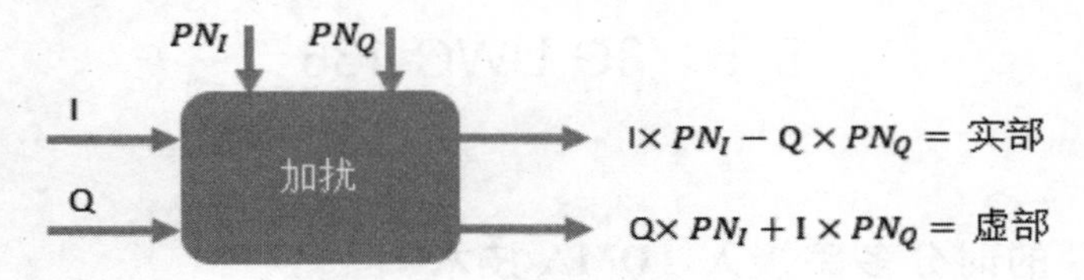

图5.4.20 反向无线通信链路的加扰过程

在图5.4.20中，复杂的加扰过程在运算公式的作用下，实现复数的实部和虚部计算。计算出来的实部和虚部正好就是加扰输出的两路信号。在扩频时，I和Q信号因为数据发射功率改变，成为不平衡的输入信号，在输出端需要抚平I和Q，使之成为更加平衡的信号。使用正交沃尔什码给伪随机序列码加扰，减小频段外的功率散射，正交相移键控被称为“和谐的相移键控”是在美国、欧洲电信标准研究所、日本和韩国共同努力协调3G建议的结果。解扰的FPGA代码参看4.2节的内容。

宽带码分多址多路接入W-CDMA的主要技术参数，如表5.4.4所示。

表5.4.4 W-CDMA的主要技术指标

标称带宽	1.25MHz	5MHz	10MHz	20MHz
无线通信技术来源	N/A:新无线通信技术			
网络设备来源	GSM			
服务来源	GSM			
比特位片/(c/s)	0.96M	3.84M	7.68M	15.36M
最大用户速率/(b/s)(单独码或信道)	～234K	～936K	～1872K	～3744K
最大用户速率/(b/s)(多码)	～1M	～4M	～8M	～16M
频率复用	全部(1/1)			
前向和反向链路都是连贯性解调?	是，使用时分复用导频比特位(但也支持公共导频信道)			
需要蜂窝内部同步?	不，蜂窝小区至今异步通信(但也支持同步模式)			
帧时间/ms	10			

在表5.4.4中，最大用户比特位速率在单独编码或信道是假设100%冗余的前向纠

错码时达到的指标，最大用户比特位速率在多路编码是接近理想条件下，最小的内部蜂窝干扰和低速率等达到的指标。

3G 的宽带码分多址多路接入 W-CDMA 是新无线通信技术，得到进化的全球移动通信 GSM 基础设施的支持，带宽名单包括 1.25MHz、5MHz、10MHz、20MHz，支持蜂窝内部的异步通信，也支持同步通信，主要技术资源来自欧洲电信标准研究所、日本公司、韩国和美国(全球移动通信 GSM 北美)的支持。

5.5 3G UWC-136

5.5.1 2G 的时分多路接入 TDMA 技术

在全球移动通信 GSM 大家庭中，基于 GSM 的蜂窝通信和个人移动通信标准包括 GSM900、GSM1800 和 GSM1900，其中 GSM900 最初是欧洲 900MHz 数字蜂窝通信的标准，GSM1800 是 GSM900 频段升级到 1800MHz 的标准，有时被称为“个人通信网络”，GSM1900 是工作在 1900MHz 频段的北美 GSM 标准。

在技术参数上，GSM900、GSM1800 和 GSM1900 都属于全球移动通信 GSM 基础的时分多址多路接入 TDMA。全球移动通信 GSM 采用 200kHz 载波带宽、每个载波频率 8 个时隙，每个通话占用一个时隙，全速传输 13Kb/s 语音编码，采用 4 个蜂窝的 12 区方向作为频率复用。半速传输 5.6Kb/s 语音编码器也有标准，因为质量稍微差一些，不被使用。如图 5.5.1 所示。

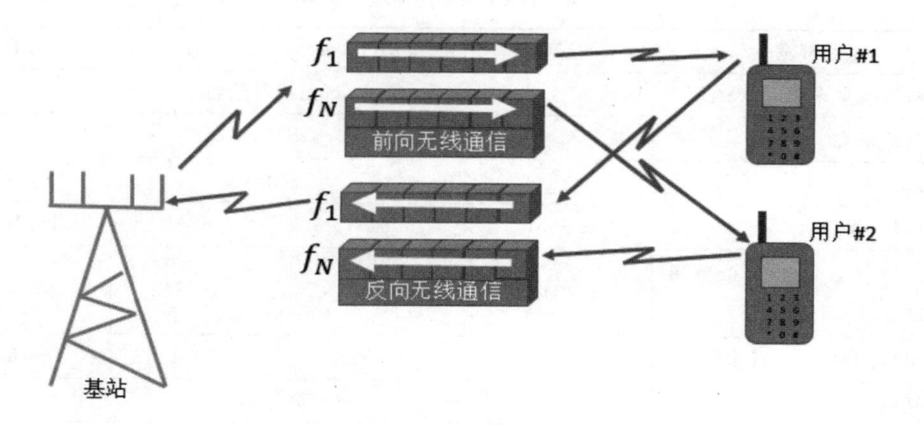

图 5.5.1　全球移动通信 GSM 的通信链路

在图 5.5.1 中，全球移动通信 GSM 的通信是各个用户使用自己的通话频率，用户频率各不相同。用户在这个频率上进行的前向无线通信或者反向无线通信是随着时间变化而改变的。

全球进化的增强型数据速率 EDGE 是全球移动通信 GSM 的第二阶段，全球进化的增强型数据速率增加时隙中的原始数据速率，从普通的全球移动通信GSM的22.8Kb/s增加到65.2Kb/s；全球进化的增强型数据速率保持时分多路接入TDMA帧结构和时隙分布，改变了时分多路接入TDMA的工作方式；使用通用数据包无线服务和高速电路切换数据的功能就可以组合出全球进化的增强型数据速率，增强型通用数据包无线服务提供65.2Kb/s集体的总数据速率，而且增强型电路切换数据使用信道编码改善比特位误码率，获得38.4Kb/s的时隙，时隙可以被聚集。北美使用基于电信工业协会、电子工业联盟的TIA/EIA-627技术标准的时分多路接入TDMA，采用模拟信号传输技术的先进移动电话服务AMPS的30kHz带宽，6个时隙，8Kb/s信道宽度，在30kHz带宽上传输速率为48Kb/s，1个通话占用2个时隙16Kb/s，使用7蜂窝小区21扇区的频率复用技术。电信工业协会、电子工业联盟的TIA/EIA-136的技术标准中的容量是先进移动电话服务AMPS的3倍，1个通话占用2个时隙16Kb/s，1个时隙突发在48Kb/s，平均速率是8Kb/s，3倍先进移动电话服务AMPS的容量是在30kHz支持3个通话，而先进移动电话服务AMPS只有1个通话，原始标准使用8Kb/s语音编码加1个16Kb/s信道。

电信工业协会、电子工业联盟的TIA/EIA-136技术进化成为3G，通用无线通信合作组织支持UWC-136进化成为IMT-2000。通用无线通信UWC-136包含的基于时分复用多路接入TDMA的技术有：基于时分复用多路接入TDMA的IS-136，30kHz带宽，语音传输速率达到28.8Kb/s；基于时分复用多路接入TDMA的IS-136+，30kHz带宽，语音传输速率达到64Kb/s的高层次调制；基于时分复用多路接入TDMA全球进化增强型数据速率IS-136高速户外和车载，带宽200kHz，数据速率达到384Kb/s，IS-136高速室内，带宽1.6MHz，数据速率达到2Mb/s。如图5.5.2所示。

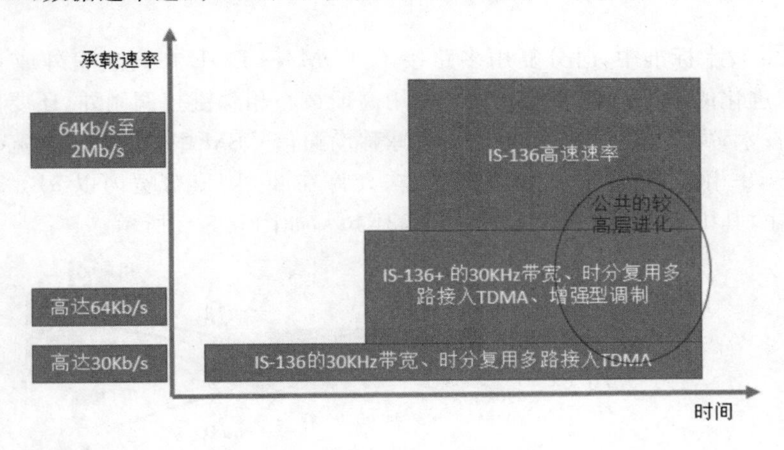

图5.5.2 IS-136的进化

在图5.5.2中，随着IS-136的数据传输速率的提高，逐步成为IMT-2000的3G技术。

5.5.2 TDMA(IS-136+)

在时分复用多路接入TDMA进化到IMT-2000的过程中需要高层次、增强型调制，如表 5.5.1 所示。

表 5.5.1　波形增加时隙比特位增加

波形数量	比特位/符号	基本例子	使用的技术
2	1	BPSK	cdmaOne
4	2	QPSK	cdma2000、W-CDMA、IS-136
8	3	8-PSK	IS-136＋

在表 5.5.1 中，cdmaOne 使用 QPSK 扩频，使用 BPSK 处理数据。使用高层次调制，能够传输更多的比特位、符号，好处是可以降低符号传输速率，减少需要的带宽，更好地实现在 1Hz、1s 内传输比特位的频谱有效性。

较多的符号类型，可以更好地实现在 1Hz、1s 内传输比特位的频谱有效性，但是符号之间的差异更小，解调时对干扰的容差更小，造成更高的比特位误码比值。为此需要更高的功率来减小比特位误码比，正交相移键控是蜂窝通信、个人通信服务等在干扰倾向性环境下无线通信最折中的通用方式。IS-136＋的时分复用多路接入 TDMA 调制使用正交相移键控和 8-PSK，使用连贯性的正交相移键控，提供更可靠的数据通话信道和 48.6Kb/s 总载速率的 6 个时隙、30kHz 带宽；使用连贯性的 8-相移键控，提供在较强信号和较弱干扰允许时的更高速率数据传输的 72.9Kb/s 总载速率的 6 个时隙、30kHz 带宽；数字控制信道是 IS-136 使用差分正交相移键控的数字控制信道。

5.5.3　TDMA-EDGE

在 IS-136 技术标准中，时分复用多路接入 TDMA-EDGE 在高速室外或者车载通话的时候，全球进化的增强型数据速率除了使用高斯最小相移键控调制外，还要使用 8-PSK 高层次调制技术，高斯最小相移键控调制全球移动通信 GSM 中 200kHz 带宽传输速率为 270.833Kb/s，8-相移键控 1 次传输 3 比特位，允许在 200kHz 带宽内以 812.5Kb/s 总比特位速率传输，其中 812.5Kb/s＝3×270.833Kb/s，如图 5.5.3 所示。

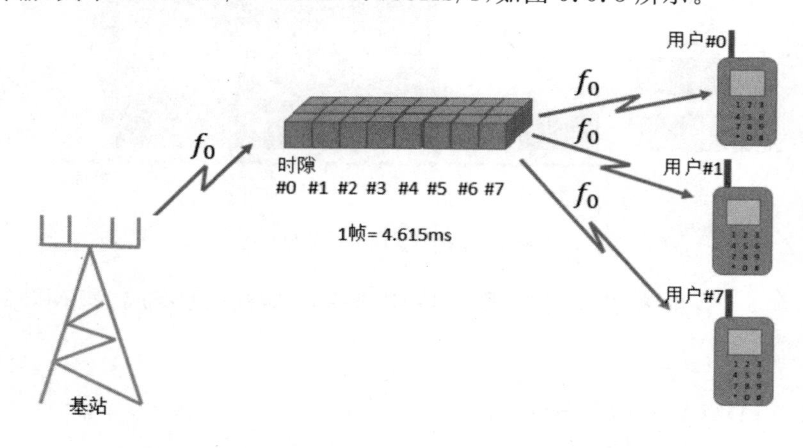

图 5.5.3　时分复用多路接入 TDMA-EDGE 传输速率

在图5.5.3中，1帧长度是4.615ms，高斯最小移频键控调制 Gaussian Minimum Shift Keying，GMSK)是因为具有良好的频谱效率，同时功率效率也很好，工作时的调制速率为270.833Kb/s。高斯最小移频键控具有良好的工作特性。高斯最小移频键控是连续频率—相位转移键控技术，避免突然的相位改变，减少杂散发射，具有良好的频谱效率。高斯最小移频键控是一种差异性的技术，接收端检测到的是频率或者相位变化，而不是绝对数值，这更容易实现。高斯最小移频键控是具有恒定包络线的调制方式，比特值不影响发出的信号的幅度，在突发数据时功率恒定，能避免影响线性度，还能获得良好的功率效率。

高斯最小移频键控的第一步是差分编码，其好处是让接收端找到相位和频率的变化，而不是绝对数值。差分编码是当前位码和前一位码异或，输出结果给频率偏移，按照 $f_i=1-2x_i$ 得到对应的“$+1$”或者“-1”，根据频率偏移规则“$+1$”频率增加偏移，“-1”频率减少偏移。高斯最小移频键控的第二步是积分，决定了相位轨迹，为高斯滤波做准备。积分器的工作是把“$+1$”频率增加偏移 $f_C+\Delta f$ 的信号，变成逐渐上升的斜线，“-1”频率减少偏移 $f_C-\Delta f$ 的信号，变成逐渐下降的斜线。高斯最小移频键控的第三步是高斯滤波，高斯滤波器的平滑程度由 BT 决定，这里的 $T=3.69\mu s$，3dB 带宽 $B=0.3/3.69=81.25$kHz，这个滤波器也被称为“预调制高斯脉冲波形滤波器”，BT 越小，频谱效率越好，但如果 BT 很低，取消过于平滑，会造成符号间干扰，增大误码率，所以 $BT=0.3$ 是平衡频谱效率和符号间干扰的最佳取值。高斯最小移频键控的第四步是射频调制，通常选用频率调制或者正交调制过程，然后将功率放大，发射到移动通信站。

全球进化加强版数据速率 EDGE 有典型的全球进化加强版数据速率 EDGE 和紧密的全球进化加强版数据速率 EDGE，其中典型的全球进化加强版数据速率 EDGE 是全球移动通信 GSM 的全球进化加强版数据速率 EDGE 标准，4 蜂窝小区 12 扇区复用，在各个方向都包含保护带宽的最小 2.6MHz 频谱。紧密的全球进化加强版数据速率 EDGE 是 UWC-136 在全球进化加强版数据速率 EDGE 的新选项，1 蜂窝小区 3 扇区复用，在各个方向都包含保护带宽的最小 0.8MHz 频谱，需要使用新的移动通信设备终端和基站修改功能，包括内部基站同步的功能。

通用数据包无线服务功能可以实现 8 个时隙的通话，如图 5.5.4 所示。

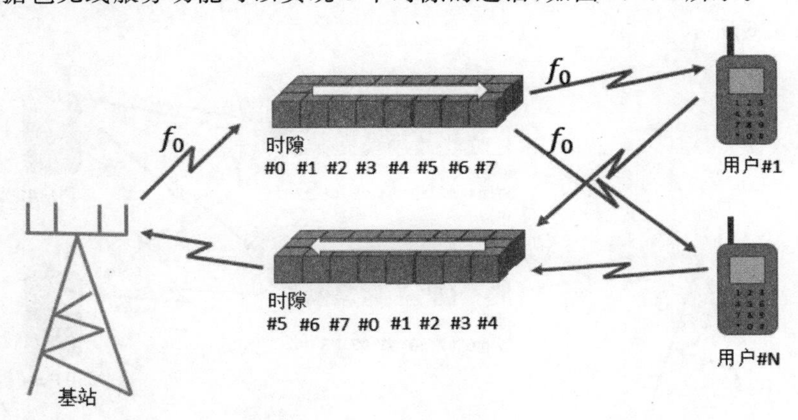

图5.5.4　通用数据包无线服务功能

在图 5.5.4 中,通用数据包无线服务使用高斯最小相移键控的传输速率为 8×14.4=115.2Kb/s,使用全球进化增强型数据速率的传输速率为 8×48=384Kb/s,如果没有前向纠错编码,就可以达到 521.6Kb/s。通用数据包无线服务通信时使用的上行无线通信链路和下行无线通信链路不同,如图 5.5.5 所示。

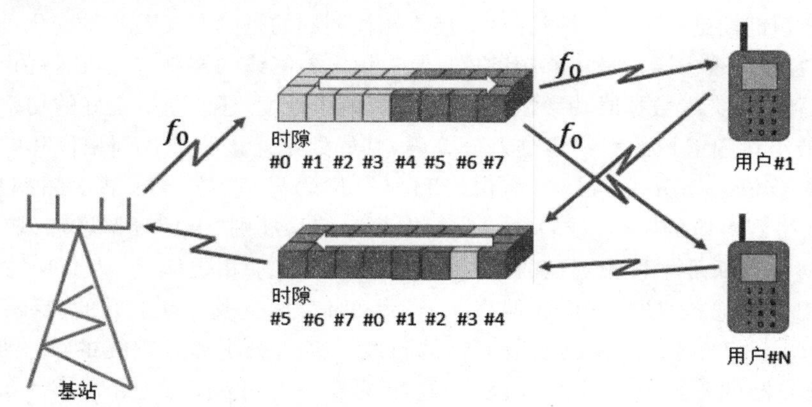

图 5.5.5　通用数据包无线服务通信的上、下无线通信链路

在图 5.5.5 中,下行无线通信链路传输速率约为 56Kb/s,使用 4 个时隙,上行无线通信链路传输速率约为 14.4Kb/s,使用 1 个时隙,适合于异步网络接入,对移动通信设备终端的功率要求最小。在 8 个时隙的使用中,可以根据全球移动通信 GSM 05.02 的规定,设定使用如下:

类别 1:1 个时隙下行无线通信链路,1 个时隙上行无线通信链路;

类别 2:2 个时隙下行无线通信链路,1 个时隙上行无线通信链路;

类别 3:2 个时隙下行无线通信链路,2 个时隙上行无线通信链路;

……

类别 10:4 个时隙下行无线通信链路,2 个时隙上行无线通信链路;

使用通用数据包无线服务可以实现 1 个时隙的共享通信,多路用户可以在 1 个时隙中,如图 5.5.6 所示。

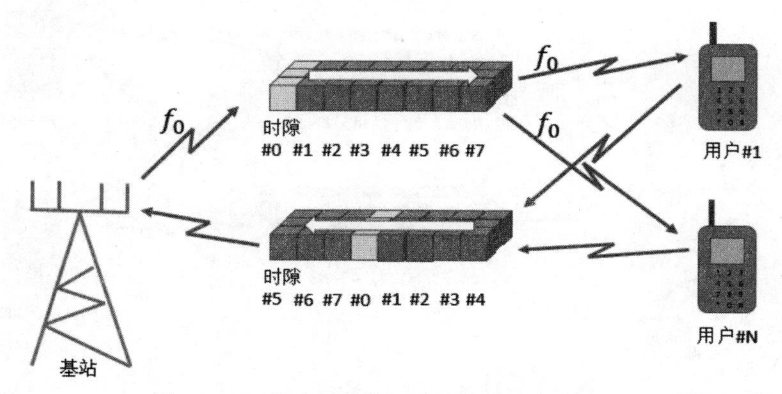

图 5.5.6　多路用户使用通用数据包无线服务

在图5.5.6中，多路用户使用1个时隙，按照顺序服务多个用户，媒体接入控制控制用户进入共享的信道，可以共享时隙的用户数量由多个因素决定，包括在特定时间想要被激活的移动通信设备终端的数量，以及这些移动通信设备终端想要传输的数据量的大小。

时分复用多路接入TDMA的全球进化增强型数据速率技术的数据传输网络的结构如图5.5.7所示。

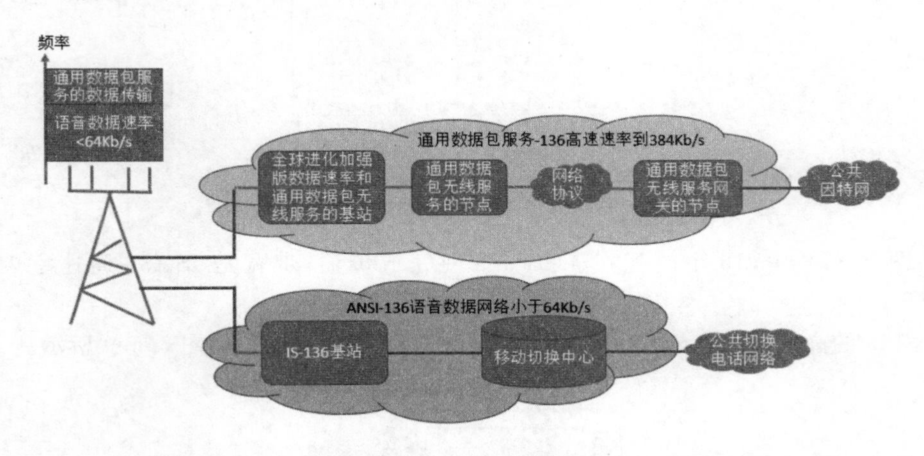

图5.5.7 TDMA的全球进化增强型数据速率的网络结构

在图5.5.7中，频率较低的用于语音和数据传输，通用数据包服务的仅仅是数据传输。

5.5.4 IS-136室内

在欧洲电信标准研究所和美国国家标准研究所共同研发的“全球增强型数据速率”支持的数据速率在200kHz带宽达到384Kb/s，适用于IS-136高速户外和车载数据传输。室内数据速率在IMT-2000和IS-136的高速速率室内传输中是2Mb/s，超出全球增强型数据速率。

IS-136的高速速率室内传输使用1.6MHz带宽，支持的数据速率从较低速率传输到最大2Mb/s速率传输，灵活的选项能适合用户各种需求，例如时隙大小和聚集、不同通话类型的突发数据模式、调制和信道编码，支持频分双工和时分双工的工作模式。

IS-136的高速速率室内传输需要的频谱和复用频率有关，例如1.6MHz带宽的IS-136的高速速率室内传输，频率复用可以变化，系统内通话的低拥挤程度的复用因数是3，系统内通话的高拥挤程度的复用因数是9，需要的总频谱＝射频载波带宽×复用因数，由此可以计算出需要指派的频谱。1.6MHz带宽的IS-136的高速速率室内传输，在复用因数是3的低拥挤程度，射频载波的带宽是4.8MHz，在复用因数是9的低拥挤程度，射频载波的带宽是14.4MHz，射频载波的带宽在频分双工时还需要乘以2，才能得到需要的频谱值。

IS-136的高速速率室内传输在1.6MHz带宽上的数据如图5.5.8所示。

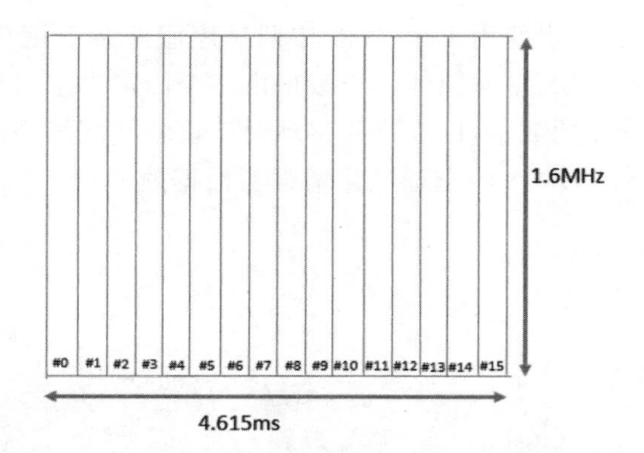

图 5.5.8　IS-136 高速室内数据 1.6MHz 带宽传输

在图 5.5.8 中,15 个时隙在 4.615ms 内完成传输,带宽是 IS-136 高速室内数据 1.6MHz。

IS-136 的高速速率室外、车载传输在 200kHz 带宽上的数据如图 5.5.9 所示。

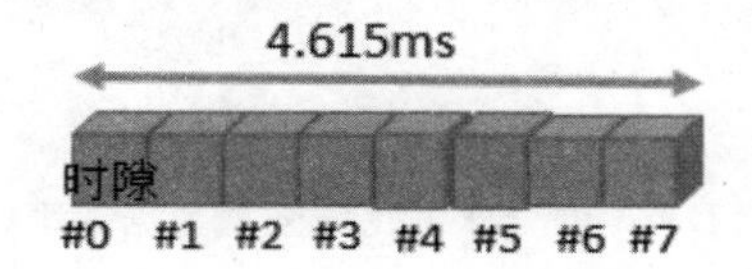

图 5.5.9　IS-136 高速速率室外数据 200kHz 带宽传输

在图 5.5.9 中,8 个时隙在 4.615ms 内完成传输,带宽是 IS-136 高速室内数据 200kHz。

IS-136 的高速速率室内传输在 1.6MHz 带宽上的传输速率的时隙可以是 1/64,1/16,如图 5.5.10 所示。

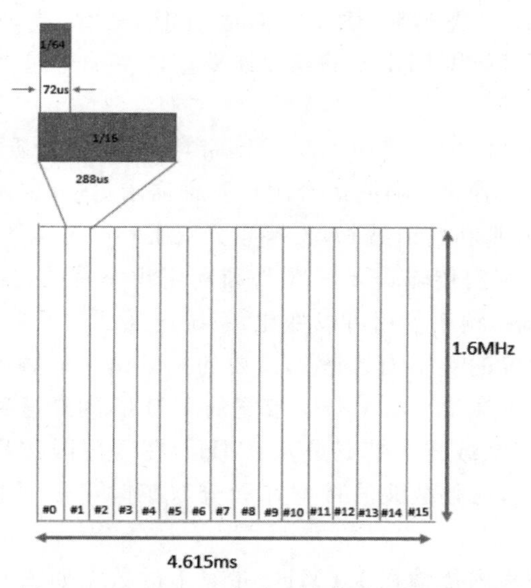

图 5.5.10　IS-136 高速室内传输的 2 种时隙

在图 5.5.10 中，IS-136 高速室内传输的 2 种时隙是 1/64 时隙的 72μs 和 1/16 时隙的 288μs。在数据传输时，不同时隙可以混合匹配，如图 5.5.11 所示。

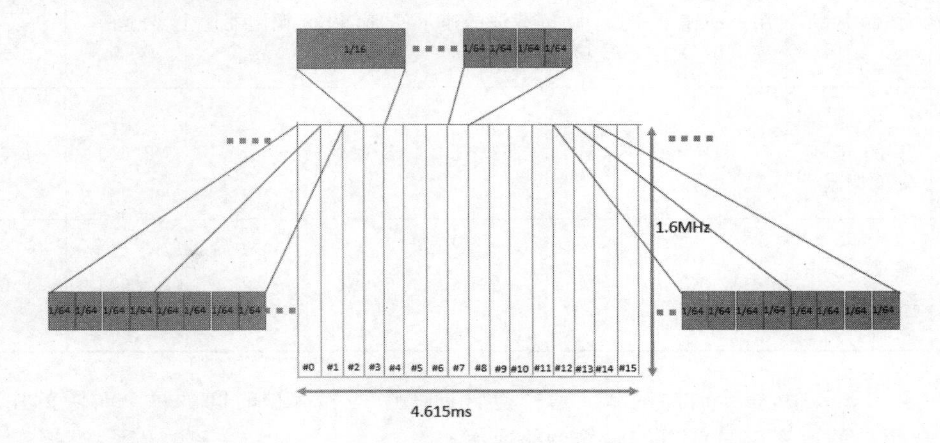

图 5.5.11　IS-136 高速速率室内传输的不同时隙传输

在图 5.5.11 中，不同时隙混合传输数据可以匹配时序传输，提供灵活的带宽需要。72μs 的 1/64 时隙一般用在 8Kb/s 到 2Mb/s 的数据传输，288μs 的 1/16 时隙一般用在 32Kb/s 到 2Mb/s 的数据传输。混合时隙传输可以实现一些用途：一是 2 个时隙类型，可以传输不同的数据速率，可以使用 1 个时隙集合的不同组合；二是 3 种数据突发模式，在时隙比特位格式的数据突发模式不同，可以优化不同的射频条件；三是多路信道编码满足不同用户的需要，例如服务质量的需要、比特位误码比值的需要、延时的需要；四是 2 个调制模式，2 种数据速率选项的调制不同，较高速率数据在传播环境中可能有较小的干扰容限；五是各个通话信道可以使用 2 种时隙的不同组合；六是如果需要维护质量服务，每隔 100ms“自适应链接”可以改变时隙的组合。

IS-136 高速速率室内传输的比特位速率和时隙如表 5.5.2 所示。

表 5.5.2　IS-136 高速速率室内传输的比特位速率和时隙

	调制类型	每个时隙用户的速率/(b/s)	集合用户的速率/(b/s)	每个时隙载波的速率/(b/s)	集合载波的速率/(b/s)	每个符号调制器比特位	调制器符号速率/(s/s)	带宽/Hz
1/64 时隙	二进制偏移的正交幅度调制	～16K	～1M	40.6K	2.6M	1	2.6M	1.6M
	四分之一偏移的正交幅度调制	～32K	～2M	81.3K	5.2M	2	2.6M	1.6M

续表

	调制类型	每个时隙用户的速率/(b/s)	集合用户的速率/(b/s)	每个时隙载波的速率/(b/s)	集合载波的速率/(b/s)	每个符号调制器比特位	调制器符号速率/(s/s)	带宽/Hz
1/16时隙	二进制偏移的正交幅度调制	～64K	～1M	162.5K	2.6M	1	2.6M	1.6M
	四分之一偏移的正交幅度调制	～128K	～2M	325K	5.2M	2	2.6M	1.6M

在表5.5.2中，每个时隙的载波速率包含训练序列和保护时间。每个时隙的用户速率、集合用户的速率都是信道编码之后的速率。

通用无线通信UWC-136的主要技术参数，如表5.5.3所示。

表5.5.3　UWC-136的主要技术指标

	IS-136＋TDMA	TDMA-EDGE	IS-136室内高速速率传输
标称带宽/Hz	30K	200K	1.6M
无线通信技术来源	TIA-136	GSM	GSM
网络设备来源	TIA-41	GSM(数据)	
服务来源	TIA-136	GSM(数据)	
最大用户速率/(b/s)	～64K	～384K	～2M
频率复用	7/21	1/3	3蜂窝小区
是否前向和反向链路都是连贯性解调	是		
需要蜂窝内部同步？	不需要		
帧时间/ms	40	4.615	

在表5.5.3中，UWC-136最大用户比特位速率是接近理想条件下，最小的内部蜂窝干扰和低速率等，TDMA-EDGE是IS-136户外、车载的指标。

3G的通用无线通信UWC-136来源于美国国家标准研究所ANSI的电信工业协会TIA/电子工业协会EIA-136，结合全球移动通信GSM的200kHz带宽开始进化，结合1.6MHz带宽子载波完成进化，主要技术支持来自TDMA服务运营商，包括贝尔、AT&T等。

第6章　无线通信原理的实验

6.1　调制与解调实验

调制是指由携有信息的电信号控制高频振荡信号的某一参数，使该参数按照电信号的规律而变化的一种处理方式。通常将携有信息的电信号称为调制信号，未调制的高频振荡信号称为载波信号，经过调制后的高频振荡信号称为已调波信号。如果受控的参数是高频振荡的振幅，已调波信号就是调幅波信号，则这种调制称为振幅调制，简称为调幅；如果受控的参数是高频振荡的频率或相位，已调波信号就是调频波信号或调相波信号，统称调角波信号，则这种调制称为频率调制或相位调制，简称为调频或调相，统称为调角。解调就是调制的逆过程，它的作用是将已调波信号变换为携有信息的电信号。

调制在无线通信系统中的作用至关重要。首先，只有馈送到天线上的信号波长与天线的尺寸可以比拟时，天线才能有效地辐射和接收电磁波。如果把频谱分布在低频区的300Hz至3kHz的调制信号直接馈送到天线上，将它有效地变换为电磁波向传输媒质辐射，天线的长度就需要几百千米，显然这是无法实现的。通过调制把信号的频谱搬移到频谱较高的载波信号频谱附近，再将这种频率足够高的已调信号加到天线上，有效传输信号的天线的尺寸就可以大大缩小。其次，接收机必须有任意选择某电台发送的信号、而且抑制其他电台发送的信息和各种干扰的能力，调制可以使各电台发送的信息加载到不同频率的载波信号上，这样接收机就能够根据载波信号频率选择出所需电台发送的信息，而且抑制其他电台的发送信息和各种干扰。

6.1.1　频率调制与解调

在频率调制FM技术中，调制体的振幅同样对频率调制起关键作用，调制体振幅影响着载波频率调制后变化的深度，假如调制信号的振幅是0，就不会出现任何调制，因此，就像在振幅调制(AM)中，调制体的频率对载波体的振幅有影响一样，在频率调制中，载波的频率变化同样受调制体振幅大小变化的影响。频谱构成中的能量分配，部分地根据频率偏离的量影响。这种偏离(Deviation，缩写为 d)是由调制振荡器产生的。当 $d=0$ 时，指没有任何调制发生。增加偏离指数就会产生边频，从而获得更大的能量，但是以牺牲载波频率的能量为代价。偏离越大，在边频之间分配的能量越宽，就会带来有振幅变化的更大的边频数。实验板如图6.1.1所示。

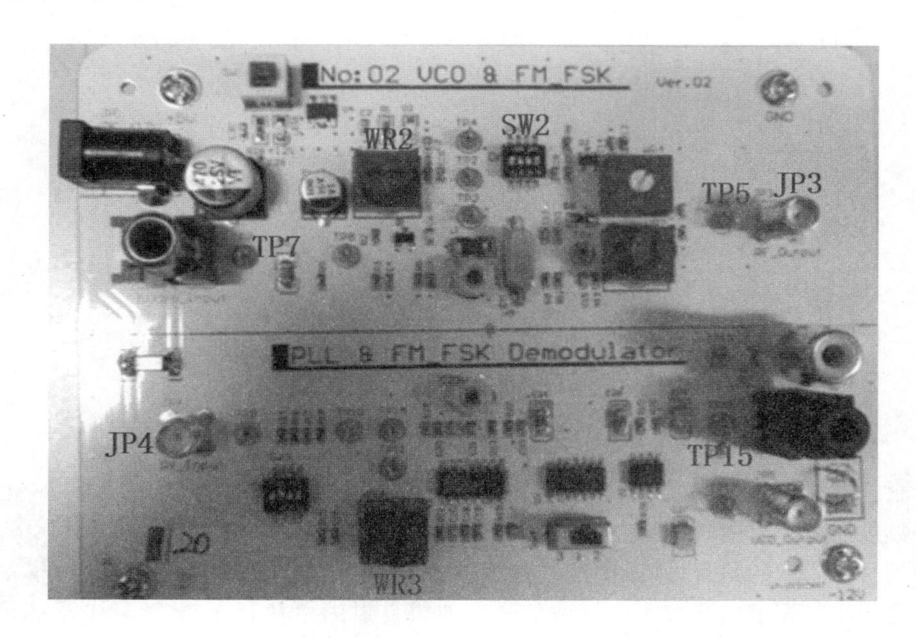

图 6.1.1 调频电路实验板

在图 6.1.1 中，实验板采用浙江大学信电学院的高频电路板，上部是调制电路，下部是解调电路。首先完成调制测量连接，SW2 全部在下面，左数第一位推上去为 LC 振荡，左数第二位推上去为晶体振荡，左数第三位推上去为压控振荡，用 WR2 调节频偏。在 TP5 测量 FM 信号，如图 6.1.2 所示。

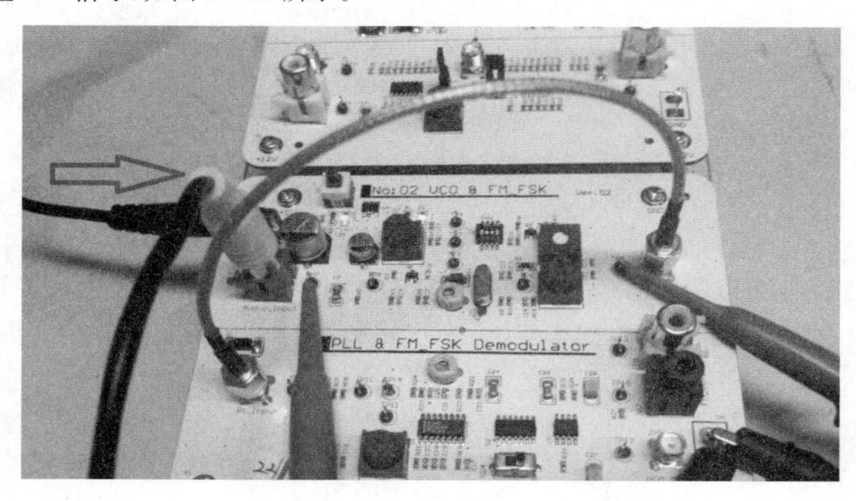

图 6.1.2 调频测量电路

在图 6.1.2 中，箭头指向的接线连接信号发生器的 1kHz 正弦信号，示波器两个探头分别连接输入信号和 FM 波信号 TP5。用 WR2 调节波形变化，看到的波形如图 6.1.3 所示。

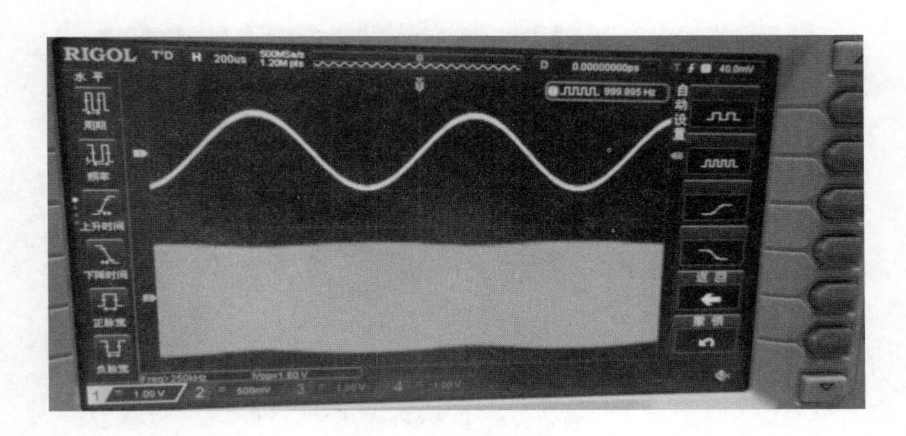

图 6.1.3　FM 调制信号

在图 6.1.3 中可以看到，FM 波随着频率改变的周期变化。改变输入信号为方波，再次查看波形。

此时把 1kHz 正弦信号输入给实验板连接线接入频谱仪，查看频谱，如图 6.1.4 所示。

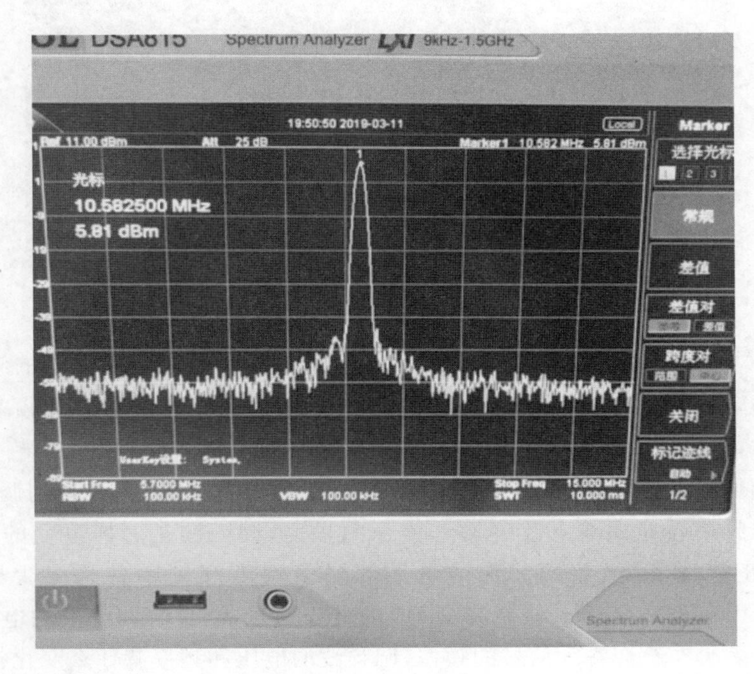

图 6.1.4　FM 的频谱分布

在图 6.1.4 中，设置频谱发生器的 FEQ 是 10.7MHz，SPAN 是 100kHz，BW 是 1kHz，AMPT 参考电平是－10dBm。连接 JP3 和 JP4，把调制信号输入给下面的解调电路板，测量 TP15 的解调信号，如图 6.1.5所示。

图 6.1.5　测量解调信号

在图 6.1.5 中，把 FM 波信号作为输入信号给解调电路，就可以查看解调信号。用 WR3 调节波形变化，如图 6.1.6所示。

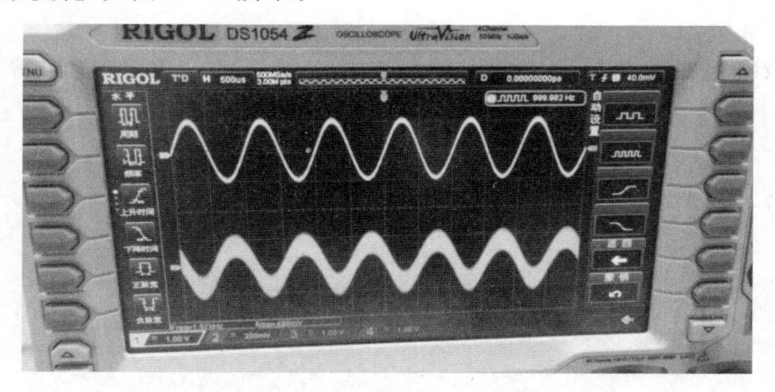

图 6.1.6　输入调制信号和解调信号的比较

在图 6.1.6 中，示波器探头，比较信号发生器的输入信号和 FM 电路的解调信号，可以比较正弦波输入信号与其经过调制解调电路之后的解调信号的幅度和频率，并且在输入方波信号时，再次比较。

经过测量可以思考 3 个问题：一是输入 1kHz、2VPP 正弦波，测量得到调频波的电压峰峰值幅度和频率各是多少？改变输入信号的幅度，调频波是怎样改变的？二是输入 1kHz、2VPP 正弦波，测量解调波形的电压峰峰值幅度和频率各是多少？三是输入 10.7MHz、2VPP、频偏 75kHz、调制波 1kHz 的 FM 信号，测量解调波形的电压峰峰值幅度和频率各是多少？改变输入信号的频偏，调频波的电压和频率有什么变化？

6.1.2　幅度调制和解调

调制是一种将信号注入载波，以此信号对载波加以调制的技术。公式如下：

$$E(t)=A\sin(2\pi f_C t+\phi) \tag{6-1}$$

式中：E 是电场强度；t 是时间。其中，幅度调制就是改变式(6-1)中的幅度 A，频率调制就是改变式(6-1)中的载波频率 f_C,相位调制就是改变式(6-1)中的相位ϕ。调制方式不同,波形也不相同。幅度调制的波形如图 6.1.7 所示。

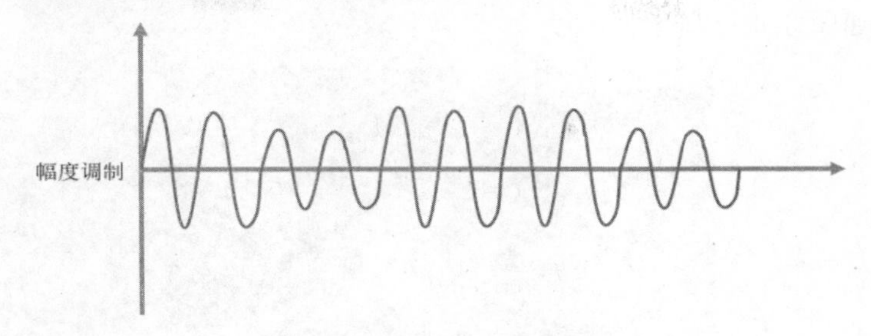

图 6.1.7　幅度调制波形

在图 6.1.7 中,AM 波的幅度随着调制信号变化。

一般来说,信号源的信息(也称为信源)含有直流分量和频率较低的频率分量,称为基带信号。基带信号往往不能作为传输信号,因此必须把基带信号转变为一个相对基带频率而言频率非常高的信号,以适合于信道传输。这个信号叫做已调信号,而基带信号叫做调制信号。调制是通过改变高频载波即消息的载体信号的幅度、相位或者频率,使其随着基带信号幅度的变化而变化来实现的。而解调则是将基带信号从载波中提取出来以便预定的接收者(也称为信宿)处理和理解的过程。

正弦载波幅度随调制信号而变化的调制,简称调幅(AM)。数字幅度调制也叫作幅度键控(ASK)。调幅的技术和设备比较简单,频谱较窄,但抗干扰性能差,广泛应用于长中短波广播、小型无线电话、电报等电子设备中。AM 信号可用相干解调和包络检波两种方法解调,若用不同的方法解调,解调器输出端将可能有不同的信噪比。在实际应用中,AM 信号的解调器通常采用简单的包络解调法,此时解调器为线性包络检波器,它的输出电压正比于输入信号的包络变化。采用的实验电路如图 6.1.8 所示。

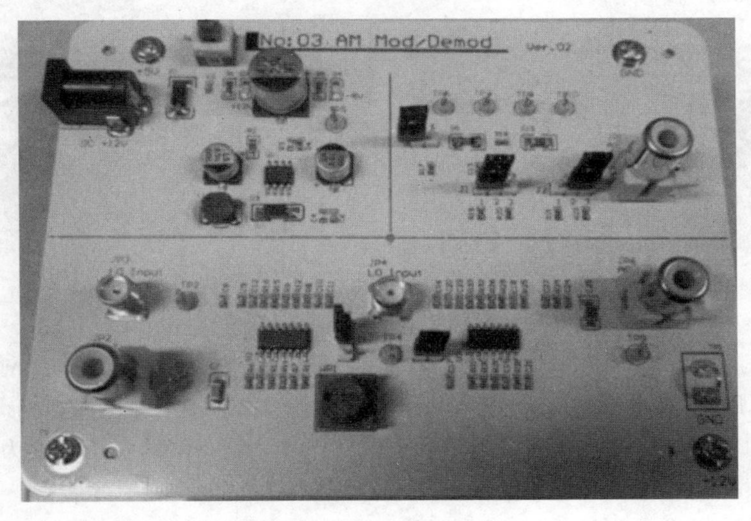

图 6.1.8　幅度调制实验板

在图 6.1.8 中采用浙江大学信电学院的高频电路板，上部左边是电源部分，上部右边是是包络检波电路，下部 JP4 的左边部分是幅度调制，下部 JP4 的右边部分是相干解调电路。连接电路如图 6.1.9 所示。

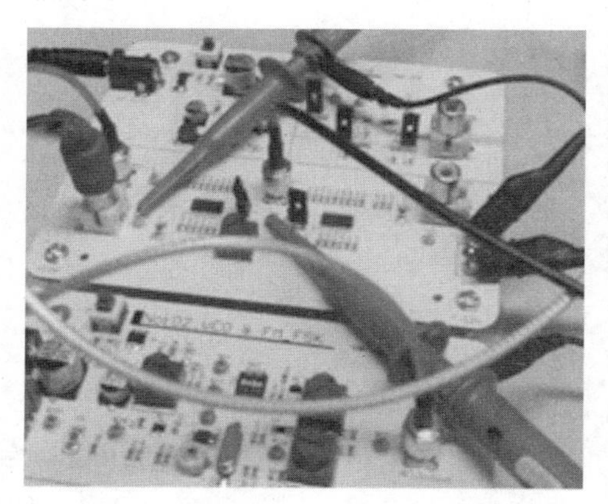

图 6.1.9 幅度调制信号测量

在图 6.1.9 中，把 1kHz，500mVPP 正弦信号输入给实验板 JP2，把 465kHz，500mVPP 正弦信号输入给实验板 JP3，短路片连接 J3 的 1、2 或者 2、3，J_4 和 J_5 的短路片不连接。把 WR1 顺时针或者逆时针旋到底。测量看到波形如图 6.1.10所示。

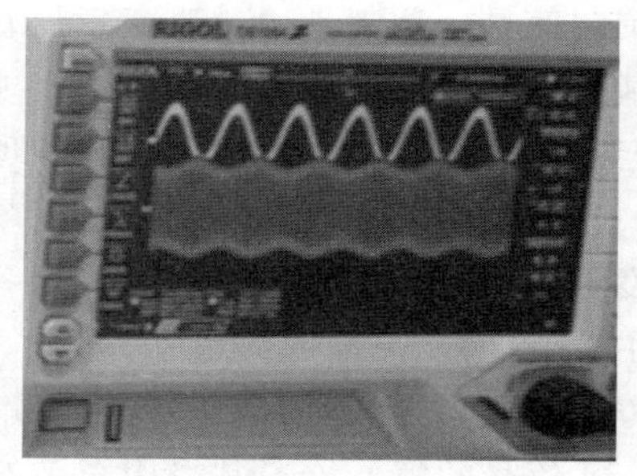

图 6.1.10 AM 波

在图 6.1.10 中显示了正弦波输入信号和 AM 波，继续旋动 WR1，此时 AM 波的调制度随着 WR1 的旋转发生改变，记录 50%、100%调制度的波形。然后查看频谱，如图 6.1.11 所示。

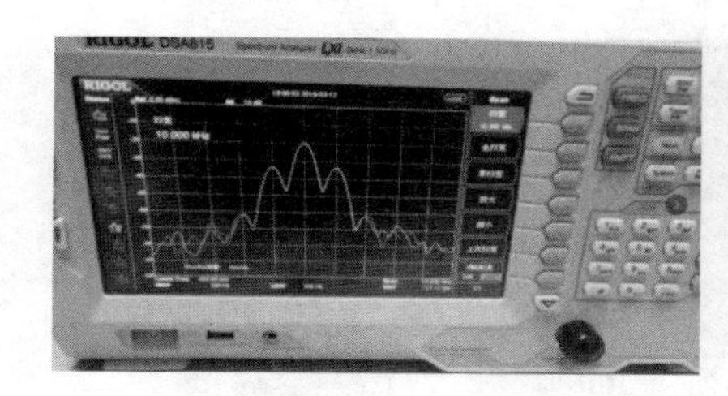

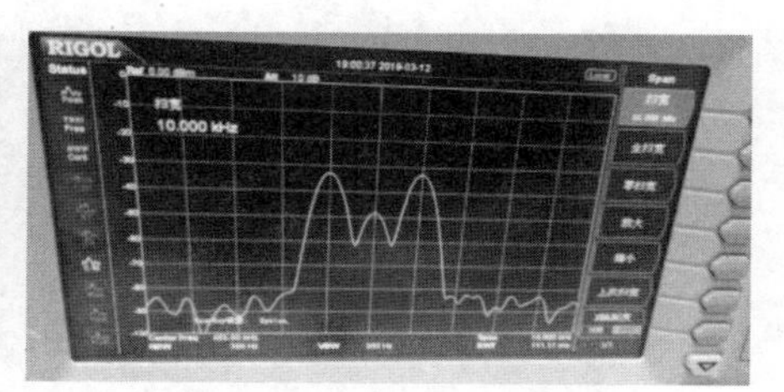

图 6.1.11 AM 波的频谱

在图 6.1.11 中，在 JP4 连接线接入频谱仪，设定 FEQ 是 465kHz，SPAN 是 10kHz，BW 是 10Hz，用 PEAK 找到最大点。转动 WR1 可以看到 100%调制的波形，可以测量双边带的频率和功率 dB，此时中间的频谱会下降。改变 465kHz 的电压幅度为 1VPP，再次测量此时的频率和功率。

用示波器的探头分别连接 TP9 和 TP3，观测示波器的波形，此时的相干解调电路需要连接 J4 的短路片，短路连接 J4 的 1 和 2，查看相干解调波形。如图 6.1.12 所示。

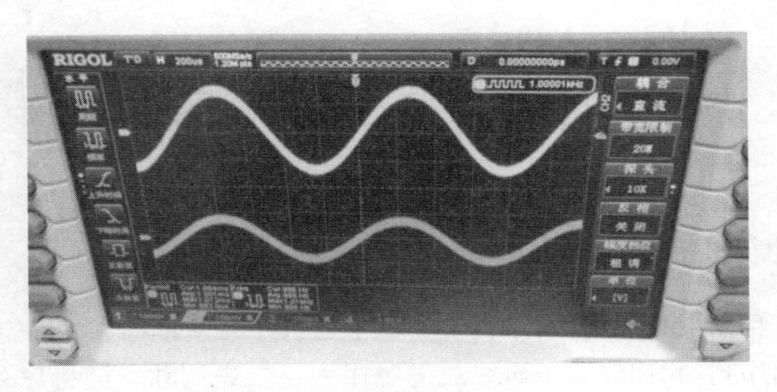

图 6.1.12　相干解调波形

在图 6.1.12 中，可以看到输入正弦信号和解调信号的幅度不同、频率相同。接着测量包络检波，连接 J5 的 1 和 2 管脚，断开 J3 和 J4，测量 TP8 的包络检波信号。如图 6.1.13 所示。

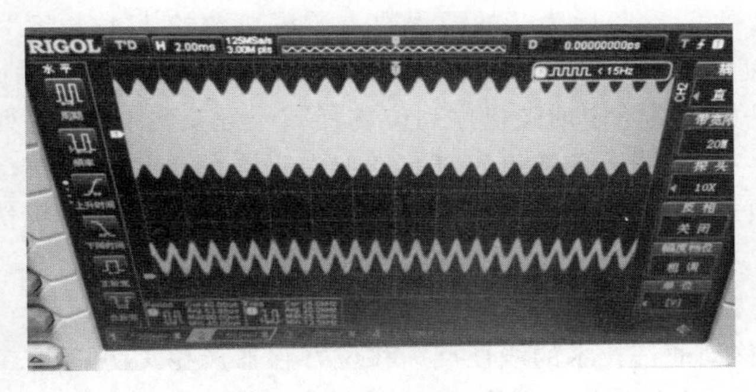

图 6.1.13　包络检波波形

在图 6.1.13 中，从 JP4 输入调制信号 465kHz，幅度 2VPP，调制波 1kHz，调制度 50％的信号。在示波器上观测解调波形。此时改变调制度为 20％和 30％，观测波形；改变 J1 的连接，观测惰性失真的波形；改变 J2 的连接，观测负峰切割失真的波形。

经过测量和分析可以思考 4 个问题：一是把 1kHz，500mVPP 正弦信号输入给实验板 JP2，把 465kHz，500mVPP 正弦信号输入给实验板 JP3，旋动 WR1，查看 AM 波形电压峰峰值、频率有什么改变？二是连接 J4，测量 TP9 和 TP3，观测相干解调波形电压峰峰值、频率，改变 WR1，它们有什么改变？三是从 JP4 输入调制信号 465kHz，幅度 2VPP，调制波 1kHz，调制度 30％的信号，连接 J5，断开 J4，测量包络检波的波形电压峰峰值、频率是多少。四是从 JP4 输入调制信号 465kHz，幅度 2VPP，调制波 1kHz，调制度 30％的信号，连接 J5，断开 J4，改变 J1、J2 的连接方式，分别判断四种连接状态时的波形是否失真？是什么失真？改变调制度为 50％和 20％时，是否有失真？各自是什么失真？

6.2 信道编码及译码实验

6.2.1 伪随机码编码

伪随机码又称伪随机序列,它是具有类似于随机序列基本特性的确定序列,是通常广泛应用的二进制序列,我们仅限于研究二进制序列。二进制独立随机序列在概率论中一般称为贝努利序列,它由两个元素(符号)0, 1 或 1, −1 组成。序列中不同位置的元素取值相互独立,取 0,取 1 的概率相等,等于 1/2。

伪随机序列具有以下三个基本特性:一是在序列中“0”和“1”出现的相对频率各为 1/2。二是序列中连 0 或连 1 称为游程,连 0 或连 1 的个数称为游程的长度,序列中长度为 1 的游程数占游程总数的 1/2;长度为 2 的游程数占游程总数的 1/4;长度为 3 的游程数占游程总数的 1/8;长度为 n 的游程数占游程总数的 $1/2n$(对于所有有限的 n),这是随机序列的游程特性。三是如果将给定的随机序列位移任何个元素,则所得序列和原序列对应的元素有一半相同,一半不同。伪随机码具有类似白噪声的自相关函数,例如,四级伪随机码产生的本原多项式为 x^4+x^3+1。利用这个本原多项式构成的 4 级伪随机序列发生器产生的序列为:

1 1 1 1 0 0 0 1 0 0 1 1 0 1 0

实施 CDMA 移动通信技术的线性反馈移位寄存器产生 I 伪随机二进制序列和 Q 伪随机二进制序列。15 位移位寄存器产生 2 个“最大长度”的伪随机二进制编码序列,这个序列被重复产生,间隔时间是 2^{15}(32768)伪随机二进制序列比特位片。如图 6.2.1 所示。

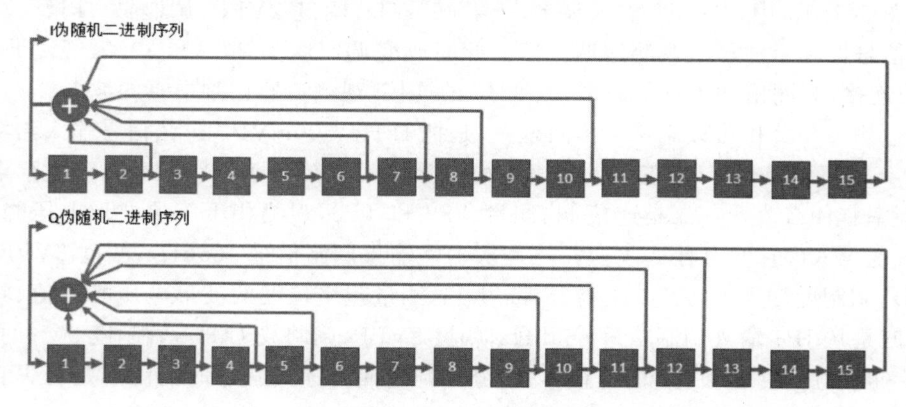

图 6.2.1 CDMA 移动通信技术的线性反馈移位寄存器

在图 6.2.1 中,15 位移位寄存器的输出信号经过不同的异或电路产生 I 伪随机二进制序列和 Q 伪随机二进制序列,也就是信道编码中的正交信号。在实验中,运用 QUARTUS II 软件,点击“FILE”→“New”→“选择”Block Diagram / Schematic File,出现一个 Block1. bdf 的编辑框,如图 6.2.2 所示。

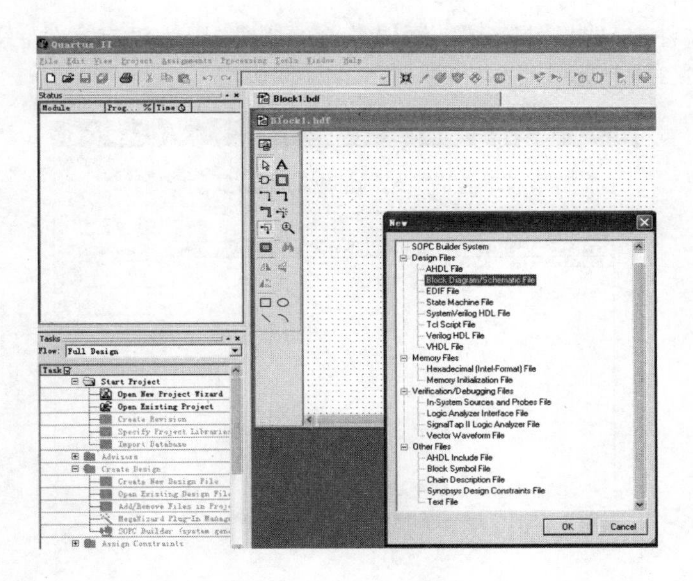

图 6.2.2 QUARTUS II 电路图界面

在图 6.2.2 中，点击“FILE”→“New”→选择“Verilog HDL File”，则出现一个“Verilog1.v”的编辑框，可以开始用 Verilog 语言编辑电路。点击“File→Open”→选择“GDF 文件”后选择“打开”，然后另存为一个“PROJECT 工程文件”，选择“是”。如图 6.2.3 所示。

图 6.2.3 创建工程文件

然后跳出如图 6.2.4 所示的对话框，选择“Next”。

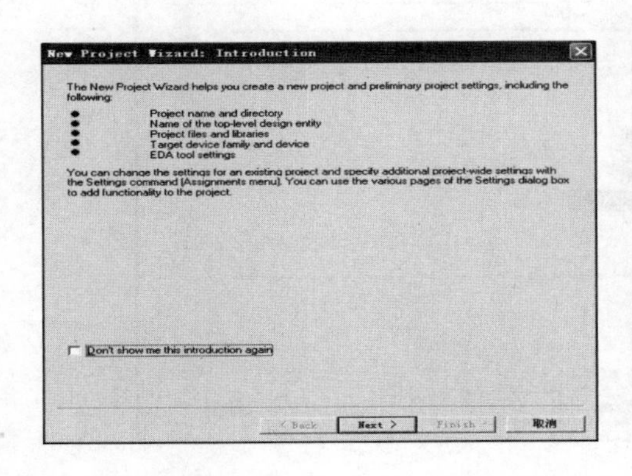

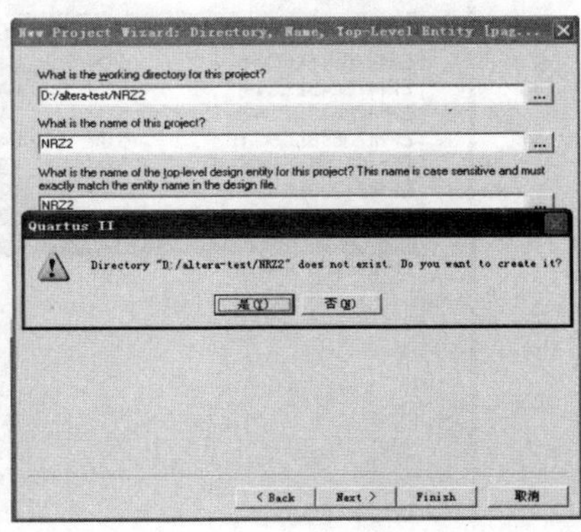

图 6.2.4 选择路径

建立工程文件夹，选择“Next”。添加需要的文件，因为没有文件，只需要继续选择“Next”。如图 6.2.5 所示。

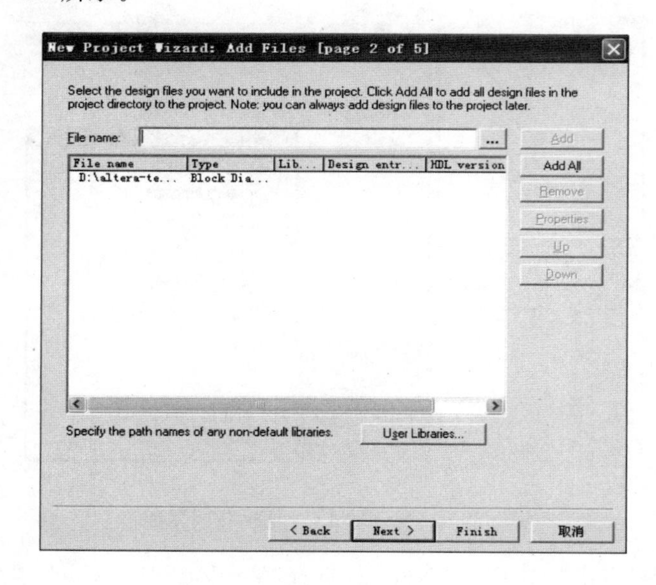

图 6.2.5 添加已有的工程文件

然后需要核对芯片信息，如图 6.2.6 所示，选择“Next”。

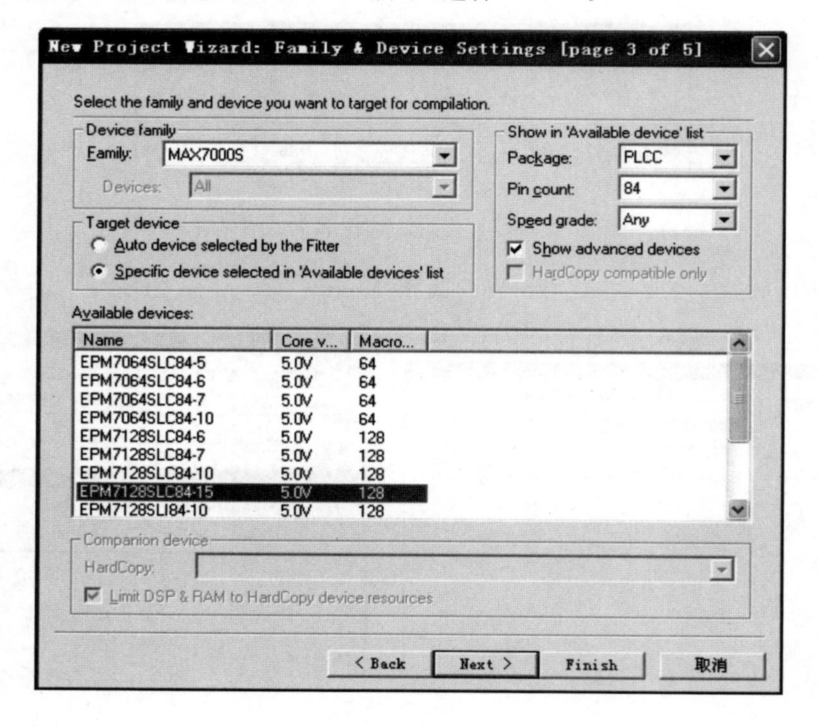

图 6.2.6 选择芯片类型

选择 MAX7000S 系列的 EPM7128LC84-15,点击“Next”。如图 6.2.7 所示。

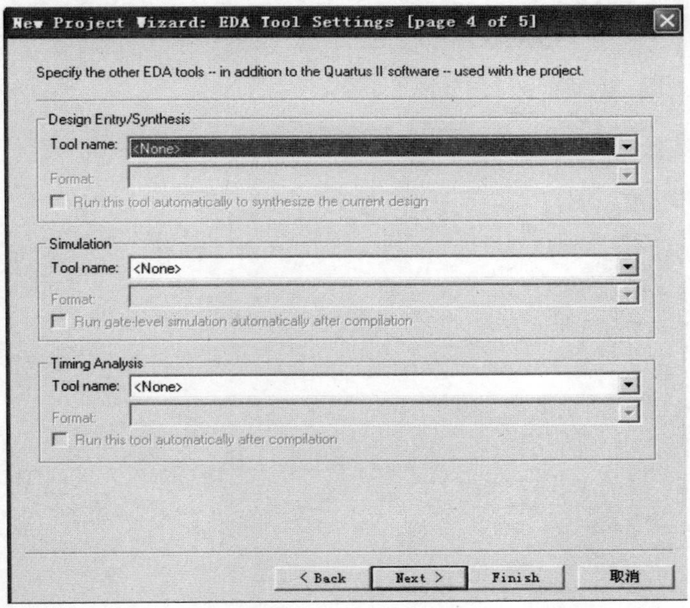

New Project Wizard: EDA Tool Settings [page 4 of 5]

Specify the other EDA tools -- in addition to the Quartus II software -- used with the project.

Design Entry/Synthesis
Tool name: <None>
Format:
Run this tool automatically to synthesize the current design

Simulation
Tool name: <None>
Format:
Run gate-level simulation automatically after compilation

Timing Analysis
Tool name: <None>
Format:
Run this tool automatically after compilation

< Back | Next > | Finish | 取消

图 6.2.7 设计参数

在图 6.2.8 中选择“Finish”。

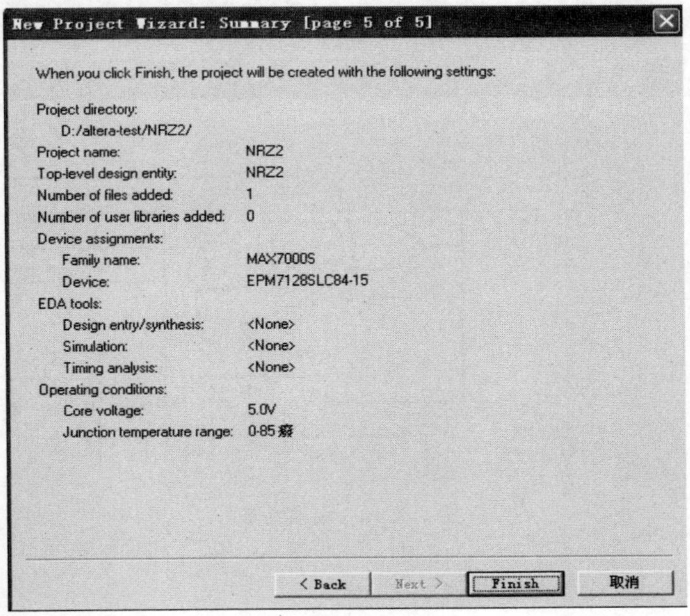

New Project Wizard: Summary [page 5 of 5]

When you click Finish, the project will be created with the following settings:

Project directory:
D:/altera-test/NRZ2/
Project name: NRZ2
Top-level design entity: NRZ2
Number of files added: 1
Number of user libraries added: 0
Device assignments:
Family name: MAX7000S
Device: EPM7128SLC84-15
EDA tools:
Design entry/synthesis: <None>
Simulation: <None>
Timing analysis: <None>
Operating conditions:
Core voltage: 5.0V
Junction temperature range: 0-85 癈

< Back | Next > | Finish | 取消

图 6.2.8 完成工程创建

然后在文件夹中选择“Open”中“Project”，如图 6.2.9 所示。

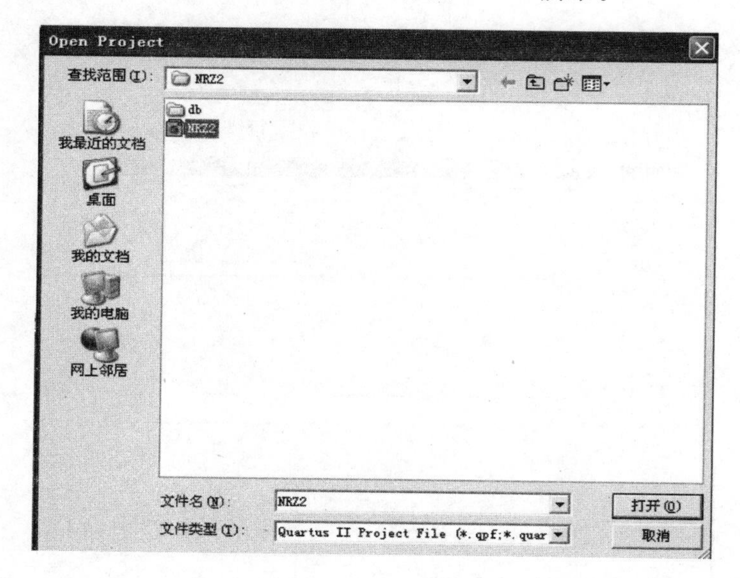

图 6.2.9　打开文件

绘制电路图，完成电路图然后点击编译按钮，开始检查线路图，并生成下载文件 POF 文件。如图 6.2.10 所示。

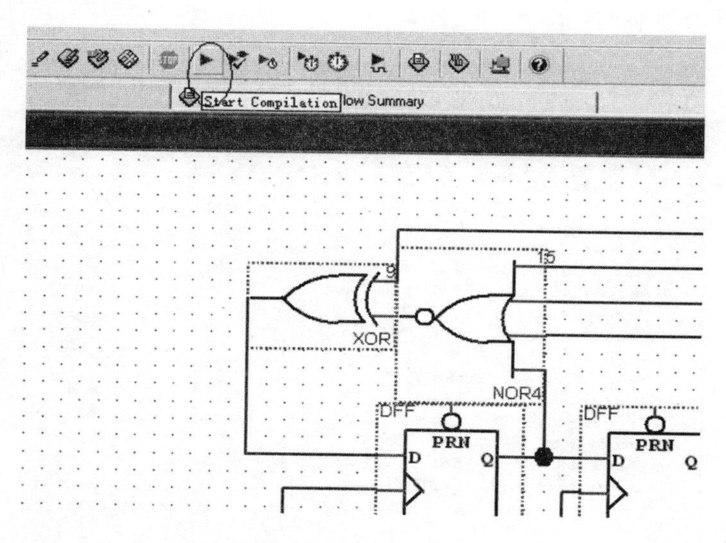

图 6.2.10　编译电路

然后回注管脚。选择菜单“Assignment”,找到“Back Annotate Assignments”,如图 6.2.11 所示。选择后显示如图 6.2.12 所示,选择“OK”。

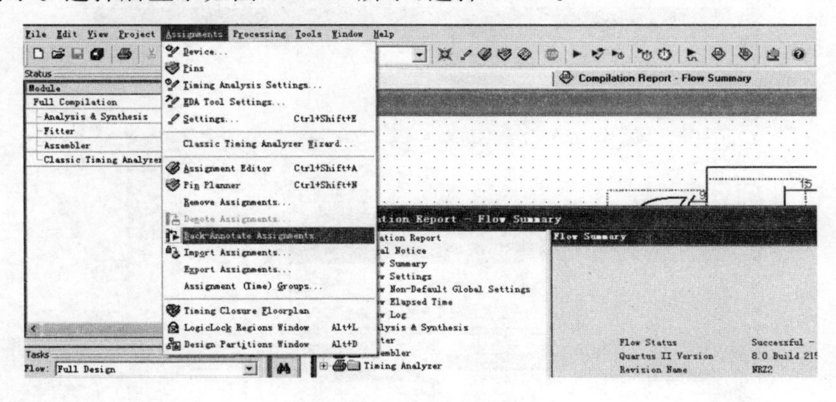

图 6.2.11 标注管脚

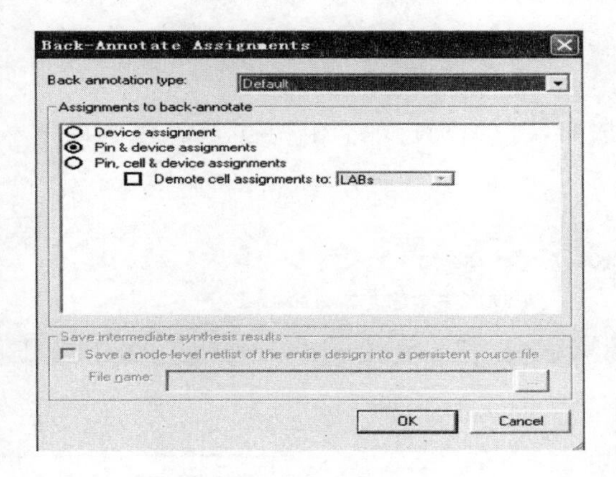

图 6.2.12 自动标注管脚

回到电路图,双击“管脚”,可以进行按照电路输出的需要修改管脚编号。如图 6.2.13 所示。

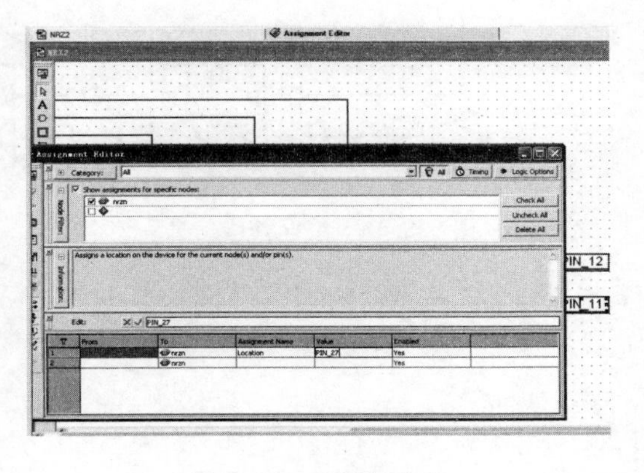

图 6.2.13 编辑管脚

输入管脚编号,然后选择"是"。如图 6.2.14 所示。

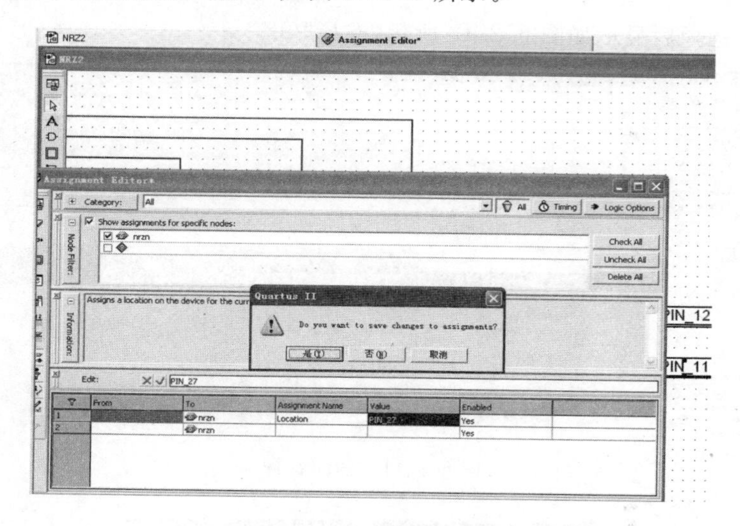

图 6.2.14　保存管脚

再次点击"编译"按钮,再次检查线路图,并生成新管脚的下载文件 POF 文件。如图 6.2.15 所示。

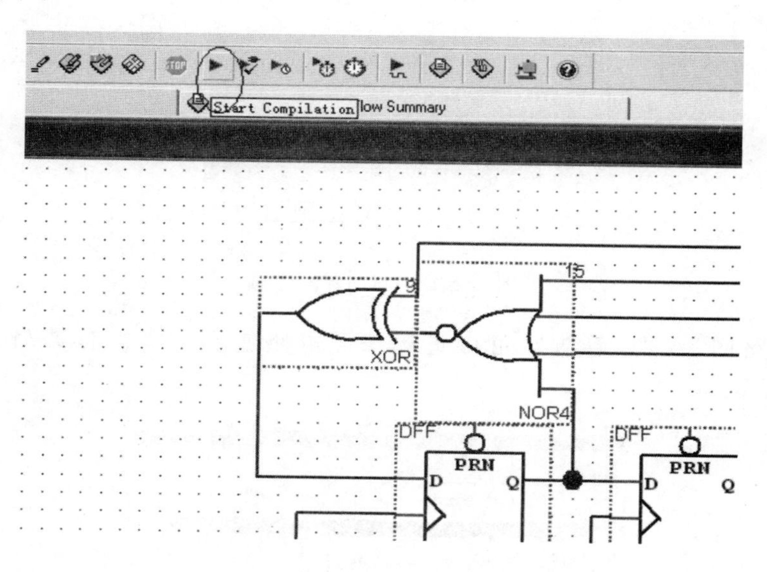

图 6.2.15　编译管脚信息

绘制仿真波形图,查验电路,选择"File"→"New"→"Vector Waveform File"和"OK"。如图 6.2.16 所示。

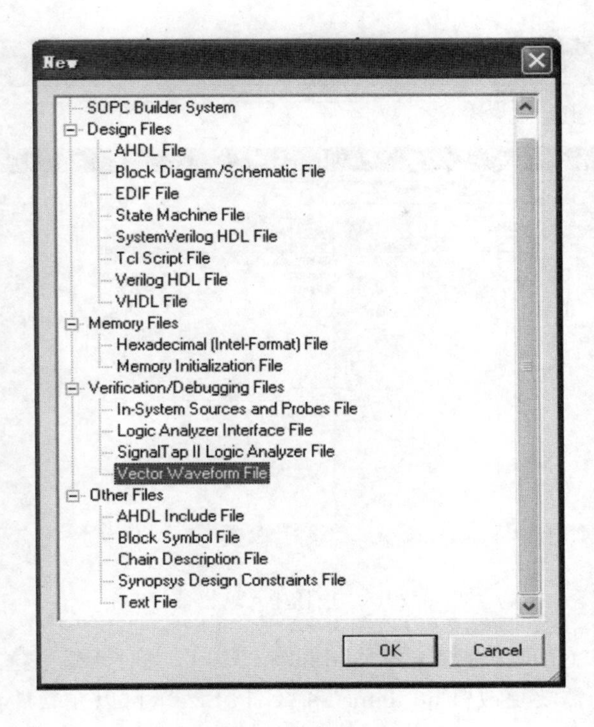

图 6.2.16　选择波形仿真

在波形图界面点击鼠标右键，“Insert Node or bus”，如图 6.2.17 所示。

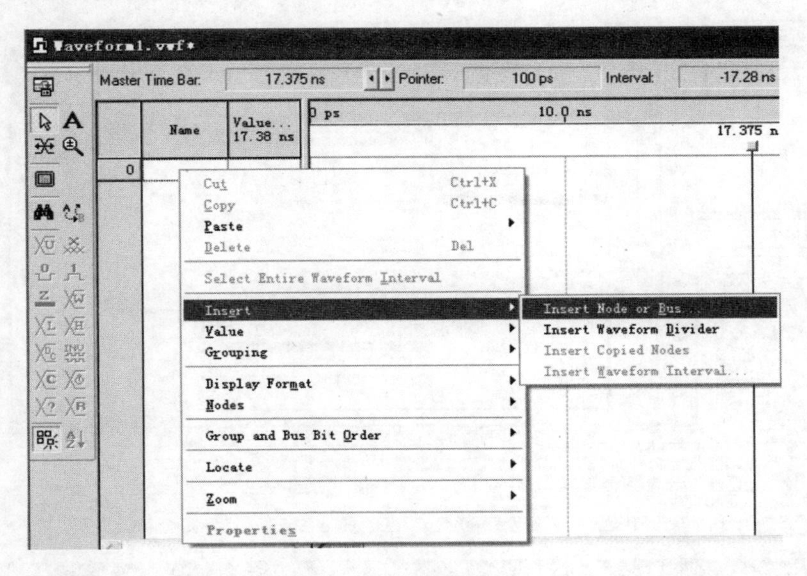

图 6.2.17　建立电路节点

选择“Node Finder”，点击“List”，点击中间第二个“Copy All to Selected Nodes List”，然后点击“OK”，再“Insert Node or Bus”的对话框中再点击 OK。如图 6.2.18 所示。

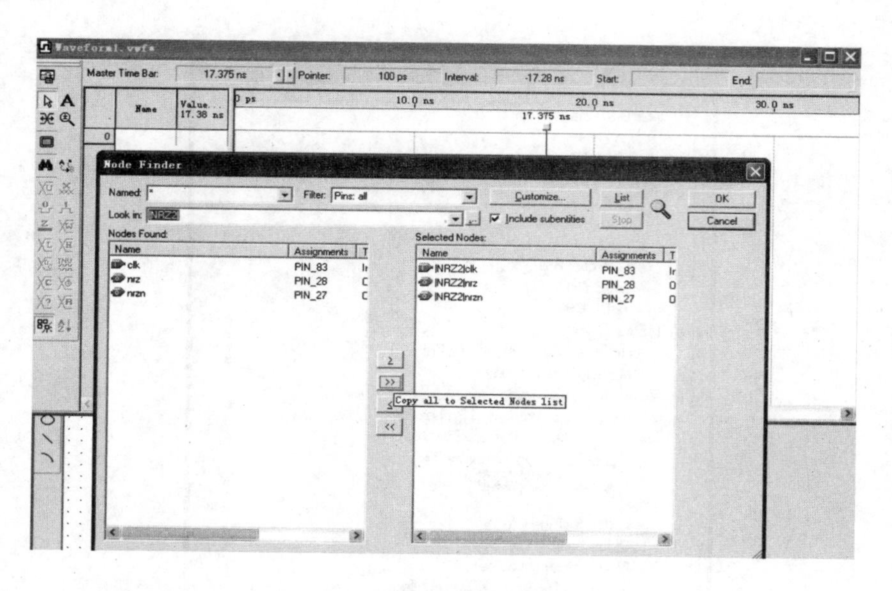

图 6.2.18　选择输入输出信号

编辑 CLK，点击“CLK”，右键选择“Value”和“Clk”，在对话框中选择时钟的周期和起止时间，点击“OK”。需要更改“End Time”和“Grid Size”，可以在软件菜单“Edit”中进行。如图 6.2.19 所示。

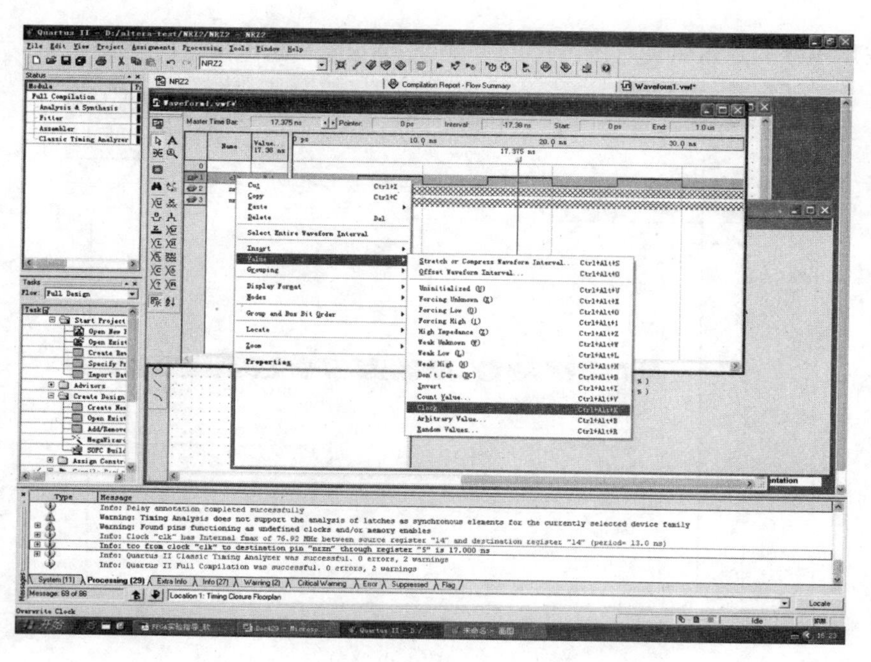

图 6.2.19　修改仿真时间

时钟的结束时间可以在“Edit→End Time”修改。输入时钟信号，如图 6.2.20 所示。

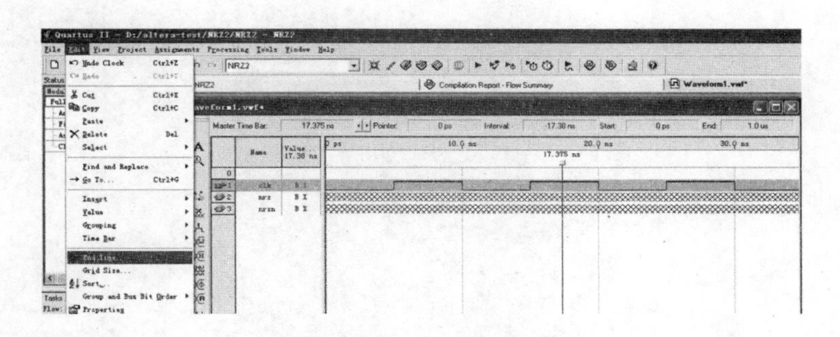

图 6.2.20 输入信号设置

保存 VWF 文件,如图 6.2.21 所示。如果本地输入时钟和输出波形之间有延时,则在 Assignment 的 Simulation Setting 中取消 TIMING SIMULATION,选择"Functional Simulation",然后在"Processing"中选择 Generate functional simulation netlist,之后选择波形仿真,运行结果就是本地输入时钟和输出波形之间没有延时。

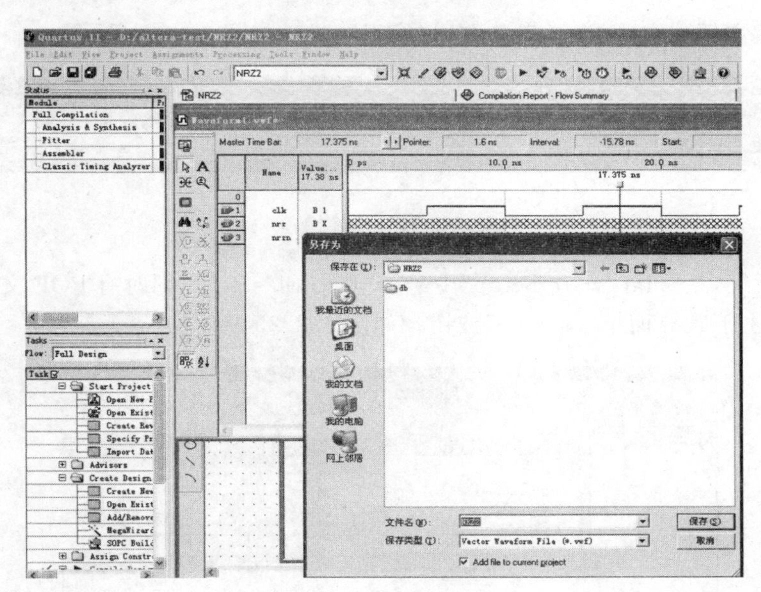

图 6.2.21 保存波形设置文件

点击"仿真运行"蓝色按钮,如图 6.2.22 所示。

图 6.2.22 仿真运行

得到运行后的输出管脚的波形,如图 6.2.23 所示。

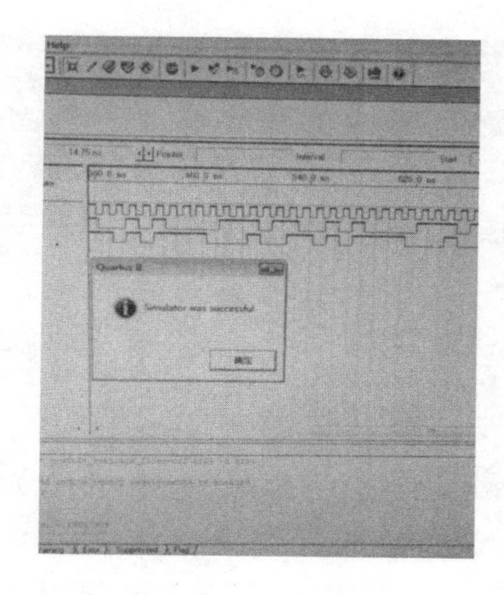

图 6.2.23 仿真波形

然后下载文件到实验板上，点击右边“编程”按钮，如图 6.2.24 所示。

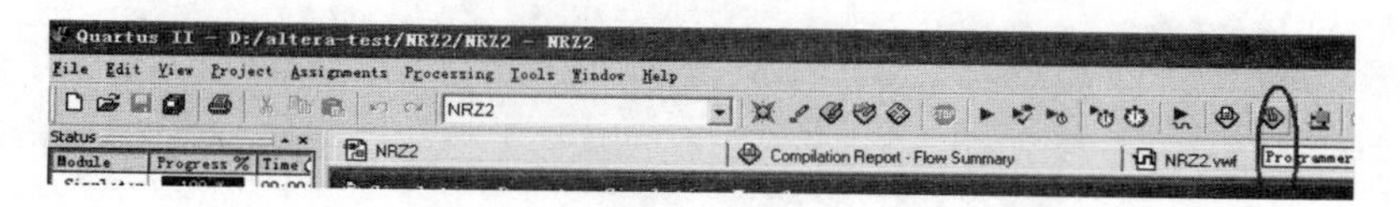

图 6.2.24 文件编程

跳出对话框，在“Hardware Setup”中显示“Usb-Blaster”。同时有 POF 文件在下载界面，就可以点击下载界面上的“Start”按钮。如图 6.2.25 所示。

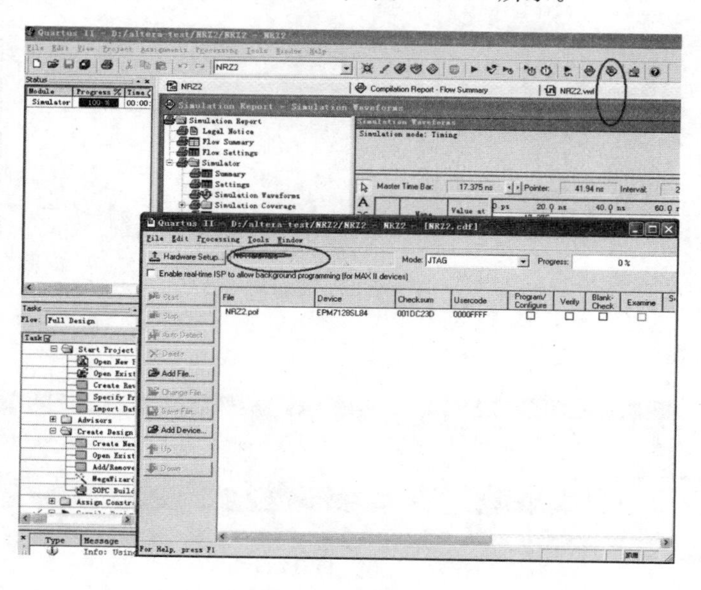

图 6.2.25 下载编程

当Program为100%时,下载完成。此时可以在示波器上用探头连接相应管脚,开始查看波形。探头打到X10档,示波器通道上打到"交流"、"载波限制打开"和"X10",就可以看见整齐的波形了。核对此时的波形是否和仿真波形一致?如果一致,则实验正确完成,否则需要修改电路图或者VERILOG语言。如图6.2.26所示。

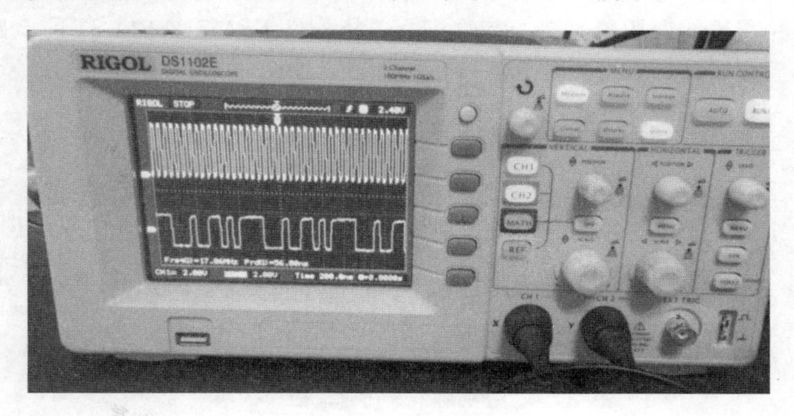

图6.2.26 测量波形

6.2.2 信道编码

常用的编码有AMI码、HDB3码、CMI码等。线路编码的选择应满足下列原则:基带信号或经简单非线性变换后能够产生位定时线谱;对传输频带低端受限的信道,传输码型频谱中应不含直流分量;尽量减少基带信号频谱中高频分量,以节省传输频带、减少串扰。

信道编码的输入信号就是伪随机序列码,通过数字电路把伪随机序列码编码成为AMI码、HDB3码、CMI码等。

在AMI码中,用"0"和"1"分别代表空号和传号。AMI码编码规则是:二进制信息中的"0"变换为三元码的"0",二进制信息中的"1"交替地变换为"+1"和"−1"的归零码,通常脉冲宽度为码元宽度的一半。这种正、负极性脉冲交替出现,所以没有直流分量,低频分量也很小,AMI码仍保持二进制序列的连"0"个数,当连"0"很长时,会影响位定时提取。为了保证位定时提取性能及信号正常再生,线路传输中一般要求连"0"码个数不超过15个。这方面,HDB3码对AMI码进行了改进。

HDB3码在编译时,连"0"个数被限制为≤3。HDB3编码方法是,当信息中出现连"0"个数≤3时,HDB3码即是AMI码;当信息中出现4个(或以上)连"0"时,就用特定码组来取代,这种特定码组称为取代节。HDB3码有两种取代节:"B00V"和"000V"。其中B表示符合极性交替规则的传号,V表示破坏极性交替规则的传号,称为"破坏点"。这两种取代节的选取规则是:使任意两个V脉冲间的B脉冲数目为奇数。这样,相邻V脉冲的极性也满足交替变化规律,达到整个信号保持无直流分量的目的。HDB3码的波形不是唯一的,它与出现四连"0"码之前的状态有关。

作为三电平编码,在实验板上产生波形是按照2路信号来实现的,最后通过传输线变压器的工作，使其中一路反向，成为负电平，和原来的另一路组合成为具有＋1、0、－1三个电平的HDB3编码信号，并且在示波器上观测波形。

在同步时钟的作用下，输入的NRZ码流经过HDB3编码电路输出两路单极性码，这两路单极性码再送到“单/双极性变换”电路，产生出双极性归零的HDB3码。单/双极性变换电路采用传输线变压器实现。实验板上选择器件EPM7128SLC84的2路信号分别从64和65管脚中输出。首先仿真运行，观测波形，如图6.2.27所示。

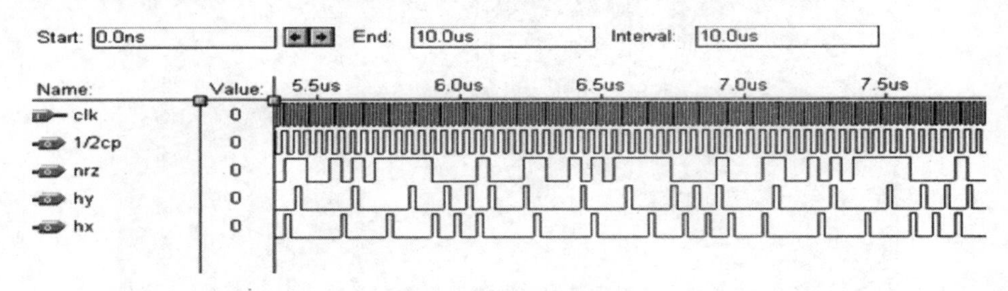

图6.2.27 仿真波形

根据编码规则查验仿真波形，当仿真波形正确时，才能下载设计到实验板，在实验板上用示波器观测。

6.2.3 译码

从HDB3编码原理可知，信码的V脉冲总是与前一个非零脉冲同极性，因此在接收到的脉冲序列中可以很容易辨认破坏点V，于是断定V符号及前面三个符号必是连“0”符号，从而恢复四个连“0”码，即可以得到原信息码。HDB3译码器主要由三部分组成：双/单极性变换电路、位定时恢复电路、HDB3反变换。

进行HDB3译码时，需要从码流中恢复出同步时钟信号，由于HDB3码不存在长连零，因此很容易进行位定时恢复，HDB3反变换实验需要HDB3信号源，选择器件EPM7128SLC84实验板，可提供HDB3信号源。如图6.2.28所示。

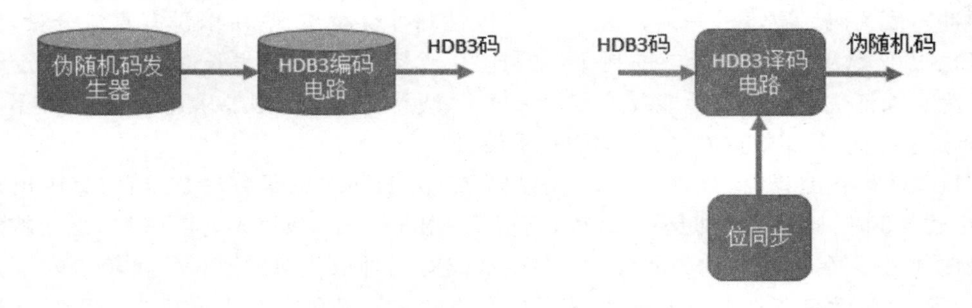

图6.2.28 HDB3译码的信号源

首先仿真运行，观测波形，如图6.2.29所示。

波形正确，才能下载设计到实验板，在实验板上用示波器观测，完成HDB3译码。

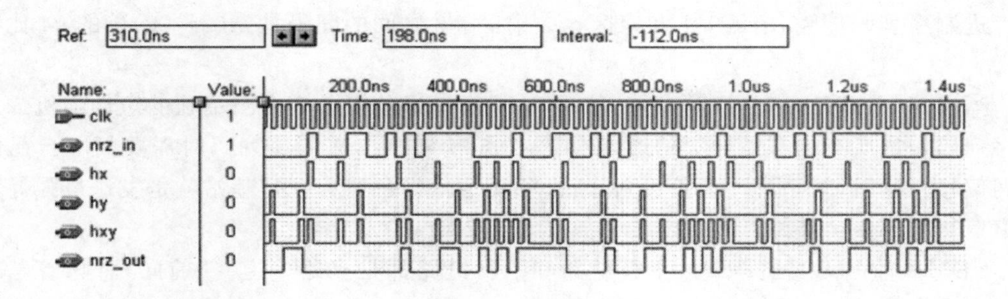

图 6.2.29 HDB3 译码仿真波形

同样,可以完成 AMI、CMI、差分编码等的编码和译码实验。在这些编码中,伪随机序列码信道编码中最常用。前向无线通信链路和反向无线通信链路的短训练序列、长训练序列都和随机发生码有关,在 QUATURS 中可以使用的代码编程也可以应用在卷积编码、分组交织、加扰、调制、解调,实现 3G 及其以上的传输速率的无线通信链路的发射和接收,具有重要的实践价值。

6.3 3G 短码与长码的生成实验

6.3.1 短码的生成

在 CDMA 基站传输的导频信道,使用同样的短序列码(伪随机二进制序列),但是各个扇区短序列伪随机二进制码之间的间隔依次是 64 比特位的倍数关系,倍数的范围是 2～10,间隔 64 比特位也就是间隔 52μs。如图 6.3.1 所示。

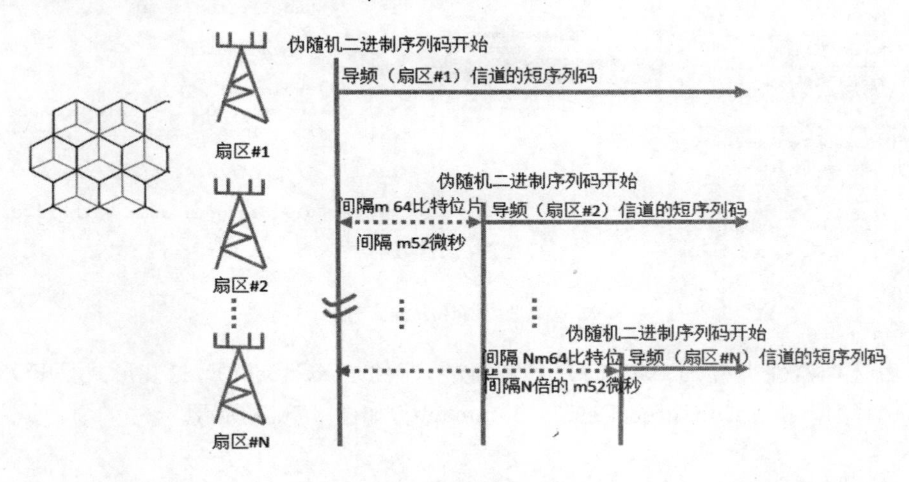

图 6.3.1 CDMA 基站导频信道

在图 6.3.1 中,CDMA 无线通信蜂窝小区覆盖的范围内导频信道用同一个短码伪随机二进制序列码传输，扇区＃1 和扇区＃2、扇区＃3 之间的间隔是 m(2～10)倍的 64 比特位片。

当 CDMA 基站发送导频信道的信号，一个移动通信设备用自己单独的短伪随机二进制序列码扫描所有的基站导频信道，使用这个短伪随机二进制序列码时需要间隔自己的时间偏移。这时，对于移动通信设备来说，移动通信设备“自己的”基站就是发送最强导频信道信号的那一个基站。

CDMA 前向无线通信载波上行链路和下行链路都是多路信道。“前向”意味着基站传输到个人移动通信设备，有 64 个信道，用 64 个沃尔什码区别；控制信道包括导频信道、同步信道、寻呼信道 1 至 7 个；通话信道用于语音或数据通话，是除了控制信道之外的其余信道。64 个沃尔什码在蜂窝小区的每一个扇区都允许 64 个信道的传输，在扇区的 1.25MH射频载波上，这 64 个信道是由 64 个不同的沃尔什码和扇区的导频信道的短伪随机二进制序列码及其时间偏移组合而成的。

在 XILINX 9.0 软件中用 FPGA 代码生成短码。打开软件，创建新的工程项目，并保存在相应的路径。如图 6.3.2 所示。

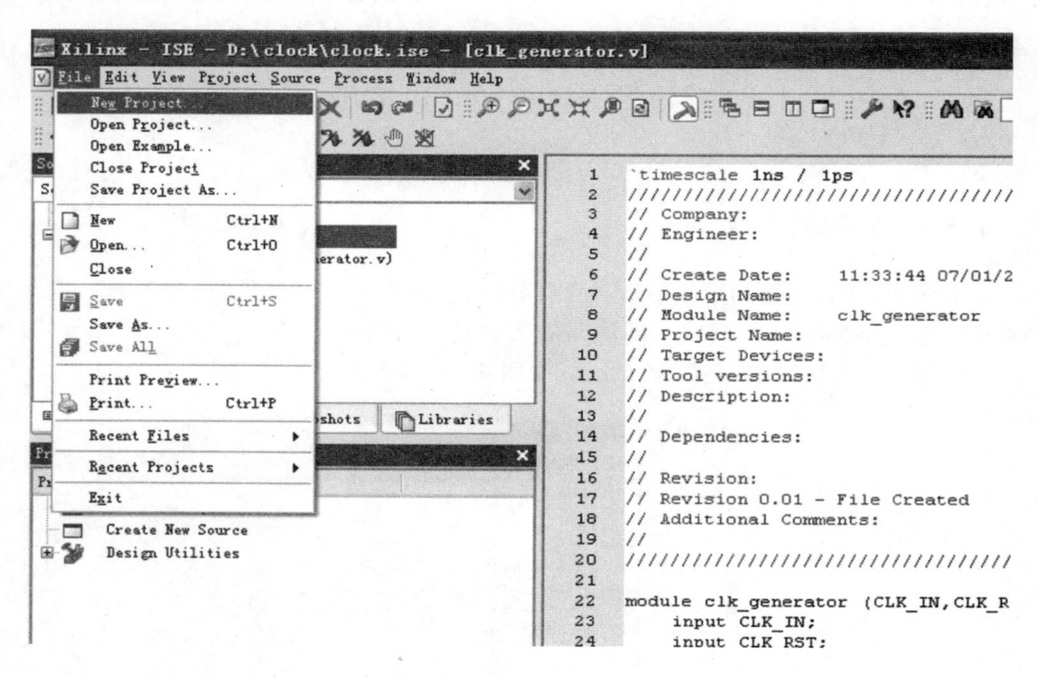

图 6.3.2　创建工程文件夹

然后选择器件类型 SPARTEN 3E 和封装，器件是 XC3S500E，封装形式是 FG320，速度－4，选择“Enable Enhanced Design Summary”，如图 6.3.3 所示。

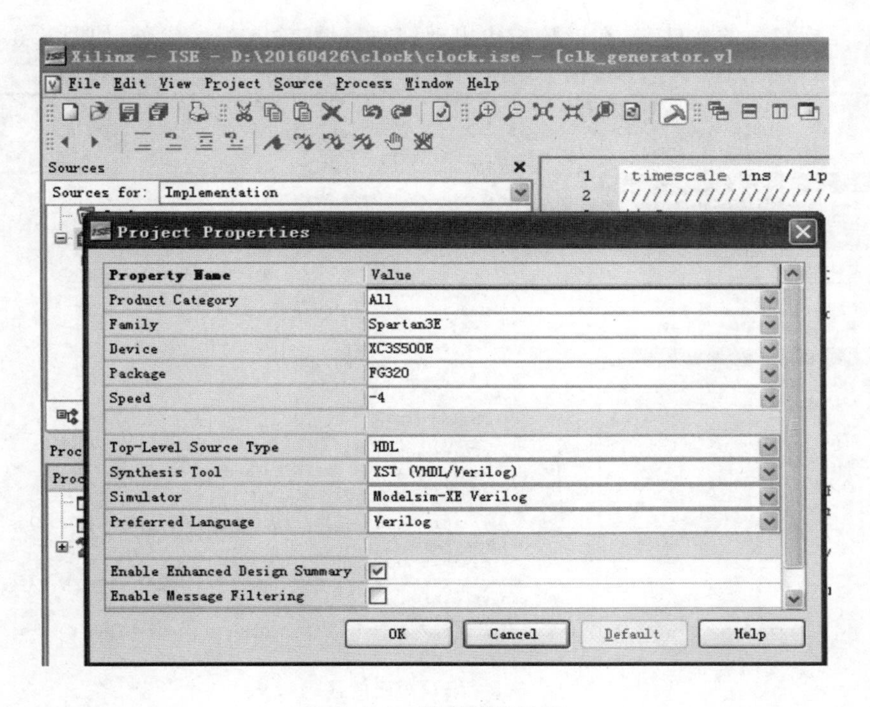

图 6.3.3　器件型号选择

在工程界面选择“xc3s500e-4fg320”，点击“右键”，选择“new source”，选择“Verilog Module”，并输入文件名，点击“Next”，如图 6.3.4 所示。

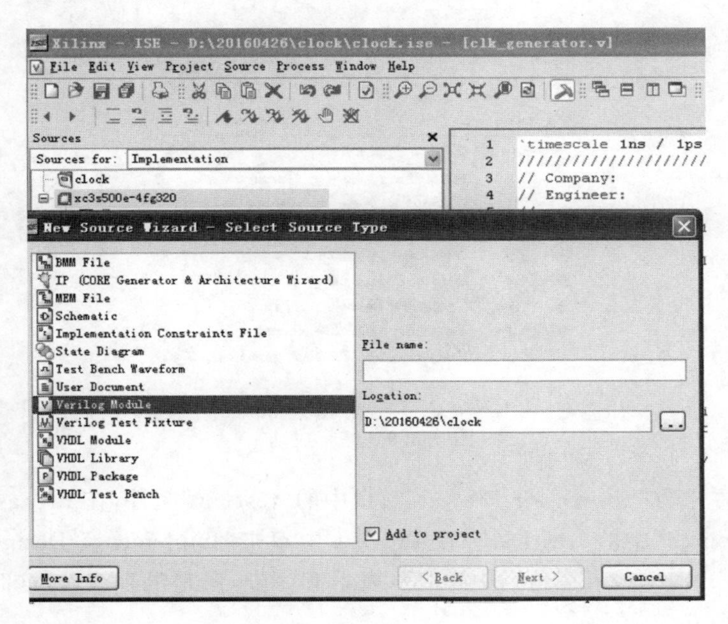

图 6.3.4　创建文件名称

双击屏幕左边的文件名，在屏幕右边出现编写区域，输入程序代码，如图 6.3.5 所示。

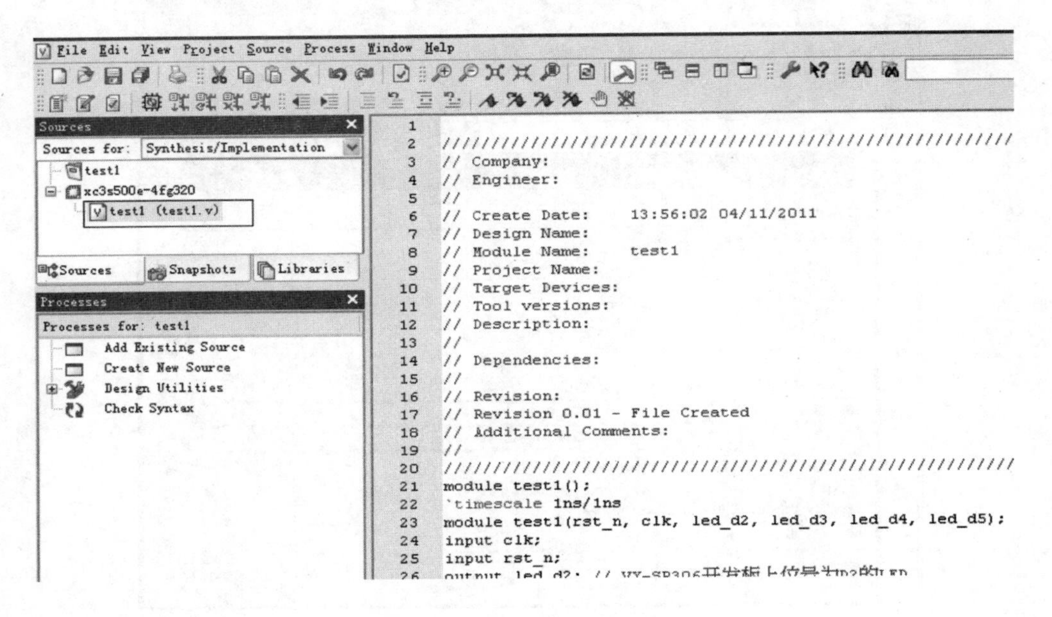

图 6.3.5　编写短码的代码

双击屏幕左边的 Processes 进程窗口中的 Synthesize-XST，对设计进行综合。综合没有错误，则出现绿色的√标记，如图 6.3.6 所示。

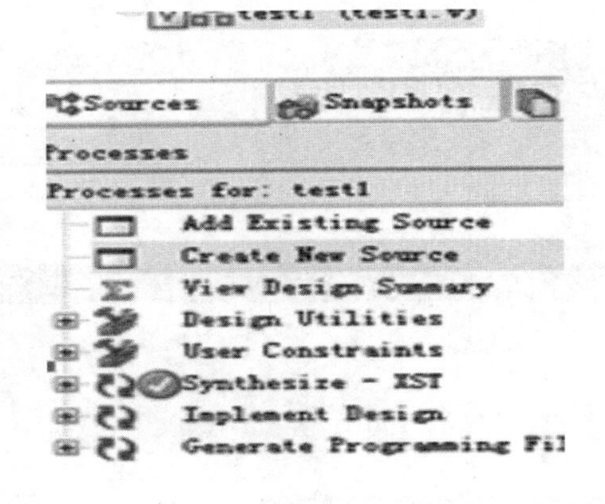

图 6.3.6　综合成功

选中屏幕左上方“Source for Project”窗口中的“test1. v”文件，在 Processes 进程窗口中双击选中“Source”中的“test1. v”，在 Process 中双击“Implement” Design，进行编译。完成出现圆圈中有√，或者三角△中有“!”，表示有警告，但是没有错误，这时可以继续后面的步骤。如图 6.3.7 所示。

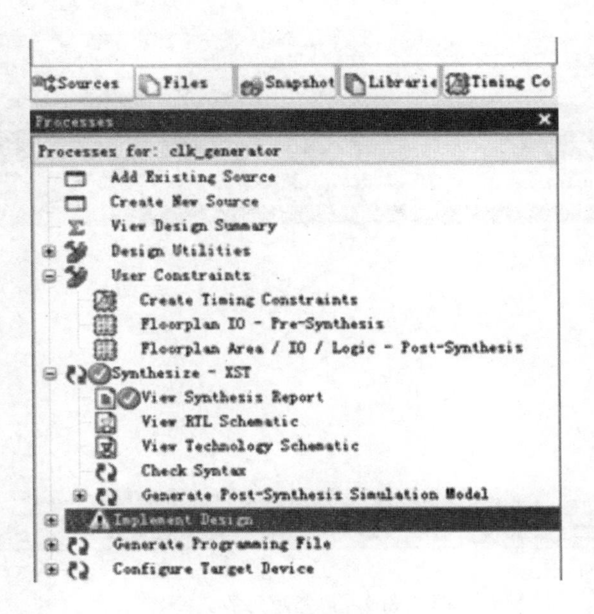

图 6.3.7　编译成功

选中“Source”中的“test1. v”，鼠标右键点击“New Source”，选择“Test Bench Waveform”，输入文件名，如图 6.3.8 所示。

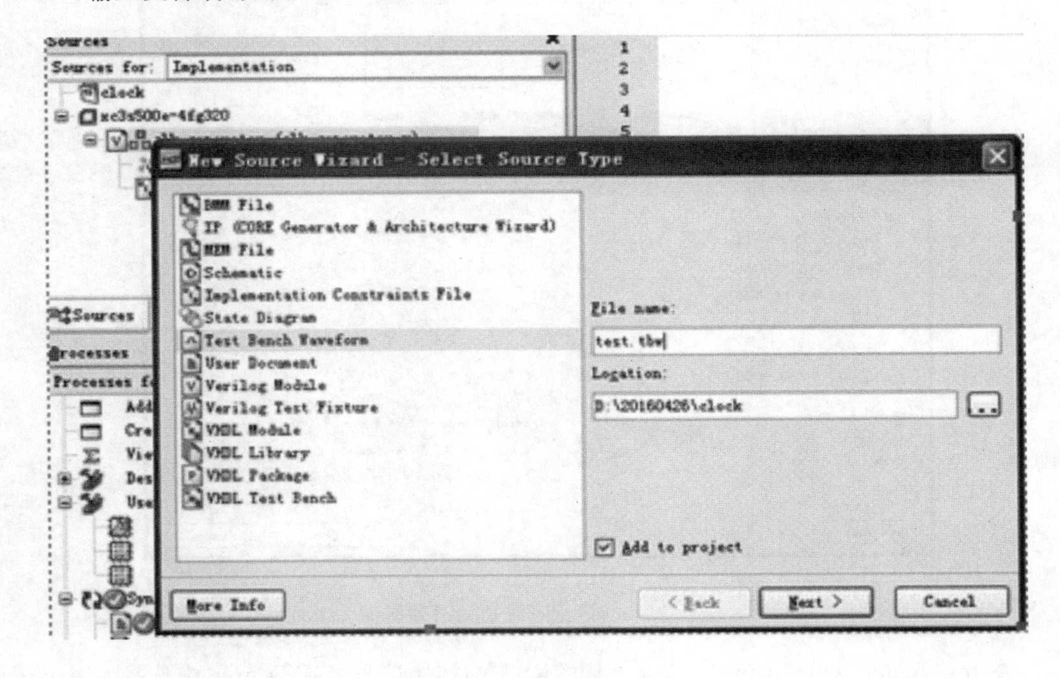

图 6.3.8　创建波形文件

选择相应的源文件，这里源文件是 test1. v，点击“Next”，点击“Finish”，如图 6.3.9 所示。

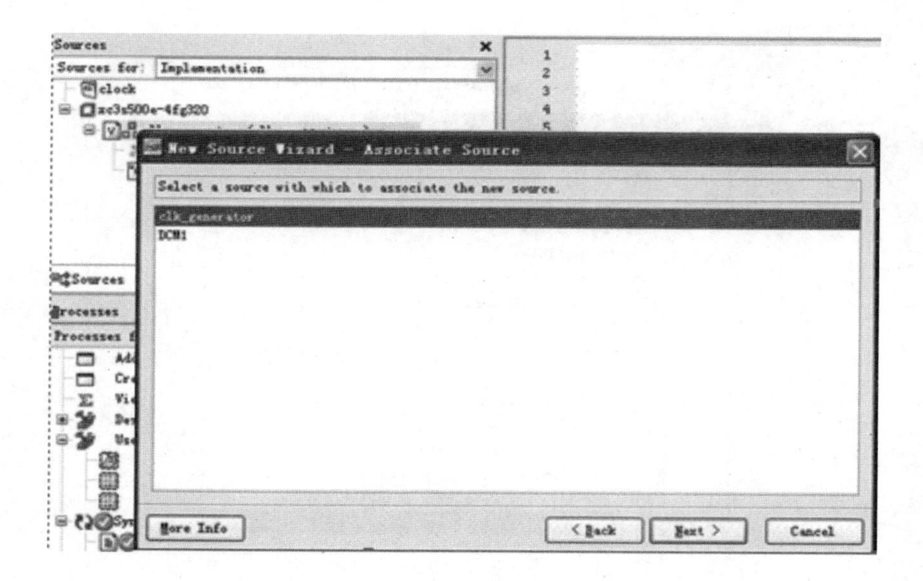

图 6.3.9 选择短码的文件名

设定时钟初始化，点击“Finish”，如图 6.3.10 所示。

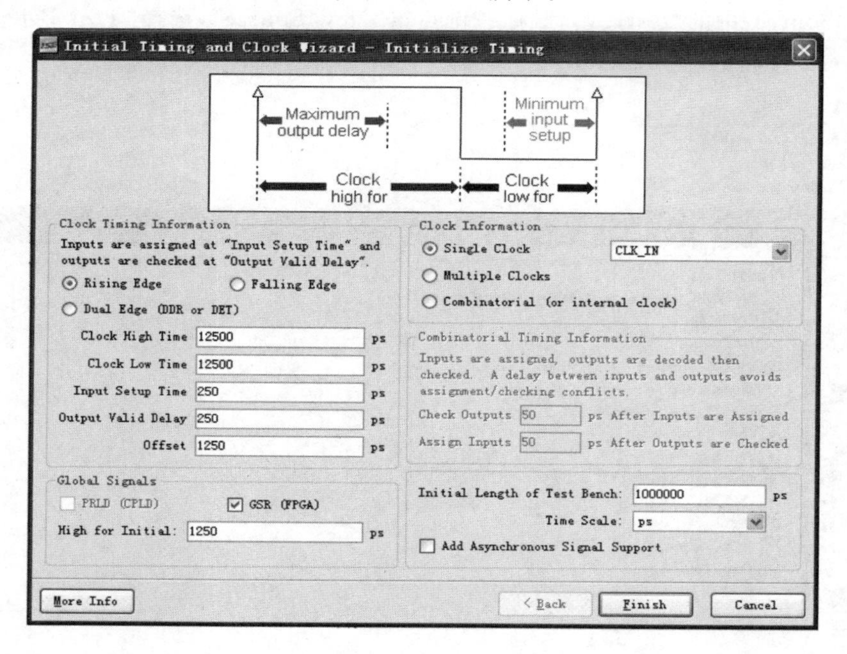

图 6.3.10 设定系统初始时钟周期

在 test bench waveform 中，设定 CLK_RST 的初始信号。在 Source 中选择 behavior simulation 出现 test. tbw，选中 test. tbw，查看波形。或者在 Processes 进程中选择“simulator post-map model”并双击。如图 6.3.11 所示。

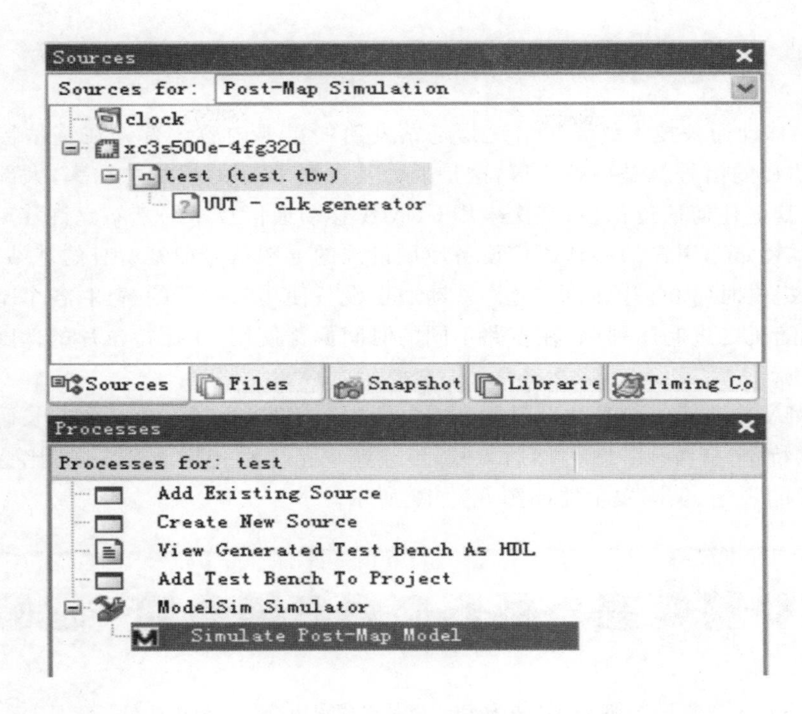

图 6.3.11　仿真运行

出现 modelsim 的仿真波形，用 zoom out 和移动下面的边框，查看完整的波形图。如图 6.3.12 所示短码序列。

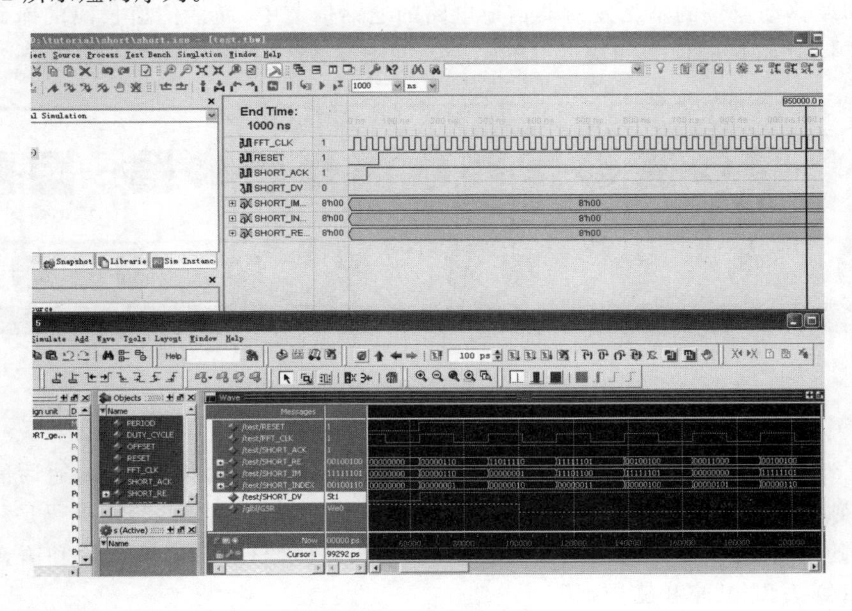

图 6.3.12　短码序列波形

查看短码的波形，撰写实验报告。

6.3.2 长码的生成

CDMA 移动通信技术的导频信道是基站发射的重要内容。首先在基站传输的信号中最强、最明显的信号就是导频信道，这是因为其占据 15%的基站总功率，大部分导频信道的功率比其他任何信道都强；其次采用 CDMA 移动通信技术的基站允许移动通信设备寻找和准备“锁定”，用户的移动通信设备使用最强的导频信号搜索所有的基站，而且基站为其他信道提供时序和相位同步，允许移动通信设备使用“连贯”的解调；各个基站使用自己同一个伪随机二进制序列码、在多路不同的时间偏移使用 64 比特位片的伪随机二进制序列。

在 CDMA 移动通信的基站发射器信道电路中，长码发生器产生长码。长码的长度是 4.41 万亿比特位，持续 41.4 天，然后重复，传输速率是 1 秒传输 1.2288 兆比特位片。根据 ANSI-95 的规定，长码发生器如图 6.3.13 所示。

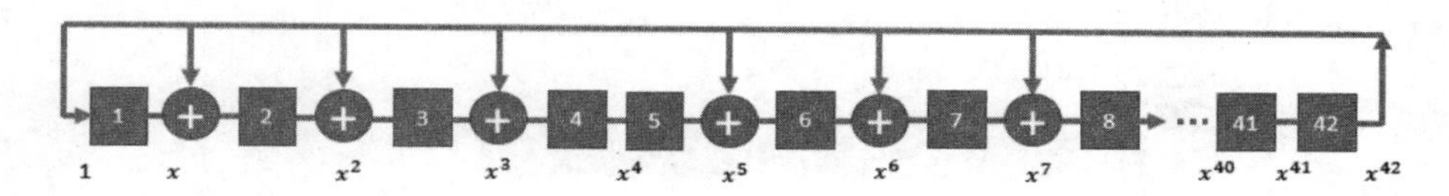

图 6.3.13 CDMA 移动通信基站信道电路的长码发生器

在图 6.3.13 中，42 个触发器在异或运算和反馈信号的共同作用中生成 4.4 万亿个比特位码。

CDMA 移动通信的基站发射器信道电路的通话信道中，通话信道长码的掩码是长码发生器和 42 比特位的模 2 加法运算的结果。如图 6.3.14 所示。

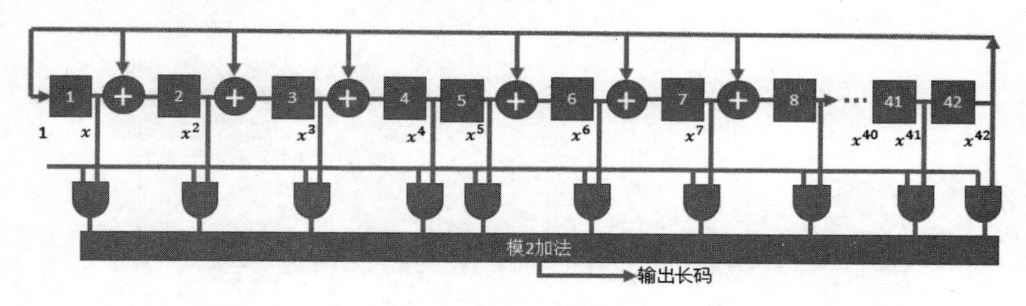

图 6.3.14 通话信道的长码

在图 6.3.14 中，通话信道的长码是基本长码被修改之后的长码掩码，通话信道的长码掩码是独特的“公共”或者“私密”长码掩码，总长度是 42 位。公共长码掩码是移动通信设备终端的 32 位电子序列号码的简单置换，私密长码掩码使用“蜂窝认证和语音加密算法”的加密算法和“共享秘密数据”。

采用 CDMA 移动通信技术的基站通话信道传输器的主要功能是在导频信道产生伪随机二进制序列码、形成伪随机二进制序列码的同相分量 I 和伪随机二进制序列码的 90°

相位分量 Q，然后根据基站分配的增益系数进行增益控制；在同步信道和沃尔什码 W_{32} 异或，产生同步信道的同相分量 I 和同步信道的 90°相位分量 Q，然后根据基站分配的增益系数进行增益控制；在寻呼信道和沃尔什码 W_{P1} 异或，产生寻呼信道的同相分量 I 和寻呼信道的 90°相位分量 Q，然后根据基站分配的增益系数进行增益控制。长训练序列主要用于精确的频率偏差估计和信道估计。从频域来看，场训练序列符号与政策 OFDM 符号一样由 53(包括直流处一个取"0"值的空符号)个子载波组成，分别占据从 −26～26 的子信道。为了简化接收端的信道估计运算，传输的数据是 BPSK 调制。在 IEEE 802.11a 标准中，也有对应的规定。按照 FPGA 软件的步骤运行长码的代码，得到长码仿真波形，如图 6.3.15所示。

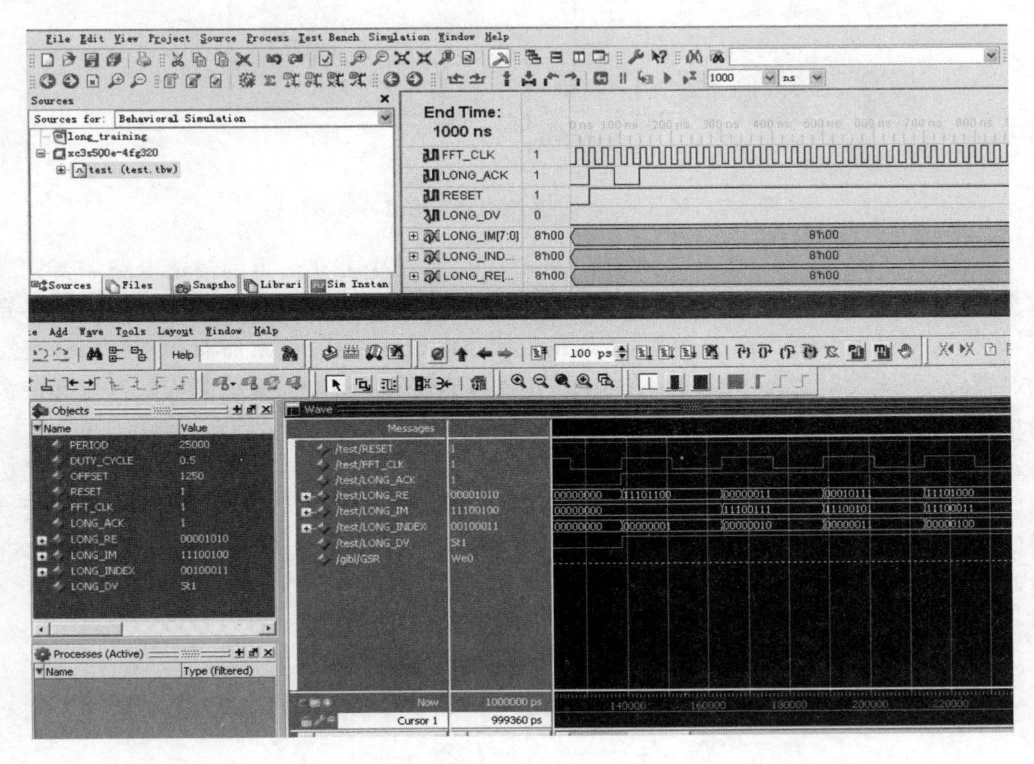

图 6.3.15　长码的仿真波形

6.4　3G 前向和反向无线通信链路的相关实验

在 3G 技术中，cdma2000、W-CDMA、UWC-136 的前向无线通信链路、反向无线通信链路中的信道电路都有共用的技术。

3G 码分多址多路接入 cdma2000 系统中的多路用户通话，为了实现不同比特位速率传输的需要，也为了不同种类移动通信设备终端的能力，必须建立专用补充信道，实现更加有效的媒体接入控制，如图 6.3.16 所示。

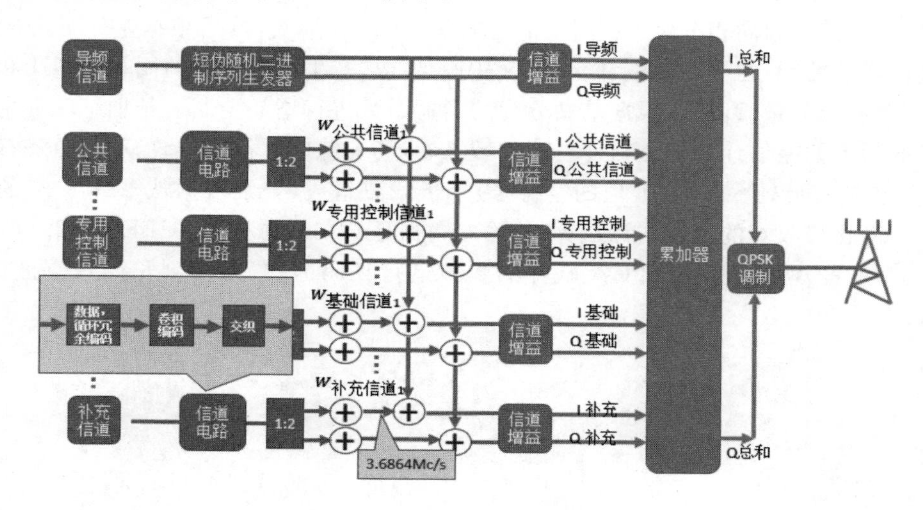

图 6.3.16　cdma2000 系统中补充信道的信道结构

在图 6.3.16 中，码分多址多路接入 cdma2000 系统中补充信道的信道电路需要完成数据的循环冗余编码、卷积编码和交织，然后分成两路信号和沃尔什码的补充信道编码异或，成为速率是 3.684Mc/s 的数据，进入信道增益电路，然后经过累加器和正交相移键控调制器，从天线发射到自由空间。在实际应用中，单独的信道电路板或者模块可以支持多路信道。

3G 宽带码分多址多路接入 W-CDMA 的前向无线通信链路，通过基站发射器实现功能。根据 ETSI 3G TS25.213 文件规定，宽带码分多址多路接入 W-CDMA 的前向无线通信链路的基站发射器的结构包括许多信道、信道电路、信道增益、累加器和正交相移键控调制器，如图 6.3.17 所示。

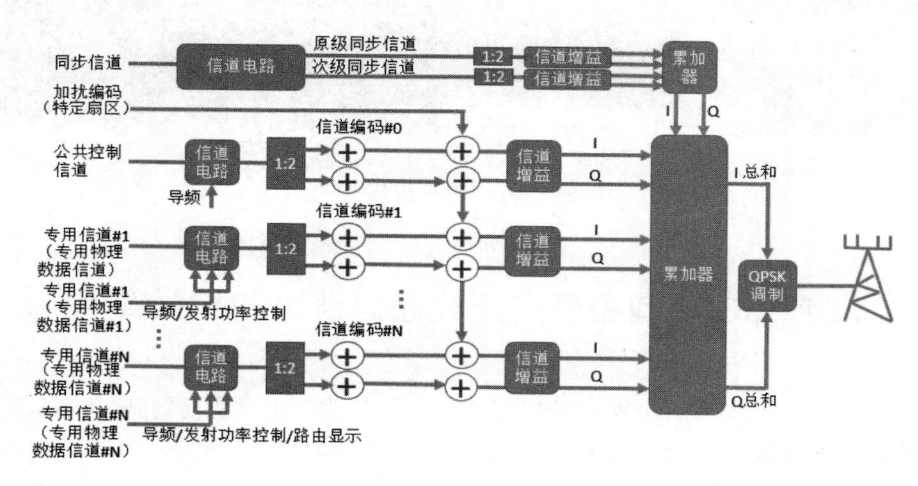

图 6.3.17　宽带码分多址多路接入 W-CDMA 基站发射器

在图 6.3.17 中,同步信道在宽带码分多址多路接入 W-CDMA 基站发射器是单独把原级同步信道的信道增益和次级同步信道的信道增益累加得到原相位的信号 I 和原相位的正交信号 Q,然后再和公共控制信道、专用信道的原相位的信号 I 和原相位的正交信号 Q 累加。累加器的输出终端在正交相移键控调制器中实现调制,然后通过天线发送到自由空间。

3G 码分多址多路接入 cdma2000 反向无线通信链路的 1 个射频载波是 1.25MHz,一次只有 1 个信道。如图 6.3.18 所示。

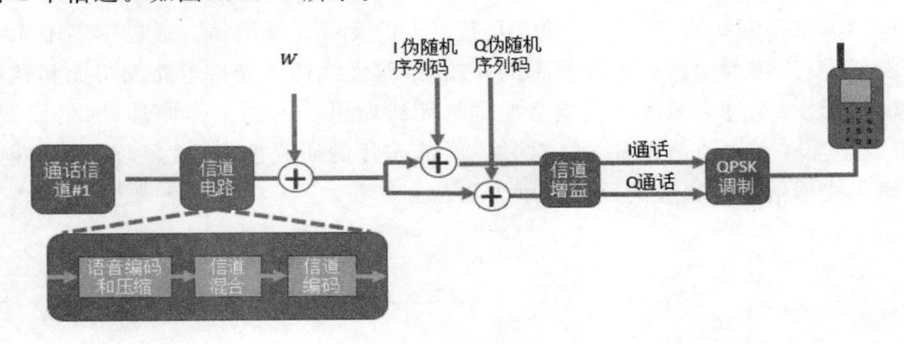

图 6.3.18 反向无线通信链路的载波

在图 6.3.18 中,1 个信道工作,在通话期间是通话信道工作,在响铃和信息传输期间是接入信道工作。

3G 宽带码分多址多路接入 W-CDMA 反向无线通信链路的数据和控制信号传输,是提供信道电路的信号异或特定移动通信设备站加扰编码,然后经过正交相移键控调制器传输到移动通信设备站的天线,发送到自由空间,如图 6.3.19 所示。

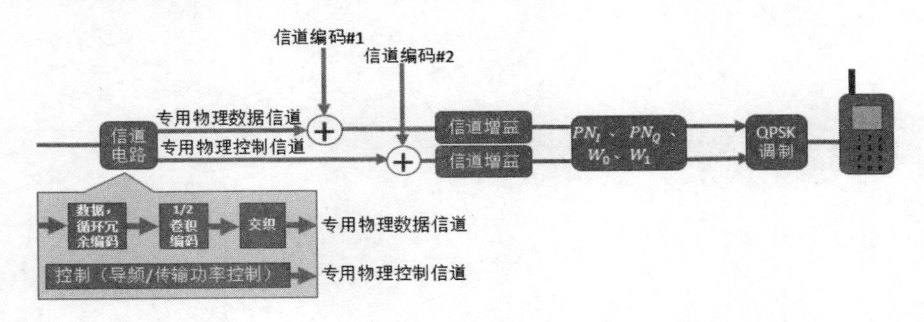

图 6.3.19 反向无线通信链路的发射器结构

在图 6.3.19 中,信道电路包括专用物理数据信道和专用物理控制信道,其中专业物理数据信道的数据需要完成数据循环冗余编码、卷积编码和交织,专用物理控制信道的数据需要传输控制信息包括导频和传输功率控制信息。专用物理数据信道和专用物理控制信道的传输是同时在原相位 I 路、原相位的正交相位 Q 路上传输,不是前向无线通信链路的时分复用的方式。

在 3G 技术中,cdma2000、W-CDMA、UWC-136 的前向无线通信链路、反向无线通信链路中的信道电路都需要加扰、卷积编码、分组交织。当发射端做加扰时，接收端就需要解扰；当发射端做调制时，接收端就需要解调；当发射端做交织时，接收端就需要解交织。所以，在前向无线通信链路、反向无线通信链路的实验中包括加扰、卷积编码、分组交织、调制的双向内容。只要重复短码和长码生成的步骤，利用 FPGA 软件编写代码实现集成电路，就可以开展本书中无线通信链路中的功能单元，结合基站和移动通信设备终端的硬件电路，完成宽带无线通信的相应实验内容。

宽带无线通讯采用的技术基于码分多址多路接入 CDMA 的扩频技术和 OFDM，随着数据速率需求不断提高，实现 4G、5G 及其以上的宽带无线通信。通过本书中无线通信系统的发展历程、技术模式和工程技术的介绍，了解无线通信硬件电路的组成和软件协议的国际通信标准；通过无线通信实验掌握宽带无线通讯技术的工作原理、网络设置、通信协议，可以增强在无线通信设备、通信网络、通信芯片的研究能力，紧跟时代技术前沿，为推动国家无线通信系统事业的发展贡献力量。

参考文献

[1] 孙道礼.微波技术[M].哈尔滨:哈尔滨工业大学出版社,1989.

[2] 沈恒范.概率论讲义[M].北京:高等教育出版社,1982.

[3] 谢嘉奎,宣月清.电子线路[非线性部分][M].4版.北京:高等教育出版社,2000.

[4] 陈宏,何乐年.基于运算放大器的幅频特性实验教学探索[J].实验室研究与探索,2016,35(12):200-203.

[5] 史治国,洪少华,陈抗生.基于XILINX FPGA的OFDM通信系统基带设计[M].杭州:浙江大学出版社,2009.

[6] 陈宏.采用响应曲面方法优化实验教学测量系统的性能[J].实验室研究与探索,2013,3(32):45-50.